入試数学
その全貌の展開

中村英樹 著

現代数学社

まえがき

　現代数学社の編集部から，次の趣旨に沿った著作本の依頼があった（ただし，依頼文は意向を汲み取ってかつ要点をかいつまんで述べる）：
「多くの受験生用参考書を見てみると，（高1から高3までに）学ばされる数学は，内容的にはどれも同じように，入試過去問を集めてただ解法を伝授するといったもので何か物足りず，分量的には膨大過ぎて，平均的受験生はどこをどのように学習すればよいのか見当すらつけれないのではと思われる．されば，内容的には，うんと煮つめて，そして単なる解法伝授ではなく，数学への本格的興味をもたせて，分量的には，受験生の学習負担を軽くしてやり，効果的に学習できる指導書を250頁位で著作できないか？」

　この依頼に対して，筆者は次のように，この紙上で，意見を述べたい．
　まず，内容的論議から．（ただし，具体的内容に関しては，**本書の構成・目次**を参照されたい．）

　編集部では，多分に，「高校生・受験生達に，単に問題の解法・処方の伝授ではなく，これまでにない何か"ハッ"とするようなものが見られ，かつ数学に夢をもたせてやれる内容のテキストを著作できないか？」であろう．非常に高い要望である．

　目的が現行の大学入試である以上，入試過去問がテキストの大半を占めることは止むを得ない．ただ，内容記述，問題の選択，問作そして配列，その他が著者によって大きく異なってくる．つまり，どの本も「良問を厳選した．」という歌い文句があるが，……？　ただ独断・雰囲気的に良問だと思うのではなく，しっかりとした根拠に基づいて：演習用としての良問，結果の重要さにおいて良問，問題呈示において良問，……というような見地から選別されたものなのかどうか？　こうして見ると，良問というものは，それ程，多くはない．さらに内容や問題の解説・解答はどうか．場合によっては数学意味論的視点からなされたものであるかどうか？（実は，入試数学は和算的性格が強いものの，中にはそれなりに高度な概念が裏打ちされた問題が散見されて，易しそうに見えても，上述のような視点に立脚し

ていないと，単なる算数計算的解答になってしまい，数学としての正解にはならないものがある．これは，入試出題側が何も指摘しないので，巷で気付かないだけのことである．）さらに，読者に，単なる入試数学を越えて，少しでも数学の魅力・意義を伝え得るものであるかどうか？

　これは苦労の多い仕事であるが，多分，編集部の御意向には，それ相当に，沿えたつもりである．しかも，平均的力量の受験生でも，しっかり学習していけば，何か"ハッ"とすることを1つでも感じとるであろう．

　次に，分量的論議．

　編集部からは，"250 頁位でおさえて，それで一廉(ひとかど)の入試問題を何とか，6 割 clear できるような本にして頂きたい"との由．これは，非常に難しい要望である．（本書の頁数はそれを，倍も，超えてしまった．）

　実際，高1から高3までに，各学年で学ぶ数学の量は標準的な入試参考書にすると，一通りの問題を載せて各平均 400～500 頁になり，理系用では，ざっと平均的合計 1200～1500 頁もある．さらに"受験生の負担を軽くしてかつ効果的であるように"ということは，見方によっては，"楽して一攫千金につながるように"ということになり，筆者の観念にそぐわない．（勿論，編集部では，そんなことは，絶対，無理であるということは百も承知なのである．いやしくも数学専門の出版社が，計算便法だけならばともかくとして，数学というものがそんなに生やさしく力をつけれるものではないことぐらいは，当然，分かっておられるはずである．）

　しかし，まあ，たってといわれると，男として引っ込むわけにもいかない．そこで，これは，読者に承知しておいて頂きたいことであるが，分量的にはかなり要約したものを提供したつもりある（だから，自動的に従来の参考書とは構成も内容形式も大きく違ってくる）；ただし，「しめしめ，これで数学の学習が楽になり，てっとり早く数学の問題を解けるようになれる．」などと，浅薄極まりない速断をしないで頂きたいということである．どの道，本当に数学の学力を向上させるには，いかに才華の素質ある人とてそれ相応の労苦は避けられないのである．本書によってもそれ相当の根気強さは要る．（これに関しては，**数学の学習上の留意点**を参照のこと．）

　以上の論議の下で，とにかく，編集部の御意向に，筆者なりに，沿うよ

うにして，本書は，一応，'大学入試数学の全貌の概観的展開を与えるものである'と宣言しよう．しかし，数学の問題というものは，いくらやっても切(き)がないので，"網羅"とか"万全"などという大風呂敷を広げたような言葉は決して使えるものではない．そのことを承知しておかれ，本質的に，実力をつけるのだと思って頑張り抜き，そして見慣れない問題に出くわしたら，それは考えて解くものであるという気構えでやって頂きたい．

　上述のことを踏まえた上で，読者が，真剣さをもって，本書で学ぶならば，それ相当の数学的視点が向上するはずであり，かなりの程度の入試に対しても，充分，戦い得るであろう．

　本書は 1998 年，1999 年における月刊誌『理系への数学』及び増刊号に掲載した内容からさらに厳選し，それらをベースに，（不注意によるミスや校正ミス，誤植などを訂正して），かなり内容を充実させて，そして，適宜，問題等を作成・充当し，一冊に集大成したものである．

　内容的にがさつな本を売り出したのでは，読者に申し訳ないので，構成にも，独自の構想で，充分，時間をかけて著作したつもりである．

　末筆ではあるが，本書作成のために，目立たぬ裏でご苦心された現代数学社の富田栄氏，並びに編集部の方々，そして筆者のうるさい注文に耐え忍ばれた印字担当者の方々に，紙上を借りて御礼を申し上げる次第である．

1999 年 10 月　　著者

数学の学習上の留意点

　数学の学習を最もつまらなくさせているのは，機械的算法をさらに型にはめて，処方化して覚え込ませるという指導法の蔓延にある．それに起因した学習の弊害を強く啓発する数学専門家は多い．しかも，このような学習をしていると，解法の知識は増えるが，その反面，物事の見解が硬くなり，視野も狭くなりがちである．根本的に今日までの大学入試の試験方式と問題が悪いのか．とにかく，多くの若人にとって数学が魅力のないものであることは間違いあるまい．大学合格の為だけのその学習姿勢は，偏（ひとえ）に「"これこれのタイプの問題が出たら，こうした解法で必ず解ける"という算術事務手順マニュアルをくれ．」に尽きる．これでは，数学の学習の意義などないし，学習者は数学そのものに対して好意的にはなれないだろうし，苦痛でもあろうし，そして本当に実力がつくとも思われない．（それ程の実力がなくとも，世にいう，一流大学に合格する例は多くみられるというかもしれないが，その場合は，ただ，他の受験生が，いろいろな事が原因して，より得点できなかっただけのことであろう——だから，表向きだけの看板を，即，信じるものではあるまい．）

　数学においては，**まえがき**にも述べたように，これだけの問題の解法を覚え込めば，内容的にも分量的にも万全だなどとは，絶対に，いえない．高校程度の題材でありながらも，入試数学の一廉の問題を本当に正解する難しさは，（出題側の頭脳と数の世界の"現象"が無限であることを反映して）問題が千変万化であることと内部構造の底知れぬ深遠さに大きく起因している．

　それ故，本書で学ぶ読者は，'まず基本的内容をよく理解してから，それ相当の問題をよく考えて解く'という姿勢をとって頂きたい．記憶倉庫からのパターン引き出し型学習ではなく，どのような問題に対しても（たとい，どんなに易しい問題であっても），糸口や狙い目を一つ一つ，自ら，見抜くように学習するようでなくてはならない．問題を苦しんで解けた時の感慨は忘れるものではない．

　こうして，記憶内蔵された解法などに束縛されずに，自然に，式変形や

演繹的展開の構想などが見えてきたならば，数学の本当の実力が向上してきたことになる．そうなってくると，見慣れない問題や難問に対しても，何とか部分点でも，必ず削りとれる底力がついてきているのである．それだから，本書で真剣に学ぼうとする高校生・受験生は，今後，"解法"もしくはそれに準ずる文字（遺憾ながら，専門的数学で高名な，今は亡きある大先生までが使用していた）を消し去ってもよいだろう．昔からよく用いられてきた解法という言葉は，実に，"数学は堅い技術的学問"のようなイメージと誤解を与えやすい．こんな数学では，感動的なものであるはずがない．

　数学を学ぶことに幸福を思わせるようでなくてはならないのだが，現実はその逆になってしまっている．

　それ故，筆者の指導方針は，できるだけ固定観念を植えつけないという姿勢を貫いている．「このタイプでは，常にこうして解け．」，「これを覚えよ．」，…などということを筆者は押し売りしない．読者自ら，自己にとって重要と思われることを銘記してゆかれたい．

本書の構成

　本書は，あくまでも大学入試数学を対象としている．それ故，内容記述や問題の程度を下げるにも限度がある．そのことを予め了承しておかれたい．なお，大雑把な内容配列は**目次**からお分かり頂けるであろう．

　構成は，原則的には，基本事項と問題・解答，その他から成る．("原則的に"というのは，結構，筆者の気まぐれで，**(例)** を付したり付さなかったり，定理などの整理番号あったりなかったりで，テキストが，形式上，完全には，統一されていないからである．さらに初歩的公式を丁寧に指導し，次に初歩的例題，そして類題という手習い式学習をさせることは，ある程度以上の受験生には向かないであろうし，筆者の指導方針でもないので，その形式はとらなかった．)

　まず，基本事項に関しては，公式や定理などを簡単に叙述するに留めた．(ただし，あまりにも初歩的なもの，例えば，$a^2 - b^2 = (a-b)(a+b)$ とか $\sin\left(\dfrac{\pi}{2} + \theta\right) = \cos\theta$ のようなものは載せなかった．) しかし，内容的に少し難しいのではと思われる箇所には，証明あるいは解説を与えた．(そのような所は多くはない．)

　次に，問題であるが，程度としては，例えば，国公立大では，千葉大，広島大；私立大では東京理科大，東京慈恵医大，同志社大・工 の程度以上の志願者用標準的入試問題 (ただし，**第9部の難問解明**は別扱い) をいくつかの視点に基づいて厳選した．(この際，なるべく最近の傾向に合わせて問題採録をしているが，あまりにも流通し過ぎた問題は最小限に留めた．例えば，2次方程式の簡単な問題，算数技法的計算問題にしかならない1次型漸化式，その他．) 入試問題の引用に際しては，当然の義務として，出題校を明示した．そして特定の学科やコースのための問題には，できるだけ，それを明示し，読者の受験対策の一助になるようにした．入試問題は，特に断らない限りは，理系出題のものであり，文系出題の場合は**文系**と付した．テキストの統一性を図って，適宜，記号や文字を変えたものもあることを断っておく．そして，少なからず改文したもの，小問を省いたりして出題形式を改めたもの，数値変えや改作したものには，全てひとまとめ

で(改)と付した．

　出題年については，（本当はそこまで明示すべきなのだが，）受験生に余計な先入観を与えない為に，あからさまには明示しなかったが，傾向分析の便宜を図って，平成5年以後の問題には，ダイアモンドマークを付した．
　　　　◆：平成5年〜8年
　　　　◇：平成9年以後
　また，手頃な良問がないときは，即席的に，問作した．出題校明示なく，かつ何の示唆もしていない問題は全てそれである．（といっても，中にはうんと易しくてよく見られる問題も，基本力定着の為に入れてあるが，それについては，読者はすぐ気付かれるであろう．）

　問題の下の▶では，筆者の'託宣'，問題の主眼，解答への糸口や要点などを示唆した．（勿論，それらをどう読み取るかは読者による．）

　また，解答とは別に述べるべき事柄については(注)，(付)で示した．（解答そのものよりこれらの方が大切であることも少なくない）．

　内容配列については，前述のように，目次からおおよその見当がつくことではあるが，教科書や普通の参考書のような画一的流れにはなっていない：筆者独自の数学観に基づいて分類呈示したものである．

　著作というものは，他書の内容を見てやるほど，その度合に応じて，どうしても何かをまねしたような内容記述になり，悪くすると，時々，見かけるように，誤った事までの受け売りや剽窃したものがあり，著者の力量と品位を疑われかねなくなる．実際，そのような"著書"には，いくら言葉を巧みに変えて解説してあっても，書物としての'力強い生命の息吹'というものがないものである．

　それ故，筆者は，できるだけ先入観に支配されずに（──筆者に，それがどこまでできるかは保証の限りではないが），'それでは，従来にはなかった，そして筆者の信念に基づいた数学指導書を作成しよう'と試みたのである（ただし，入試問題そのものの引用，その他若干の事柄の引用は仕方がないが，その際は，何らかの表現で断りをおいた．）．その結果，できた

のが本書である．（解答作成においては，あるいはミスがあるかもしれないが，それでも'生きた指導'にはなっていると思う．）

　本書で学ぶ受験生諸君は，ある意味では，それまでの教育の流れと合わず，違和感をもつかもしれないが，とにかく学んでいるうちに，そのような違和感は薄らいでいくであろう．そして本書の内容分類や問題配列・作成及び解説等，ついでに筆者の愚痴(?)も，ただ，既知になってしまったものを横流し配列したものではないという何かを気付き得て頂けたならば幸いである．

　ここで1つ注意しておきたい．
本書が教科書の流れに沿うてはいないからといって，教科書を無視しているわけではない．教科書の内容そのものや分類・配列のよしあしはともかくとして，諸君は，まず全力を尽くして<u>教科書をよく理解してから</u>，本書での学習にとりかかるべきである．さもないと，学習が空回りしてしまうだけであるから．

　ついでに述べるならば，入試出題者とて，<u>教科書には丹念に目を通している</u>のである．それ故，教科書そっちのけの受験勉強は，断じて，するべきではない．

　この節での最後ではあるが，本書では，コンピュータープログラミングやそれらがまつわりつく，微分法でのニュートン法，積分法でのシンプソンの公式，統計での正規分布表を用いる内容などについては見送った．その代わり，数学的に，非常に，重要な分野（本書での**第1**，**第5**，**第6部**）には充分の量を注いだ．本書の**第10部**は，本番さながらの**入試模擬演習**を付しておいたので，各自の実力レベルを妥当に認知しておかれたい．（標準的とはいうものの，少し難しかったかもしれない）．

目　次

まえがき ……………………………………………………………… i
数学の学習上の留意点 ……………………………………………… iv
本書の構成 …………………………………………………………… vi
第1部　数と式の計算と基本的概念 ……………………………… 1
　§1　1次，2次方程式および2次関数 ………………………… 2
　§2　数と集合，および式の計算と基本的概念 ………………… 27
第2部　数列と行列 ………………………………………………… 91
　§1　数列 …………………………………………………………… 92
　§2　行列と連立1次方程式 ……………………………………… 106
第3部　指数・対数関数と三角関数 ……………………………… 127
　§1　指数関数・対数関数 ………………………………………… 128
　§2　三角関数 ……………………………………………………… 140
第4部　ベクトルと複素数 ………………………………………… 187
　§1　ベクトル ……………………………………………………… 188
　§2　複素数とその平面上の幾何 ………………………………… 221
第5部　数列の極限と無限級数および関数の極限 …………… 241
　§1　数列の極限と無限級数 ……………………………………… 242
　§2　関数の極限 …………………………………………………… 274
第6部　微分積分 …………………………………………………… 289
　§1　微分 …………………………………………………………… 290
　§2　積分 …………………………………………………………… 333
第7部　初等幾何および図形と方程式 …………………………… 391
　§1　初等幾何 ……………………………………………………… 391
　§2　図形と方程式 ………………………………………………… 406
　§3　2次曲線と極方程式 ………………………………………… 432
第8部　順列と組合せおよび確率と統計 ………………………… 449
　§1　順列と組合せ ………………………………………………… 450

§2	確率	466
§3	確率分布	481
第9部	難問解明	495
第10部	R大学入学者選抜試験(Simulation)	541
記述式答案作成上の注意事項		556
あとがき		559

第1部

数と式の計算と基本的概念

　数学において，最も基本的かつ大切な計算と概念を学んでおくべき箇所であるが，最もおろそかにされがちな箇所でもある．

　「どうせ，因数分解や式の掛け算・割り算などだから，力づくで"ガチャガチャ"と，計算していれば，いつかは答が求まる．」とか，「早く先へ進まないと，……」という焦りで先走りしてしまうのであろう．

　しかし，この所を手薄にして先へ進むと，しっぺい返しをくらい，力の伸び悩みという事態を引き起こす．それ故，先へ進む程，大学入試問題を解けなくなるという，一見，奇妙な現象が数学ではよく引き起こされる．先へ進む程，前に学んだものが見やすくなるというそれまでの一般常識は，既に，入試数学の前で瓦解する——この段階の数学からは，最早，単なるアルゴリズムではないからである——ということに，どれ程の人が気付いていようか？　実際，高3以上の諸君は次のようなことを経験したであろう：

　　　「高3生になって高1の数学の入試問題などをやっ
　　　　てみると，高1の数学を忘れたせいか(?)，殆ど
　　　　解けない．」

これは忘れたのでも何でもなく，ただ，高1の数学を，根本的に，初めからよく分かっておらず，うわべの計算法のみで先へきてしまったから，こうなってしまっただけのことである．数学というものは，中枢概念をよく理解できておれば，表面的な事柄をたとい忘れても，その内容を独力で導出できる学問である．そういう訳で，この**第1部**は，分量的にも多いが，特に気を引き締めて学習して頂きたい．

§1. 1次, 2次方程式および2次関数

　2次方程式（同不等式）そして2次関数はその基本的構造が非常に簡単であるにも拘らず，入試問題では様々な変化に富んだ問題が提示され，もてはやされてきた．特に，2次関数は独立変数が2つ以上になると，幾何的には2次曲線や2次曲面などに関連付いてきて，計算量的にもなかなかきついものである．

　この節ではバラエティに富んだ様々な問題に挑戦し，まずは柔軟に式変形ができるように鍛錬して頂きたい．

基本事項 [1]

1次・2次方程式の解

❶ x の1次方程式 $ax+b=0$ が解 α をもつ
$$\Longleftrightarrow \alpha = -\frac{b}{a}$$

❷ x の2次方程式 $ax^2+bx+c=0$ が解 α, β をもつ：
$$(x-\alpha)(x-\beta)=0$$
$$\Longleftrightarrow \alpha+\beta = -\frac{b}{a}, \quad \alpha\beta = \frac{c}{a}$$

（解と係数の関係）

　「1次，2次方程式なんか，…．」と馬鹿にしてはならない．本当に馬鹿にできるかどうか？　まずは，筆者の作成した問題から．

問題 1

　m を整数とする．x の1次方程式
$$m - x = [x]$$
が整数解をもつための m の満たすべき条件と，その下(もと)での解を求めよ．ただし，$[x]$ は実数 x を越えない最大の整数を表す．

▶ ガウス記号の意味：n が整数で $n \leqq x < n+1$ であるとき，$[x] = n$ と表す．n を問題で与えられた m で表さなくてはならない．（ちゃんと完答

できるかな？）

解 $[x]=n$（整数）と表すことによって，方程式は
$$m-x=n \quad (n \leqq x < n+1)$$
よって
$$m-[x]=n \quad ([x]=n：整数)$$
$$\iff n=\frac{m}{2} \quad (n \text{ は整数})$$
$$\iff m \text{ は偶数}$$
よって m は偶数ならば，
$$x=m-n=m-\frac{m}{2}=\frac{m}{2}$$
は整数解であり，逆に x が整数になる為には m は偶数でなくてはならない．
$$\therefore \begin{cases} m \text{の条件}：m \text{は偶数} \\ x=\frac{m}{2} \end{cases} \quad \cdots (答)$$

問題2

a を1以上の整数とする．x の2次方程式
$$x^2-2ax-(4a+3)=0$$
の2つの解を p_1, p_2 $(p_1 < p_2)$ とし，
$$p_i=q_i+r_i \quad (i=1, 2)$$
とする．ここで，q_i は整数であり，$0 < r_i < 1$ である．
(1) p_1 を a で表せ．
(2) $-2 < p_1 < -1$ であることを示せ．
(3) q_1 の値を求め，r_1 を a で表せ．
(4) q_2, r_2 を a で表せ．
(5) $r_2 \geqq 2\sqrt{2}-2$ であることを示せ． (同志社大 ◇)

▶ （1），（2）は問題ないだろう．（3）は，（2）より $-2 < p_1 < -1$，そ

して $0 < r_1 < 1$ より整数 q_1 はすぐ求まるはず．((2)のヒントがなければ，(3)は少し難しいだろう．)(4)は(2)と(3)を足掛かりにして解ける．(5)は(4)から何とかなるだろう．全体的に易しくはないので，実力差が適度に現れる．

[解] (1) 問題の2次方程式を解くと，
$$x = a \pm \sqrt{a^2 + (4a+3)}$$
これらの解の小さい方が p_1 というから，
$$p_1 = a - \sqrt{a^2 + 4a + 3} \quad \cdots \text{(答)}$$

(2) a は1以上の整数というから，
$$p_1 + 2 = \sqrt{(a+2)^2} - \sqrt{a^2 + 4a + 3}$$
$$= \sqrt{a^2 + 4a + 4} - \sqrt{a^2 + 4a + 3} > 0,$$
$$p_1 + 1 = \sqrt{(a+1)^2} - \sqrt{a^2 + 4a + 3}$$
$$= \sqrt{a^2 + 2a + 1} - \sqrt{a^2 + 4a + 3} < 0$$

以上によって題意は示された． ◂

(3) $-2 < p_1 < -1$ かつ $0 < r_1 < 1$ より
$$p_1 = -2 + r_1$$
であり，(1)の結果さらに(2)の過程により
$$q_1 = -2, \quad r_1 = a + 2 - \sqrt{a^2 + 4a + 3} \quad \cdots \text{(答)}$$

(4)
$$p_2 = a + \sqrt{a^2 + 4a + 3}$$
$$= a + \sqrt{(a+2)^2 - 1}$$
ここで $\sqrt{(a+2)^2 - 1} = (a+2) - b$ とおくと，
$$b = \sqrt{(a+2)^2} - \sqrt{(a+2)^2 - 1}$$
であるから，$0 < b < 1$ である．よって
$$p_2 = a + (a+2) - b = 2a + 1 + (1 - b)$$
$$\therefore \begin{cases} q_2 = 2a + 1, \\ r_2 (= 1 - b) = \sqrt{a^2 + 4a + 3} - (a + 1) \end{cases} \quad \cdots \text{(答)}$$

(5) $r_2 = \sqrt{a^2 + 4a + 3} - (a + 1) \geqq 2\sqrt{2} - 2$ を示すには

$$a^2 + 4a + 3 \geqq (a + 2\sqrt{2} - 1)^2$$

を示せばよい．これは $a \geqq 1$ と同じことだから，成立している．

$$\therefore \ r_2 \geqq 2\sqrt{2} - 2 \quad \blacktriangleleft$$

問題3

a, b を整数とする．x の2次方程式
$$x^2 + ax + b = 0$$
は有理数を解としてもつならば，それは整数であることを示せ．

さらに，このことを用いて $\sqrt{7}$ が無理数であることを示せ．

（早稲田大・文系 ◇）

▶ 前半は $x = \dfrac{p}{q}$（p と q は互いに素な整数）を2次方程式の解として代入してみよ．

後半は'2次方程式 $x^2 - 7 = 0$ を満たす整数解がない'というそのプロセスを前半の命題を用いて示す．

解 （前半）$x = \dfrac{p}{q}$（p と q は互いに素な整数）を方程式の解としてもつならば，

$$\frac{p^2}{q^2} + a \cdot \frac{p}{q} + b = 0$$

$$\longleftrightarrow \frac{p^2}{q} = -(ap + bq)$$

上式右辺は整数である．それ故，左辺もそうでなくてはならない．いま p と q は互いに素な整数だから，$q = \pm 1$ に限る．よって $x = \dfrac{p}{q}$ は整数である．◀

（後半） $f(x) = x^2 - 7$ とする．（これは x の2次関数．）

$$f(2) = -3 < 0, \ f(3) = 2 > 0$$

よって，方程式 $f(x) = 0$ は区間 $(2, 3)$ の間に実解をもつ．それが $x = \sqrt{7}$ である．しかるに区間 $(2, 3)$ の間に整数はないから，(**前半**)の対偶により $\sqrt{7}$ は有理数ではない．つまり，無理数である．◀

(注) (後半)は要注意である. 筆者がさりげなく解答しているのを, 単に"フムフム"と思って見ていてはならない. 一般に, "2次方程式 $x^2+ax+b=0$ (a, b は整数)は整数を解にもたないならば, 無理数を解にもつ"とは断定できない. 例えば, 2次方程式 $x^2+b=0$ (b は正の整数)は整数を解にもたないが, 無理数をも解にもたない. それ故, まず $x^2-7=0$ が実数解をもつことに, どうしても, 言及しておかなくてはならない. (実数解をもたないのに, 整数解をもつはずがない.) そして, 解である $\sqrt{7}$ が実数であって, しかし, 整数ではないことを明確にしないと, (前半)の命題は使えない. 従って, 例えば, 「$x^2-7=0$ の解 $\sqrt{7}$ は平方数ではないから, $\sqrt{7}$ は整数ではない. (前半)により $\sqrt{7}$ は無理数である.」とか, 「$x^2-7=0$ は整数解をもたない. 故に(前半)により $\sqrt{7}$ は無理数である.」…などでは解答にならないので注意.

(付) 本問前半の命題は, 一般に整数係数の n 次整方程式でも, 最高次の係数が1であれば, 成立する.

問題 4

不等式
$$\begin{cases} (x-a)(x-b) \leqq 0 & (a, b \text{ は実数}) \\ (x-c)(x+c) \leqq 0 & (c \text{ は正の定数}) \end{cases}$$
を同時に満たす x があるような (a, b) の範囲を ab 座標面上に図示せよ.

▶ 連立2次不等式の問題を1つ. 易しそうに見えてもどうかな? 解 を見ないで, きちんと解けるようなら, まずまずだが. 直観力を働かせて一気に解けるなら, それもよい. さもなくば, 否定をとって図を描き, その補集合を図示するのもよい. ここでは後者をとる.

解 $(x-1)(x+1) \leqq 0$ $(c>0) \iff -c \leqq x \leqq c$ …①
さて, $a \leqq b$ としておくと,

$$(x-a)(x-b) \leqq 0 \iff a \leqq x \leqq b \quad \cdots ②$$

①と②を同時に満たす x が存在しない条件は

$$b < -c \text{ または } a > c \quad (a \leqq b)$$

$a \geqq b$ の場合も考慮して，図示したものがすぐ後の図である．

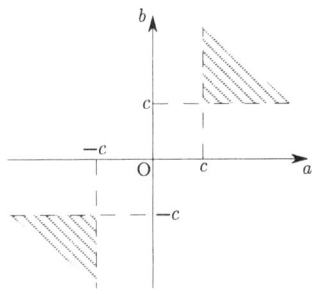

この図の補集合を図示したものが下図である．

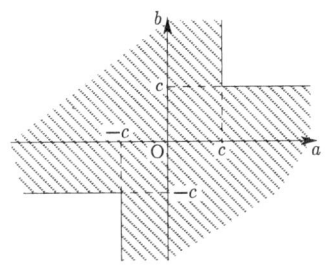

霞状の領域が求めるものである（境界は含まれる）〈解答図〉

> **・基本事項 [2]・**
>
> ### 2次関数の基本変形
>
> a, b, c を実数定数とする．ただし，$a > 0$ としておく．実数 x の2次関数
> $$f(x) = ax^2 - bx + c \quad (a > 0)$$
> $$= a\left(x - \frac{b}{2a}\right)^2 - \frac{b^2 - 4ac}{4a} \quad (a > 0)$$
> は $x = \dfrac{b}{2a}$ のとき，最小値 $-\dfrac{b^2 - 4ac}{4a}$ をとる．
> (最大値は $f(x)$ が閉区間を変域とするならば，存在する．)
>
> xy 座標平面上で $y = f(x)$ のグラフを描いたとき，$x = \dfrac{b}{2a}$ を対称軸という．
>
> なお，$b^2 - 4ac$ を判別式といって D で表すことが多い．（これ以上の詳細は不要であろう．）

(例) a, b を実数の定数とする．x の2次関数
$$f(x) = x^2 - 2ax + b \quad (-1 \leqq x \leqq 1)$$
の最小値は
$$\begin{cases} 1 + 2a + b & (a < -1 \text{のとき}) \\ b - a^2 & (-1 \leqq a \leqq 1 \text{のとき}) \\ 1 - 2a + b & (a > 1 \text{のとき}) \end{cases}$$
となる．

(例) x の2次関数
$f(x) = x^2 + x + 1$ （$a \leqq x \leqq a+1$，a は実数の定数）の最大値は
$$\begin{cases} a^2 + a + 1 & (a < -1 \text{のとき}) \\ a^2 + 3a + 3 & (a \geqq -1 \text{のとき}) \end{cases}$$
となる．

§1. 1次, 2次方程式および2次関数　　　　　　　　　　9

問題 5

関数 $y = f(x) = ||x^2 - 1| - a|$ のグラフを xy 座標平面上に描け. ただし, a は正の定数とする. （武蔵工大 ◆）

▶ $y = |x^2 - 1| - a$ $(a > 0)$ のグラフを描いて負値の部分を x 軸に関して折り返す.

解　$y = g(x) = |x^2 - 1| - a$ のグラフを描く.

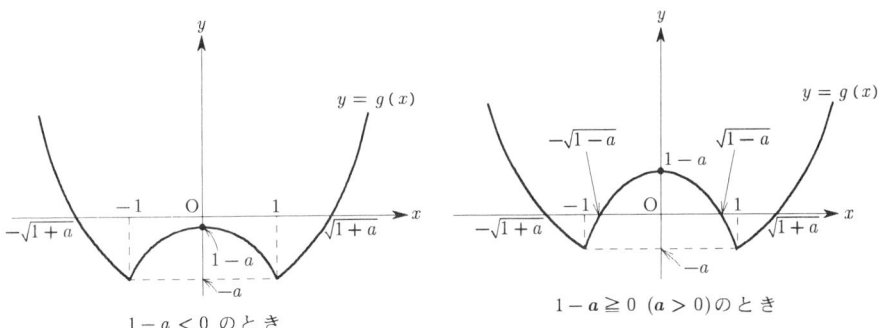

$1 - a < 0$ のとき　　　　　　　　$1 - a \geqq 0$ $(a > 0)$ のとき

$y = |g(x)|$ のグラフを描けばよい.

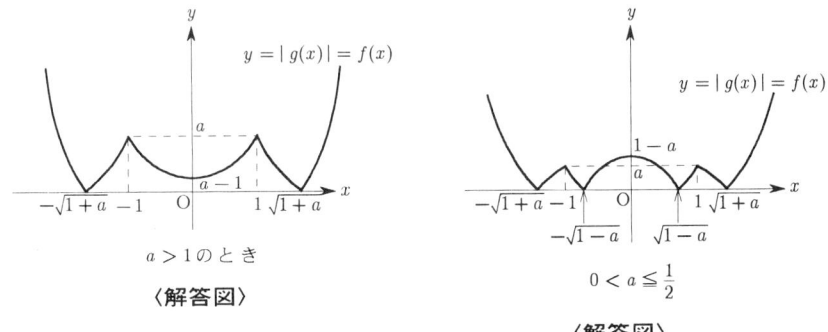

$a > 1$ のとき　　　　　　　　$0 < a \leqq \dfrac{1}{2}$

〈解答図〉　　　　　　　　　　〈解答図〉

第 1 部　数と式の計算と基本的概念

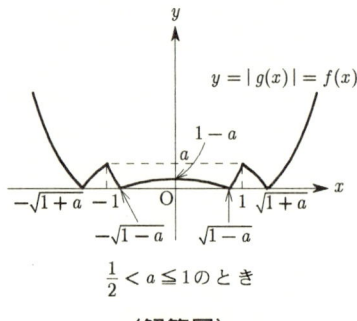

$\frac{1}{2} < a \leqq 1$ のとき

〈解答図〉

問題 6

c は正の定数とする.
(1) $y = \sqrt{x+c} + \sqrt{c-x}$ とするとき, $|x| \leqq c$ での y の値の範囲を求めよ.
(2) $z = \sqrt{x+c} - \sqrt{c^2 - x^2} + \sqrt{c-x}$ を上の (1) の y を用いて表せ.
(3) $|x| \leqq c$ での z の最大値を求めよ. 　　　　（京都府医大）

▶ 表向きは無理関数の最大・最小問題であるが, (2) で, z は y の 2 次関数になると予想される.

解　(1) 与式の右辺は正であるから, 2 乗して
$$\begin{cases} y^2 = 2c + 2\sqrt{c^2 - x^2} & (|x| \leqq c) \\ y > 0 \end{cases}$$

$0 \leqq \sqrt{c^2 - x^2} \leqq c$ であるから,
$$2c \leqq y^2 \leqq 2c + 2c = 4c$$
$y > 0$ だから,
$$\sqrt{2c} \leqq y \leqq 2\sqrt{c} \quad \cdots \text{(答)}$$

(2) (1) の過程より
$$\sqrt{c^2 - x^2} = \frac{1}{2} y^2 - c$$

§1. 1次,2次方程式および2次関数

$$\therefore \quad z = -\frac{1}{2}y^2 + y + c \quad \cdots (答)$$

(3) (1)より $|x| \leqq c$ の下では $\sqrt{2c} \leqq y \leqq 2\sqrt{c}$ であった．よって，(2)より

$$z = -\frac{1}{2}(y-1)^2 + c + \frac{1}{2} \quad (\sqrt{2c} \leqq y \leqq 2\sqrt{c})$$

(ア) $0 < 2\sqrt{c} < 1$ のとき（図1参照）

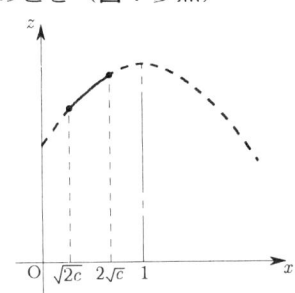

図1　$2\sqrt{c} < 1$ のとき

(関数としての) z は $y = 2\sqrt{c}$ のときに最大となる．

(イ) $\sqrt{2c} \leqq 1 \leqq 2\sqrt{c}$ のとき（図2参照）

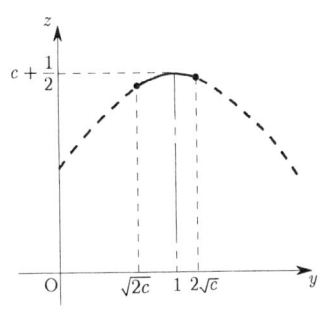

図2　$\sqrt{2c} \leqq 1 \leqq 2\sqrt{c}$ のとき

z は $y = 1$ のときに最大となる．

（ウ） $1 < \sqrt{2c}$ のとき（図3参照）

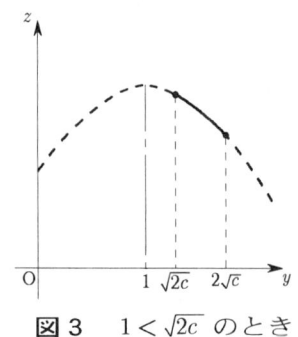

図3　$1 < \sqrt{2c}$ のとき

z は $y = \sqrt{2c}$ のときに最大となる．
（ア）,**（イ）**,**（ウ）** より求める最大値は

$$\begin{cases} 2\sqrt{c} - c & (0 < c < \dfrac{1}{4},\ y = 2\sqrt{c} \ \text{のとき}) \\ c + \dfrac{1}{2} & (\dfrac{1}{4} \leqq c \leqq \dfrac{1}{2},\ y = 1 \text{のとき}) \\ \sqrt{2c} & (c > \dfrac{1}{2},\ y = \sqrt{2c} \ \text{のとき}) \end{cases} \quad \cdots\text{（答）}$$

次に，方程式への2次関数の応用問題を2題ほど扱ってみる．

問題7

a を正の数とし，$f(x) = x^2 - (a+1)x - a$, $g(x) = -[x]$ とする．ただし，実数 x に対して，$n \leqq x < n+1$ を満たす整数 n を $[x]$ で表す．
(1) 方程式 $f(x) = g(x)$ は区間 $0 \leqq x < 1$ に解をもたないことを示せ．
(2) 方程式 $f(x) = g(x)$ が区間 $1 \leqq x < 2$ に解をもつための a の範囲を求めよ．

（金沢大　◆）

▶　(1), (2) 共にグラフを利用してよいであろう．

解　(1) 方程式
$$x^2 - (a+1)x = a - [x]$$

§1. 1次, 2次方程式および2次関数

が $0 \leqq x < 1$ 内で実数解をもたないことを示せばよい． $0 \leqq x < 1$ では $[x]=0$ だから，上式は
$$x\{x-(a+1)\} = a \, (>0) \quad (0 \leqq x < 1) \quad \cdots ①$$
となる．そこで
$$y = \left(x - \frac{a+1}{2}\right)^2 - \frac{(a+1)^2}{4} \quad (0 \leqq x < 1),$$
$$y = a \quad (0 \leqq x < 1)$$

これらのグラフを示したものが図1である．

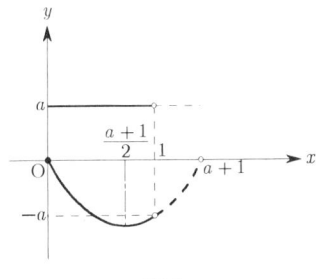

図1

$$\left(x - \frac{a+1}{2}\right)^2 - \frac{(a+1)^2}{4} < a \quad (0 \leqq x < 1)$$
であるから， $0 \leqq x < 1$ では方程式①は実数解をもたない． ◀

（2） $1 \leqq x < 2$ では $[x]=1$ である．方程式は
$$x\{x-(a+1)\} = a-1 \quad (1 \leqq x < 2) \quad \cdots ②$$
となる．そこで
$$y = \left(x - \frac{a+1}{2}\right)^2 - \frac{(a+1)^2}{4} \quad (1 \leqq x < 2),$$
$$y = a-1 \quad (1 \leqq x < 2)$$

のグラフが $1 \leqq x < 2$ にて交点をもつような様子を示したものが図2である．

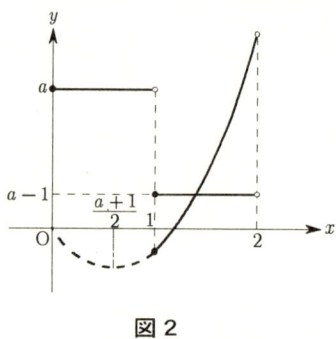

図2

これらのグラフにより方程式②が実数解をもつ条件は，$h(x) = x^2 - (a+1)x$ とおくと，

$$h(1) \leqq a-1 \text{ かつ } h(2) > a-1$$
$$\iff -a \leqq a-1 \text{ かつ } 2-2a > a-1$$
$$\iff \frac{1}{2} \leqq a < 1 \quad \cdots \text{(答)}$$

問題8

ABを直径とする半円がある．周上の弧$\overset{\frown}{PQ}$を弦PQで折り返したとき，折り返された弧がABに接したとする．このような弦PQの存在する範囲を求めて図示せよ．

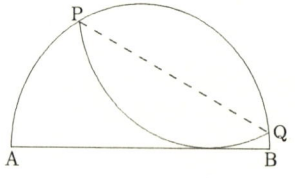

（千葉大）

▶ 座標軸を設定して弦PQの直線としての方程式を立てれるか？

解 図のように折り返された弧$\overset{\frown}{PQ}$がx軸と接する点の座標を $(t, 0)$ $(-1 \leqq t \leqq 1)$ とする．

§1. 1次, 2次方程式および2次関数　　　　　　　　　15

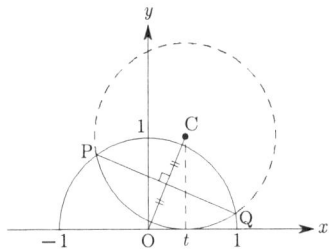

弦 PQ は線分 OC を垂直二等分するので，PQ の直線としての方程式は
$$y = -t\left(x - \frac{t}{2}\right) + \frac{1}{2}$$
$$\leftrightarrow t^2 - 2xt + (1 - 2y) = 0$$

これを t の 2 次方程式とみて $f(t) = t^2 - 2xt + (1-2y)$ とおいて，方程式 $f(t) = 0$ が $-1 \leqq t \leqq 1$ で実数解をもつ条件を求める．それは

（ⅰ）　　$f(-1) \cdot f(1) \leqq 0$
$$\leftrightarrow (1 - x - y)(1 + x - y) \leqq 0$$

または

（ⅱ）　$\begin{cases} 対称軸 : -1 \leqq x \leqq 1 \\ 判別式 : x^2 - (1 - 2y) \geqq 0 \\ f(-1) = 2(1 + x - y) \geqq 0 \\ f(1) = 2(1 - x - y) \geqq 0 \end{cases}$

かつ，（ⅰ）または（ⅱ）の x, y に対して
$$0 \leqq y \leqq \sqrt{1 - x^2}$$
である．

以上をまとめて弦 PQ の存在範囲は（導入した座標軸の下で）
$$\frac{1}{2}(1 - x^2) \leqq y \leqq \sqrt{1 - x^2} \quad \cdots \textbf{(答)}$$

これらを図示したものは次のようになる：

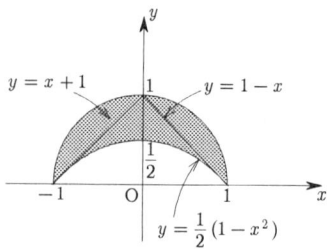

霞状の領域が求めるものである．（境界は含まれる）
〈解答図〉

これまでは，1変数型の2次関数 $f(x) = ax^2 + bx + c \ (a \neq 0)$ だけを扱ってきたが，ここで2変数以上のタイプの2次関数を扱ってみる．ただし，2変数以上でも条件式が付いて1変数型になる場合も含めておいた．

問題9

x, y を $0 \leq x \leq 1, \ 0 \leq y \leq 1$ なる実数とするとき，関数
$$f(x, y) = 18x^2 - 54xy + 90y^2 - 18x - 6y + 19$$
の最小値と最大値を求めよ．

▶ まず，x か y の2次関数とみなして，整理して，解くのが基本的攻略法である．頭を使わず，定石に従ってひたすら計算すればよいが，計算が長くなり，その分，ミスもしやすいので要注意．この路線が 解1 である．

第2の攻略法は，まずは，最小値問題であることに留意して，少々，頭を使って，$18x^2 - 54xy + 90y^2 = (3x - 9y)^2 + 9x^2 + 9y^2$ と変形してみよ．この路線が 解2 である．（地道な 解1 の路線を歩んでから 解2 の路線の有難さを感じとって頂きたい．）

§1. 1次,2次方程式および2次関数　　　　　　　　　　17

解 1

$$f(x,\ y) = 18x^2 - 18(3y+1)\,x + 90y^2 - 6y + 19$$
$$= 18\,\{x^2 - (3y+1)\,x\} + 90y^2 - 6y + 19$$
$$= 18\left\{\left(x - \frac{3y+1}{2}\right)^2 - \left(\frac{3y+1}{2}\right)^2\right\} + 90y^2 - 6y + 19$$
$$= 18\left(x - \frac{3y+1}{2}\right)^2 + \frac{1}{2}\,(99y^2 - 66y + 29)$$
$$= 18\left(x - \frac{3y+1}{2}\right)^2 + \frac{99}{2}\left\{\left(y - \frac{1}{3}\right)^2 - \frac{1}{9}\right\} + \frac{29}{2}$$
$$= 18\left(x - \frac{3y+1}{2}\right)^2 + \frac{99}{2}\left(y - \frac{1}{3}\right)^2 + 9$$

$x,\ y$ は実数というから，$f(x,\ y)$ は

$$x = \frac{3y+1}{2},\quad y = \frac{1}{3}\quad (0 \leqq x \leqq 1,\ 0 \leqq y \leqq 1)$$

のとき，最小となる．また $\left|x - \dfrac{3y+1}{2}\right|$ を最大にするのは $x=0$ であり，それ故 $\dfrac{3y+1}{2}$ と $\left|y - \dfrac{1}{3}\right|$ を最大にするのは $y=1$ である．よって，$f(x,\ y)$ は

$$\begin{cases} 最小値 \quad 9 \quad (x=1,\ y=\dfrac{1}{3}\ のとき) \\ 最大値 \quad 103 \quad (x=0,\ y=1\ のとき) \end{cases} \quad \cdots (答)$$

解 2

$$f(x,\ y) = (3x - 9y)^2 + 9x^2 + 9y^2 - 18x - 6y + 19$$
$$= (3x - 9y)^2 + 9\,(x-1)^2 - 9 + 9\left(y - \frac{1}{3}\right) - 1 + 19$$
$$= (3x - 9y)^2 + 9\,(x-1)^2 + 9\left(y - \frac{1}{3}\right)^2 + 9$$

$x,\ y$ は $0 \leqq x \leqq 1,\ 0 \leqq y \leqq 1$ なる実数というから，$f(x,\ y)$ を最小にする $x,\ y$ は $x=1,\ y=\dfrac{1}{3}$ である．また $|x-1|$ を最大にする x は 0 であり，それ故 $|3x - 9y| = 9|y|$ と $\left|y - \dfrac{1}{3}\right|$ を最大にするのは $y=1$ である．よって $f(x,\ y)$ の求めるべき

$$\begin{cases} 最小値 & 9 \quad (x=1,\ y=\dfrac{1}{3}\ のとき) \\ 最大値 & 103 \quad (x=0,\ y=1\ のとき) \end{cases} \quad \cdots (答)$$

(付) 解2 は 解1 より大分スマートであるが，式変形には，それなりのちょっとした眼力が要る．

xyz 空間では，ここでの $z=f(x,y)$ は，幾何的に，楕円(型)放物面の 1 例に過ぎない．

問題 10

$f(x,y)=x^2+6y^2-4xy-3y$ とする．$m,\ n$ が共に 0 以上 10 以下の整数値をとって変化するとき，$f(m,n)$ の最小値と最大値を求めよ．

（津田塾大）

▶ 式変形は前問の場合と同様であるが，$m,\ n$ という整数を与えての最大・最小問題であるから，少し注意を要する．

解

$$f(x,y)=(x-2y)^2+2y^2-3y$$
$$=(x-2y)^2+2\left(y-\dfrac{3}{4}\right)^2-\dfrac{9}{8}$$

整数 $m,\ n$ に対して

$$f(m,n)=(m-2n)^2+2\left(n-\dfrac{3}{4}\right)^2-\dfrac{9}{8}$$

n は 0 以上 10 以下の整数というから，$\left(n-\dfrac{3}{4}\right)^2$ の最小値は $n=1$ のときである．従って $m=2,\ n=1$ のとき，$f(m,n)$ は最小となる．

次に $(m-2n)^2$ の最大値は $m=0$ のときである．従って $m=0,\ n=10$ のとき，$f(m,n)$ は最大となる．よって求めるべき

$$\begin{cases} 最小値 & -1 \quad ((m,n)=(2,1)\ のとき) \\ 最大値 & 570 \quad ((m,n)=(0,10)\ のとき) \end{cases} \quad \cdots (答)$$

§1. 1次, 2次方程式および2次関数　　　　19

（付）　上の 解 で $f(m, n)$ の最小値を求めるときはまず n の2次関数, 最大値を求めるときはまず m の2次関数とみなして解いていることに留意されたい. 固定した解法というものではなく, 問題によって, 臨機応変できる姿勢をとっているのである.

問題 11

実数 x, y, z が $x+y+z=0$, $x^2+y^2+z^2=a^2$ （a は正の定数）を満たすとき, z の最大値を求めよ.

▶ 与2式が x, y, z の対称式であるから, x と y の基本対称式に帰着される. そうすると直ちに2次方程式の実解条件の問題となる. この路線が 解1 である. あるいは $x \leq y \leq z$ と設定してもよいので, $x+y+z=0$ と $x^2+y^2+z^2=a^2(>0)$ より $x<0, z>0$ でなくてはならない. この路線が 解2 である. どちらの路線をとっても判別式を用いることになる.

解1　　　$x+y=-z$　…①
$$x^2+y^2+z^2 = (x+y)^2 - 2xy + z^2$$
$$= 2z^2 - 2xy \quad (\because \text{①を用いた})$$
$$= a^2$$

よって
$$\begin{cases} x+y = -z \\ xy = z^2 - \dfrac{a^2}{2} \end{cases} (|x| \leq a, |y| \leq a, |z| \leq a)$$

x, y は2次方程式
$$t^2 + zt + \left(z^2 - \dfrac{a^2}{2}\right) = 0$$

の $-a \leq t \leq a$ での実数解ということになる. $f(t) = t^2 + zt + \left(z^2 - \dfrac{a^2}{2}\right)$ とおいたとき, その条件は

$$\begin{cases} \text{対称軸}: -a \leqq -\dfrac{z}{2} \leqq a \quad (\text{これは}|z|\leqq a \text{よりつねに満たされている}) \\ \text{判別式}: z^2 - 4\left(z^2 - \dfrac{a^2}{2}\right) \geqq 0 \\ f(-a) = z^2 - az + \dfrac{a^2}{2} \geqq 0 \quad (\text{つねに成立している}) \\ f(a) = z^2 + az + \dfrac{a^2}{2} \geqq 0 \quad (\text{つねに成立している}) \end{cases}$$

以上から
$$z^2 \leqq \dfrac{2}{3}a^2 \ (< a^2)$$
z の最大値は $\sqrt{\dfrac{2}{3}}a$ である．このとき $f(t) = 0$　は
$$t^2 + \dfrac{\sqrt{6}}{3}t + \dfrac{a^2}{6} = \left(t + \dfrac{\sqrt{6}}{6}a\right)^2 = 0$$
$\therefore \quad x = y = -\dfrac{\sqrt{6}}{6}a$
$\therefore \quad z$ の最大値は $\dfrac{\sqrt{6}}{3}a$ 　($x = y = -\dfrac{\sqrt{6}}{6}a$ のときに限る)　…**(答)**

解2　z の最大値を求める為には $x \leqq y \leqq z$ としてもよい．この際，$x + y + z = 0$ と $x^2 + y^2 + z^2 = a^2 \, (>0)$ より $-a < x < 0, \ 0 < z < a$ でなくてはならない．$y = -(x+z)$ より
$$x^2 + (x+z)^2 + z^2 = a^2$$
$$(-a < x < 0, \ 0 < z < a)$$
$$\Longleftrightarrow 2x^2 + 2zx + 2z^2 - a^2 = 0$$
$$(-a < x < 0, \ 0 < z < a)$$

$f(x) = 2x^2 + 2zx + 2z^2 - a^2$ とおいて，$f(x) = 0$ が区間 $(-a, \ 0)$ で少なくとも 1 つの実数解をもつ条件を求めればよい：
$$f(-a) \cdot f(0) = (2z^2 - a^2)(2z^2 - 2az + a^2) < 0$$
または
$$\begin{cases} \text{対称軸}: -a < -\dfrac{z}{2} < 0 \\ \quad (\text{これは}\, 0 < z < a\, \text{よりつねに満たされている}) \\ \text{判別式}: z^2 - 2(2z^2 - a^2) \geqq 0 \end{cases}$$

§1. 1次, 2次方程式および2次関数

以上から
$$0 < z \leqq \sqrt{\frac{2}{3}}\,a$$
よって z の最大値は $\dfrac{\sqrt{6}}{3}a$ で，このとき x は
$$2x^2 + \frac{2\sqrt{6}}{3}ax + \frac{a^2}{3} = 2\left(x + \frac{\sqrt{6}}{6}a\right)^2 = 0 \ (x<0)$$
そして $x+y+z=0$ より
$$\begin{cases} z \text{ の最大値は } \dfrac{\sqrt{6}}{3}a \\ (\,x=y=-\dfrac{\sqrt{6}}{6}a \text{ のときに限る}) \end{cases} \cdots \text{(答)}$$

（付）本問は，勿論，（座標）幾何的にも解ける．

問題 12

$x,\ y,\ z$ を実数の変数，a を実定数とする．$x+y+z=a$ とき，$f(x,\ y,\ z) = x^2+y^2+z^2$ の最小値を求めよ．

▶ 解答路線はいくつ通りもある．地道に1変数消去の路線，elegant に式の対称性に着眼する路線，….

解 1 $z = a-x-y$ より
$$\begin{aligned}
f(x,\ y,\ z) &= x^2 + y^2 + (a-x-y)^2 \\
&= 2x^2 + 2y^2 + 2xy - 2ax - 2ay + a^2 \\
&= 2x^2 + 2(y-a)x + 2y^2 - 2ay + a^2 \\
&= 2\left\{\left(x + \frac{y-a}{2}\right)^2 - \left(\frac{y-a}{2}\right)^2\right\} + 2y^2 - 2ay + a^2 \\
&= 2\left(x + \frac{y-a}{2}\right)^2 + \frac{1}{2}(3y^2 - 2ay + a^2) \\
&= 2\left(x + \frac{y-a}{2}\right)^2 + \frac{3}{2}\left(y - \frac{a}{3}\right)^2 + \frac{a^2}{3}
\end{aligned}$$

$x,\ y,\ z$ は実数ということより $x + \dfrac{y}{2} = \dfrac{a}{2}$，$y = \dfrac{a}{3}$ のとき，$f(x,\ y,\ z)$ は最

小となる．更に $x+y+z=a$ より，求めるべき最小値は
$$\frac{a^2}{3} \quad (x=y=z=\frac{a}{3} \text{ のとき}) \quad \cdots \text{(答)}$$

解2 問題での式はどれも x, y, z の対称式だから，$x=y=z=\frac{a}{3}$ のとき $f(x, y, z)$ は最小値 $\frac{a^2}{3}$ をとると予想される．この予想が正しいことを示す．$x+y+z=a$ より

$$\begin{aligned} f(x, y, z) - \frac{a^2}{3} &= x^2+y^2+z^2 - \frac{1}{3}(x+y+z)^2 \\ &= \frac{1}{3}(2x^2+2y^2+2z^2-2xy-2yz-2zx) \\ &= \frac{1}{3}\{(x-y)^2+(y-z)^2+(z-x)^2\} \\ &\geq 0 \quad (\because \ x, y, z \text{ は実数より}) \end{aligned}$$

よって $f(x, y, z)$ の最小値は
$$\frac{a^2}{3} \quad (x=y=z=\frac{a}{3} \text{ のとき}) \quad \cdots \text{(答)}$$

(付) 他にも対称性を利用する路線，更にはコーシー・シュワルツの不等式，空間図形的手法（$x+y+z=a$ は xyz 空間内で平面の方程式を表す），微分法を用いての路線もある．

なお，本問は，直ちに n 変数型に拡張される：(各自，演習されよ．この際，**解2** の路線が高校生・受験生に可能かつ許容されるものである．)

補充問題

$x_1, x_2, \cdots, x_n$ を実数の変数，a を実定数とする．
$x_1+x_2+\cdots+x_n=a$ のとき
$$f(x_1, x_2, \cdots, x_n) = x_1^2+x_2^2+\cdots+x_n^2$$
の最小値を求めよ．

(答) $\frac{a^2}{n} \ (x_1=x_2=\cdots=x_n=\frac{a}{n}$ のとき$)$

§1. 1次,2次方程式および2次関数

・**基本事項 [3]**・

絶対2次不等式

a, b, c を実数とする．$ax^2+bx+c \geqq 0\ (a>0)$ が実数 x の絶対2次不等式である

⟷ 判別式 $b^2-4ac \leqq 0\ (a>0)$

（a が負の場合，$ax^2+bx+c \leqq 0$ が絶対2次不等式である条件も，$a<0$ を別として，同じである．)

ある程度以上の問題になると，これだけですんなり解かしてくれる問題は殆どない．

問題 13

n を正の整数，a を実数とする．すべての整数 m に対して
$$m^2-(a-1)m+\frac{n^2}{2n+1}a>0$$
が成り立つような a の範囲を求めよ． (東京大 ♦)

(f) 実数 a と自然数 n の分数式を係数とする整数 m の2次絶対不等式問題であるから，闇雲に"判別式<0"を課すのではなく，少し整理してみる．a が実数なので，a について整理し，じっと見据えてみること．

解　与式 ⟷ $m^2+m > a\left(m-\dfrac{n^2}{2n+1}\right)$

$\dfrac{n^2}{2n+1}=k$ とおくと，
$$m^2+m>a(m-k)\quad (k>0)$$
これが任意の整数 m について成立する為には $a>0$ でなくてはならない．
便宜上，m を実数 x と見立てて
$$f(x)=x^2+x,$$
$$g(x)=a(x-k)\quad (a>0,\ k>0)$$
とおく（図参照）．

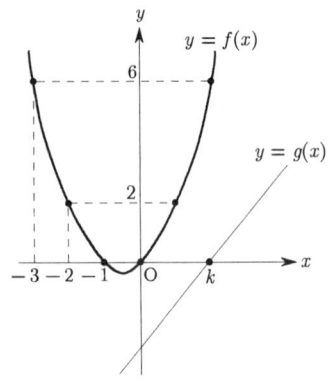

$y = g(x)$ のグラフにおいて $a(>0)$ の値を徐々に大きくしていくと，やがて $y = f(x)$ と $y = g(x)$ のグラフが接するときに到る．このときの条件が a の上限を決めてくれる：
$$x^2 + (1-a)x + ak = 0 \quad (a > 0,\ k > 0)$$
この方程式が重解をもつような a の値を求める．

判別式：$(1-a)^2 - 4ak = 0 \quad (a > 0,\ k > 0)$
$\iff a^2 - 2(2k+1)a + 1 = 0 \quad (a > 0,\ k > 0)$

大きい方の a の値をとって
$$a = 2k + 1 + 2\sqrt{k(k+1)} \quad (k > 0)$$
ここで
$$2k + 1 = \frac{2n^2}{2n+1} + 1 = \frac{2n^2 + 2n + 1}{2n+1},$$
$$k(k+1) = \frac{n^2}{2n+1}\left(\frac{n^2 + 2n + 1}{2n+1}\right)$$
$$= \left\{\frac{n(n+1)}{2n+1}\right\}^2$$
であるから，
$$a = 2n + 1$$

$y = f(x)$ と $y = g(x)$ のグラフの接点の x 座標は $x = \dfrac{a-1}{2} = n$ で，整数である．

$\therefore \quad 0 < a < 2n + 1 \quad \cdots$ **（答）**

§1. 1次, 2次方程式および2次関数　　　　　　　　25

問題 14

$-2 \leqq x \leqq 2$ の範囲で, 関数
$$f(x) = x^2 + 2x - 2,$$
$$g(x) = -x^2 + 2x + a + 1$$
について, 次の命題が成り立つような a の範囲をそれぞれ求めよ.
(1) すべての x に対して, $f(x) < g(x)$.
(2) ある x に対して, $f(x) < g(x)$.
(3) すべての値 x_1, x_2 に対して, $f(x_1) < g(x_2)$.
(4) ある値 x_1, x_2 に対して, $f(x_1) < g(x_1)$.

（大阪教育大 ◇）

f （1）は絶対不等式問題だが, 判別式が役に立たない.
$y = h(x) = g(x) - f(x)$ ($|x| \leqq 2$) のグラフを補助にするべきだろう. $h(x)$ ($|x| \leqq 2$) の '最小値 > 0' が求める条件.

（2）も（1）でのグラフを借用する. $h(x)$ ($|x| \leqq 2$) の '最大値 > 0' が求める条件.

（3）,（4）は, 多分に, 受験生の弱点を突いていて, 少し難しいだろう. 地道に $y = f(x)$ と $y = g(x)$ のグラフを補助に解く.

解　　$f(x) = x^2 + 2x - 2 = (x+1)^2 - 3$　…①

$g(x) = -x^2 + 2x + a + 1$
　　　$= -(x-1)^2 + a + 2$　…②

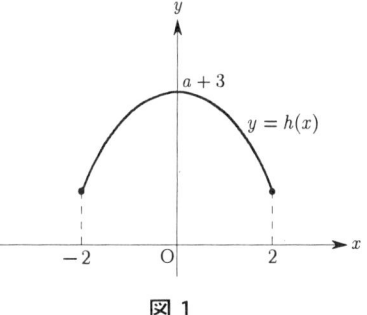

（1）$h(x) = g(x) - f(x)$ とおいて
$y = h(x)$ ($-2 \leqq x \leqq 2$) のグラフを補助に解く（図1参照）.

$h(x) = -2x^2 + a + 3 > 0$ ($-2 \leqq x \leqq 2$)

がつねに成立する条件は
$$h(\pm 2) = -8 + a + 3 > 0$$
∴　$a > 5$　…（答）

図1

（2）これも $y=h(x)$ $(-2\leqq x\leqq 2)$ のグラフを補助に解く（図1参照）．
$h(x)>0$ $(-2\leqq x\leqq 2)$ がある x に対して成立する条件は
$$h(0)=a+3>0$$
$$\therefore \quad a>-3 \quad \cdots \text{（答）}$$

（3）①，②より $y=f(x)$, $y=g(x)$ のグラフを題意に沿うように図示したものが図2である．
求めるべき条件は $f(2)<g(-2)$，つまり，
$$6<a-7$$
$$\therefore \quad a>13 \quad \cdots \text{（答）}$$

（4）求めるべき条件は $f(-1)<g(1)$，つまり，
$$-3<a+2$$
$$\therefore \quad a>-5 \quad \cdots \text{（答）}$$

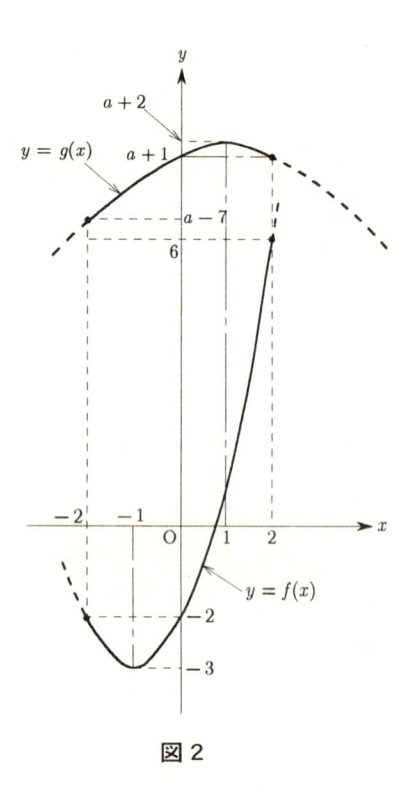

図2

§2. 数と集合，および式の計算と基本的概念

　数，特に整数の問題は，定型の解法というものがないので，入試数学の中で最もセンスの差が現れやすい．そして，その集合となれば，本格的に数学の力を要求されてくる．数そのものとそれらの集合に潜在する性質を見極めるのは，一般に，易しくはない．ある程度，演習を積んで，勘をつけて頂くよりあるまい．

・基本事項 [1]・

整数の剰余

整数の剰余定理
　自然数 a を自然数 b で割ったとき，商を q，余りを r とすると，
$$a = bq + r \quad (q \geq 0, \ 0 \leq r < b)$$
である．

問題1

　n を正の整数とする．$2^n + 1$ は 15 で割り切れないことを示せ．
（お茶の水大 ◇）

▶ "$2^n + 1$ が 15 で割り切れない" ということは，"$2^n + 1$ は 3 と 5 の両方では割り切れるのではない"ということである．（つまり，3 か 5 で割り切れないということ．）そこで，$2^n + 1$ を 3，5 で割った余りを調べてみよ．

解　$I_n = 2^n + 1$ $(n = 1, 2, \cdots)$ とおく．
$1 \leq n \leq 3$ では $I_n < 15$ であるから，I_n は 15 で割り切れない．以下では $n \geq 4$ とする．
　まず 2^n を 3 で割ると

$$余り = \begin{cases} 1 \ (n \text{は偶数}) \\ 2 \ (n \text{は奇数}) \end{cases}$$

($\because n$ が偶数のとき，$n = 2m$ (m は 2 以上の整数) とおけるから，$2^n = 2^{2m} = 4^m$ となり，
$$4^m = \underbrace{(3+1) \cdot (3+1) \cdot \cdots \cdot (3+1)}_{m \text{個}}$$
であるから，この 2 項展開により，2^n を 3 で割った余りは 1 である．よって n が奇数のときは，自動的に，余りは 2 となる．)

よって $2^n + 1$ を 3 で割った余りは
$$余り = \begin{cases} 2 \ (n \text{は偶数}) & \cdots ① \\ 0 \ (n \text{は奇数}) & \cdots ② \end{cases}$$

次に 2^n を 5 で割ると，(上の場合と同様に)
$$余り = \begin{cases} 1 \text{ または } 4 \ (n \text{は偶数}) \\ 2 \text{ または } 3 \ (n \text{は奇数}) \end{cases}$$

よって $2^n + 1$ を 5 で割った余りは
$$余り = \begin{cases} 0 \text{ または } 2 \ (n \text{は偶数}) & \cdots ③ \\ 3 \text{ または } 4 \ (n \text{は奇数}) & \cdots ④ \end{cases}$$

①〜④より n が偶数のとき，$I_n = 2^n + 1$ は 3 では決して割り切れないし，n が奇数のとき，I_n は 5 では決して割り切れない．故に I_n は 15 では決して割り切れない． ◂

(付) "割り切れる" という問題より "割り切れない" という問題の方が，扱いにくい．本問はその 1 例．

問題 2

$(x+1)(x-2)$ の小数第 1 位を四捨五入したものが $1 + 5x$ と等しくなるような実数 x を求めよ． (東京工大)

▶ $1 + 5x$ が整数値をとることに気付かないと始まらない．(これで，結

§2. 数と集合，および式の計算と基本的概念

解 まず $1+5x$ は整数であることに留意して
$$1+5x = n \quad (n \text{ は整数}) \quad \cdots ①$$
とおく．小数第1位に対する四捨五入のルールにより
$$(1+5x)-0.5 \leqq (x+1)(x-2) \leqq (1+5x)+0.5 \quad \cdots ②$$
(ただし負数に対する四捨五入は，例えば，-0.5 は -1 とみなすことにする．)
②において
$$(x+1)(x-2) = \frac{1}{25}(5x+5)(5x-10)$$
$$= \frac{1}{25}(n+4)(n-11) \quad (\because ①\text{より})$$
よって②は
$$-\frac{25}{2} \leqq (n+4)(n-11) - 25n \leqq \frac{25}{2}$$
$$\longleftrightarrow 300 - \frac{25}{2} \leqq (n-16)^2 \leqq 300 + \frac{25}{2}$$
$$\longleftrightarrow (n-16)^2 = 17^2$$
$$\therefore n = -1, 33 \quad \therefore x = -\frac{2}{5}, \frac{32}{5} \quad \cdots \text{(答)}$$

補充問題
p, q を互いに素な(正の)整数とし，n を $1 \leqq n \leqq pq$ なる自然数とする．このような変数 n を p, q で割った余りをそれぞれ r, s とし，(r, s) で1つの組とする．このような (r, s) で異なる組は，全部で pq 個と予想される．この予想が正しければ証明し，正しくないならば成り立たない例を1つ挙げよ．

(解) $0 \leqq r \leqq p-1$, $0 \leqq s \leqq q-1$ であるから，異なる余りの組は pq 個あると予想される．この予想が正しければ，$1 \leqq n \leqq pq$ の範囲で，1組の余り (r, s) を与える自然数 n は唯1つしかないことになるし，逆も正しい．
背理法で後者の命題が正しいことを示す．
もし，同じ余りの組 (r, s) を与える自然数 n が2つあるとすれば，それらを n_1, n_2 として，しかも $n_1 < n_2$ としてよい．

$$n_1 = pk + r = qk' + s \quad (k, k' \text{ は商である})$$
$$n_2 = pl + r = ql' + s \quad (l, l' \text{ は} \quad 〃 \quad)$$

よって $n_2 - n_1$ は p の倍数でも q の倍数でもある．p, q は互いに素な整数であるから，$n_2 - n_1$ は pq の倍数である．しかるに，このことは $1 \leq n_1 < n_2 \leq pq$ に反する． ◀

よって命題の

予想は正しい．

・基本事項［２］・

集合の基本

2つの集合 A, B において
$$A = B$$
$$\longleftrightarrow A \subseteq B \text{ かつ } A \supseteq B$$

（解説）これは，A の任意の要素 a をとると，$a \in B$ であり，逆に B の任意の要素 b をとると，$b \in A$ であるということに他ならない．

この基本事項をみると，あっさりしたものだが，さりとて問題をすぐ解けるわけでもないだろう．いくつかの問題に挑戦してみなくてはならない．集合を苦手とする人は特に多いのでしっかり学ぶように．

問題3

集合 S を
$$S = \{14m + 36n \mid m, n \text{ は整数}\}$$
で定める．
（１）2 が S の要素であることを示せ．
（２）S は偶数全体の集合と一致することを示せ．

（城西大）

§2. 数と集合，および式の計算と基本的概念

▶ 上の基本事項に従うのみ．（2）は（1）を足掛かりにする．

解　（1）　$2 = 2\{7 \times (-5) + 18 \times 2\}$
$= 14 \times (-5) + 36 \times 2$
$\therefore \ 2 \in S$　◀

（2）　$E = \{2k \mid k \text{ は整数}\}$ とする．

S の任意の要素 $14m + 36n$ は
$$2(7m + 18n)$$
となるから，$14m + 36n \in E$ である．

E の任意の要素 $2k$ は
$$2k = 2\{7 \times (-5k) + 18 \times 2k\}$$
$$= 14 \times (-5k) + 36k$$
となるから，$2k \in S$ である．
$$\therefore \ S = E \ \blacktriangleleft$$

（付） 本問に関連して，例えば，次のような不定方程式 $7m + 18n = 1000$ を満たす整数 $m, \ n$ を求めておく：
$$7m + 18n = 4 \times 250$$
$$= (-7 \times 2 + 18) \times 250$$
よって
$$7(m + 500) = 18(250 - n)$$
7 と 18 は互いに素（ユークリッド互除法をもち出すまでもなく明らかだろう）であるから，
$$\begin{cases} m = 18k - 500 \\ n = -7k + 250 \end{cases} \quad (k \text{ は整数})$$

解の表記法は無数にある：
$$\begin{cases} m = 18k + 4 \\ n = -7k + 54, \end{cases} \cdots$$

問題 4

正の実数 a に対し，a^n が整数になるような自然数 n の全体からなる集合を $N(a)$ とかくとき，次のことを示せ．ここに，a, b は正の実数で，ϕ は空集合を表す．

（1） $N(a) \cap N(b) \subseteq N(ab)$

（2） a が有理数かつ $N(a) \neq \phi$ ならば，
$$1 \in N(a)$$

（奈良医大 ◆）

▶ 奈良医大は新作問題を得意とする．$N(a)$ の意味をしっかりとおさえておくこと．（1）$N(a) \cap N(b)$ が ϕ になる場合とそうでない場合で分ける．（2）a が有理数ならば，それは（正の）整数であるはず．そのことを，まず示す．

解 （1） $\phi = N(a) \cap N(b)$ のとき明らかに
$$N(a) \cap N(b) \subseteq N(ab)$$
$\phi \neq N(a) \cap N(b)$ のとき $N(a) \cap N(b)$ の任意の要素を n とすると，
$$a^n \text{ と } b^n \text{ は（正の）整数}$$
であり．従って $a^n \cdot b^n = (ab)^n$ は整数である．
$$\therefore \quad n \in N(ab)$$
以上から
$$N(a) \cap N(b) \subseteq N(ab) \quad \blacktriangleleft$$

（2） a が（正の）有理数ならば，$a = \dfrac{p}{q}$（p と q は互いに素な正の整数としてよい）と表せる．$N(a) \neq \phi$ より $n \in N(a)$ なる整数 n がある．よって $a^n = \left(\dfrac{p}{q}\right)^n$ は整数でなくてはならない．p と q は互いに素だから $q = 1$ に限る．よって $a = p = a^1$ であるから，
$$1 \in N(a) \quad \blacktriangleleft$$

問題 5

A, B, C はいずれも自然数を要素とする集合であり，A の任意の要素 a と B の任意の要素 b に対し，$a+b \in C$ が成り立っているとする．このとき，次のことを示せ．（ϕ は空集合を表す．）

(1) C の要素がすべて奇数であるならば，$A \cap B = \phi$ である．

(2) C の要素がすべて偶数であり，しかも $A \cap B = \phi$ であるとき，$A \cup B$ の任意の要素 m, n に対し，$m+n$ は偶数である．

（奈良医大 ◇）

▶ 易しい集合の問題であるが，これくらいで，充分，試験になったことであろう．自然数の基本的性質を問うているだけであるので，本書の読者は完答して頂きたいものである．

解 (1) C の要素が全て奇数ということは，A が奇数だけ（または偶数だけ）の集合で，B が偶数だけ（または奇数だけ）の集合であるということである．（ただし，かっこ内はそれらだけで組み合わせる．）よって

$$A \cap B = \phi \quad \blacktriangleleft$$

(2) C の要素が全て偶数ということは，A が奇数だけ（または偶数だけ）の集合で，B が奇数だけ（または偶数だけ）の集合であるということである．よって $A \cup B$ の任意の要素 m, n に対し，$m+n$ は偶数である． ◀

(付) $A \cap B = \phi$ という条件は不要である．

集合に関する多くの基本的事柄は教科書で再確認しておくこと．

基本事項 [3]

集合の要素の個数

個数定理

2つの(有限)集合 A, B の要素の個数をそれぞれ $n(A)$, $n(B)$ で表すとする．この下で次の式が成立する．
$$n(A \cup B) = n(A) + n(B) - n(A \cap B)$$
さらに(有限)集合 C があれば，次の式が成立する．
$$n(A \cup B \cup C) = n(A) + n(B) + n(C)$$
$$- n(A \cap B) - n(B \cap C) - n(C \cap A) + n(A \cap B \cap C)$$

問題6

1 から 100 までの整数のうちで 2 でも 3 でも割り切れないものは ▭(1) 個あり，それらの和は ▭(2) である．

（長岡技術大 ◇）

▶ （1）まず1～100 までの整数のうちで 2, 3, 6 で割り切れるものの個数を求める．

（2）1～100 までの和から 2 または 3 で割り切れる数の和を引く．

解 （1）1 から 100 までの整数のうちで

2 で割り切れるものは 50(個)，
3 で 〃 33(個)，
6 で 〃 16(個)

である．それ故，2 でも 3 でも割り切れないものの個数は，個数定理を用いて
$$100 - (50 + 33 - 16)$$
$$= 33 \text{(個)} \quad \cdots \text{(答)}$$

（2）1 から 100 までの和は
$$\frac{100(1+100)}{2} = 5050$$

1 から 100 までの整数のうちで 2 または 3 で割り切れるものの和は

$$2(1+2+\cdots+50)+3(1+2+\cdots+33)-6(1+2+\cdots+16)$$
$$=2\times\frac{50(1+50)}{2}+3\times\frac{33(1+33)}{2}-6\times\frac{16(1+16)}{2}$$
$$=2550+1683-816$$
$$=3417$$

よって求める和は

$$5050-3417=1633 \quad \cdots \textbf{(答)}$$

単なる算数計算なのだが,著者は,この類の問題では,いつも,もたつく.(算術計算が苦手なものだから,急いで解くとよくミスをする.)

それでは、**第1部**の主目的たる内容，即ち，式の計算に入る．この分野は内容的に豊富なものがあるので，叙述の流れが，これまでと少し変わってくることを断っておく．

〈1〉 整 式 の 整 除 と 剰 余

この項では1変数型整式を扱う．

n を0以上の整数とする．x の n 次の(定数0でない)整式(項が2つ以上のときは多項式ともいう；集合論的には単項式を多項式の中に含める)とは，$a_0, a_1, \cdots, a_n$ を適当な係数として
$$f(x) = a_0 x^n + a_1 x^{n-1} + \cdots + a_n \quad (a_0 \neq 0)$$
なるものである．

問題 7

実数を係数とする x の整式全体の集合を S とする．$f(x), g(x), h(x)$ を S の要素とする．いま，積 $(f \circ g)(x)$ を
$$(f \circ g)(x) = f(g(x))$$
と合成で定義しておく．このとき，結合律
$$((f \circ g) \circ h)(x) = (f \circ (g \circ h))(x)$$
が成り立ち，また
$$(0 \circ f)(x) = \boxed{}$$
である．ここに $0(x)$ はその係数がすべての0の整式である．(空欄を埋めよ．)

いま，$k(x) \in S$ が $(k \circ 0)(x) = k(x)$ を満たすならば，すべての $f(x) \in S$ に対して，
$$(k \circ f)(x) = k(x)$$
が成り立つことを示せ．

(東北学院大・工)

▶ 余計な先入観にとらわれず，ただ定義にのみ従って素直に解けばよい．ただし，論拠を明確にして進むこと．

|解| まず空欄を埋める．合成の定義より
$$(0 \circ f)(x) = 0(f(x))$$
$$= 0 \quad (\because \quad 0(x) = 0 \text{ より}) \quad \cdots \text{(答)}$$

次に $(k \circ f)(x) = k(x)$ を示す．合成の定義より
$$(k \circ 0)(x) = k(0(x))$$
$$= k(0)$$

は定数項だから，仮定より
$$k(x) = c \quad (\text{定数整式})$$

よって
$$(k \circ f)(x) = k(f(x))$$
$$= c = k(x) \quad \blacktriangleleft$$

m, n を $m \geq 1$, $n \geq 0$ なる整数とする．x の n 次の整式 $f(x)$ を，x の m 次の整式 $g(x)$ で割ったとき，
$$f(x) = g(x)q(x) + r(x)$$
と表される．ここに $q(x)$ は商，$r(x)$ は余りで $r(x)$ の次数は $m-1$ 以下である．（これは除法定理とよばれるものであるが，いちいち断るまでもなく，暗黙の了解として用いてよい．）

問題8

n, p は正の整数とする．$f(x)$, $g(x)$ は n 次の整式で，ともに x^n の係数は 1 とする．このとき，$\{f(x)\}^p$ と $\{g(x)\}^p$ において x^{np-1}, x^{np-2}, $\cdots$, x^{np-n} の係数がそれぞれ一致しているならば，$f(x) = g(x)$ であることを示せ．

(京都府医大 ◇)

▶ 最高次の係数が 1 である整式はモニック(monic)であるとよばれるら

しい^(脚注). このタイプの整式には種々の性質がある. 本問は最近のものであり, 受験生の弱点をついている. $\{f(x)\}^p - \{g(x)\}^p = \{f(x) - g(x)\} \cdot [\{f(x)\}^{p-1} + \{f(x)\}^{p-2}g(x) + \cdots + \{g(x)\}^{p-1}]$ と因数分解されるので, $f(x) = g(x)$ を示すには背理法と見抜くべきであろう.

解 問題の仮定より適当な係数を用いて
$$\{f(x)\}^p = x^{np} + a_{np-1}x^{np-1} + a_{np-2}x^{np-2} + \cdots + a_{np-n}x^{np-n} + F(x)$$
　　　　　　($F(x)$ は x の $np-(n+1)$ 次以下の整式),
$$\{g(x)\}^p = x^{np} + a_{np-1}x^{np-1} + a_{np-2}x^{np-2} + \cdots + a_{np-n}x^{np-n} + G(x)$$
　　　　　　($G(x)$ は x の $np-(n+1)$ 次以下の整式)
と表せる. $p=1$ のときは問題ないから, $p \geqq 2$ としておく.
$$\{f(x)\}^p - \{g(x)\}^p = F(x) - G(x)$$
$$\iff \{f(x) - g(x)\}[\{f(x)\}^{p-1} + \{f(x)\}^{p-2}g(x) + \cdots + \{g(x)\}^{p-1}]$$
$$= F(x) - G(x)$$
そこで $f(x) \neq g(x)$ とすると, $f(x), g(x)$ の最高次の係数が共に 1 より, 左辺は少なくとも x の $n(p-1)$ 次式, 右辺は高々 x の $np-(n+1)$ 次式であるから, 上式は不合理となる. よって
$$f(x) = g(x) \quad \blacktriangleleft$$

(脚注) この用語の引用は加藤明史氏(鳥取大)による『理系への数学』誌上の講義からのものである. モニック多項式の性質の例は, 既に, 第1部の§1における問題3で現れている.

§2. 数と集合，および式の計算と基本的概念

・基本事項 [4]・

整式の剰余

〈定理 1 － 1 〉（剰余定理）

x の整式 $f(x)$ を $x-a$ で割った余りは $f(a)$ である．

∵) $f(x)$ は
$$f(x)=(x-a)q(x)+c \quad (q(x) \text{は商，} c \text{は余りで定数})$$
と表されるから，
$$c=f(a) \quad \textbf{q.e.d.}$$

〈定理 1 － 2 〉（因数定理）

x の整式 $f(x)$ が $x-a$ で割り切れる為の条件は $f(a)=0$ である．

∵) $f(x)$ は
$$f(x)=(x-a)q(x)+c \quad (q(x) \text{は商，} c \text{は定数})$$
と表せる．$f(x)$ が $x-a$ で割り切れることは $c=0$ を導き，従って $f(a)=0$ である．逆に，$f(a)=0$ のときは $c=0$ となり，$f(x)$ は $x-a$ で割り切れる．**q.e.d.**

次の定理はここではやや発展的である．

〈定理 1 － 3 〉

x の整式 $f(x)$ が $(x-a)^2$ で割り切れる為の条件は $f(a)=f'(a)=0$ である．ここに $f'(x)$ は $f(x)$ を x で微分したものである．

$f(x)=(x-a)q(x)$ のとき，$f(x)$ は 2 つの整式 $x-a$ と $q(x)$ の積に因数分解されたという．

（**例**）n を自然数とする．x^n-1 は $x-1$ で割り切れる．
実際，直接の割り算によって次のように因数分解される：
$$x^n-1=(x-1)(x^{n-1}+\cdots+x+1)$$

・**基本事項 [5]**・

立方根

整式の剰余において，よく使われる立方根について簡単に述べておく．
$$x^3 - 1 = (x-1)(x^2+x+1) = 0$$
の(1でない)虚数解 ω を虚立方根という．このとき，ω^2 も $x^2+x+1=0$ の解である．ω の性質をまとめておこう．

ω を虚立方根とする．
$$\omega^3 = 1, \quad \omega^2 + \omega + 1 = 0$$
$$\omega + \bar{\omega} = -1, \quad \omega\bar{\omega} = 1$$
$$\omega^2 = \bar{\omega}$$

（$\omega = \dfrac{-1+\sqrt{3}i}{2}$（$i$ は虚数単位）とすると，$\bar{\omega} = \dfrac{-1-\sqrt{3}i}{2}$ となるが，これらの具体的値を使うことはあまり多くはない．）

〈定理1－4〉
a，b を実数，ω を虚立方根とする．この下で
$$a + b\omega = 0 \iff a = b = 0.$$

問題9

多項式 $P(x)$ を $(x+2)^3$ で割った余りを $4x^2+3x+5$，$x-1$ で割った余りを3とする．
（1） $P(x)$ を $(x+2)(x-1)$ で割った余りを求めよ．
（2） $P(x)$ を $(x+2)^2(x-1)$ で割った余りを求めよ．

（鹿児島大 ◇）

▶ 上の**基本事項 [4]** を駆使するのみ．

解 題意より
$$P(x) = (x+2)^3 Q_1(x) + 4(x+2)^2 - 13x - 11$$
$$= (x-1) Q_2(x) + 3$$

ただし，$Q_1(x)$，$Q_2(x)$ は x のある整式である．

§2. 数と集合，および式の計算と基本的概念　　　　41

（1）$P(x) = (x+2)(x-1)Q_3(x) + a(x+2) + b$ と表せる．ただし，$Q_3(x)$ はある整式，a, b は定数である．
$P(-2) = 15 = b$, $P(1) = 3 = 3a + b$ であるから，
$$a = -4, \quad b = 15$$
よって求める余りは
$$-4(x+2) + 15 = -4x + 7 \quad \cdots \text{（答）}$$

（2）　　$P(x) = (x+2)^2(x-1)Q_4(x) + a(x+2)(x-1) + b(x+2) + c$
と表せる．ただし，$Q_4(x)$ はある整式，a, b, c は（（1）の a, b とは別で）定数である．
$P(-2) = 15 = c$, $P(1) = 3 = 3b + c$ であるから，
$$b = -4, \quad c = 15$$
よって
$$P(x) = (x+2)^2(x-1)Q_4(x) + a(x+2)(x-1) - 4x + 7$$
$$= (x+2)^3 Q_4(x) - 3(x+2)^2 Q_4(x) + a(x+2)^2 - (3a+4)x + 7 - 6a$$
最初の $P(x)$ の表式と，x の1次以下の項の係数比較することにより
$$13 = 3a + 4, \quad 11 = 6a - 7$$
$$\therefore \quad a = 3$$
よって求める余りは
$$3(x+2)(x-1) - 4x + 7$$
$$= 3x^2 - x + 1 \quad \cdots \text{（答）}$$

（付）（2）は，微分法を用いてよいなら，かなり speedy に解ける：
$$P(x) = (x+2)^2(x-1)Q_4(x) + a(x+2)(x-1) + b(x+2) + c$$
において
$$P(-2) = 15 = c,$$
$$P(1) = 3 = 3b + c = 3b + 15 \quad (\therefore \ b = -4),$$
$$P'(-2) = -13 = a(-3) + b$$
$$\therefore \quad a = 3$$
となる訳である．

問題 10

整式 $f(x)$ が次の条件を満たすとき，次数の最も低いものを求めよ．
（条件） $f(x)-2$ は $(x-1)^2$ で割り切れ，$f(x)+2$ は $(x+1)^2$ で割り切れる．

（京都薬大）

▶ $f(x) = (x-1)^2 q_1(x) + 2 = (x+1)^2 q_2(x) - 2$ と表されるので，$q_1(x)$ と $q_2(x)$ の最高次の次数と係数は等しいはずである．目算で $q_1(x) = q_2(x) = c$ （定数）ということはあり得ないことが分かるから，次の候補となれば，$q_1(x)$，$q_2(x)$ 共に x の 1 次式ということになる．これで $q_1(x)$ と $q_2(x)$ が矛盾なく決まれば，題意に適う $f(x)$ が求まることになる．以下に 3 通りで解答を教示しておく．

解 1　（**条件**）より

$$f(x) = (x-1)^2 q_1(x) + 2 \quad (q_1(x) \text{ は商}) \quad \cdots ①$$
$$f(x) = (x+1)^2 q_2(x) - 2 \quad (q_2(x) \text{ は商}) \quad \cdots ②$$

と表せる．$q_1(x) = q_2(x)$ の最高次の次数と係数は等しいから，まず $q_1(x) = q_2(x) = c$（定数）とおいてみると，①，②より

$$cx^2 - 2cx + c + 2 = cx^2 + 2cx + c - 2$$

これを満たす c は存在しないから，不適である．

次に $q_1(x) = ax + b$，$q_2(x) = ax + c$ $(a \neq 0)$ とおいてみると，①，②より

$$ax^3 + (b-2a)x^2 + (a-2b)x + b + 2$$
$$= ax^3 + (c+2a)x^2 + (a+2c)x + c - 2$$

$$\longleftrightarrow \begin{cases} b - 2a = c + 2a \\ a - 2b = a + 2c \\ b + 2 = c - 2 \end{cases}$$

$$\longleftrightarrow a = -1,\ b = -2,\ c = 2$$

よって求める $f(x)$ は

$$f(x) = -x^3 + 3x \quad \cdots \text{（答）}$$

§2. 数と集合，および式の計算と基本的概念　　43

解 2　（条件）より
$$f(x) = (x-1)^2 q_1(x) + 2 \quad (q_1(x) \text{ は商}) \cdots ①$$
$$f(x) = (x+1)^2 q_2(x) - 2 \quad (q_2(x) \text{ は商}) \cdots ②$$
そこで $q_2(x)$ を $(x-1)^2$ で割ることにより
$$q_2(x) = (x-1)^2 p(x) + ax + b \quad (p(x) \text{ は商}) \cdots ③$$
と表せるから，②は
$$f(x) = \{(x-1)^2 + 4x\}\{(x-1)^2 p(x) + ax + b\} - 2$$
$$= (x-1)^4 p(x) + 4x(x-1)^2 p(x) + (x-1)^2(ax+b)$$
$$\qquad\qquad + \underline{\underline{4x(ax+b) - 2}} \quad \cdots ④$$
さらに
$$\underline{\underline{4x(ax+b) - 2}} = 4a(x-1)^2 + (8a+4b)x - 4a - 2$$
と表せるから，④の $f(x)$ を $(x-1)^2$ で割った余りは
$$(8a+4b)x - 4a - 2 = 2 \quad (\because \text{ ①の } f(x) \text{ の余りは 2 である})$$
$$\therefore \quad a = -1, \ b = 2$$
③の $q_2(x)$ で次数最小のものは $p(x) = 0$ のときだから，
$$q_2(x) = -x + 2$$
よって求める $f(x)$ は
$$f(x) = (x+1)^2(-x+2) - 2$$
$$= -x^3 + 3x \quad \cdots \text{(答)}$$

解 3　（条件）より
$$f(1) - 2 = \{f(x) - 2\}'_{x=1} = 0,$$
$$f(-1) + 2 = \{f(x) + 2\}'_{x=-1} = 0$$
よって $f'(1) = f'(-1) = 0$ だから，最低次の $f'(x)$ は a を未定係数として
$$f'(x) = a(x-1)(x+1) = ax^2 - a$$
と表せる．よって
$$f(x) = \frac{a}{3}x^3 - ax + b \quad (b \text{ は定数})$$
$f(1) = 2, \ f(-1) = -2$ であったから，
$$a = -3, \ b = 0$$
よって求める $f(x)$ は
$$f(x) = -x^3 + 3x \quad \cdots \text{(答)}$$

（付）本問は決して易しくはない．多分に合否の試金石になったことであろう．

問題 11

m, n は正の整数とする．
（1） $x^{3m}+1$ を x^3-1 で割った余りを求めよ．
（2） x^n+1 を x^2+x+1 で割った余りを求めよ．

（室蘭工大 ◇）

▶ （1） $x^{3m}+1 = (x^{3m}-1)+2 = \{(x^3)^m-1\}+2$
$= (x^3-1)\{(x^3)^{m-1}+\cdots+(x^3)+1\}+2$ となる．
（2） $n=3k\,(k=1,2,3,\cdots)$, $n=3k+1$, $n=3k+2$ （共に $k=0,1,2,\cdots$）で場合分けしてみよ．そして立方根の性質を用いる．

解 （1） $x^{3m}+1 = (x^{3m}-1)+2$
$x^{3m}-1$ は x^3-1 で割り切れるから，$x^{3m}+1$ を x^3-1 で割った余りは
$$2 \quad \cdots\text{（答）}$$

（2） $\begin{cases} x^n+1 = (x^2+x+1)q(x)+ax+b \\ (\,q(x)\text{ は商，} a,\ b \text{ は実数})\end{cases}$

ω を虚立方根とする．
・$n=3k\ (k=1,2,3,\cdots)$ のとき
$x=\omega$ とおくことにより
$$\omega^{3k}+1 = a\omega+b$$
$\omega^3=1$ だから，上式は
$$2 = a\omega+b \iff b-2+a\omega = 0$$
$$\iff a=0,\ b=2$$
・$n=3k+1\ (k=0,1,2,\cdots)$ のとき
$x=\omega$ とおくことにより
$$\omega+1 = a\omega+b \iff b-1+(a-1)\omega=0 \iff a=b=1$$
・$n=3k+2\ (k=0,1,2,\cdots)$ のとき
$x=\omega$ とおくことにより

$$\omega^2 + 1 = a\omega + b$$

$\omega^2 = -\omega - 1$ だから,
$$-\omega = a\omega + b \iff b + (a+1)\omega = 0$$
$$\iff a = -1,\ b = 0$$

以上から求める余りは
$$\begin{cases} n = 3k\ (k = 1,\ 2,\ 3,\ \cdots) のとき & 2 \\ n = 3k+1\ (k = 0,\ 1,\ 2,\ \cdots) のとき & x+1 \\ n = 3k+2\ (k = 0,\ 1,\ 2,\ \cdots) のとき & -x \end{cases} \quad \cdots \text{(答)}$$

〈2〉 対称式と交代式,そして因数分解

この項では多変数型整式を使う.例えば $x,\ y,\ z$ の整式とは,適当な係数 $a,\ b,\ c,\ \cdots$ などを伴った有理式

$abcxyz$ (単項式),

$ax^3 + bx^2 + cy$ (多項式),

$ax^2 + by^2 + cz^2 + dxy + eyz + fzx$ (多項式)

などのようなものである.(**注意**: $x,\ y,\ z,\ \cdots$ などはつねに変数で,$a,\ b,\ c,\ \cdots$ などはつねに定数であると思わないこと.その場に応じて,適宜,変数とみたり,定数とみたりする.)

ある整式 P がいくつかの整式 $P_1,\ P_2,\ \cdots,\ P_n$ によって,$P = P_1 \cdot P_2 \cdots \cdot P_n$ という積の形に表されるとき,P は因数分解されたという.

また $x_1,\ x_2,\ \cdots,\ x_n$ のある整式 $P = f(x_1,\ x_2,\ \cdots,\ x_n)$ が文字 t について
$$f(tx_1,\ tx_2,\ \cdots,\ tx_n) = t^l f(x_1,\ x_2,\ \cdots,\ x_n) \quad (l は 1 以上の自然数)$$
を満たすとき,P は $x_1,\ x_2,\ \cdots,\ x_n$ の l 次の同次式であるといわれる.例えば,
$$P = ax^2 + by^2 + cz^2 + dxy + eyz + fzx,$$
$$P = x^n + y^n + z^n \quad (n は自然数)$$
はそれぞれ $x,\ y,\ z$ の2次の同次式;$x,\ y,\ z$ の n 次の同次式である.(このような概念はあとで入用となる.)

------- **基本事項 [6]** -------

対称式

n 個の文字 $x_1, x_2, \cdots, x_n$ の整式 $P = f(x_1, x_2, \cdots, x_n)$ はそれらの任意の 2 文字を入れ替えても，元と同じ整式 P であるならば，P は $x_1, x_2, \cdots, x_n$ の対称式であるといわれる．例えば，
$$P = x^2 + y^2 + z^2,$$
$$P = xy + yz + zx$$
はどちらも x, y, z の対称式である．対称式については次の基本的定理がある．

〈定理 2 − 1〉

P, Q が共に $x_1, x_2, \cdots, x_n$ についての対称式ならば，
$$P \pm Q, \ PQ, \ \left(さらに \frac{P}{Q}\right)$$
も対称式である．

対称式を論ずるにおいては基本対称式が大切である．n 個の文字 $x_1, x_2, \cdots, x_n$ から k 個 $(1 \leqq k \leqq n)$ の文字をとって作った積の総和
$$\begin{cases} e_1 = x_1 + x_2 + \cdots + x_n \\ e_2 = x_1 x_2 + x_1 x_3 + \cdots + x_1 x_n \\ \qquad\quad + x_2 x_3 + \cdots + x_2 x_n \\ \qquad\qquad\qquad\vdots \\ \qquad\qquad\qquad + x_{n-1} x_n, \\ \quad\vdots \\ e_n = x_1 x_2 \cdots x_n \end{cases}$$
は対称式である．これらを基本対称式という．例えば，
$$\begin{cases} e_1 = x + y + z, \ e_2 = xy + yz + zx, \\ e_3 = xyz \end{cases}$$
は x, y, z の基本対称式である．次の定理は暗黙の了解でよく用いられている．

〈定理 2 − 2〉

n 個の文字の対称式はそれらの文字の基本対称式の整式で一意に表される．

基本対称式の例は 2 次，3 次方程式の解と係数の関係式などがそうである．

§2. 数と集合, および式の計算と基本的概念

------- **基本事項 [7]** -------
交代式

n 個の文字 $x_1, x_2, \cdots, x_n$ の整式 $P = f(x_1, x_2, \cdots, x_n)$ はそれらの任意の2文字を入れ換えたとき, P が元の式と符号だけが変わるならば, P は $x_1, x_2, \cdots, x_n$ の交代式であるといわれる. 例えば,
$$P = x^n(y-z) + y^n(z-x) + z^n(x-y) \quad (n \text{ は2以上の整数})$$
は x, y, z の(循環)交代式である.

交代式を論ずるには基本交代式(差積ともいわれる)が大切である. n 個の文字 $x_1, x_2, \cdots, x_n$ によって次のように作った積
$$\Delta = (x_1 - x_2)(x_1 - x_3)(x_1 - x_4) \cdots\cdots (x_1 - x_n)$$
$$\cdot (x_2 - x_3)(x_2 - x_4) \cdots\cdots (x_2 - x_n)$$
$$\vdots$$
$$\cdot (x_{n-1} - x_n)$$

$$(= \prod_{1 \leq i < j \leq n} (x_i - x_j) \text{ と表すことも多い})$$

は交代式である. これを基本交代式という. 例えば,
$$\Delta = (x-y)(y-z)(z-x)$$
は x, y, z の基本交代式である.

さて, $P = f(x_1, x_2, \cdots, x_n)$ が交代式のときは
$$f(x_1, x_2, \cdots, x_n) = -f(x_2, x_1, \cdots, x_n)$$
であるから, $x_1 = x_2$ とおくと,
$$f(x_1, x_2, \cdots, x_n) = 0$$
となる. 同様に $x_1 = x_3, x_1 = x_4, \cdots$ とおくと, $P = 0$ となるので, 因数定理によって P は基本交代式 Δ で割り切れることが分かる.

〈定理2-3〉
n 個の文字の交代式はそれらの文字の基本交代式で割り切れる.

基本事項 [8]

対称式と交代式の相関

対称式と交代式の性質から次のような定理が存在する.

〈定理 2-4〉
n 個の文字 $x_1, x_2, \cdots, x_n$ の対称式と交代式において

$$対称式 \times 対称式 = 対称式,$$
$$対称式 \times 交代式 = 交代式,$$
$$交代式 \times 交代式 = 対称式$$

である. (これらは有理式一般に対して成り立つ.)

それでは演習に入る.

問題 12

x, y は実数で
$$x^2 - 2xy + y^2 + 2x + 2y + 3 = 0$$
をみたすとき, $x+y$ の最大値, xy の最小値とそれらを与える x, y の値を求めよ. (熊本大 ◇)

▶ $x+y=k$ とおいて x か y の 1 文字消去による. xy の評価も同様か？ $xy=l$ とおいて x か y の 1 文字消去すると, 式が膨れ上がる. もう少し, うまい手段を考えなくてはならない. (その為には, 与式が対称式であることをよく捉えておかなくてはならない.)

|解| $x+y=k$ とおいて, この y を与式に代入することによって
$$x^2 - 2x(k-x) + (k-x)^2 + 2k + 3 = 0$$
すなわち
$$4x^2 - 4kx + k^2 + 2k + 3 = 0 \quad \cdots ①$$
k, x は実数であるから, これを x の 2 次方程式とみて判別式を D とすると,
$$\frac{D}{4} = (2k)^2 - 4(k^2 + 2k + 3)$$
$$= -4(2k+3) \geqq 0$$

$$\therefore \quad k \leqq -\frac{3}{2}$$

$k = -\dfrac{3}{2}$ のとき，①より

$$4x^2 + 6x + \frac{9}{4} = 0 \quad \therefore \quad x = -\frac{3}{4}$$

$x + y = -\dfrac{3}{2}$ より $y = -\dfrac{3}{4}$ である．

よって $x + y$ の最大値は

$$-\frac{3}{2} \quad \left(x = y = -\frac{3}{4} \text{ のとき}\right) \quad \cdots \text{（答）}$$

$xy = t$ とおくと，

$$(x+y)^2 = x^2 + y^2 + 2t$$

そこで $x + y = s$ とおくと，本問前半の結果より $s \leqq -\dfrac{3}{2}$ であり，

$$x^2 + y^2 = s^2 - 2t \quad \left(s \leqq -\frac{3}{2}\right)$$

よって与式は

$$s^2 - 2t - 2t + 2s + 3 = 0 \quad \left(s \leqq -\frac{3}{2}\right)$$

すなわち

$$s^2 + 2s + 3 - 4t = 0 \quad \left(s \leqq -\frac{3}{2}\right)$$

$$\longleftrightarrow 4t = (s+1)^2 + 2 \quad \left(s \leqq -\frac{3}{2}\right)$$

s は実数であるから，$Y = (s+1)^2 + 2$ $\left(s \leqq -\dfrac{3}{2}\right)$ のグラフが sY 座標平面に描ける：

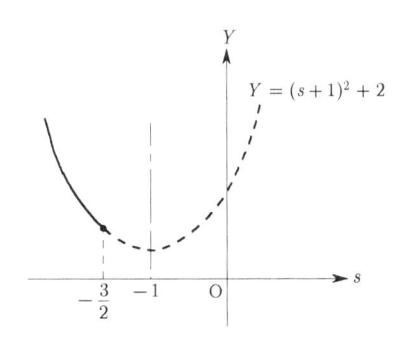

よって $s = -\dfrac{3}{2}$ のとき，t は最小値

$$t = \frac{1}{4}\left\{\left(-\frac{3}{2}+1\right)^2 + 2\right\} = \frac{9}{16}$$

をとる．この値を与える x, y を求める．

$$\begin{cases} x + y = -\dfrac{3}{2} \\ xy = \dfrac{9}{16} \end{cases}$$

より x, y は X の 2 次方程式

の2実解である．よって
$$X = -\frac{3}{4}$$
よって xy の最小値は
$$\frac{9}{16} \left(x = y = -\frac{3}{4} \text{のとき} \right) \quad \cdots \text{(答)}$$

（付） 後半は少し骨があったかもしれない．着眼が悪ければ，正解はまず無理である．元々，与式は x, y の対称式であるので，それは x, y の基本対称式 $x + y$, xy で表されるというわけである．

問題 13

3次方程式 $x^3 + ax + b = 0$ の3解を α, β, γ とすると，
$$(\alpha - \beta)^2 (\beta - \gamma)^2 (\gamma - \alpha)^2 = -4a^3 - 27b^2$$
であることを示せ．

▶ 本問の等式は知る人ぞ知る有名な'3次方程式の判別式'である．
（一般に3次方程式は $x^3 + ax + b = 0$ の形式に帰着される．）示すべき等式の左辺において $(\alpha - \beta)(\beta - \gamma)(\gamma - \alpha)$ は α, β, γ の基本交代式であり，それを2乗したものは対称式になるので，解と係数の関係式の利用ということになる．

解 解と係数の関係より
$$\alpha + \beta + \gamma = 0 \quad \cdots \text{①}$$
$$\alpha\beta + \beta\gamma + \gamma\alpha = -a \quad \cdots \text{②}$$
$$\alpha\beta\gamma = -b \quad \cdots \text{③}$$

$(\alpha - \beta)^2 (\beta - \gamma)^2 (\gamma - \alpha)^2$ は α, β, γ の6次の同次対称式であるから，α, β, γ の基本対称式①〜③の左辺の整式で表される：
$$(\alpha - \beta)^2 (\beta - \gamma)^2 (\gamma - \alpha)^2$$
$$= A(\alpha\beta + \beta\gamma + \gamma\alpha)^3 + B(\alpha\beta\gamma)^2 \quad \cdots \text{④}$$

ここに A, B は形式的未定係数である．
$\gamma = 0$ とおくことにより，①から $\alpha + \beta = 0$, そして②から $\alpha\beta = -a$ となる

ので，④は次式となる：
$$\{2\alpha(-\alpha)^2\}^2 = A(-\alpha^2)^3$$
$$\therefore \quad A = -4$$

この A の値を④に代入して，$\gamma=1$, $\alpha=-2$, $\beta=1$ とおくことにより
$$0 = -4(-2+1-2)^3 + B(-2)^2$$
$$\therefore \quad B = -27$$

以上の A, B の値と②，③より④は
$$(\alpha-\beta)^2(\beta-\gamma)^2(\gamma-\alpha)^2 = -4a^3 - 27b^2 \quad \blacktriangleleft$$

(付) x の2次方程式 $ax^2 + bx + c = 0$ の2解を α, β とすると，
$$(\alpha-\beta)^2 = \frac{1}{a^2}(b^2 - 4ac)$$
である．（この右辺は2次方程式の判別式．）（各自，演習．）

〈3〉 因数分解とその応用

　これから扱う，例えば，因数分解において，諸君はこれまでは唐突な公式の暗記と1文字整理の定石に従ってきたと思われるが，今後は因数定理，同次式，対称式，交代式に基づいた華麗な技を見ることになるだろう．対称式や交代式が重宝されるのはそれらのもつ秩序ある美しさに起因する．（全然，秩序性をもたないならば，でたらめそのものであるから，学ぶも何もない．）

　既に項目〈1〉，〈2〉で我々は因数分解の為の準備を少しずつしてきた．ここで，〈1〉，〈2〉で学んだ概念を"フル"に使って因数分解の問題を解くことにしよう．

　まずはよく使われる公式を列挙しておく．

・基本事項 [9]・

因数分解の基本公式

〈公式 3 − 1〉
❶ $a^n - b^n = (a-b)(a^{n-1} + a^{n-2}b + a^{n-3}b^2 + \cdots + b^{n-1})$
　　　　(n は 2 以上の自然数)
❷ $a^n + b^n = (a+b)(a^{n-1} - a^{n-2}b + a^{n-3}b^2 - \cdots + b^{n-1})$
　　　　(n は 3 以上の奇数)
❸ $a^3 + b^3 + c^3 - 3abc = (a+b+c)(a^2 + b^2 + c^2 - ab - bc - ca)$
　　　　　　　　$= \dfrac{1}{2}(a+b+c)\{(a-b)^2 + (b-c)^2 + (c-a)^2\}$

(付記) ❶では $n = 2, 3$ の場合，❷では $n = 3$ の場合が最も多用される．

∵) ❶ a の整式とみて $a = b$ とおくと，0 になるので，因数定理と直接の割り算で済む．
❷ ❶と同様．
❸ ❷で $n = 3$ の場合，$a^3 + b^3 = (a+b)(a^2 - ab + b^2)$ が成立するから
$$a^3 + b^3 + c^3 - 3abc$$
$$= a^3 + (b+c)^3 - 3b^2c - 3bc^2 - 3abc$$
$$= \{a + (b+c)\}\{a^2 - a(b+c) + (b+c)^2\} - 3bc(a+b+c)$$
$$= (a+b+c)(a^2 + b^2 + c^2 - ab - bc - ca)$$
また
$$a^2 + b^2 + c^2 - ab - bc - ca$$
$$= \dfrac{1}{2}\{(a-b)^2 + (b-c)^2 + (c-a)^2\}$$
以上によって❸は示された． q.e.d.

(例)　　$x^4 + 1 = x^4 + 2x^2 + 1 - 2x^2$
　　　　　　$= (x^2+1)^2 - (\sqrt{2}\,x)^2$
　　　　　　$= (x^2 - \sqrt{2}\,x + 1)(x^2 + \sqrt{2}\,x + 1)$

(複素数係数まで許せば，これはさらに因数分解される．)

§2. 数と集合，および式の計算と基本的概念

（例）
$$x^4 + x^3 + x^2 + x + 1$$
$$= x^2\left(x^2 + x + 1 + \frac{1}{x} + \frac{1}{x^2}\right)$$
$$= x^2\left\{\left(x + \frac{1}{x}\right)^2 + \left(x + \frac{1}{x}\right) - 1\right\}$$
$$= x^2\left(x + \frac{1}{x} + \frac{1-\sqrt{5}}{2}\right)\left(x + \frac{1}{x} + \frac{1+\sqrt{5}}{2}\right)$$
$$= \left(x^2 + \frac{1-\sqrt{5}}{2}x + 1\right)\left(x^2 + \frac{1+\sqrt{5}}{2}x + 1\right)$$

公式❸は使い得のあるものである．これから扱う相加・相乗平均の関係式を，少々，早いが導いておこう：
a, b, c を 0 以上の実数とすると，公式❸より
$$a^3 + b^3 + c^3 - 3abc \geqq 0$$
そこで $a^3 = x$, $b^3 = y$, $c^3 = z$ とおくと
$$\frac{x+y+z}{3} \geqq \sqrt[3]{xyz}$$
となる訳である．（等号の成立は明らかに $x = y = z$ のときに限る．）

それでは因数分解の演習問題へ．

問題 14

以下の（1）〜（5）の式を因数分解せよ．
(1) $(a+b+c)(ab+bc+ca) - abc$
(2) $(a+b+c)(-a+b+c)(a-b+c)$
　　$+(a+b+c)(a-b+c)(a+b-c)$
　　$+(a+b+c)(a+b-c)(-a+b+c)$
　　$-(-a+b+c)(a-b+c)(a+b-c)$　　　　　　　（京都工繊大）
(3) $(a-b)^3 + (b-c)^3 + (c-a)^3$
(4) $a(b^3 - c^3) + b(c^3 - a^3) + c(a^3 - b^3)$
(5) $a^3(b-c) + b^3(c-a) + c^3(a-b)$

▶ (1), (2) は a, b, c の対称式, (3), (4) と (5) は a, b, c の交代式である.

(1) 式を展開してから, 1文字についてまとめて, それから因数分解をするのが基本的攻略法であるが, 展開の仕方によって, 随分, 手間も違ってくる.

(2) 何か共通な式があるようだから, 少しずつまとめていけば, 何とかなりそうである. あるいは与式が a, b, c の3次の同次対称式であることに着眼する.

(3) この式を分解して, 1文字について整理しているようでは, これまで学んできたものが生きていない. 式の形を見て, 上述の〈公式〉❸に気付かなかったかな？ あるいは $a-b=A$, $b-c=B$, $c-a=C$ とおくことにより, $A+B+C=0$ を得るので簡単にいきそうである. 手はまだある.

(4) a, b, c について4次の同次交代式なので, まず展開して1文字についてまとめ上げ（3次式になる）, それから因数分解しても大した手間はかからない. これが 解 (4) である. しかし, 次数が高くなってくると, それではもて余してくるので, 与式が基本交代式と対称式の積で表されることに着眼する方がより強力な戦略である. これが 解 (4)′ である.

(5) 解 (4)′ の路線ですぐ片付ける. (5) は (4) と符号違いに過ぎないことに気付いたかな？

解 (1) 与式 $= \{a+(b+c)\}\{(b+c)a+bc\} - abc$
$= (b+c)a^2 + (b+c)^2 a + (b+c)bc$
$= (b+c)\{a^2 + (b+c)a + bc\}$
$= (a+b)(b+c)(c+a)$ …(答)

(2) 与式 $= (a+b+c)(a-b+c)\cdot 2b + (a+b-c)(-a+b+c)\cdot 2b$
$= [\{(a+c)+b\}\{(a+c)-b\} + \{(a-c)+b\}\{b-(a-c)\}]\cdot 2b$
$= [\{(a+c)^2 - b^2\} + \{b^2 - (a-c)^2\}]\cdot 2b$
$= 4ac \cdot 2b = 8abc$ …(答)

(2)′ 与式は a, b, c の同次対称式だから，
$$\text{与式} = A(a+b+c)^3 + Babc$$
と表せる．ここに A, B は未定係数である．
$a = b = c = 1$ とおくことにより
$$8 = 27A + B$$
$a = b = 1, c = 0$ とおくことにより
$$0 = 8A \qquad \therefore \quad B = 8$$
$$\therefore \quad \text{与式} = 8abc \quad \cdots \text{(答)}$$

(3) 公式 $x^3 + y^3 + z^3 = (x+y+z)(x^2+y^2+z^2-xy-yz-zx) + 3xyz$ を用いて，$(a-b)+(b-c)+(c-a) = 0$ に留意すると，
$$\text{与式} = 3(a-b)(b-c)(c-a) \quad \cdots \text{(答)}$$

(3)′ $a-b = A, b-c = B, c-a = C$ とおくことにより $A+B+C = 0$ となり，
$$\text{与式} = A^3 + B^3 + C^3$$
$$= A^3 + B^3 - (A+B)^3$$
$$= -3AB(A+B)$$
$$= 3(a-b)(b-c)(c-a) \quad \cdots \text{(答)}$$

(4) 与式を P とおく．
$$P = (c-b)a^3 + (b^3 - c^3)a + bc(c^2 - b^2)$$
$$= (c-b)\{a^3 - (b^2 + bc + c^2)a + bc(b+c)\}$$

上式の a の3次式は $a = b$ のとき，0 になるから組み立て除法により

$$
\begin{array}{c|cccc}
b & 1 & 0 & -(b^2+bc+c^2) & bc(b+c) \\
  &   & +b & +b^2 & -bc(b+c) \\
\hline
  & 1 & b & -(b+c)c & 0
\end{array}
$$

よって
$$P = (c-b)(a-b)\{a^2 + ba - (b+c)c\}$$
$$= (a+b+c)(a-b)(b-c)(c-a) \quad \cdots \text{(答)}$$

(4)′ 与式を P とおく．P を a の整式とみて $a = b, a = c$ とおくことによ

り $P = 0$, そして P を b の整式とみて $b = c$ とおくことにより $P = 0$ となるから P は基本交代式 $(a-b)(b-c)(c-a)$ を因数にもつ. P は a, b, c の 4 次の同次交代式だから,
$$P = k(a-b)(b-c)(c-a)(a+b+c)$$
と表せる. ここに k は未定係数である. 与式と上の P の a^3 の項の係数比較により
$$c - b = -k(b-c) \quad \therefore \quad k = 1$$
$$\therefore \quad P = (a+b+c)(a-b)(b-c)(c-a) \quad \cdots \text{(答)}$$

(5) 与式を P とおく. P は a, b, c の交代式だから, $(a-b)(b-c)(c-a)$ で割り切れる. P は a, b, c のの 4 次の同次交代式だから,
$$P = k(a-b)(b-c)(c-a)(a+b+c)$$
と表せる. ここに k は未定係数である. 与式と上の P の a^3 の項の係数比較により
$$b - c = -k(b-c) \quad \therefore \quad k = -1$$
$$\therefore \quad P = -(a+b+c)(a-b)(b-c)(c-a) \quad \cdots \text{(答)}$$

問題 15

x, y の整式
$$x(x-1)^2 + y(y-1)^2 - (x-1)(y-1)(x+y-1) - (x-1)(y-1)$$
を因数分解せよ. （茨城大（改））◇

▶ 与式の（第 3 項＋第 4 項）の部分から整理していけばよさそうである.（易しそうでも, 意外と, もて余すのでは？）

解 与式において
$$\text{第 3 項} + \text{第 4 項} = -(x-1)(y-1)(x+y)$$
$$= -x(x-1)(y-1) - y(x-1)(y-1)$$
であるから

§2. 数と集合，および式の計算と基本的概念

$$\text{与式} = (x-1)\{x(x-1)-x(y-1)\}+(y-1)\{y(y-1)-y(x-1)\}$$
$$= (x-1)x(x-y)+(y-1)y(y-x)$$
$$= (x-y)(x^2-y^2-x+y)$$
$$= (x-y)\{(x-y)(x+y)-(x-y)\}$$
$$= (x-y)^2(x+y-1) \quad \cdots \text{(答)}$$

問題 16

(1) x の整式 $f(x)$, $g(x)$ について $f(x)-g(x)$ が $g(x)$ で割り切れるとき，$f(x)$ が $g(x)$ で割り切れることに注意して，$x^{10}-x^5+1$ は x^2-x+1 で割り切れることを示せ．
(2) x^4+x^2+1 を実数係数の範囲で因数分解せよ．
(3) $x^{20}+x^{10}+1$ は x^4+x^2+1 で割り切れることを示せ．

(東京慈恵医大)

▶ (1) ヒントがなければ，難しいが，ヒントの故に普通の因数分解の問題になってしまった．
(2) $x^4+x^2+1 = (x^2)^2+2x^2+1-x^2$ となる．(3)(1)と(2)をどのように利用するかというだけのことだが，試験の出来はよくなかったのではないかな？

解 (1) $f(x) = x^{10}-x^5+1$, $g(x) = x^2-x+1$ とおく．
$$f(x)-g(x)$$
$$= x^{10}-x^5-x^2+x$$
$$= x\{(x^3)^3+1\}-x^2(x^3+1)$$
$$= x(x^3+1)\{(x^3)^2-x^3+1\}-x^2(x^3+1)$$
$$= x(x^3+1)(x^6-x^3-x+1)$$
$$= x(x+1)(x^2-x+1)(x^6-x^3-x+1)$$
$$\therefore f(x) = g(x)\{x(x+1)(x^6-x^3-x+1)+1\}$$
よって $x^{10}-x^5+1$ は x^2-x+1 で割り切れる．◀

（2）
$$x^4+x^2+1=(x^2)^2+2x^2+1-x^2$$
$$=(x^2+1)^2-x^2$$
$$=(x^2-x+1)(x^2+x+1) \quad \cdots\textbf{(答)}$$

（3） $\quad x^{20}+x^{10}+1=(x^5)^4+(x^5)^2+1$

ここで $x^5=X$ とおくと，（2）より
$$上式右辺 = X^4+X^2+1$$
$$=(X^2-X+1)(X^2+X+1)$$

よって
$$x^{20}+x^{10}+1=(x^{10}-x^5+1)(x^{10}+x^5+1)$$

$x^{10}-x^5+1$ は（1）により x^2-x+1 で割り切れるので，$x^{10}+x^5+1$ は x^2+x+1 で割り切れる．よって $x^{20}+x^{10}+1$ は $(x^2-x+1)(x^2+x+1)=x^4+x^2+1$ で割り切れる．◀

問題 17

次の関数 $f(x)$ について以下の問に答えよ．
$$f(x)=(x-a)^2(b-d)(c-d)(c-b)$$
$$+(x-b)^2(a-d)(c-d)(a-c)$$
$$+(x-c)^2(a-d)(b-d)(b-a)$$

（1） $f(d)$ および $f'(d)$ を計算せよ．ただし，$f'(x)$ は $f(x)$ の導関数である．

（2） $f(x)$ を因数分解せよ． （日本大・医（改）◊）

▶ $f(x)$ が $a,\ b,\ c$ の交代式であることを見抜けただろうか？ それとも "美"に圧倒されて見抜けなかったかな？（見抜けなくても本問は，力づくでも，解けるが．）

（1） ひたすら計算すればよいが，見通しと着眼が悪ければ，制限時間内では無理だろう．

（2） $f(x)$ は $(a-b)(b-c)(c-a)$ を因数係数にもつ．あとは（1）と合流させる．

解 （1） $f(d)=(d-a)^2(b-d)(c-d)(c-b)$

§2. 数と集合, および式の計算と基本的概念　　　　　　　　　　　59

$$+(d-b)^2(a-d)(c-d)(a-c)$$
$$+(d-c)^2(a-d)(b-d)(b-a)$$
$$=(a-d)(b-d)(c-d)\{(a-d)(c-b)+(b-d)(a-c)+(c-d)(b-a)\}$$

ここで恒等式
$$(a-d)(c-b)+(b-d)(a-c)+(c-d)(b-a)=0$$
により
$$\therefore \quad f(d)=0 \quad \cdots(\text{答})$$
$$f'(x)=2(x-a)(b-d)(c-d)(c-b)$$
$$+2(x-b)(a-d)(c-d)(a-c)$$
$$+2(x-c)(a-d)(b-d)(b-a)$$

であるから,
$$f'(d)=2(d-a)(b-d)(c-d)\cdot\{(c-b)+(a-c)+(b-a)\}=0 \quad \cdots(\text{答})$$

(2) $f(x)$ は a, b, c の交代式であるから, $(a-b)(b-c)(c-a)$ を因数にもつ. さらに(1)より $f(x)$ は $(x-d)^2$ を因数にもつ. よって
$$f(x)=k(a-b)(b-c)(c-a)(x-d)^2 \quad (k\text{ は未定係数})$$
と表せる. 元の $f(x)$ とすぐ上の $f(x)$ の x^2 の係数を比較することにより
$$(b-d)(c-d)(c-b)$$
$$+(a-d)(c-d)(a-c)$$
$$+(a-d)(b-d)(b-a)$$
$$=k(a-b)(b-c)(c-a)$$

ところが上式左辺は
$$(c-b)\{d^2-(b+c)d+bc\}$$
$$+(a-c)\{d^2-(c+a)d+ca\}$$
$$+(b-a)\{d^2-(a+b)d+ab\}$$
$$=(c-b)bc+(a-c)ca+(b-a)ab$$
$$=(a-b)(b-c)(c-a)$$

$$\therefore \quad k=1$$
$$\therefore \quad f(x)=(a-b)(b-c)(c-a)(x-d)^2 \quad \cdots(\text{答})$$

問題 18

ω を虚立方根，つまり，$\omega^3 = 1, \omega \neq 1$ とする．整式 $x^n + y^n + nxy - 1$ を $x + \omega y - \omega^2$ で割ったときの余りが 0 であるとき，正の整数 n の値を求め，その商を因数分解せよ．

(福井工大（改）♦)

▶ 与式を x の整式とみて因数定理を用いる．

解 $f(x) = x^n + y^n + nxy - 1$ とおく．$f(x)$ は $x + \omega y - \omega^2$ で割り切れるというから，因数定理により

$$f(-\omega y + \omega^2)$$
$$= (-\omega y + \omega^2)^n + y^n + n(-\omega y + \omega^2)y - 1$$
$$= 0$$

上式で $y = -1$ とおくことにより $\omega^2 + \omega = -1$ が使えて

$$(-1)^n + (-1)^n + n - 1 = 0$$

n が偶数とすると，$n = -1$ となり，n は正の整数にならないから，n は奇数である．よって上式より

$$\begin{cases} n = 3 \\ (\text{逆の成立は以下で示される}) \end{cases} \quad \cdots (答)$$

$n = 3$ のとき

$$f(x) = x^3 + y^3 + 3xy - 1$$
$$= (x+y)^3 - 1 - 3x^2y - 3xy^2 + 3xy$$
$$= \{(x+y) - 1\}\{(x+y)^2 + (x+y) + 1\} - 3xy(x+y-1)$$
$$= (x+y-1)\{(x+y)^2 + (x+y) + 1 - 3xy\}$$
$$= (x+y-1)(x^2 - xy + y^2 + x + y + 1) \quad \cdots ①$$

さて

$$\begin{cases} f(x) = (x+y-1)(x+\omega y - \omega^2)(x+ay+b) \\ (\omega^3 = 1, \ \omega \neq 1) \end{cases} \quad \cdots ②$$

と表せたとする．
ここに a, b は未定係数とする．①と②が等しくなるように a, b が決ま

ればよい．xy の係数を比較することによって
$$-1 = a + \omega \iff a = -(\omega+1)$$
$\omega^2 + \omega + 1 = 0$ だから，
$$a = \omega^2$$
また
$$1 = -b\omega^2$$
$\omega^2 = \bar{\omega} = \dfrac{1}{\omega}$ だから，
$$b = -\omega$$
$$\therefore\quad f(x) = (x+y-1)(x+\omega y - \omega^2)(x+\omega^2 y - \omega)$$
求める商で因数分解されたものは
$$(x+y-1)(x+\omega^2 y - \omega) \quad \cdots\textbf{(答)}$$

(**注**) 前半部分での**(答)** $n=3$ は，その逆の成立を示さなくてはならない．"後半部分がその逆を示していることをちゃんと認識できているのだ" ということに言及しておかなくてはならない．つまり，| 解 | において '(逆の成立は以下で示される)' という一言は，かっこ付きではあるが，軽く付加したものではない．それは，配点上，非常に重い一言なのである．本問の場合，答が $n=3$ と唯1つだから，そんなことは不要だなどと考えないこと．(このようなことに，| 解 |を見ずして気付かなかったであろう？)

問題 19

実数または複素数の $x,\ y,\ z,\ a$ について，$x+y+z=a$，$x^3+y^3+z^3 = a^3$ の2式が成立するとき，$x,\ y,\ z$ のうち少なくとも1つは a に等しいことを示せ．

(京都大)

▶ 本問は昔々の問題．
$(x-a)(y-a)(z-a) = 0$ または $(x+y)(y+z)(z+x) = 0$ を示せばよい．

| 解 |　$x+y+z = a,\ x^3+y^3+z^3 = a^3$ より
$$(x+y+z)^3 = x^3+y^3+z^3$$

これより
$$0 = (x+y+z)^3 - (x^3+y^3+z^3)$$
$$= (x+y)^3 + 3(x+y)^2 z + 3(x+y)z^2 + z^3 - (x^3+y^3+z^3)$$
$$= 3xy(x+y) + 3(x+y)^2 z + 3(x+y)z^2$$
$$= 3(x+y)\{xy + (x+y)z + z^2\}$$
$$= 3(x+y)(y+z)(z+x)$$

このことと $x+y+z=a$ より題意は示された. ◀

項目〈1〉〜〈3〉を総合するような問題を2つばかり解いておこう.

問題 20

実数 x, y, z が
$$x^2 + y^2 + z^2 = 1,$$
$$x + y + z = \sqrt{3}$$
を満たすとき, x, y, z の値を求めよ.

▶ これは連立3元2次方程式である.
直観的に $x^2+y^2+z^2-xy-yz-zx = \frac{1}{2}\{(x-y)^2+(y-z)^2+(z-x)^2\}$ を用いると気付いただろうか?

解
$$x^2+y^2+z^2 = 1 \quad \cdots ①$$
$$x+y+z = \sqrt{3} \quad \cdots ②$$

$3\times① - ②^2$ により
$$0 = 3(x^2+y^2+z^2) - (x+y+z)^2$$
$$= 2(x^2+y^2+z^2 - xy - yz - zx)$$
$$= (x-y)^2 + (y-z)^2 + (z-x)^2$$

x, y, z は実数というから, $x=y=z$ であり, これを②に代入することによって
$$x = y = z = \frac{1}{\sqrt{3}} \quad (これらは①を満たす) \quad \cdots \text{(答)}$$

§2. 数と集合，および式の計算と基本的概念

問題 21

a, b は実数で
$$a^2 + b^2 = 16, \quad a^3 + b^3 = 44$$
をみたしている．このとき，
(1) $a+b$ の値を求めよ．
(2) n を2以上の整数とするとき，$a^n + b^n$ は4で割り切れる整数であることを示せ． （東京大・文系 ◇）

▶ 本問は実質的に連立2元方程式である．

(1) $a^3 + b^3$ は a の整式 $f(a)$ とみることにより $f(-b) = 0$ だから，$f(a)$ は $a+b$ で割り切れて，$a^3 + b^3 = (a+b)(a^2 - ab + b^2)$ と因数分解される．本問は a, b の対称式から a, b の基本対称式を求める問題になっている．

(2) a, b の基本対称式が判明すれば，2次方程式が判明し，そして解の漸化式問題になる．あとは n に関する帰納法でいける．

解 (1) $44 = a^3 + b^3 = (a+b)(a^2 - ab + b^2)$
$a^2 + b^2 = 16$ を代入することにより
$$(a+b)(16 - ab) = 44 \quad \cdots ①$$
ここで
$$16 = (a+b)^2 - 2ab$$
$$\longleftrightarrow ab = \frac{(a+b)^2}{2} - 8 \quad \cdots ②$$
①に②の ab を代入することにより
$$(a+b)\left\{24 - \frac{(a+b)^2}{2}\right\} = 44$$
$a+b = x$ とおくことにより
$$x\left(24 - \frac{x^2}{2}\right) = 44$$
$$\longleftrightarrow x^3 - 48x + 88 = 0$$
$$\longleftrightarrow (x-2)(x^2 + 2x - 44) = 0 \quad \cdots ③$$
ところで a, b は実数というから，$44 = (a+b)(a^2 - ab + b^2)$ において
$a^2 - ab + b^2 = \left(a - \frac{b}{2}\right)^2 + \frac{3}{4}b^2 > 0$ であり，それ故，$a+b = x > 0$ である．

また，$16 = a^2 + b^2$ において $16 = a^2 + b^2 \geqq 2|ab|$ だから，$-8 \leqq ab \leqq 8$ である．従って②より
$$-8 \leqq ab = \frac{x^2}{2} - 8 \leqq 8$$
$\therefore\ x > 0$ より $\quad 0 < x < 4\sqrt{2}$

③の解と $4\sqrt{2}$ の大小を比べてみる：
$$-1 - \sqrt{45} < 2 < 4\sqrt{2} < -1 + \sqrt{45}$$
$\therefore\ x = 2$，つまり，$a + b = 2$ …(答)

(2) (1)での結果より
$$a + b = 2,\ ab = -6$$
つまり，$a,\ b$ は t の2次方程式 $t^2 - 2t - 6 = 0$ の異なる2実解である．よって，
$$\begin{cases} a^2 - 2a - 6 = 0 & \cdots ④ \\ b^2 - 2b - 6 = 0 & \cdots ⑤ \end{cases}$$

④ $\times a^{n-2} +$ ⑤ $\times b^{n-2}\ (n \geqq 2)$ により
$$a^n + b^n - 2(a^{n-1} + b^{n-1}) - 6(a^{n-2} + b^{n-2}) = 0$$
$a^n + b^n = s_n$ とおくことにより
$$s_n = 2s_{n-1} + 6s_{n-2}\quad (n \geqq 2)\quad \cdots ⑥$$
n に関する帰納法で s_n は4の倍数であることを示す．

$n = 2,\ 3$ のとき
$$s_2 = a^2 + b^2 = 16,\ s_3 = a^3 + b^3 = 44$$
s_2 と s_3 は4の倍数である．

$n = k,\ k+1$ のとき
s_k と s_{k+1} は4の倍数であると仮定すると，⑥より
$$s_{k+2} = 2s_{k+1} + 6s_k\text{ は 4 の倍数である．}$$
よって任意の $n\ (\geqq 2)$ について s_n は4の倍数である．◀

(付) (2)では $a^{n+1} + b^{n+1} = a^n(a+b) + b^n(a+b) - ab(a^{n-1} + b^{n-1}) = 2(a^n + b^n) + 6(a^{n-1} + b^{n-1})$ と変形して帰納法を用いてもよい．

〈4〉 恒等式と分数式

既に項目〈1〉,〈2〉,〈3〉で,我々は恒等式を無意識的に扱ってきた.ここでは意識的に恒等式というものを扱っていくことにする.まずは整式の場合から.

・基本事項 [10]・

整式についての恒等式

x についての2つの n 次 $(n \geqq 0)$ の整式が等しい:

$$a_0 x^n + a_1 x^{n-1} + \cdots + a_n$$
$$= b_0 x^n + b_1 x^{n-1} + \cdots + b_n$$
$$\iff a_0 = b_0, \ a_1 = b_1, \ \cdots, \ a_n = b_n$$

問題 22

整式 $f(x)$ について恒等式
$$f(x^2) = x^3 f(x+1) - 2x^4 + 2x^2$$
が成り立つとする.
(1) $f(0)$, $f(1)$, $f(2)$ の値を求めよ.
(2) $f(x)$ の次数を求めよ.
(3) $f(x)$ を決定せよ. (東京都立大 ◇)

▶ 本問は関数方程式の問題であり,``整式''という条件がないと $f(x)$ は決まらない.(1)はともかく,(2),(3)では式を膨らませないように解く.

解 $f(x^2) = x^3 f(x+1) - 2x^4 + 2x^2$ …①

(1) ①に $x = 0$ を代入する.

$$f(0) = 0 \quad \cdots ②$$

①に $x = -1$ を代入する.

$$f(1) = 0 \quad (\because \text{②より})$$

①に $x = 1$ を代入する.

$$f(1) = 0 = f(2) \quad (\because \text{③より})$$

よって

$$f(0) = f(1) = f(2) = 0 \quad \cdots \text{(答)}$$

（2） $f(x)$ の最高次が n（n は 0 以上の整数）とする.
①より $f(x)$ は 3 次以上の整式でなくてはならないから,

$$2n = 3 + n \quad (n \geqq 3)$$

$$\therefore \quad n = 3 \quad \cdots \text{(答)}$$

（3）（1）と（2）の結果より

$$f(x) = ax(x-1)(x-2) \quad (a \text{ は 0 でない定数})$$

と表せる．これを①に代入することにより

$$ax^2(x^2-1)(x^2-2) = ax^3(x+1)\,x(x-1) - 2x^4 + 2x^2$$

形式的に x^2 で上式両辺を割っても恒等式は成立するべきだから,

$$a(x^2-1)(x^2-2) = ax^2(x^2-1) - 2x^2 + 2$$

$$\Longleftrightarrow ax^4 - 3ax^2 + 2a = ax^4 - (a+2)x^2 + 2$$

$$\Longleftrightarrow 3a = a+2, \quad 2a = 2$$

$$\therefore \quad a = 1$$

$$\therefore \quad f(x) = x(x-1)(x-2) \quad \cdots \text{(答)}$$

（付）神経質な人は"逆に，この $f(x)$ は与えられた恒等式を満たすことを示さなくてはならない"というかもしれないが，設問と解答の流れから不要である．むしろ，そのようなことを言い出すのは，物事の認識不足というものである．

次に分数恒等式であるが，これは例を挙げておく．

（**例**）次の等式を満たすような x の整式 $f(x)$, $g(x)$, $h(x)$, $k(x)$ を求めよ．ただし，$a \neq b$ である．

$$\frac{1}{(x-a)^3(x-b)} = \frac{f(x)}{(x-a)^3} + \frac{g(x)}{(x-a)^2} + \frac{h(x)}{x-a} + \frac{k(x)}{x-b}$$

・ $f(x) = A_1 x^2 + A_2 x + A_3$, $g(x) = B_1 x + B_2$ などとおいても，結局は $f(x)$, $g(x)$, $h(x)$, $k(x)$ が定数である場合に帰着する．(その理由は，各自，考えよ．)

$f(x) = A$, $g(x) = B$, $h(x) = C$, $k(x) = D$ （$A \sim D$ は全て定数）とおいてよいから，問題での式の分母を払うことにより

$$1 = A(x-b) + B(x-a)(x-b) + C(x-a)^2(x-b) + D(x-a)^3$$
$$= (C+D)x^3 + \{B - (2a+b)C - 3aD\}x^2$$
$$\quad - \{A - (a+b)B + (a^2 + 2ab)C + 3a^2 D\}x$$
$$\quad - bA + abB - a^2 bC - a^3 D$$

上式は x についての恒等式だから，
$$D = -C$$
以下，順に
$$B = (b-a)C,$$
$$A = (b^2 - a^2)C + 2(a^2 - ab)C$$
$$\quad = (b-a)^2 C$$
$$1 = -b(b-a)^2 C + ab(b-a)C - a^2 bC + a^3 C$$
$$\quad = (a^3 - b^3 + 3ab^2 - 3a^2 b)C$$
$$\quad = (a-b)^3 C$$

$$\therefore \quad \begin{cases} f(x) = A = \dfrac{-1}{b-a}, \quad g(x) = B = \dfrac{-1}{(b-a)^2}, \\ h(x) = C = \dfrac{-1}{(b-a)^3}, \quad k(x) = D = \dfrac{1}{(b-a)^3} \end{cases}$$

（このような場合，式そのものが形式的なものであるから，$x = a$, $x = b$ などにこだわらなくてもよい．そうすると，A, D は直ちに求まることが分かる．)

基本事項 [11]

準有名な恒等式

〈公式 4 − 1〉（シュワルツの恒等式(脚注)）
$$(a^2+b^2)(c^2+d^2)=(ac+bd)^2+(ad-bc)^2$$

∵) 左辺 $= a^2d^2+b^2c^2+a^2c^2+b^2d^2$
$= a^2d^2-2adbc+b^2c^2+a^2c^2+2acbd+b^2d^2$
$= (ad-bc)^2+(ac+bd)^2$
$=$ 右辺　q.e.d.

（脚注）この用語の引用は『理系への数学』誌上(多分に，石谷 茂先生？)からのものである．

〈公式 4 − 2〉（オイラーの恒等式）
$E_n = \dfrac{a^n}{(a-b)(a-c)} + \dfrac{b^n}{(b-c)(b-a)} + \dfrac{c^n}{(c-a)(c-b)}$ （n は 0 以上の整数）
とする．
ア　$E_0 = E_1 = 0$
イ　$E_2 = 1$
ウ　$E_3 = a+b+c$
エ　$E_4 = a^2+b^2+c^2+ab+bc+ca$

（注意） 上の恒等式における分数式は見かけ上のものである．アだけは公式として用いてよい．イ〜エは，入試では，証明を付してから用いるべきである．
他にもいくつかの名高い恒等式はあるが，入試には，これくらいでよかろう．

（例） 2 つの整数の平方の和で表される数の全体を S で表す．例えば，1^2+2^2, 3^2+5^2, …などは S の要素である．S の任意の 2 つの要素の積は再び S の要素である．

例えば，$(1^2+2^2)(3^2+5^2) = 7^2+11^2 \in S$ である．このようなことはシュワルツの恒等式からすぐ判明する．

§2. 数と集合，および式の計算と基本的概念

（例） 例えば，オイラーの恒等式 $E_0 = 0$ を用いると，次のような不思議な等式の成立がすぐ見えるのである：
$$\left(\frac{1}{a-b} + \frac{1}{b-c} + \frac{1}{c-a}\right)^2 = \left(\frac{1}{a-b}\right)^2 + \left(\frac{1}{b-c}\right)^2 + \left(\frac{1}{c-a}\right)^2$$

問題 23

3次方程式 $x^3 = 1$ の虚数解の1つを ω とする．
（1）a, b, c, d を実数とするとき，
$$(a - b\omega)(c - d\omega) = A + B\omega$$
を満たす実数 A, B を a, b, c, d で表せ．
（2）a, b, c, d を整数とするとき，
$$(a^2 + ab + b^2)(c^2 + cd + d^2) = X^2 + XY + Y^2$$
の形で表せることを示せ．ただし，X, Y も整数とする．

（早稲田大・文系）

▶ （1）は，最早，問題ではあるまい．（2）は（1）をどのように使うかという問題である．ab, cd の項がなければシュワルツの恒等式でたちどころに片付くのだが．本問は，数体を拡大することによる，シュワルツの恒等式の自明ではない美しい拡張版になっているという意味を有する．早大らしい出題である．（意味を悟らぬ人にとっては，ただの計算問題．）

解 （1） $(a - b\omega)(c - d\omega)$
$= ac - (ad + bc)\omega + bd\omega^2$
$= ac - (ad + bc)\omega + bd(-\omega - 1)$ （∵ $\omega^2 + \omega + 1 = 0$ より）
$= ac - bd - (ad + bc + bd)\omega$

∴ $A = ac - bd$, $B = -(ad + bc + bd)$ …**(答)**

（2）（1）で与えられた式より
$(a - b\omega)(a - b\bar{\omega})(c - d\omega)(c - d\bar{\omega})$
$= (A + B\omega)(A + B\bar{\omega})$
$\longleftrightarrow (a^2 + ab + b^2)(c^2 + cd + d^2)$
$= A^2 - AB + B^2$

($\because$ $\omega + \bar{\omega} = -1$, $\omega\bar{\omega} = 1$ を用いた)

よって $A = X$, $-B = Y$ とおくことにより，(1)の結果より a, b, c, d が整数の下で，X, Y も整数となり，題意は示された．◀

問題 24

次の式をできるだけ簡単にせよ．
$$F = \frac{bc}{a(a-b)(a-c)} + \frac{ca}{b(b-c)(b-a)} + \frac{ab}{c(c-a)(c-b)}$$

▶ このような問題は昔からよく入試で用いられてきている．通分して力づくで解くのは読者に任せる．ここでは，F がオイラーの恒等式を背景に作られていることに着眼して解いてみる．(このような解答は，多分，初めて見かけられるのでは？)

解
$$\frac{bc}{a(a-b)(a-c)}$$
$$= \frac{1}{a} - \frac{a-(b+c)}{(a-b)(a-c)}$$
$$= \frac{1}{a} - \frac{a}{(a-b)(a-c)} + \frac{b+c}{(a-b)(a-c)} \quad \cdots ①$$

同様に
$$\frac{ca}{b(b-c)(b-a)} = \frac{1}{b} - \frac{b}{(b-c)(b-a)} + \frac{c+a}{(b-c)(b-a)} \quad \cdots ②$$
$$\frac{ab}{c(c-a)(c-b)} = \frac{1}{c} - \frac{c}{(c-a)(c-b)} + \frac{a+b}{(c-a)(c-b)} \quad \cdots ③$$

① + ② + ③ において
$$\frac{a}{(a-b)(a-c)} + \frac{b}{(b-c)(b-a)} + \frac{c}{(c-a)(c-b)} = 0,$$
$$\frac{b+c}{(a-b)(a-c)} + \frac{c+a}{(b-c)(b-a)} + \frac{a+b}{(c-a)(c-b)} = 0$$

であるから
$$F = \frac{1}{a} + \frac{1}{b} + \frac{1}{c} \quad \cdots \text{(答)}$$

(付) 上の **解** において
$$\frac{b+c}{(a-b)(a-c)} + \frac{c+a}{(b-c)(b-a)} + \frac{a+b}{(c-a)(c-b)} = 0$$

はオイラーの恒等式 $E_1 = 0$ の変形版とみてよいだろう．(これは計算しなくともすぐ分かること．)

§2. 数と集合，および式の計算と基本的概念　　　　　　　　　　71

〈5〉 式の値

　この項では，条件式が与えられたとき，有理式がどのような値をとるかという，いささか計算技巧的問題に挑戦してみる．

・基本事項 [12]・

加比の理

〈定理 5 － 1〉（加比の理）
　x, y, z は 0 でない数とする．
$$\frac{a}{x} = \frac{b}{y} = \frac{c}{z} \quad \text{かつ} \quad x+y+z \neq 0$$
のとき，
$$\frac{a}{x} = \frac{b}{y} = \frac{c}{z} = \frac{a+b+c}{x+y+z}$$
が成り立つ．

> ∵) $\frac{a}{x} = \frac{b}{y} = \frac{c}{z} = k$ とおくことにより
> $$a = kx, \ b = ky, \ c = kz$$
> 辺々相加えて
> $$a+b+c = k(x+y+z) \quad (x+y+z \neq 0)$$
> $$\therefore \quad k = \frac{a+b+c}{x+y+z} \quad \text{q.e.d.}$$

> **（例）** $\frac{c}{a+b} = \frac{a}{b+c} = \frac{b}{c+a} \ (a+b+c \neq 0)$ が成立するとき，この式の値は $\frac{1}{2}$ である：加比の理によって
> $$\frac{c+a+b}{(a+b)+(b+c)+(c+a)} = \frac{1}{2}.$$

　入試では，加比の理で済むような簡単な問題は少ない．これをとり挙げたのは"比例式は'$= k$'とおけ"という標語がある為である．つねにこれですんなりと済むならば，苦労はないのだが，……．そして，"数学とは算法・解法の暗記"といわれて当然であったろう．

問題 25

$a(1-b) = b(1-c) = c(1-a)$ のとき，abc の値を求めよ．ただし，a, b, c は相異なる数とする．

▶ これは昔からよく出題されてきている問題である．

まずは，"比例式 $=k$" とおいて解いてみる（解1）．次は，少し考えて，"比例式 $=k$" とおかないで解いてみられたい．未知数が3個で方程式が2本なので a, b, c は個別には求まらないが，代わりに a, b, c の間に1本の拘束条件が設定されるというもの（解2）．最後に，もう少しよく考えて，条件式が a, b, c の循環式であるところに眼をつけて，差式 $a-b$, $b-c$, $c-a$ をつくってみられたい（解3）．

解1 $a(1-b) = b(1-c) = c(1-a) = k$ とおく．ここで $a = 0$ とすると，$c = 0$ であり，従って $a = 1$ となって不合理だから，$a \neq 0$ である．同様にして $a \neq 1$ である．よって
$$b = \frac{a-k}{a}, \quad c = \frac{k}{1-a}$$
これらを $b(1-c) = k$ に代入して
$$\left(\frac{a-k}{a}\right)\left(\frac{1-a-k}{1-a}\right) = k$$
分母を払うことによって
$$k^2 + (a^2 - a - 1)k + a(1-a) = 0$$
$$\iff (k-1)\{k - a(1-a)\} = 0$$
$k = a(1-a)$ をとると，
$$c(1-a) = k = a(1-a)$$
$a \neq 1$ より $a = c$ となって不適である．
$$\therefore \quad k = 1$$
よって
$$a(1-b) = 1$$
となり，
$$ab = a - 1 \quad \therefore \quad abc = c(a-1)$$
さらに $c(1-a) = 1$ より
$$abc = -1 \quad \cdots\text{(答)}$$

解2
$$a(1-b) = b(1-c) \quad \cdots ①$$
$$b(1-c) = c(1-a)$$
$$\longleftrightarrow ac = c - b(1-c) \quad \cdots ②$$

①$\times c -$②$\times (1-b)$ により
$$0 = bc(1-c) - c(1-b) + b(1-b)(1-c)$$
$$\longleftrightarrow (c-1)b^2 + (1+c-c^2)b - c = 0$$
$$\longleftrightarrow \{(c-1)b+1\}(b-c) = 0$$

$b \neq c$ より
$$b(1-c) = 1 \quad \cdots ③$$

これと①より
$$a(1-b) = 1 \quad \cdots ④$$

③から
$$bc = b - 1$$
$$\therefore \quad abc = a(b-1) = -1 \quad \cdots \textbf{(答)} \quad (\because \quad ④より)$$

解3 与えられた条件式は
$$a - b = b(a-c) \quad \cdots ①$$
$$b - c = c(b-a) \quad \cdots ②$$
$$c - a = a(c-b) \quad \cdots ③$$

これらを辺々相かけることによって
$$(a-b)(b-c)(c-a) = -abc(a-b)(b-c)(c-a)$$

$a \neq b, \ b \neq c, \ c \neq a$ より
$$abc = -1 \quad \cdots \textbf{(答)}$$

（付）**解1** は "elaborating", **解2** は "elegant", **解3** は "breathtaking" というところか.

練習の為にもう一題，昔からの類問．

問題 26

$a + \dfrac{1}{b} = b + \dfrac{1}{c} = c + \dfrac{1}{a}$ のとき，この式はどんな（範囲での）値をとるか．ただし a, b, c は 0 でない実数とする．

▶ まずは処方通り，"比例式 $= k$" とおいて解いてみよ．それから，差式を作ってやってみよ（各自の演習）．そしてその有難さに感動を覚えること．

解 $a + \dfrac{1}{b} = b + \dfrac{1}{c} = c + \dfrac{1}{a} = k$ とおくことにより

$$c = k - \dfrac{1}{a} = \dfrac{ka - 1}{a}$$

$c \neq 0$ だから，$ka \neq 1$ に注意しておく．上式を $b + \dfrac{1}{c} = k$ に代入することによって

$$b + \dfrac{a}{ka - 1} = k$$

これを整理すると

$$ak^2 - (ab + 1)k + b - a = 0 \quad (ka \neq 1)$$

$a + \dfrac{1}{b} = k$ より $b = \dfrac{1}{k - a}$ を上式に代入することによって

$$ak^2 + \left(\dfrac{k}{a - k}\right)k + \dfrac{1}{k - a} - a = 0$$

これより

$$ak^3 - (a^2 + 1)k^2 - ak + a^2 + 1 = 0$$

$$\longleftrightarrow (k^2 - 1)(a^2 - ak + 1) = 0$$

よって

$$\begin{cases} k^2 = 1 & \cdots ① \\ a^2 - ka + 1 = 0 & \cdots ② \end{cases}$$

② において，a は実数というから

$$判別式：k^2 - 4 \geqq 0 \quad \cdots ③$$

①，③ より求める式の値 k は

$$k = \pm 1, \quad k \geqq 2, \quad k \leqq -2 \quad \cdots \text{(答)}$$

〈6〉 不等式

　不等式は数学の全分野に亘って現れるものであり，一般に等式よりもはるかに扱いにくい．

　不等式問題は大別して次の3つに分けられる：
（ア）不等式そのものを解かせる問題　（イ）最大・最小問題　（ウ）証明問題．このうち，（ア）を単品で出題する傾向はあまり強くはない．このような問題は，大抵は，ある問題の解答作業の途中で現れた不等式を解かせるという形式になっている．それ故，この項では（ア）の部類での問題は，一応，度外視することにする．そして（イ），（ウ）を中心に，数と式の範ちゅうに納まる内容と問題に焦点を合わせることにする．

・ 基本事項 [13] ・

相加・相乗平均の関係式

❶ x, y を 0 以上の数とする．
$$\frac{x+y}{2} \geqq \sqrt{xy}$$
（等号成立は $x = y$ のとき）

❷ x, y, z を 0 以上の数とする．
$$\frac{x+y+z}{3} \geqq \sqrt[3]{xyz}$$
（等号成立は $x = y = z$ のとき）

（注意）文字が4つ以上になると，入試では，証明なしでは，用いられない．

三角不等式

x, y を実数とする．
$$|x+y| \leqq |x|+|y|$$

（注意）文字が3つ以上でも直観的に明らかなことなので，入試では，証明なしに，しかも暗黙の了解で用いてよい．

問題 27

以下の設問に答えよ．
（1） $a \geqq 0$, $b \geqq 0$ の下で
$$\frac{a+b}{2} \geqq \sqrt{ab}$$
が成り立つことを用いて，$a \geqq 0$, $b \geqq 0$, $c \geqq 0$, $d \geqq 0$ の下で
$$\frac{a+b+c+d}{4} \geqq \sqrt[4]{abcd}$$
が成り立つことを示せ．
（2） $a \geqq 0$, $b \geqq 0$ とする．$a+b=8$ のとき，ab^3 の最大値を，（1）を用いて，求めよ． （広島県大（改）♦）

▶ （1） $\dfrac{a+b+c+d}{4} = \dfrac{1}{2}\left(\dfrac{a+b}{2} + \dfrac{c+d}{2}\right)$ であるから，もう見えるだろう．（2） $a+b=8$ と ab^3 の形から $a+b = a + \dfrac{b}{3} + \dfrac{b}{3} + \dfrac{b}{3}$ とするべきだと見抜けなくてはならない．

解 （1） $a \geqq 0$, $b \geqq 0$, $c \geqq 0$, $d \geqq 0$ より

$$\begin{aligned}\frac{a+b+c+d}{4} &= \frac{1}{2}\left(\frac{a+b}{2} + \frac{c+d}{2}\right) \\ &\geqq \frac{1}{2}(\sqrt{ab} + \sqrt{cd}) \\ &\geqq \frac{1}{2}(2\sqrt{\sqrt{ab}\sqrt{cd}}) \\ &= \sqrt[4]{abcd}\end{aligned}$$

これで題意は示された．◀

（2）（1）より
$$\begin{aligned}8 &= a+b \\ &= a + \frac{b}{3} + \frac{b}{3} + \frac{b}{3} \\ &\geqq 4\sqrt[4]{a\left(\frac{b}{3}\right)^3}\end{aligned}$$

よって
$$2^4 \geqq \frac{1}{27}ab^3$$
$$\therefore \quad ab^3 \leqq 432$$

（1）で等号が成立するのは $a=b$, $c=d$ かつ $\sqrt{ab} = \sqrt{cd}$ （$a \geqq 0$, $b \geqq 0$,

§2. 数と集合，および式の計算と基本的概念　　　　　　　　　　　77

$c \geqq 0$, $d \geqq 0$)，すなわち，$a = b = c = d (\geqq 0)$ のときだから，(2)では，求める最大値は
$$432 \quad (a=2, b=6 \text{ のとき}) \quad \cdots\text{(答)}$$

問題 28

以下の(1)，(2)を示せ．
(1) $\alpha \geqq -1$，$\alpha^2 \beta > 4$ のとき，$\alpha + \beta > 3$ である．
(2) 実数 x, y, z は $x + y \geqq -1$，$x = y$，$xyz = 1$，$z > 0$ を満たしている．このとき，$x + y + z > 3$ が成り立つ．　　　　　　　（九州工大[改]）◇

▶ (1) 前問(2)と同様の問題であることに気付かれたであろうか？ただし，それは $\alpha \geqq 0$ のときに限る．$-1 < \alpha \leqq 0$ は別途となる．（読者は前問を見ているから，本問は，少しは，見やすいだろう．）
(1) $\alpha \geqq 0$ のときは，意味ありげな $\alpha^2 \beta > 4$ と $\alpha + \beta > 3$ から
$\dfrac{\alpha}{2} + \dfrac{\alpha}{2} + \beta \geqq 3\sqrt[3]{\left(\dfrac{\alpha}{2}\right)^2 \beta}$ のように相加・相乗平均の関係式を用いる．
$-1 \leqq \alpha < 0$ のときはそのような手法はないので，直接，$\alpha + \beta > 3$ を示すことになる．(2) (1)での α, β をどうとるかという眼力の問題．

解　(1) $-1 \leqq \alpha < 0$ のとき
$0 < \alpha^2 \leqq 1$ であり，$\beta > \dfrac{4}{\alpha^2} \geqq 4$ であるから
$$\alpha + \beta > 3$$
$\alpha > 0$ のとき
勿論，$\beta > 0$ であるから相加・相乗平均の関係式により
$$\alpha + \beta = \dfrac{\alpha}{2} + \dfrac{\alpha}{2} + \beta$$
$$\geqq 3\sqrt[3]{\left(\dfrac{\alpha}{2}\right)^2 \beta}$$
$$> 3\sqrt[3]{\dfrac{1}{4} \cdot 4} \quad (\because \ \alpha^2 \beta > 4 \text{ より})$$
$$= 3$$
以上によって題意は示された．◀
(2) (1)で $\alpha = x + y (\geqq -1)$，$\beta = z (> 0)$ とおくことにより

$$\alpha^2\beta = (x^2 + 2xy + y^2)z$$
$$= (x^2 + y^2)z + 2 \quad (\because \quad xyz = 1 \text{ より})$$
$$> 2\sqrt{x^2y^2} \cdot z + 2 \quad \cdots ①$$

ここで相加・相乗平均の関係式を用いたが，問題の仮定で $x \rightleftharpoons y$，そして $x \rightleftharpoons -y$ であるので $x^2 \rightleftharpoons y^2$ であり，従って等号は不成立である．さらに $xyz = 1$，$z > 0$ より $xy > 0$ だから，

$$①式 = 2xyz + 2$$
$$= 2 + 2 \quad (\because \quad xyz = 1 \text{ より})$$
$$= 4$$
$$\therefore \quad \alpha^2\beta > 4$$

よって（1）により
$$\alpha + \beta = x + y + z > 3 \quad \blacktriangleleft$$

(付)（1）で $\alpha > 0$ のとき，もし，不幸にして，相加・相乗平均の関係式に気付かなかったならば，微分法という手段もある：$\alpha^2\beta > 4$ より
$$\alpha + \beta > \alpha + \frac{4}{\alpha^2} \quad (\alpha > 0)$$

$f(\alpha) = \alpha + \dfrac{4}{\alpha^2}$ とおくと，
$$f'(\alpha) = 1 - \frac{8}{\alpha^3} \quad (\alpha > 0)$$

増減表を作ってみる．

α	$+0$		2	
$f'(\alpha)$	$-\infty$	$-$	0	$+$
$f(\alpha)$	∞	$\searrow$	3	$\nearrow$

$$\therefore \quad f(\alpha) \geq 3 \quad (\alpha > 0)$$
$$\therefore \quad \alpha + \beta > 3$$

さらに，（2）が（1）の誘導小問なしに，単独で出題されたならば，どうするか？ $x \rightleftharpoons y$ だから，ある2次方程式に帰着させて解の分離問題としても解けるが，解答が少し長くなる．時間的余裕のある読者は自ら試みられたい．

§2. 数と集合, および式の計算と基本的概念

---- 基本事項 [14] ----

コーシー（シュワルツ）の不等式

❶ $a,\ b,\ x,\ y$ を実数とする.
$$|ax+by| \leq \sqrt{a^2+b^2}\sqrt{x^2+y^2}$$
（等号成立は $a:b=x:y$ のとき）

❷ $a,\ b,\ c,\ x,\ y,\ z$ を実数とする.
$$|ax+by+cz| \leq \sqrt{a^2+b^2+c^2}\sqrt{x^2+y^2+z^2}$$
（等号成立は $a:b:c=x:y:z$ のとき）

（注意） 文字がこれら以上になると，入試では，証明なしでは用いられない．

（例） $a,\ b,\ c$ を 0 でない実数とする．次の不等式
$$\frac{9}{a^2+b^2+c^2} \leq \frac{1}{a^2}+\frac{1}{b^2}+\frac{1}{c^2}$$
が成立することを示してみよう：
分母を払って
$$9 \leq 3+\frac{b^2}{a^2}+\frac{c^2}{a^2}+\frac{a^2}{b^2}+\frac{c^2}{b^2}+\frac{a^2}{c^2}+\frac{b^2}{c^2}$$
$$\leftrightarrow 6 \leq \left(\frac{b^2}{a^2}+\frac{a^2}{b^2}\right)+\left(\frac{c^2}{b^2}+\frac{b^2}{c^2}\right)+\left(\frac{a^2}{c^2}+\frac{c^2}{a^2}\right)$$
として相加・相乗平均の関係式を用いてもよいが，もう少し積極的に示せないか？　つまり，'既成事実を示す' のではなく，'その事実を導く' のである．（この方が，実力の向上につながる.）
　示すべき式は
$$9 \leq (a^2+b^2+c^2)\left(\frac{1}{a^2}+\frac{1}{b^2}+\frac{1}{c^2}\right)$$
である．これはコーシーの不等式
$$(ax+by+cz)^2 \leq (a^2+b^2+c^2)(x^2+y^2+z^2)$$
において，$x=\frac{1}{a},\ y=\frac{1}{b},\ z=\frac{1}{c}$ とおくことにより
$$9 \leq (a^2+b^2+c^2)\left(\frac{1}{a^2}+\frac{1}{b^2}+\frac{1}{c^2}\right)$$
となる．（きれいな式は，なるべく分解しないで，elegant に示したいものである．

問題 29

実数 x, y, z が
$$ax + by + cz = 1$$
（a, b, c は 0 でない実数の定数）
を満たすとする．$a^2x^2 + b^2y^2 + c^2z^2$ の最小値を求めよ．

▶ コーシー・シュワルツの不等式を使うのだと思うところまではよいが，そうすんなりいくかな？ $1 = ax + by + cz \leq \sqrt{a^2+b^2+c^2}\sqrt{x^2+y^2+z^2}$ では当てが外れる．ここはよく考えて頂きたい．

|解| $X = ax, Y = by, Z = cz$ とすると，コーシー・シュワルツの不等式により

$$1 = X + Y + Z \leq \sqrt{1^2+1^2+1^2}\sqrt{X^2+Y^2+Z^2}$$
$$\therefore \quad X^2 + Y^2 + Z^2 = (ax)^2 + (by)^2 + (cz)^2 \geq \frac{1}{3}$$

等号成立は $ax = by = cz$ のときであるから，$ax + by + cz = 1$ より $x = \frac{1}{3a}$, $y = \frac{1}{3b}$, $z = \frac{1}{3c}$ のときである．よって求める最小値は

$$\frac{1}{3} \quad \left(x = \frac{1}{3a}, \ y = \frac{1}{3b}, \ z = \frac{1}{3c} \text{ のとき}\right) \quad \cdots \text{(答)}$$

（付）幾何的手法を使っても解けるが，現行課程向きではない．

問題 30

すべての正の整数 x, y に対し
$$\sqrt{x} + \sqrt{y} \leq k\sqrt{2x+y}$$
が成り立つような実数 k の最小値を求めよ． （東京大 ♦）

▶ 本問に対してはコーシー・シュワルツの不等式，2次不等式，微分法などを用いてのいろいろな解答が考えられる．ここでは前者2つの路線で解答を示す．数式はちょっとした置き換えでもかなり見やすくなったりするので，それを工夫してみることである．

§2. 数と集合，および式の計算と基本的概念

解1 $\sqrt{x} = X$, $\sqrt{y} = Y$ とおくと
$$X + Y \leq k\sqrt{2X^2 + Y^2} \quad (X > 0, \; Y > 0)$$
$$\longleftrightarrow \frac{X+Y}{\sqrt{2X^2 + Y^2}} \leq k \quad (X > 0, \; Y > 0)$$

コーシー・シュワルツの不等式により
$$\frac{X+Y}{\sqrt{(2X)^2 + Y^2}} = \frac{\frac{1}{\sqrt{2}}(\sqrt{2}X) + Y}{\sqrt{(\sqrt{2}X)^2 + Y^2}} \leq \sqrt{\left(\frac{1}{\sqrt{2}}\right)^2 + 1^2} = \sqrt{\frac{3}{2}}$$

等号成立は $2X = Y$, つまり $4x = y (> 0)$ のときである．よって
$$k \text{ の最小値は } \sqrt{\frac{3}{2}} \quad \cdots \text{(答)}$$

解2 $\sqrt{x} = X$, $\sqrt{y} = Y$ とおくと
$$X + Y \leq k\sqrt{2X^2 + Y^2}$$

$X > 0$, $Y > 0$ だから両辺を 2 乗してよく
$$(2k^2 - 1)X^2 - 2YX + (k^2 - 1)Y^2 \geq 0 \quad (X > 0, \; Y > 0, \; k > 0)$$

明らかに $k^2 \neq \frac{1}{2}$ だから，この不等式を $X(>0)$ の 2 次不等式とみると，これがつねに成立すべき条件は

$2k^2 - 1 > 0 (k > 0)$ かつ 判別式:
$$Y^2 - (2k^2 - 1)(k^2 - 1)Y^2 \leq 0 \quad (Y > 0)$$
$$\longleftrightarrow k > \sqrt{\frac{1}{2}} \text{ かつ } Y^2(2k^2 - 3) \geq 0 \quad (Y > 0)$$

$Y^2 > 0$ はつねに成立するから上式は
$$k \geq \sqrt{\frac{3}{2}} \quad (\text{この値が } k \text{ の最小値}) \quad \cdots \text{(答)}$$

(付) **解2** では X の 2 次関数の問題としてグラフを描いて解くのもよい．

さて，以下ではいくつかの大学で出題された美しい不等式問題を扱ってみる．きれいな式の問題には，きれいな解答路線があるものである．

問題 31

$a_1, a_2, \cdots, a_n$ は実数，$b_1, b_2, \cdots, b_n$ は正の実数とする．
$\dfrac{|a_1|}{b_1}, \dfrac{|a_2|}{b_2}, \cdots, \dfrac{|a_n|}{b_n}$ のすべてがある定数 M 以下のとき

$$\frac{|a_1 + a_2 + \cdots + a_n|}{b_1 + b_2 + \cdots + b_n} \leq M$$

であることを示せ．

▶ $|a_1| \leq b_1 M, |a_2| \leq b_2 M, \cdots, |a_n| \leq b_n M$ だから，…．

解 仮定より
$$|a_1| \leq b_1 M, |a_2| \leq b_2 M, \cdots, |a_n| \leq b_n M$$
だから，辺々相加えることによって
$$|a_1| + |a_2| + \cdots + |a_n| \leq (b_1 + b_2 + \cdots + b_n) M,$$
$$|a_1 + a_2 + \cdots + a_n| \leq |a_1| + |a_2| + \cdots + |a_n|$$
であるから，
$$|a_1 + a_2 + \cdots + a_n| \leq (b_1 + b_2 + \cdots + b_n) M$$
$b_1 + b_2 + \cdots + b_n > 0$ より
$$\frac{|a_1 + a_2 + \cdots + a_n|}{b_1 + b_2 + \cdots + b_n} \leq M \quad \blacktriangleleft$$

問題 32

$a \geq 0, b \geq 0, c \geq 0$ とする．$a + b \geq c$ のとき，
$$\frac{a}{1+a} + \frac{b}{1+b} \geq \frac{c}{1+c}$$
を示せ．

▶ 代数的には $0 \leq A \leq B$ のとき，$A + AB \leq B + AB$ だから，$A(1+B) \leq B(1+A)$，従って $\dfrac{A}{1+A} \leq \dfrac{B}{1+B}$ が成立する．本問はこれを用いることによる．

§2. 数と集合，および式の計算と基本的概念　　　　83

解 $a+b \geqq c \geqq 0$ より
$$\frac{a+b}{1+(a+b)} \geqq \frac{c}{1+c} \quad \cdots ①$$

一方，$a \geqq 0$，$b \geqq 0$ より
$$\frac{a}{1+a} \geqq \frac{a}{1+a+b},$$
$$\frac{b}{1+b} \geqq \frac{b}{1+a+b}$$

だから，辺々相加えることによって
$$\frac{a}{1+a} + \frac{b}{1+b} \geqq \frac{a+b}{1+(a+b)} \quad \cdots ②$$

①，②から題意は示された．◀

（付）'この問題の背景は関数 $f(x) = \dfrac{x}{1+x}$ である'といわれれば，"なるほど"と肯けるであろう．

問題 33

a，b，c は実数で $a+b+c=3$ とする．このとき，不等式
$$ab+bc+ca \leqq 3$$
が成り立つことを示せ． （島根大 ◇）

▶ 本問は見かけ程，易しくはない．"スジ"が悪いと試験時間内ではどうあがいても正解に到らないだろう．$ab+bc+ca$ は a，b，c の 2 次の同次式であるから，$a+b+c=3$ を 2 乗して用いると見抜く．

解1 $a+b+c=3$ というから
$$3-(ab+bc+ca)$$
$$= \frac{1}{3}\{3^2 - 3(ab+bc+ca)\}$$
$$= \frac{1}{3}\{(a+b+c)^2 - 3(ab+bc+ca)\}$$
$$= \frac{1}{3}(a^2+b^2+c^2-ab-bc-ca)$$
$$= \frac{1}{6}\{(a-b)^2+(b-c)^2+(c-a)^2\}$$
$$\geqq 0 \quad (\because \quad abc は実数より)$$
$$\therefore \quad ab+bc+ca \leqq 3 \quad ◀$$

解2　　$3(a^2+b^2+c^2)-(a+b+c)^2$
$= 3(a^2+b^2+c^2)-3^2$　$(\because\ a+b+c=3\ より)$
$= 3(a^2+b^2+c^2-3)$
$= 3\{(a+b+c)^2-3-2(ab+bc+ca)\}$
$= 3\{6-2(ab+bc+ca)\}$　$(\because\ a+b+c=3\ より)$

ところで $3(a^2+b^2+c^2)-(a+b+c)^2=(a-b)^2+(b-c)^2+(c-a)^2\geqq 0$ (a, b, c は実数) であるから，
$$6-2(ab+bc+ca)\geqq 0$$
$$\therefore\quad ab+bc+ca\leqq 3 \quad \blacktriangleleft$$

(付)　**解2** での式変形は，巧妙であるが，既に，§2 での問題 20 で指導済み．(いわれてから気付くようでは心もとない．)

問題 34

x, y, z はすべてが 0 ではない実数とする．この下で
$$F = \frac{xy+yz+zx}{x^2+y^2+z^2}$$
の最大値と最小値を求めよ．

▶　$F=k$ とおいて，x または y の 2 次方程式とみて "判別式≧0"，それから 2 次の絶対不等式とみて "判別式≦0" とやるのが遠回りの定石であろう．しかし，F の分子，分母を見れば，この美しさを損わずに解きたいものでもあろう．(前述のように判別式をもち出すなら，何もこのような美しい対称式でなくても ——答が出るように細工しておきさえすれば——"でたらめ"に作った分数式でもよいのだから．) $xy+yz+zx$ と $x^2+y^2+z^2$ の間の関係式ということになれば，当然，恒等式 $x^2+y^2+z^2-(xy+yz+zx) = \frac{1}{2} \cdot \{(x-y)^2+(y-z)^2+(z-x)^2\}$ や $(x+y+z)^2 = x^2+y^2+z^2+2(xy+yz+zx)$ であろう．

解　x, y, z は実数というから
$$x^2+y^2+z^2-xy-yz-zx$$
$$= \frac{1}{2}\{(x-y)^2+(y-z)^2+(z-x)^2\}$$

$\geqq 0$ （等号成立は $x=y=z$ のとき）

∴ x, y, z は，全ては 0 ではないから
$$1 \geqq \frac{xy+yz+zx}{x^2+y^2+z^2}$$

再び x, y, z は実数というから
$$(x+y+z)^2 = x^2+y^2+z^2+2(xy+yz+zx)$$
$$\geqq 0 \text{ （等号成立は } x+y+z=0 \text{ のとき）}$$

∴ x, y, z は，全ては 0 ではないから
$$-\frac{1}{2} \leqq \frac{xy+yz+zx}{x^2+y^2+z^2}$$

よって F は
$$\begin{cases} \text{最大値} \quad 1 \ (x=y=z \text{ のとき}) \\ \text{最小値} \ -\frac{1}{2} \ (x+y+z=0 \text{ のとき}) \end{cases} \cdots \text{（答）}$$

§2 の最後として，あまり型にはまらない不等式問題のいくつかを扱ってみる．

問題 35

次の問いに答えよ．
（1） $x \geqq 0, y \geqq 0$ のとき，つねに不等式 $\sqrt{x+y}+\sqrt{y} \geqq \sqrt{x+ay}$ が成り立つような正の定数 a の最大値を求めよ．
（2） a を（1）で求めた値とする． $x \geqq 0, y \geqq 0, z \geqq 0$ のとき，つねに不等式
$$\sqrt{x+y+z}+\sqrt{y+z}+\sqrt{z} \geqq \sqrt{x+ay+bz}$$
が成り立つような正の定数 b の最大値を求めよ．

（横浜国大・文系 ◇）

▶ （1） x, y は 0 以上の任意の実数であるから， $x=0$ とおいてみることにより a の範囲が求まる．そして次に逆を示す．（2）（1）と同様であるが，逆を示す際は（1）に不等式を利用する．さもないと式が大きくふくらんで，もて余す．

第1部 数と式の計算と基本的概念

解 （1）与不等式において $x=0$ おくと
$$2\sqrt{y} \geqq \sqrt{ay}$$
これが任意の $y(\geqq 0)$ に対して成立する為には，$(0<)a\leqq 4$ でなくてはならないので，この場合の a の最大値は 4 である．

逆にこのとき
$$(\sqrt{x+y}+\sqrt{y})^2-(x+4y)=2\sqrt{xy+y^2}-2y=2\sqrt{xy+y^2}-2\sqrt{y^2}\geqq 0$$
$$(\because \quad x\geqq 0,\ y\geqq 0 \text{ より})$$

求めるべき
$$a \text{ の最大値は } 4 \quad \cdots\textbf{(答)}$$

（2）与不等式において $x=y=0$ とおくと
$$3\sqrt{z}\geqq\sqrt{bz}$$
これが任意の $z(\geqq 0)$ に対して成立する為には，$(0<)b\leqq 9$ でなくてはならないので，この場合の b の最大値は 9 である．

逆を示す．（1）より
$$\sqrt{y+z}+\sqrt{z}\geqq\sqrt{y+4z}$$
であるから
$$\sqrt{x+y+z}+\sqrt{y+4z}\geqq\sqrt{x+4y+9z}$$
を示せばよい：
$$(\sqrt{x+y+z}+\sqrt{y+4z})^2-(x+4y+9z)$$
$$=2\sqrt{(x+y+z)(y+4z)}-2(y+2z)$$
$$=2\sqrt{(x+y+z)(y+4z)}-2\sqrt{(y+2z)^2}\geqq 0$$
$$(\because \quad (x+y+z)(y+4z)-(y+2z)^2=xy+yz+4zx\geqq 0 \text{ より})$$

求めるべき
$$b \text{ の最大値は } 9 \quad \cdots\textbf{(答)}$$

(付) （2）で，（1）を用いる際は
$$\sqrt{x+(y+z)}+\sqrt{y+z}\geqq\sqrt{x+4(y+z)}$$
とした方が計算量が少し楽になるだろうが，どっちにしても大した事ではない．

問題 36

実数 a, b, c が $a+b+c=0$ を満たしているとき，$(|a|+|b|+|c|)^2 \geq 2(a^2+b^2+c^2)$ が成立することを示せ．また，ここで等号が成立するのはどんな場合か． 　　　　　（京都大 ◇）

▶ 京大らしくセンスを試す易しい問題．闇雲に1文字消去などをしては迷宮入りとなる．問題の2式から，$a \leq b \leq c$ としてもよいことを見抜かなくてはならない．そうすると，あとは $a+b+c=0$ と合流させてすんなりといく．

解 $a+b+c=0$ において，$a \leq b \leq c$ と仮定しても一般性は失われないから

(ア) $a \leq 0 \leq b \leq c$

(イ) $a \leq b \leq 0 \leq c$

の場合がある．

(ア)の場合
$$F = (|a|+|b|+|c|)^2 - 2(a^2+b^2+c^2)$$
$$= (-a+b+c)^2 - 2(a^2+b^2+c^2)$$

$a = -(b+c)$ を上式に代入すると
$$F = 4(b+c)^2 - 4(b^2+c^2+bc)$$
$$= 4bc \geq 0 \quad (\text{等号成立は } b \text{ か } c \text{ の少なくとも一方が } 0 \text{ のとき})$$

(イ)の場合

$-c \leq 0 \leq -b \leq -a$ となり，実質的に(ア)の場合に帰着する．よって問題の不等式は成立する． ◀

等号成立は a, b, c の対称性から，a, b, c のうちの少なくとも1つが0のときである． …（答）

問題 37

a, b, c は実数で $a \geq 0$, $b \geq 0$ とする．$f(x) = ax^2 + bx + c$, $g(x) = cx^2 + bx + a$ とおく．$-1 \leq x \leq 1$ において，つねに $|f(x)| \leq 1$ が成立するとき，$-1 \leq x \leq 1$ において，つねに $|g(x)| \leq 2$ が成立することを示せ． (京都大 ◆)

▶ 判別式やグラフを描いて解こうとすると，もて余す．$|f(0)| \leq 1$, $|f(\pm 1)| \leq 1$ から a, b, c が少なくとも満たすべき条件は決まるので，そこから崩していくのが実戦的であろう．この際，問題は解けるように作られてあると楽観的立場をとる．

解 a, b, c は実数で $a \geq 0$, $b \geq 0$
$|f(x)| \leq 1$ ($|x| \leq 1$) が，つねに成立するというから，$x = 0, \pm 1$ とおいて
$$-1 \leq c \leq 1 \quad \cdots ①$$
$$-1 \leq a + b + c \leq 1 \quad \cdots ②$$
$$-1 \leq a - b + c \leq 1 \quad \cdots ③$$

さて $|x| \leq 1$ において
$$g(x) = cx^2 + bx + a$$
$$\leq cx^2 + bx + (1 - b - c)$$
$$\quad (\because \ ②での右側の不等式より)$$
$$= c(x^2 - 1) + b(x - 1) + 1$$
$$\leq c(x^2 - 1) + 1$$
$$\quad (\because \ b \geq 0, \ |x| \leq 1 において x - 1 \leq 0 より))$$
$$\leq 1 + 1 \quad (\because \ ①と x^2 \leq 1 より)$$
$$= 2$$

同様にして
$$g(x) = cx^2 + bx + a$$
$$\geq cx^2 + bx + (b - c - 1)$$
$$\quad (\because \ ③での左側の不等式より)$$
$$= c(x^2 - 1) + b(x + 1) - 1$$
$$\geq c(x^2 - 1) - 1$$

$$(\because \quad b \geqq 0, \ |x| \leqq 1 \text{において} x+1 \geqq 0 \text{より})$$
$$\geqq -1-1 \quad (\because \quad ① \text{と} x^2 \leqq 1 \text{より})$$
$$= -2$$

以上より
$$|g(x)| \leqq 2 \quad \blacktriangleleft$$

（付）①〜③より $(0 \leqq) a \leqq 2$ を得るので，c から消去して解いてみよ．

問題 38

u, x, y, z は正数で，$u^3 = x^3 + y^3 + z^3$ であるとき，次の不等式（1），（2）を証明せよ．
(1) $u^2 < x^2 + y^2 + z^2$
(2) $u^5 > x^5 + y^5 + z^5$

（福井工大 ♦）

▶ 本問は易しくはない．(1)，(2)共に逆算法をとるのがよいだろう．
(1) 示すべき式は $u^2 < x^2 + y^2 + z^2$ であるから，この両辺に $u(>0)$ をかけて $u^3 < ux^2 + uy^2 + uz^2$ とし，$u^3 = x^3 + y^3 + z^3 < ux^2 + uy^2 + uz^2$ より $u > x$, $u > y$, $u > z$ を示せばうまくいくとみる．
(2)も同様であるが，不等式の形から，(1)の結論そのものは役に立ちそうではない．しかし，(1)の解答プロセスは役に立つかもしれない．

解 u, x, y, z は正の数で
$$u^3 = x^3 + y^3 + z^3 \quad \cdots ①$$
より
$$u^3 > x^3 \quad \therefore \quad u > x(>0)$$
同様に，$u > y(>0)$，$u > z(>0)$ である．よって
$$u^3 = x^3 + y^3 + z^3 < ux^2 + uy^2 + uz^2$$
$u > 0$ より
$$u^2 < x^2 + y^2 + z^2 \quad \blacktriangleleft$$

(2) (1)の途中経過より，$u > x(>0)$, $u > y(>0)$, $u > z(>0)$ だから
$$u^2 > x^2, \ u^2 > y^2, \ u^2 > z^2$$
よって①に u^2 をかけて
$$u^5 = u^2 x^3 + u^2 y^3 + u^2 z^3 > x^5 + y^5 + z^5 \quad \blacktriangleleft$$

第2部

数列と行列

　　数列と行列を並べるとは，どういう了見か？
どちらも"列"という語があるからか？
まあ近いが，完全に肯定するわけにもゆかない．
　　数列は文字通り，"数の列"のことであるから，当然，数の列の世界の規則的配列性などを調べることが主眼となる．
　　行列は，数列を縦横に並べたもので，構造は至って簡単だが，こちらの方は演算の定義が通常の数と異なって，少しややこしい．そのややこしい演算規則からくる様々な命題などの成立を調べるのが主眼となる．
　　このように，どちらも目的は異なるが，行列とて単に演算だけしか扱わないならば，通常の数の四則演算の拡張をやるだけのことであるから，まあ，数が整列された意味で，数列とひとまとめにしておいてよいだろうというだけのことである．（少し気取った表現をすると，ある規則をもって数が整列された可換・非可換代数の世界への序章とでもいうべきか．）
　　しかし，このような行列の問題としては，当然，数列（やその和など）の内容が内在してくるので，1つの自然な分類ではあるだろう．
　　数列の問題をよく解けなければ，行列の問題は，尚更，解けないということになる．

§1. 数列

　数列は前文で述べたように，"数の列"であるから，内容は"数の列"の集合的世界に潜在する規則性や特性を扱うことになる．

　入試問題は数列の一般項や和を求めさせたり，漸化式を解かせるものが中心である．この節の流れは基本的数列（等差数列，等比数列）から始まり，現実的文章題の(連立)1次漸化式を経て，少しの応用問題で閉じるものである．

・**基本事項 [1]**・

基本的数列

❶ **等差数列**

　　数列 $\{a_n\}\,(n=1,\,2,\,\cdots)$ が等差数列をなすとは
$$a_1 = a\,(初項),\quad a_n - a_{n-1} = d\,(公差)\,(n \geqq 2)$$
を満たすときである．この数列の一般項と第 n 項までの和 S_n は次のようになる：
$$a_n = a + (n-1)d,$$
$$S_n = \frac{(a_1 + a_n)n}{2} = \frac{n}{2}\{2a + (n-1)d\}$$

❷ **等比数列**

　　数列 $\{a_n\}\,(n=1,\,2,\,\cdots)$ が等比数列をなすとは
$$a_1 = a\,(初項),\quad \frac{a_n}{a_{n-1}} = r\,(公差)\,(n \geqq 2)$$
を満たすときである．この数列の一般項と第 n 項までの和 S_n は次のようになる：
$$a_n = ar^{n-1},$$
$$S_n = \begin{cases} na & (r=1\,のとき) \\ \dfrac{a(1-r^n)}{1-r} & (r \neq 1\,のとき) \end{cases}$$

§1. 数列

・基本事項 [2]・

数列の和の公式

❶ $\displaystyle\sum_{k=1}^{n} k = \frac{1}{2}n(n+1)$

❷ $\displaystyle\sum_{k=1}^{n} k^2 = \frac{1}{6}n(n+1)(2n+1)$

❸ $\displaystyle\sum_{k=1}^{n} k^3 = \left\{\frac{1}{2}n(n+1)\right\}^2$

（例）数列 $1, 2, \cdots, n$ において互いに相異なり，かつ隣接しない2数の積の総和を求めよ．$n \geqq 2$ とする．

・求める和を S_n とすると，
$$2S_n = (1+2+\cdots+n)^2$$
$$ -2(1\cdot 2+2\cdot 3+\cdots+(n-1)n)$$
$$ -(1^2+2^2+\cdots+n^2)$$
となるので，これを計算すると
$$S_n = \frac{1}{8}(n-2)(n-1)n(n+1).$$

それでは，基本は大丈夫かどうか問題で試してみよ．

問題1

数列 $\{a_n\}$ に対して，$T_n = a_1 + 2a_2 + \cdots + na_n$，$S_n = 1+2+\cdots+n$ とおく．このとき数列 $\{a_n\}$ が等差数列であるための必要十分条件は，数列 $\left\{\dfrac{T_n}{S_n}\right\}$ が等差数列であることを示せ． （群馬大・医 ◇）

▶ $\{a_n\}$ が等差数列であるとき，$a_n = a_1 + (n-1)d$ と表せるので，T_n は

具体的に計算されることは直観的に明らか．$\left\{\dfrac{T_n}{S_n}\right\}$ が等差数列であるときは $\dfrac{T_n}{S_n} = b_n$ とおいて，そして $b_{n+1} - b_n = c$（公差）として $a_n = a_1 + (n-1)d$ となることを示す．

解 $\{a_n\}$ が等差数列であるとき
$$a_n = a_1 + (n-1)d \quad (d \text{ は公差})$$
と表せるから，
$$T_n = \sum_{k=1}^{n} ka_k = a_1 \sum_{k=1}^{n} k + d\sum_{k=1}^{n} k(k-1)$$
$$= \frac{a_1}{2} n(n+1) + \frac{d}{6} n(n+1)(2n+1) - \frac{d}{2} n(n+1)$$
また
$$S_n = \frac{1}{2} n(n+1)$$
よって
$$\frac{T_n}{S_n} = a_1 + \frac{d}{3}(2n+1) - d$$
$$= a_1 + (n-1)\frac{2}{3}d$$
よって数列 $\left\{\dfrac{T_n}{S_n}\right\}$ は初項 a_1，公差 $\dfrac{2}{3}d$ の等差数列をなす．

逆に $\left\{\dfrac{T_n}{S_n}\right\}$ が等差数列，つまり，
$$\frac{T_1}{S_1} = a_1, \quad \frac{T_{n+1}}{S_{n+1}} - \frac{T_n}{S_n} = c \quad (公差)$$
であるとき，上の第2式において
$$\text{左辺} = \frac{2\sum_{k=1}^{n+1} ka_k}{(n+1)(n+2)} - \frac{2\sum_{k=1}^{n} ka_k}{n(n+1)}$$
$$= \frac{2n\sum_{k=1}^{n+1} ka_k - 2(n+2)\sum_{k=1}^{n} ka_k}{n(n+1)(n+2)}$$
$$= \frac{2n(n+1)a_{n+1} - 4\sum_{k=1}^{n} ka_k}{n(n+1)(n+2)}$$
$$= c = \text{右辺}$$

$$\iff 2n(n+1)\,a_{n+1} - 4\sum_{k=1}^{n} k a_k$$
$$= cn(n+1)(n+2) \quad \cdots ①$$

これより
$$2(n-1)n\,a_n - 4\sum_{k=1}^{n-1} k a_k$$
$$= c(n-1)n(n+1) \ (n \geqq 2) \quad \cdots ②$$

①－②より
$$2n(n+1)\,a_{n+1} - 2(n-1)n\,a_n - 4n a_n$$
$$= 3cn(n+1) \ (n=1 を含めてよい)$$
$$\iff 2n(n+1)\,a_{n+1} - 2n(n+1)\,a_n$$
$$= 3cn(n+1) \ (n \geqq 1)$$
$$\iff a_{n+1} - a_n = \frac{3}{2}c \ (n \geqq 1)$$

よって数列 $\{a_n\}$ は初項 a_1, 公差 $\frac{3}{2}c\left(=\frac{3}{2}\cdot\frac{2}{3}d=d\right)$ の等差数列をなす.

以上によって題意は示された. ◀

等差・等比数列に関しては易し過ぎるので, これ以上はやらない.

また, 俗にいう "群数列" なるものについては, 方針が決まりきっていて, このような問題をくどくどやるのは, 眠気がしてくる (これも気まぐれから). 気になる人は教科書で学んでおかれたい.

問題 2

n を自然数とする.
(1) $x+y \leqq n$ を満たす自然数の個数 a_n を求めよ.
(2) $x+2y+z \leqq n$ (n は奇数とする) を満たす自然数の組 (x, y, z) の個数 b_n を求めよ. (岡山大 ♦)

▶ 格子点の個数を数える問題である. (1) は直線の図を描いて解ける. (2) はどうであろうか? (1) をうまく使うには $y=k$ とおいて $x+z \leqq n-2k$ とみればよさそうである.

解 （1） a_n は直ちに
$$a_n = 1 + 2 + \cdots + (n-1)$$
$$= \frac{1}{2}(n-1)n \quad \cdots \text{(答)}$$

（2） $y = k$ （k は適当な正の整数）とおくと，
$$2 \leq x + z \leq n - 2k \quad (n \text{ は奇数})$$
これより $2 \leq n - 2k$ であるから
$$k \leq \frac{n-2}{2}$$
n は奇数というから，k の最大値は，明らかに $\frac{n-3}{2}$ である．
$$\therefore \quad 1 \leq k \leq \frac{n-3}{2}$$
よって，（1）での a_n を用いて
$$b_n = \sum_{k=1}^{\frac{n-3}{2}} a_{n-2k}$$
$$= \sum_{k=1}^{\frac{n-3}{2}} \frac{1}{2}\{(n-2k)-1\}(n-2k)$$
$$= \sum_{k=1}^{\frac{n-3}{2}} \left\{ 2k^2 - (2n-1)k + \frac{1}{2}(n-1)n \right\}$$
$$= \frac{1}{24}(n-3)(n-1)(2n-1) \quad \cdots \text{(答)}$$

(付) （1）では $\sum_{k=1}^{n}(n-k) = \frac{1}{2}(n-1)n$ と計算してもよい．

漸化式と帰納法の融合問題は多い．ここでは有名なフィボナッチの数列（フィボナッチは 1200 年前後のピサの貿易商兼数学者）を扱ってみる．フィボナッチの数列は
$$\begin{cases} a_1 = a_2 = 1 \\ a_{n+2} = a_{n+1} + a_n \end{cases}$$
なる漸化式を満たす数列 $\{a_n\}$ であり，これは a_1, a_2 を少し変えて使われることも多い．（元来のフィボナッチの書に従う ── そこではねずみ算〈ねずみの増え方は等比級数型に近い〉ならぬうさぎ算の問題になっている ──

§1. 数列

ならば，$a_1 = 1$，$a_2 = 2$ とするべきなのだが，$a_1 = a_2 = 1$ の方が流布している．）この数列は様々の性質を有しており，この数列のみのサークル・協会まであるという．

そのバラエティに富んだ世界を少しのぞいてみよう．

問題3

数列 $\{a_n\}$ $(n = 0, 1, 2, \cdots)$ は次式で定められるものとする．
$$\begin{cases} a_0 = 0, \ a_1 = 1 \\ a_{n+2} = a_{n+1} + a_n \end{cases}$$
このとき，等式
$$a_{n+m} = a_{n+1}a_m + a_n a_{m-1}$$
が任意の自然数 m について成立することを示し，それから a_{23} の値を整数値の形で具体的に表せ．

▶ 帰納法が順当手段である．

解 m に関する帰納法で題意の成立を示す．

$m = 1$ のとき
$$右辺 = a_{n+1}a_1 + a_n a_0$$
$$= a_{n+1} = 左辺$$

よってこのときは，題意は成立している．

$m = k$ のとき，$a_{n+k} = a_{n+1}a_k + a_n a_{k-1}$ の成立を仮定する．
さて
$$a_{n+1}a_{k+1} + a_n a_k$$
$$= a_{n+1}(a_k + a_{k-1}) + a_n a_k \quad (\because \quad a_{n+2} = a_{n+1} + a_n \text{ より)}$$
$$= (a_{n+1} + a_n)a_k + a_{n+1}a_{k-1}$$
$$= a_{n+2}a_k + a_{n+1}a_{k-1} \quad (\because \quad a_{n+2} = a_{n+1} + a_n \text{ より)}$$
$$= a_{(n+1)+k} \quad (ここで帰納法の仮定を用いた)$$
$$= a_{n+(k+1)}$$

よって任意の自然数 m について題意は成立する．◀

次に a_{23} の値を求める．示された等式により
$$a_{23} = a_{11+12} = a_{12}a_{12} + a_{11}a_{11}$$
ここで
$$a_0 = 0, \quad a_1 = 1, \quad a_2 = 1, \quad a_3 = 2, \quad a_4 = 3, \quad a_5 = 5, \quad a_6 = 8,$$
$$a_7 = 13, \quad a_8 = 21, \quad a_9 = 34, \quad a_{10} = 55, \quad a_{11} = 89, \quad a_{12} = 144$$
であるから，
$$a_{23} = 144^2 + 89^2 = 20736 + 7921$$
$$= 28657 \quad \cdots \textbf{(答)}$$

（付）漸化式 $a_{n+m} = a_{n+1}a_m + a_n a_{m-1}$ の有難さがよく分かって頂けたかな？

単に，1次型隣接2項・3項漸化式を与えて，ただの算数的計算技術で一般項 a_n を求めさせる問題は，多くの参考書・問題集に載っているであろうから，ここでは取り挙げない．もう少し進んで，漸化式を実際に作り，それからそれを解く問題を扱う．

問題4

投入口が1つの自動販売機に50円硬貨と100円硬貨を投入する．いま硬貨の個数は同じでも投入順序が違うのは異なる投入方法として数え，合計金額が $50n$ 円（n は自然数）となる投入方法の数を a_n とする．この a_n を求めよ． （同志社大・工〔改〕）

▶ コンピューター系に進むと，このような組合せ論の演習が，沢山，待っている(らしい)．a_n はすぐには求まらないから，漸化式にもち込む．しかし隣接2項か3項かも，まだ不明なので，a_1, a_2 を求める意味も兼ねて $n = 1, 2, 3$ と具体的に調べて規則性を見出す方がよさそうである：

投入した合計金額が 50 円のとき
$$a_1 = 1 \text{ (通り)}$$
投入した合計金額が 100 円のとき
$$a_2 = 2 \text{ (通り)} \quad (\because \quad 100\text{円} \times 1 = 50\text{円} \times 2 \text{ より})$$

投入した合計金額が 150 円のとき
$$a_3 = 3 \,(通り)\ (\because\ 50円 \times 3 = 100円 + 50円 = 50円 + 100円 より)$$
これらを図的に示してみる．

投入した合計金額(円)： 0　　　　50　　　　100　　　　150

投入方法の数　：　　　●—+50円→ a_1 —+50円→ a_2 —+50円→ a_3
　　　　　　　　　　　　　　　＋100円（上）／＋100円（下）

$a_3 = a_1 + a_2$ だから，どうやら隣接 3 項のようである．

解　題意を図的に示してみる．

投入した合計金額(円)：　　$50n$　　　　$50(n+1)$　　　　$50(n+2)$

投入方法の数　：　　　　　a_n —+50円(硬貨)→ a_{n+1} —+50円(硬貨)→ a_{n+2}
　　　　　　　　　　　　　　　　　　＋100円(硬貨)

これより
$$\begin{cases} a_{n+2} = a_{n+1} + a_n \\ ただし，\ a_1 = 1,\ a_2 = 2 \end{cases}$$

上式は，2 次方程式 $x^2 - x - 1 = 0$ の 2 解を $\alpha,\ \beta\,(\alpha < \beta)$ として，$a_1 = 1$，$a_2 = 2$ の付帯下で
$$\begin{cases} a_{n+2} - \alpha a_{n+1} = \beta(a_{n+1} - \alpha a_n) \\ a_{n+2} - \beta a_{n+1} = \alpha(a_{n+1} - \beta a_n) \end{cases}$$
と表せるから，これらより
$$\begin{cases} a_{n+1} - \alpha a_n = \beta(a_n - \alpha a_{n-1}) = \beta^{n-1}(a_2 - \alpha a_1) = (2-\alpha)\beta^{n-1} \\ a_{n+1} - \beta a_n = \alpha(a_n - \beta a_{n-1}) = \alpha^{n-1}(a_2 - \beta a_1) = (2-\beta)\alpha^{n-1} \end{cases}$$
辺々相引くことにより
$$(\beta - \alpha)a_n = (2-\alpha)\beta^{n-1} - (2-\beta)\alpha^{n-1}$$
ここで
$$2 - \alpha = 1 + (1-\alpha) = 1 + \beta\ \ (\because\ \alpha + \beta = 1 より)$$
$$= -\alpha\beta + \beta\ \ (\because\ \alpha\beta = -1 より)$$
$$= \beta^2\ \ (\because\ \alpha + \beta = 1 より)$$

同様に
$$2 - \beta = \alpha^2$$
$$\therefore \quad a_n = \frac{\beta^{n+1} - \alpha^{n+1}}{\beta - \alpha}$$
$$= \frac{1}{\sqrt{5}}\left\{\left(\frac{1+\sqrt{5}}{2}\right)^{n+1} - \left(\frac{1-\sqrt{5}}{2}\right)^{n+1}\right\} \quad \cdots \text{(答)}$$

(付) 本問はフィボナッチ数列の問題であったわけである．（意外であったかな？）

問題5

平面上に1つの円 C と n 本の直線がある．n 本の直線はどれも円 C と2点で交わり，どの3本も1点で交わらない．また，n 本の各直線は円 C の内部（円周上は含まない）で他のすべての直線と交わる．そのとき，これら n 本の直線と円 C によって平面はいくつの部分に分けられるか
(琉球大 ◆)

▶ $n = 1, 2, 3, \cdots$ で様子を調べ，一般の場合を考察する．
求める部分平面の個数を a_n で表す．
$n = 1$ のとき（**図1**参照）
　　$a_1 = 2 + 2$ （円の内部に2つの部分，円の外部に2つの部分）
$n = 2$ のとき（**図2**参照）
　　$a_2 = (2+2) + (2+2)$

図1

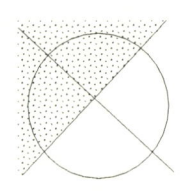

図2

霞状部分は新たに1本の直線を引いたとき，増す部分平面を表す．
（霞状部分をどこにとるかは任意である）

$n=3$ のとき（**図 3** 参照）
$$a_3 = (2+2+3)+(2+2+2)$$
$n=4$ のとき（**図 4** 参照）
$$a_4 = (2+2+3+4)+(2+2+2+2)$$

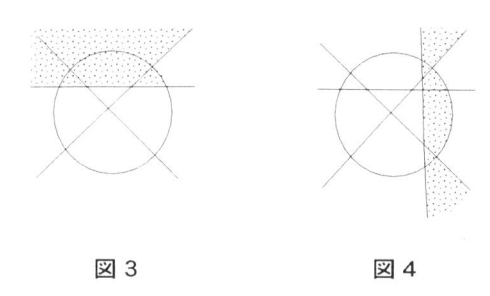

図 3　　　　　図 4

> ここで一服．どうやら規則性が見えてきたようである．それでは一般の a_n を求める為に，それなりの言葉を付け添えることにする．（具体的に $n=1, 2, 3, \cdots$ と調べなくても一気に以下のように解けるなら，それも結構．）

上の例から，次のようなことが一般にいえる：
n 本目の直線を題意に沿うように引いたとき，円の内部，外部にある部分平面の個数をそれぞれ b_n, c_n とすると，
$$a_n = b_n + c_n$$
である．$b_n \, (n \geqq 2)$ については，n 本目の直線を引いたとき，それは $(n-1)$ 本の直線と円の内部で交わり，新たに n 個の部分平面を内部に生ぜしめるから，
$$b_n = b_{n-1} + n \quad (n \geqq 2 \,;\, b_1 = 2)$$
$$\Longleftrightarrow b_n = b_1 + (2+3+\cdots+n) = 1 + \sum_{k=1}^{n} k$$
$$= 1 + \frac{1}{2} n(n+1)$$
次に $c_n \, (n \geqq 1)$ については，n 本目の直線を引いたとき，円の外部に部分

平面を2つ生ぜしめるから，
$$c_n = c_{n-1} + 1 \quad (n \geqq 2 \; ; \; c_1 = 2)$$
$$\longleftrightarrow c_n = 2n$$
よって
$$a_n = 1 + \frac{1}{2}n(n+1) + 2n$$
$$= \frac{n^2 + 5n + 2}{2} \quad \cdots \text{(答)}$$

問題 6

図のようなテープ上のマス目に，$a_1 = 1, a_2 = 2, \cdots, a_{n+1} = 2a_n, \cdots$ で与えられる数列の値を 10 進法で左づめに記していく．a_n の桁数を b_n とし，a_n まで記入し終わったときテープ上に記されている数字をつないで読んで c_n とする．例えば，$a_1 = 1, a_2 = 2, a_3 = 4, a_4 = 8, a_5 = 16$ であるから，$b_5 = 2, c_5 = 124816$ となる．

1	2	4	8	1	6				

（1） $b_1 + b_2 + b_3 + b_4 + b_5 + b_6 + b_7 + b_8 + b_9 + b_{10}$ を求めよ．

（2） $2^{10} = 1024$ であることを用いて，$b_{n+10} \geqq b_n + 3$ が成り立つことを示せ．

（3） c_{2000} は 60 万桁をこえる数であることを示せ． （電通大 ◇）

▶ （1） $a_n = 2^{n-1}$ となり，b_n は a_n の 10 進法表示での桁数であるから，$b_1 + b_2 + \cdots + b_{10}$ はすぐ求まる．（2） $a_{n+10} = 2^{n+9} = 2^{10} \cdot 2^{n-1} = 1024 a_n$ に留意すると，a_{n+10} は a_n より 3 桁の位上がりは生じていることが分かる．

（3） c_{2000} の桁数は $b_1 + b_2 + \cdots + b_{2000}$ であるから，（2）での不等式（"漸化不等式"とでもいうべきか）を用いて，c_{2000} の桁数のおおよその見当はつく．

解 $a_{n+1} = 2a_n \; (a_1 = 1)$ より $a_n = 2^{n-1}$ となる．

（1） b_n は a_n の 10 進法表示での桁数であるから，
$$b_1 = b_2 = b_3 = b_4 = 1, \; b_5 = b_6 = b_7 = 2,$$
$$b_8 = b_9 = b_{10} = 3$$

$$\therefore \quad b_1 + b_2 + \cdots + b_{10} = 19 \quad \cdots \text{(答)}$$

（2） $a_{n+10} = 2^{10} \cdot 2^{n-1} = 1024 a_n > 1000 a_n$

$1000 a_n$ の桁数は $3 + b_n$ であるから

$$b_{n+10} \geqq b_n + 3 \quad \blacktriangleleft$$

（3）（2）での不等式において，n を改めて $n+10,\ n+20,\ \cdots$ と見直すと，

$$b_{n+20} \geqq b_{n+10} + 3 \geqq b_n + 3 \times 2,$$
$$b_{n+30} \geqq b_{n+20} + 3 \geqq b_n + 3 \times 3,$$
$$\vdots$$
$$b_{n+10m} \geqq b_n + 3m \quad (m = 0,\ 1,\ 2,\ \cdots)$$

よって

$$b_1 + b_2 + \cdots + b_{2000}$$
$$= \sum_{m=0}^{199} (b_{1+10m} + b_{2+10m} + \cdots + b_{10+10m})$$
$$\geqq \sum_{m=0}^{199} \{(b_1 + 3m) + (b_2 + 3m) + \cdots + (b_{10} + 3m)\}$$
$$= \sum_{m=0}^{199} (19 + 30m) \quad (\because\ (1) \text{より})$$
$$= 19 \times 200 + 30 \times \frac{1}{2} \times 199 \times 200$$
$$= 600800$$

よって c_{2000} は 60 万桁を越える． $\blacktriangleleft$

問題 7

数列 $1,\ \sqrt{\dfrac{1}{2}},\ \sqrt[3]{\dfrac{1}{3}},\ \cdots,\ \sqrt[n]{\dfrac{1}{n}},\ \cdots$ の最小の項を求めよ．ただし $n \geqq 3$ とする．

（鳴門教育大(改)）

▶ 数列 $\left\{ \sqrt[n]{\dfrac{1}{n}} \right\}$ の最小の項を求めるには $\{n^{\frac{1}{n}}\}$ の最大の項を求めればよい．

解1 $a_n = n^{\frac{1}{n}}$ $(n \geq 3)$ として数列 $\{a_n\}$ の最大の項を求める.

$$a_{n+1} - a_n = (n+1)^{\frac{1}{n+1}} - n^{\frac{1}{n}}$$

$$a_{n+1} - a_n \gtreqless 0 \iff (n+1)^{\frac{1}{n+1}} \gtreqless n^{\frac{1}{n}}$$

$$\iff (n+1)^n \gtreqless n^{n+1}$$

$$\iff \left(1 + \frac{1}{n}\right)^n \gtreqless n$$

$n \geq 3$ なので, $n = 3$ を代入してみると $\left(\frac{4}{3}\right)^3 = \frac{64}{27} < 3$ であり, n の値を大きくしてみると, 左辺は有界のようである. それ故

$$\left(1 + \frac{1}{n}\right)^n < n \quad (n \geq 3) \quad \cdots (*)$$

と推定されるので, n に関する帰納法で, この不等式の成立を示してみる:

$n = k (\geq 3)$ のとき

$$\left(1 + \frac{1}{k}\right)^k < k$$

の成立を仮定して両辺に $1 + \frac{1}{k} (> 0)$ をかけると

$$\left(1 + \frac{1}{k}\right)^{k+1} < \left(1 + \frac{1}{k}\right)k = k + 1$$

そして

$$\left(1 + \frac{1}{k+1}\right)^{k+1} < \left(1 + \frac{1}{k}\right)^{k+1}$$

だから

$$\left(1 + \frac{1}{k+1}\right)^{k+1} < k + 1$$

よって任意の $n (\geq 3)$ に対して $(*)$ は成立する. よって

$$a_{n+1} - a_n < 0 \quad (n \geq 3)$$

$$\therefore \quad a_1 = 1 < a_2 = 2^{\frac{1}{2}} < a_3 = 3^{\frac{1}{3}} > a_4 > a_5 > \cdots$$

求める最小の項は

$$\frac{1}{a_3} = \sqrt[3]{\frac{1}{3}} \quad \cdots \text{(答)}$$

(付) 上の **解** での $(*)$ であるが, $\left(1 + \frac{1}{n}\right)^n < 3$ $\left(\lim_{n \to \infty} \left(1 + \frac{1}{n}\right)^n = e < 3\right)$ であるから, この立場からは正しいことは明らかである. しかし, それならば, 受験生の立場では, 答案中で $\left(1 + \frac{1}{n}\right)^n < 3$ を示さなくてはならない.

なお,本問は微分法を用いても解ける.数列 $\{n^{\frac{1}{n}}\}$ を曲線 $y = x^{\frac{1}{x}}$ $(x \geqq 1)$ 上の点列とみるのである.先走りになるが,以下にその方向での解答を以下に示しておく.

解2 $y = x^{\frac{1}{x}}$ $(x > 0)$ として両辺の自然対数をとると

$$\log y = \frac{\log x}{x} = f(x) \text{（とおく）}$$

$$f'(x) = \frac{1 - \log x}{x^2}$$

$f'(x) = 0$ となるのは $x = e$ で,増減表とグラフは以下のようになる:

x	$+0$		e		∞
$f'(x)$		$+$	0	$-$	
$f(x)$	$-\infty$	↗	$\frac{1}{e}$	↘	$+0$

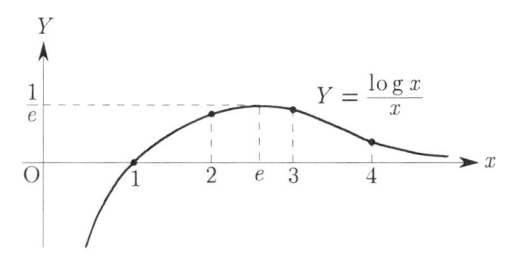

ここで $\frac{\log 2}{2} < \frac{\log 3}{3}$ （実際,$8 < 9$ となる）だから,曲線 $Y = \frac{\log x}{x}$ 上の点列で $x = 1, 2, 3, \cdots$ に対して Y の最大値を与えるのは $x = 3$ である.よって

$$(\log y)_{\max} = \frac{\log 3}{3} \iff y_{\max} = 3^{\frac{1}{3}}$$

∴ 求める最小の項は $n = 3$ のときで

$$\sqrt[3]{\frac{1}{3}} \quad \cdots \text{(答)}$$

§2. 行列と連立1次方程式

　行列は数を縦横の方陣状に並べたものである．それらに和・積などの演算規則などを課すことにより，従来の実数・複素数にはなかった特性が現れてくる．行列はケイリー（1800年代のイギリスの数学者）によって発見されたものであり，そのときは一般の $n \times n$ 行列（n は自然数）で扱われている．現行指導内容の行列はその最も初歩的で，簡単な計算で済むものをお下がりにしているだけに過ぎない．しかるに 2×2 行列でもなかなか易しくはない問題が多い．（行列そのものが内容的に難しいからである．）

　2×2 行列は旧課程で，既に，型通りの問題はかなり出尽くされてしまったようである．また，かつて非常にもてはやされたタイプの問題で，最近では姿を消してしまっているものも多い．例えば，

$$A = \begin{pmatrix} 1 & a \\ 0 & 1 \end{pmatrix} \text{では} A^n = \begin{pmatrix} 1 & na \\ 0 & 1 \end{pmatrix} \quad （n \text{は自然数}）$$

となるような準公式めいた問題は，最近，あまり見かけなくなってきた．そして型にはまらないタイプの問題が増えてきて，出題者が，段々，頭を使って問題作成をしてきていることが伺える．これは，当然，受験生も頭を使わなければ問題が解けなくなってきていることを意味している．（これはよい傾向である．）そうなると，最近の問題に対しては，やはり，最近の問題で対処した方がよいようである．

　更に 3×3 行列になると，その逆行列を求めることすら，簡単な計算では済まなくなり，高校生には，その一般的処方は，指導されないようになっている．それ故，3×3 行列の逆行列を求めさせる問題ですら，出題者はいろいろ工夫を凝らしている．

　そして連立1次方程式に進むが，これは，単に，通常，見かける連立方程式を行列形に組み換えしただけの問題から，これを用いて 3×3 行列の逆行列を求めさせる問題までいろいろあるが，内容的には，ただの計算である．

　それでは，これから本題に入っていくが，本書はあくまでも入試を目的としているので，どうしても入用の場合は別として，あまり分かりきったことは述べない．また，行列に関する定理などは，掘り下げれば，いくらでも出てくるのでほどほどにしておく．

§2. 行列と連立1次方程式

・基本事項［１］・

2×2 行列の性質

（以下では，A, B などの記号は 2×2 行列を表すものとする．）

❶ A の逆行列

$A = \begin{pmatrix} a & b \\ c & d \end{pmatrix}$ の逆行列 A^{-1}（'$AA^{-1} = E =$ 単位行列'を満たすもの）があれば，それは

$$A^{-1} = \frac{1}{ad - bc} \begin{pmatrix} d & -b \\ -c & a \end{pmatrix}$$

である．$|A| = ad - bc$ で表すことにする．
$|A|$ は A の行列式とよばれ，$\det A$ と表すことも多い．

なお２つの行列 A, B に対して $|AB| = |A||B|$ であることを確かめておくこと．

❷ 〈命題１〉

$AB = O$ ならば，次のどれかが成立する：
$A = O$, $B = O$, $A \neq O$ かつ $B \neq O$ でも $|A| = O$ または $|B| = O$.

❸ 〈命題２〉

$AB = O$ において，特に $B = A$ ならば，A の逆行列 A^{-1} は存在しない．

❹ 〈命題３〉

$A^n = E$（E は単位行列，n は 0 以上の整数）で，$A \neq E$, $A^2 \neq E$, …, $A^{n-1} \neq E$ ならば，$A, A^2, \cdots, A^n (= E)$ はいずれも等しくない．

（付記）命題１～３は一般の $n \times n$ 行列（n は自然数）で成立する．証明はどれも易しい．

❺ ケイリー・ハミルトンの定理

$A = \begin{pmatrix} a & b \\ c & d \end{pmatrix}$ ならば，

$$A^2 - (a + d)A + (ad - bc)E = O$$

である．（この定理は，元々一般の $n \times n$ 行列に対して，ハミルトンが見出したものであるから，ハミルトンの定理とよぶべきものだが，…．ハミルトン・ケイリーと並べる人も多いが，連名では，先覚者の名を先にもってくるのが作法というものだろう．コーシー・シュワルツの不等式をシュワルツ・コーシーの不等式とはいうまい．）

（注意）❺の逆は成立しない．

問題 1

2次の正方行列 A が $A^2 + A + E = O$ を満たすとき次の問いに答えよ．ただし，E は単位行列とする．

（1） $A^{10} = A$ を示せ．
（2） どの成分も0でない整数であるような行列 A を1つ求めよ．

（奈良教育大 ◊）

▶ （1）は $A^2 + A + E = O$ に $A - E$ をかけると，$A^3 = E$ を得るので，$A^{10} = A$ はすぐ示せる．（2）では「ケイリー・ハミルトンの定理により $A^2 - (a+d)A + (ad-bc)E = O$ であるから，$a + d = -1$, $ad - bc = 1$ を満たす整数 a, b, c, d を求めればよい」などとしてはならない．（2次方程式などで解と係数の関係式が成り立つのは，むしろ例外と思ってよろしい．）しかも（1）は（2）には関与していないようである．地道に $A^2 + A + E = O$ を計算していく．

解 （1） $A^2 + A + E = O$ に $A - E$ をかけると，
$$A^3 - E = O \quad \therefore \quad A^3 = E$$
よって
$$A^{10} = A \cdot (A^3)^3 = A \quad \blacktriangleleft$$

（2） $A = \begin{pmatrix} a & b \\ c & d \end{pmatrix}$ とすると，

$$A^2 + A + E = \begin{pmatrix} a^2 + bc & (a+d)b \\ (a+d)c & bc + d^2 \end{pmatrix} + \begin{pmatrix} a & b \\ c & d \end{pmatrix} + \begin{pmatrix} 1 & 0 \\ 0 & 1 \end{pmatrix}$$

$$\Longleftrightarrow \begin{cases} a^2 + a + bc + 1 = 0 & \cdots ① \\ (a+d+1)b = 0 & \cdots ② \\ (a+d+1)c = 0 & \cdots ③ \\ bc + d^2 + d + 1 = 0 & \cdots ④ \end{cases}$$

仮定より $b \neq 0$, $c \neq 0$ であるから，②と③より
$$a + d + 1 = 0 \quad \cdots ㋐$$
①−④より

§2. 行列と連立1次方程式   109

$$a^2 + a - d^2 - d = (a-d)(a+d+1) = 0$$

この式で $a=d$ とすれば，㋐より $a=d=-\dfrac{1}{2}$ となって，a, d は整数にならないので $a \neq d$ である．
㋐より

$$(a+d)^2 = a^2 + d^2 + 2ad = 1 \quad \cdots ㋑$$

①+④より

$$a^2 + d^2 + 2bc + a + d + 2$$
$$= a^2 + d^2 + 2bc + 1 = 0 \quad \cdots ㋒ \quad (\because ㋐より)$$

㋑-㋒より

$$ad - bc = 1 \quad \cdots ㋓$$

㋐と㋓を満たすような 0 でない整数 a, b, c, d のうちで①〜④を満たすものを見つける．

まず $a=-2$, $d=1$ ととれば，これらは㋐を満たしている．次に $b=-1$, $c=3$ ととれば，これらは㋓をも満たしている．そして，①〜④をも満たすものである．よって，A の1例は

$$A = \begin{pmatrix} -2 & -1 \\ 3 & 1 \end{pmatrix} \quad \cdots \text{(答)}$$

（注） $A^2 + A + E = O$ だけでは行列 A は決まらない．

問題 2

$a_1 = 1$, $a_2 = 2$, $a_{n+2} = a_n + a_{n+1}$ $(n = 1, 2, 3, \cdots)$ を満たす数列 $\{a_n\}$ を用いて，行列
$$A_n = \begin{pmatrix} a_n & a_{n+1} \\ a_{n+1} & a_{n+2} \end{pmatrix} \quad (n = 1, 2, 3, \cdots)$$
を定める．P を $PA_1 = A_2$ を満たす行列とする．

（1）行列 P を求めよ．また，その逆行列 P^{-1} を求めよ．
（2）$PA_n = A_{n+1}$ $(n = 1, 2, 3, \cdots)$ であることを示せ．
（3）$(P^3 - E)(A_1 + A_4 + A_7 + \cdots + A_{3n-5} + A_{3n-2}) - A_{3n+1} = -A_1$ が成り立つことを示せ．ただし，$E = \begin{pmatrix} 1 & 0 \\ 0 & 1 \end{pmatrix}$ とする．
（4）$B_n = A_1 + A_4 + A_7 + \cdots + A_{3n-5} + A_{3n-2}$ とおく．$B_n - \frac{1}{2} A_{3n}$ を求めよ．

(九州工大 ♦)

▶ $\{a_n\}$ はフィボナッチの数列．行列 P は専門的には'はしご演算子行列'とよばれるものの最も単純な1例である．問題を解くだけならば，P の性質を"フル"回転させてがむしゃらに突き進むのみ．

解　（1）A_n の作り方から
$$A_1 = \begin{pmatrix} 1 & 2 \\ 2 & 3 \end{pmatrix}, \quad A_2 = \begin{pmatrix} 2 & 3 \\ 3 & 5 \end{pmatrix}$$
よって
$$P = A_2 A_1^{-1} = \begin{pmatrix} 2 & 3 \\ 3 & 5 \end{pmatrix} \begin{pmatrix} -3 & 2 \\ 2 & -1 \end{pmatrix} = \begin{pmatrix} 0 & 1 \\ 1 & 1 \end{pmatrix} \quad \cdots \text{(答)}$$
$$P^{-1} = \begin{pmatrix} -1 & 1 \\ 1 & 0 \end{pmatrix} \quad \cdots \text{(答)}$$

（2）$PA_n = \begin{pmatrix} 0 & 1 \\ 1 & 1 \end{pmatrix} \begin{pmatrix} a_n & a_{n+1} \\ a_{n+1} & a_{n+2} \end{pmatrix}$
$= \begin{pmatrix} a_{n+1} & a_{n+2} \\ a_n + a_{n+1} & a_{n+1} + a_{n+2} \end{pmatrix}$
$= \begin{pmatrix} a_{n+1} & a_{n+2} \\ a_{n+2} & a_{n+3} \end{pmatrix}$ $(\because$ つねに $a_{n+2} = a_n + a_{n+1}$ より$)$
$= A_{n+1}$ ◀

§2. 行列と連立1次方程式

（3） $(P^3 - E)\sum_{k=1}^{n} A_{3k-2} - A_{3n+1}$

$= \sum_{k=1}^{n}(P^3 A_{3k-2} - A_{3k-2}) - A_{3n+1}$

$= \sum_{k=1}^{n}(A_{3k+1} - A_{3k-2}) - A_{3n+1}$ （∵ （2）により）

$= -A_1$ ◀

（4）（3）より
$$(P^3 - E)B_n - A_{3n+1} = -A_1$$
ここで
$$P^3 = \begin{pmatrix} 1 & 2 \\ 2 & 3 \end{pmatrix} = A_1$$
であるから，
$$(P^3 - E)B_n - A_{3n+1} = -P^3$$
この式の両辺に P^{-1} をかけて
$$(P^2 - P^{-1})B_n - A_{3n} = -P^2$$
$P^2 = \begin{pmatrix} 1 & 1 \\ 1 & 2 \end{pmatrix}$, $P^{-1} = \begin{pmatrix} -1 & 1 \\ 1 & 0 \end{pmatrix}$ であるから上式は
$$2EB_n - A_{3n} = -\begin{pmatrix} 1 & 1 \\ 1 & 2 \end{pmatrix}$$
$$\therefore \quad B_n - \frac{1}{2}A_{3n} = -\frac{1}{2}\begin{pmatrix} 1 & 1 \\ 1 & 2 \end{pmatrix} \quad \cdots\text{(答)}$$

（付）本問での行列 P を用いて a_n を求めることができる：
$T = \begin{pmatrix} 1 & 1 \\ \alpha & \beta \end{pmatrix}$ （α, β は2次方程式 $x^2 - x - 1 = 0$ の2解）に対して
$S = T^{-1}PT$ を計算すると，
$$S = \begin{pmatrix} \alpha & 0 \\ 0 & \beta \end{pmatrix}$$
となる．これより P^n は直ちに求まるので，
$$a_n = \frac{\beta^{n+1} - \alpha^{n+1}}{\beta - \alpha} \quad (\alpha < \beta)$$
と決まる．

そして次は行列の n 乗の計算問題.

問題 3

$E = \begin{pmatrix} 1 & 0 \\ 0 & 1 \end{pmatrix}$, $A = \begin{pmatrix} a \\ b \end{pmatrix}(a, b)$ $(a^2 + b^2 \neq 0)$ とおく.

(1) 自然数 n に対して
$$(E + A)^n = E + a_n A$$
を満たす数列 $\{a_n\}$ の漸化式を求めよ.

(2) $\{a_n\}$ の一般項を求めよ. (群馬大 ◊)

▶ 少し軽妙な問題である. (1)は $(E+A)^{n+1}$ を評価する. (1) が解ければ, (2) は易しいはず (?).

解 $\quad A = \begin{pmatrix} a^2 & ab \\ ab & b^2 \end{pmatrix}$

(1) $\quad E + A = E + a_1 A$

であるから, $a_1 = 1$ である.
$$(E + A)^n = E + a_n A$$
この式の両辺に $E+A$ をかけることにより
$$(E + A)^{n+1} = E + (a_n + 1) A + a_n A^2$$
ところで
$$A^2 = (a^2 + b^2) \begin{pmatrix} a^2 & ab \\ ab & b^2 \end{pmatrix} = (a^2 + b^2) A$$
であるから
$$(E + A)^{n+1} = E + \{(a_n + 1) + (a^2 + b^2) a_n\} A$$
これが $E + a_{n+1} A$ に等しく, かつ $a^2 + b^2 \neq 0$ より
$$\begin{cases} a_{n+1} = (a^2 + b^2 + 1) a_n + 1 \\ \text{ただし } a_1 = 1 \end{cases} \cdots \text{(答)}$$

(2) (1)の結果より, そして $a^2 + b^2 \neq 0$ より
$$a_n + \frac{1}{a^2 + b^2} = (a^2 + b^2 + 1)\left(a_{n-1} + \frac{1}{a^2 + b^2}\right)$$
$$= (a^2 + b^2 + 1)^{n-1}\left(a_1 + \frac{1}{a^2 + b^2}\right)$$
$$= \frac{1}{a^2 + b^2}(a^2 + b^2 + 1)^n$$

§2. 行列と連立1次方程式

$$\therefore \quad a_n = \frac{1}{a^2+b^2}\{(a^2+b^2+1)^n - 1\} \quad \cdots （答）$$

(付) $E + A = B$ とおくと，ハミルトンの定理により
$$B^2 - (a^2+b^2+2)B + (a^2+b^2+1)E = O$$
が成立し，これに B^{n-1} をかけて漸化式にもち込んでもよいが，少々，仰々しい．上の 解 の方が速い．なお2項展開をもち出してもよいが，これも仰々しい．

(注) 解 (1)の(答)の手前では'…，そして $a^2+b^2 \ne 0$ より'と何気なく述べてあるが，この認識は大切である．一般に，"k を実数，A を行列とするとき，$kA = O$ であるならば，$k = 0$ である"とするのは認識不足．($A = O$ であるかもしれないではないか．)

本問の場合，
$$E + \{(a^2+b^2+1)a_n + 1\}A = E + a_{n+1}A \quad \cdots (*)$$
であるが，もし $a^2+b^2 = 0$ とすると，(高校数学では，a, b は暗黙の了解で実数としてあるから) $a = b = 0$ であり，$A = O$ となる．それ故，(*) では係数比較が許されなくなる．'$a^2+b^2 \ne 0$ より'と本文から取り出してわざわざ述べてあるのは，'この論拠によって(*)では係数比較できる'と筆者は主張していることになるのである．

(それ故，「$a^2+b^2 \ne 0$ は問題で与えてあるから，わざわざ述べなくてもよいではないか．」と反論するようでは，力量的にはまだまだである．)

なお 解 (2)での'$a^2+b^2 \ne 0$ より'は，それこそ「わざわざ述べなくてもよい．」のであるが，やはり，軽くでも述べておくべきである．(この程度のことならば，大目には見てもらえるが．)

第2部 数列と行列

問題4

$A = \begin{pmatrix} a & b \\ c & d \end{pmatrix}$ (a, b, c, d は実数), $E = \begin{pmatrix} 1 & 0 \\ 0 & 1 \end{pmatrix}$ とする.

(1) $ad - bc \neq 0$ のとき, A の逆行列は
$$A^{-1} = \frac{a+d}{ad-bc} E - \frac{1}{ad-bc} A$$
で与えられることを示せ.

(2) 行列 A が $A^2 - A + E = O$ を満たす. このとき, x の2次方程式
$$x^2 - (a+d)x + (ad-bc) = 0$$
の解を求めよ.

▶ 本問のタイプは, 比較的, よく出題されている.

(1) は $A^{-1} = \frac{1}{ad-bc}\begin{pmatrix} d & -b \\ -c & a \end{pmatrix} = \frac{1}{ad-bc}\left\{\begin{pmatrix} d & 0 \\ 0 & a \end{pmatrix} + \begin{pmatrix} 0 & -b \\ -c & 0 \end{pmatrix}\right\}$ として計算

していってもよいが, ハミルトンの定理を用いた方が速いだろう. (2)は, 問題の流れから, なるべく(1)を使うようにするべきである.

解 (1) $A = \begin{pmatrix} a & b \\ c & d \end{pmatrix}$ ならば, ハミルトンの定理により
$$A^2 - (a+d)A + (ad-bc)E = O$$
$ad-bc \neq 0$, すなわち, A^{-1} は存在するので, 上式に A^{-1} をかけると,
$$A^{-1} = \frac{1}{ad-bc}\{(a+d)E - A\} \quad \blacktriangleleft$$

(2) $A^2 - A + E = O$ に A^{-1} (A^{-1} が存在することは明らか) をかけると,
$$A^{-1} = E - A$$
これを(1)での A^{-1} と等置して
$$\frac{a+d}{ad-bc}E - \frac{1}{ad-bc}A = E - A$$
$$\iff \frac{ad-bc-1}{ad-bc}A = \frac{(ad-bc)-(a+d)}{ad-bc}E$$
$$\iff (ad-bc-1)A = \{(ad-bc)-(a+d)\}E \quad \cdots ①$$
$$(ad-bc \neq 0)$$

$ad - bc \neq 1$ とすると,
$$A = kE \quad (k はある実数)$$
の形に表せるが, これを $A^2 - A + E = O$ に代入すると,

$$k^2 - k + 1 = 0$$

これを満たす実数 k はない．よって

$$ad - bc = 1 (\neq 0) \quad \cdots ②$$

それ故

$$O = \{1 - (a+d)\}E$$
$$\longleftrightarrow a + d = 1 \quad \cdots ③$$

②，③より x の2次方程式は

$$x^2 - x + 1 = 0$$
$$\therefore \quad x = \frac{1 \pm \sqrt{3}\,i}{2} \quad \cdots \text{(答)}$$

(付) 本問では，ハミルトンの定理はなければなくて済むものであった．
なお，(2)では，A^{-1} が存在することにすぐ"ピン"とこない人は，$A^2 - A + E = O$ の両辺に $A + E$ をかけてみて確認されたい．

問題 5

2つの行列 A, B は $B = A + E$ を満たしている．ただし，A, B は逆行列をもつとし，$E = \begin{pmatrix} 1 & 0 \\ 0 & 1 \end{pmatrix}$ であるとする．次の問に答えよ．

(1) $B^{-1}A = AB^{-1}$ および $A^{-1}B^{-1} = B^{-1}A^{-1}$ が成り立つことを示せ．
(2) $(AB)^{-1} = A^{-1} - B^{-1}$ が成り立つことを示せ． （島根医大 ◇）

▶ この問題は $n \times n$ 行列（n は自然数）でも成立する．こうなると具体的に 2×2 行列の成分表示で計算することは制限時間内では苦しいだろう．一般論には一般論で勝負するべきである．そうするとそれなりのセンスが必要である．（成分表示の計算で解くことは読者に任せる．）

解
$$B = A + E \quad \cdots ①$$

(1) ①に左から B^{-1} をかけると，
$$E = B^{-1}A + B^{-1} \quad \cdots ②$$

①に右から B^{-1} をかけると，
$$E = AB^{-1} + B^{-1} \quad \cdots ③$$

②，③より

$$B^{-1}A = AB^{-1}$$ ◀

①に左から A^{-1} をかけると，
$$A^{-1}B = E + A^{-1} \quad \cdots ④$$
①に右から A^{-1} をかけると，
$$BA^{-1} = E + A^{-1} \quad \cdots ⑤$$
④，⑤より
$$A^{-1}B = BA^{-1}$$
これに左から B^{-1} をかけると，
$$B^{-1}A^{-1}B = A^{-1}$$
そしてこれに右から B^{-1} をかけると，
$$B^{-1}A^{-1} = A^{-1}B^{-1}$$ ◀

（2）
$$(AB)^{-1} = B^{-1}A^{-1} \quad \cdots ㋐$$
である．（2行2列で，このことを確認せよ．）

（1）での①に左から B^{-1} をかけると，
$$E = B^{-1}A + B^{-1}$$
これに右から A^{-1} をかけると，
$$A^{-1} = B^{-1} + B^{-1}A^{-1}$$
$$\leftrightarrow B^{-1}A^{-1} = A^{-1} - B^{-1} \quad \cdots ㋑$$
㋐，㋑より
$$(AB)^{-1} = A^{-1} - B^{-1}$$ ◀

問題 6

集合 S を
$$S = \{x + y\sqrt{2} \mid x, y \text{ は有理数}\}$$
で定める。さて，2×2 実行列 $A = \begin{pmatrix} a & b \\ c & d \end{pmatrix}$ に対して
$$|A| = ad - bc$$
とする。また，集合 T を
$$T = \{X \text{ は } 2 \times 2 \text{ 実行例} \mid |X| \in S \text{ かつ } |X| \neq 0\}$$
で定める。以下の設問に答えよ。

（1）A, B を 2×2 行列とするとき，
$$|AB| = |A||B|$$
が成立することを示せ。

（2）$A \in T, B \in T$ ならば $AB \in T$ であることを示せ。

（3）T の元 A はあれば，逆行列 A^{-1} をもつことを示し，そして $A^{-1} \in T$ であることを示せ。

▶ S の元 $x + y\sqrt{2}$ での $\sqrt{2}$ の箇所は $\sqrt{3}, \sqrt{5}, \cdots$ でもよい。要は定義に従って題意を示すだけのこと。ただし，緻密さを失わないように。

解　（1）略。

（2）$A, B \in T$ より
$$|A| = a_1 + a_2 \sqrt{2} \neq 0$$
$$|B| = b_1 + b_2 \sqrt{2} \neq 0$$
ここに $a_1, a_2 ; b_1, b_2$ は有理数である。
（1）により
$$|AB| = |A||B| = a_1 b_1 + 2 a_2 b_2 + (a_1 b_2 + a_2 b_1)\sqrt{2}$$
$(a_1, a_2) \neq (0, 0), \ (b_1, b_2) \neq (0, 0)$ より
$$(a_1 b_1 + 2 a_2 b_2, \ a_1 b_2 + a_2 b_1) \neq (0, 0)$$
であり，$a_1 b_1 + 2 a_2 b_2, \ a_1 b_2 + a_2 b_1$ は有理数であるから
$$AB \in T \quad \blacktriangleleft$$

(3) $\begin{pmatrix} 1 & 0 \\ 0 & \sqrt{2} \end{pmatrix} \in T$ なるものがあるから, T は空集合ではない. $A \in T$ ならば, $|A| \neq 0$ であるから, A^{-1} がある. ◂

次に $A^{-1} \in T$ を示す.
$A = \begin{pmatrix} a & b \\ c & d \end{pmatrix} \in T$ とすると,
$$A^{-1} = \frac{1}{|A|} \begin{pmatrix} d & -b \\ -c & a \end{pmatrix}$$
より
$$|A^{-1}| = \frac{1}{|A|^2}(ad-bc) = \frac{1}{|A|} \neq 0$$
さらに ($A \in T$ というから)
$$|A^{-1}| = \frac{1}{|A|} = \frac{1}{a_1 + a_2\sqrt{2}} \quad (a_1, a_2 \text{ は } (a_1, a_2) \neq (0, 0) \text{ なる有理数})$$
$$= \frac{a_1 - a_2\sqrt{2}}{(a_1 + a_2\sqrt{2})(a_1 - a_2\sqrt{2})}$$
$$= \frac{a_1}{a_1^2 - 2a_2^2} - \frac{a_2}{a_1^2 - 2a_2^2}\sqrt{2}$$
ここで $\dfrac{a_1}{a_1^2 - 2a_2^2}$, $\dfrac{a_2}{a_1^2 - 2a_2^2}$ は有理数であるから
$$A^{-1} \in T \quad ◂$$

(注) このような問題になると,受験生(とは限らないが)は,弱い.ただの計算と違って,何をどう答えれば解答になるかを見定めれなくてはならないからである.

解 (3)において '$\begin{pmatrix} 1 & 0 \\ 0 & \sqrt{2} \end{pmatrix} \in T$ なるものがあるから, T は空集合ではない' は,まず,見定めれなかっただろう.設問(2)と(3)の違いが分かるかな?(よく考えること.)これは数学の基本姿勢のひとつというもの.

基本事項 [2]
3×3 行列と連立 1 次方程式

❶ 連立 3 元 1 次方程式の表式

次の (1) 式は x, y, z の連立 1 次方程式である:

(1) $\begin{cases} a_{11}x + a_{12}y + a_{13}z = x_0 \\ a_{21}x + a_{22}y + a_{23}z = y_0 \\ a_{31}x + a_{32}y + a_{33}z = z_0 \end{cases}$ （文字は全て実数を表すものとする）

$$A = \begin{pmatrix} a_{11} & a_{12} & a_{13} \\ a_{21} & a_{22} & a_{23} \\ a_{31} & a_{32} & a_{33} \end{pmatrix}, \quad \vec{r} = \begin{pmatrix} x \\ y \\ z \end{pmatrix}, \quad \vec{r_0} = \begin{pmatrix} x_0 \\ y_0 \\ z_0 \end{pmatrix}$$

と表すと，上の連立方程式は

(2)　　$A\vec{r} = \vec{r_0}$

となる (これは代数的表式である). さらに $\vec{a_1} = \begin{pmatrix} a_{11} \\ a_{21} \\ a_{31} \end{pmatrix}$, $\vec{a_2} = \begin{pmatrix} a_{12} \\ a_{22} \\ a_{32} \end{pmatrix}$,

$\vec{a_3} = \begin{pmatrix} a_{13} \\ a_{23} \\ a_{33} \end{pmatrix}$, $\vec{e_1} = \begin{pmatrix} 1 \\ 0 \\ 0 \end{pmatrix}$, $\vec{e_2} = \begin{pmatrix} 0 \\ 1 \\ 0 \end{pmatrix}$, $\vec{e_3} = \begin{pmatrix} 0 \\ 0 \\ 1 \end{pmatrix}$ と表すと，(1) または (2) は

(3)　　$x\vec{a_1} + y\vec{a_2} + z\vec{a_3} = x_0\vec{e_1} + y_0\vec{e_2} + z_0\vec{e_3}$

となる (これは幾何的表式である).

もし A の逆行列 A^{-1} が存在すれば，(2) 式は

$$\vec{r} = A^{-1}\vec{r_0}$$

となり，連立方程式 (1) は解けたことになる．(しかし，3 次以上の行列の行列式は大学でやることなので，A^{-1} を求めて (1) 式を解くことはこのようなところではやらない.)

(1) 式を解く別法は係数拡大行列をつくり，掃き出し法によるものである．係数拡大行列とは

$$B = \begin{pmatrix} a_{11} & a_{12} & a_{13} & x_0 \\ a_{21} & a_{22} & a_{23} & y_0 \\ a_{31} & a_{32} & a_{33} & z_0 \end{pmatrix}$$

なるものであり，行や列を変形調整することによって

$$B' = \begin{pmatrix} 1 & 0 & 0 & x'_0 \\ 0 & 1 & 0 & y'_0 \\ 0 & 0 & 1 & z'_0 \end{pmatrix}$$

とできれば，実質的に A^{-1} を求めたことと同じことになり(1)式は解けたことになる．このように行や列を変形する算数的便法，それが掃き出し法とよばれるものである．

(付記) ❶において係数拡大行列 $B = \begin{pmatrix} & & & x_0 \\ & A & & y_0 \\ & & & z_0 \end{pmatrix}$ の A の部分を $\begin{pmatrix} 1 & 0 & 0 \\ 0 & 1 & 0 \\ 0 & 0 & 1 \end{pmatrix}$ と対角化するのが理想的であるが，そこまで変形しなくとも $\begin{pmatrix} a & 0 & 0 \\ 0 & b & 0 \\ 0 & 0 & c \end{pmatrix}$ の段階まで変形すれば，未知数 x, y, z はすぐに求まることは納得できるであろう．

❷ 掃き出し法

(ア) ある行を定数倍（ただし 0 倍は除く）してよい．
(イ) ある行に別の行を定数倍して加減してよい．
(ウ) ある行と別の行を入れ換えてよい．
(付記) (ア)〜(ウ) は列に関しても使える．

2つの3×3行列が $AB = E$ (E は単位行列)(ここでの B は，勿論，❶での B とは別物である．) を満たしているとき，$B = A^{-1}$ となるが，このような B を掃き出し法によって求めることができる．これは B を未知の成分をもった行列として，❶での(2)式を拡張した形で $AB = E$ を表せることから明らかであろう：

$B = \begin{pmatrix} b_{11} & b_{12} & b_{13} \\ b_{21} & b_{22} & b_{23} \\ b_{31} & b_{32} & b_{33} \end{pmatrix} = (\vec{b_1}, \vec{b_2}, \vec{b_3})$ と表すと，$AB = E$ は $(A\vec{b_1}, A\vec{b_2}, A\vec{b_3}) = (\vec{e_1}, \vec{e_2}, \vec{e_3})$ となるからである．

§2. 行列と連立1次方程式

まずは連立2元1次方程式の問題である．

問題7

行列 $A = \begin{pmatrix} 3+t & 2 \\ 2-t & 3 \end{pmatrix}$ が逆行列をもたないならば，$t = (^{(1)}\quad)$ である．この値に対して x, y に関する連立1次方程式

$$A\begin{pmatrix} x \\ y \end{pmatrix} = k\begin{pmatrix} x \\ y \end{pmatrix} \quad (k \neq 0)$$

が $x = y = 0$ 以外の解をもつならば，$k = (^{(2)}\quad)$ である．

（鹿児島大 ◇）

▷ （1） A が逆行列をもたないということは $|A| = 0$ ということに他ならない．（2）このような $\begin{pmatrix} x \\ y \end{pmatrix}$ は，幾何的には，A の固有ベクトルといわれるもので，あるベクトル部分空間を構成する．問題を解くだけならば，少々，進んだ中学生にもできる．

解 （1） A が逆行列をもたないということより

$$|A| = 3(3+t) - 2(2-t) = 0$$

$$\therefore \quad t = -1 \quad \cdots \text{(答)}$$

（2） $A = \begin{pmatrix} 2 & 2 \\ 3 & 3 \end{pmatrix}$ であるから，連立方程式は

$$\begin{pmatrix} 2-k & 2 \\ 3 & 3-k \end{pmatrix} \begin{pmatrix} x \\ y \end{pmatrix} = \begin{pmatrix} 0 \\ 0 \end{pmatrix}$$

の形となる．$x = y = 0$ 以外の解をもつ条件は

$$\begin{vmatrix} 2-k & 2 \\ 3 & 3-k \end{vmatrix} = 0$$

となることである．すなわち

$$(2-k)(3-k) - 2 \times 3 = 0$$

$$\longleftrightarrow k^2 - 5k = k(k-5) = 0$$

$k \neq 0$ より

$$k = 5 \quad \cdots \text{(答)}$$

問題8

$B = \begin{pmatrix} 2 & 2 \\ 3 & -1 \\ -2 & 1 \end{pmatrix}$, C は 2×3 行列とする.

$A = BC$ とおき, x, y, z についての連立1次方程式

$$(*) \quad A\begin{pmatrix} x \\ y \\ z \end{pmatrix} = \begin{pmatrix} p \\ 1 \\ 1 \end{pmatrix}$$

を考える.

(1) 適当な C を選べば連立方程式 (*) が解をもつように p の値を定めよ.

(2) $C = \begin{pmatrix} q & 3 & -6 \\ 1 & -2 & r \end{pmatrix}$ のとき, (1) で求めた p に対して連立方程式 (*) が解をもたないような q, r を求めよ. (横浜国大 ◊)

▶ (1) C を $\begin{pmatrix} a_{11} & a_{12} & a_{13} \\ a_{21} & a_{22} & a_{23} \end{pmatrix}$ などと表しているようでは, まだまだである. $C\begin{pmatrix} x \\ y \\ z \end{pmatrix}$ は2成分ベクトルになることを読みとること. (2) もその延長で済む.

解 (1) $A = BC$ より (*) は

$$BC\begin{pmatrix} x \\ y \\ z \end{pmatrix} = \begin{pmatrix} p \\ 1 \\ 1 \end{pmatrix} \quad \cdots ①$$

ここで $C\begin{pmatrix} x \\ y \\ z \end{pmatrix}$ は2元ベクトル $\begin{pmatrix} u \\ v \end{pmatrix}$ と表せるから, 与えられた B より ① は

$$\begin{pmatrix} 2 & 2 \\ 3 & -1 \\ -2 & 1 \end{pmatrix}\begin{pmatrix} u \\ v \end{pmatrix} = \begin{pmatrix} p \\ 1 \\ 1 \end{pmatrix}$$

§2. 行列と連立1次方程式

$$\Leftrightarrow \begin{cases} 2u+2v=p & \cdots ② \\ 3u-v=1 & \cdots ③ \\ -2u+v=1 & \cdots ④ \end{cases}$$

③, ④より $u=2$, $v=5$ であるから, ②より

$$p=14 \quad \cdots \textbf{(答)}$$

(2) (1)での p に対して $\begin{pmatrix} u \\ v \end{pmatrix} = \begin{pmatrix} 2 \\ 5 \end{pmatrix}$ であるから,

$$C\begin{pmatrix} x \\ y \\ z \end{pmatrix} = \begin{pmatrix} q & 3 & -6 \\ 1 & -2 & r \end{pmatrix} \begin{pmatrix} x \\ y \\ z \end{pmatrix}$$

$$= \begin{pmatrix} 2 \\ 5 \end{pmatrix}$$

$$\Leftrightarrow \begin{cases} qx+3y-6z=2 & \cdots ⑤ \\ x-2y+rz=5 & \cdots ⑥ \end{cases}$$

⑤×2+⑥×3 より

$$(2q+3)x+(3r-12)z=19$$

この不定方程式が実数解をもたない為の条件は

$$\begin{cases} 2q+3=0 \\ 3r-12=0 \end{cases}$$

(このとき, 連立方程式⑤, ⑥は解をもたない.)

$$\therefore \quad (q, r) = \left(-\frac{3}{2}, 4\right) \quad \cdots \textbf{(答)}$$

問題 9

実数 a, b, c に対して，3次の正方行列 A を次のように定める．
$$A = \begin{pmatrix} 1 & -a & ac-b \\ 0 & 1 & -c \\ 0 & 0 & 1 \end{pmatrix}$$

さらに，行列 A の逆行列を B，3次の単位行列を E とする．このとき次の問いに答えよ．

(1) 行列 B を求めよ．
(2) $B = E + C$ とするとき C^2, C^3 を求めよ．
(3) B^n を求めよ．ただし，n は正の整数とする．

(香川医大 ◇)

▶ (1)は掃き出し法の手ごろな練習問題．(2)は(1)の結果から $C = B - E$ が簡単な形で判明し，直ちに C^2, C^3 は計算される．(3)は2項展開による．

解 (1) 行列 A と単位行列 E を次のように並べる：
$$\begin{pmatrix} 1 & -a & ac-b & 1 & 0 & 0 \\ 0 & 1 & -c & 0 & 1 & 0 \\ 0 & 0 & 1 & 0 & 0 & 1 \end{pmatrix}$$

1行目に2行目×a を加える．
$$\begin{pmatrix} 1 & 0 & -b & 1 & a & 0 \\ 0 & 1 & -c & 0 & 1 & 0 \\ 0 & 0 & 1 & 0 & 0 & 1 \end{pmatrix}$$

1行目に3行目×b を加える．
$$\begin{pmatrix} 1 & 0 & 0 & 1 & a & b \\ 0 & 1 & -c & 0 & 1 & 0 \\ 0 & 0 & 1 & 0 & 0 & 1 \end{pmatrix}$$

2行目に3行目×c を加える．
$$\begin{pmatrix} 1 & 0 & 0 & 1 & a & b \\ 0 & 1 & 0 & 0 & 1 & c \\ 0 & 0 & 1 & 0 & 0 & 1 \end{pmatrix}$$

§2. 行列と連立1次方程式

$$\therefore \quad B = \begin{pmatrix} 1 & a & b \\ 0 & 1 & c \\ 0 & 0 & 1 \end{pmatrix} \quad \cdots (\text{答})$$

(2) $B = E + C$ より

$$C = \begin{pmatrix} 0 & a & b \\ 0 & 0 & c \\ 0 & 0 & 0 \end{pmatrix}$$

$$\therefore \quad C^2 = \begin{pmatrix} 0 & 0 & ac \\ 0 & 0 & 0 \\ 0 & 0 & 0 \end{pmatrix}, \quad C^3 = \begin{pmatrix} 0 & 0 & 0 \\ 0 & 0 & 0 \\ 0 & 0 & 0 \end{pmatrix} \quad \cdots (\text{答})$$

(3) 2項展開によって

$$B^n = (E+C)^n = E + nC + \frac{n(n-1)}{2}C^2$$

$$= \begin{pmatrix} 1 & na & nb + \dfrac{n(n-1)}{2}ac \\ 0 & 1 & nc \\ 0 & 0 & 1 \end{pmatrix} \quad \cdots (\text{答})$$

第3部

指数・対数関数と三角関数

　上記の関数は，2次関数，一般に有理関数などと大きく異なるものがある．それは，単調関数であるとか周期関数であるなどという単純なことでなく，根本的な相違である．簡単に述べると，これらの関数は四則演算や平方根などを，有限回，使って，それだけでは見出せない関数であるということである．それだけに，単なる計算は別として，基礎的内容においては，単なる数と有理式などと，別の意味で高度なものが潜在している．

　入試問題としては，計算・式変形が主流であるが，近年は，段々，考えさせるような問題が出題されてきている．そのような問題に当たって勘をつけることにしよう．

§1. 指数関数と対数関数

　指数・対数の問題は比較的多くの受験生が得意とするが，筆者は苦手である．だからと云って，それらの受験生が指数・対数の原理的構造までをよく分かっているわけでもない．実際，指数・対数について説明させたら，とても聞くに耐え得ないだろう．にも拘らず，問題を解かせるとよく解けるようである．理由は，この分野の問題は型にはまり過ぎていて，多くの問題がそれらの公式を使って"算数"として機械的に解けてしまうということにある．

　例えば，"$\log_2 18 - 6\log_2 \sqrt[3]{12}$ の値を整数値で求めよ"などという問題を出題しようものなら，立ち所に解かれてしまう．

　それ故，本書では，この分野については，なるべくあっさりと通り過ぎることにする．

・**基本事項 [1]**・

指数関数

指数関数と指数法則

実数 x の関数
$$f(x) = a^x \quad (a > 0,\ a \neq 1：定数\ a を底という)$$
を指数関数という．指数関数 a^x においては次の法則がある．

㋐　$a^0 = 1;\ a^{-1} = \dfrac{1}{a}$

㋑　$(a^x)^y = a^{xy}$

㋒　$a^x \cdot a^y = a^{x+y}$

㋓　$\dfrac{a^x}{a^y} = a^{x-y}$

§1. 指数関数と対数関数

問題1

$x \geqq 0$, $y \geqq 0$ とする．x, y が $x+y=1$ を満たすとき，$f(x, y) = a^{2x} + a^{2y}$（$a$ は 1 より大きい定数）の最小値と最大値を求めよ．

▶ $a^x = X$, $a^y = Y$ とおくと，$XY = a^{x+y} = a$ という条件式になり，この下で 2 次関数 $X^2 + Y^2$ の最小値と最大値を求めることになる．あるいは $a^{2x} = X$, $a^{2y} = Y$ とおくと，$XY = a^{2(x+y)} = a^2$ という条件式になり，1 次関数 $X+Y$ の最小値と最大値を求めることになる．後者の方が一見，楽に思われるかもしれないが，それは皮相的というものである．後者の場合とて，完全に 1 次式の問題として解けるわけではない．どの道，2 次式の束縛から逃れられないのである．（もっとも 1 次分数関数に帰着させるというならば，また別であるが．）

解 $a^x = X$, $a^y = Y$ とおくと，$0 \leqq x \leqq 1$, $0 \leqq y \leqq 1$ より $1 \leqq X \leqq a$, $1 \leqq Y \leqq a$ であり，$f(x, y)$ はその値を Z とおいて

$$Z = X^2 + Y^2$$

の形となる．ここで $XY = a^{x+y} = a$ だから，この下で $Z = X^2 + Y^2$ ($1 \leqq X \leqq a$, $1 \leqq Y \leqq a$) の最小値と最大値を求めることになる．

まず最小値を求める．

$$Z = (X-Y)^2 + 2XY = (X-Y)^2 + 2a \geqq 2a$$

Z は $X = Y = \sqrt{a}$ （$\sqrt{a}$ は $a > 1$ より $1 < \sqrt{a} < a$ を満たす）のとき，最小値 $2a$ をとる．

次に最大値を求める．まず Y を $1 \leqq Y \leqq a$ で固定しておき，$Z = (X-Y)^2 + 2a$ を考察する．

(ア) $1 \leqq Y \leqq \dfrac{a+1}{2}$ のとき

$|X-Y|$ が最大となるのは $X = a$ のときである．このとき，

$$Z = (Y-a)^2 + 2a \quad \left(1 \leqq Y \leqq \frac{a+1}{2}\right)$$

そして，これを Y の 2 次関数とみてグラフを描いてみる（図 1 参照）．

$Y=1$ のとき, 最大値 a^2+1 をとる. こうして定まった X, Y は確かに $XY=a$ を満たす.

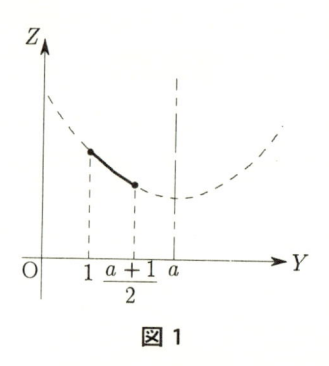

(イ) $\dfrac{a+1}{2} \leqq Y \leqq a$ のとき

$|X-Y|$ が最大となるのは $X=1$ のときである. このとき,

$$Z=(Y-1)^2+2a \quad \left(\dfrac{a+1}{2} \leqq Y \leqq a\right)$$

そして, これを Y の 2 次関数とみてグラフを描いてみる (**図 2** 参照).

$Y=a$ のとき, 最大値 a^2+1 をとる. こうして定まった X, Y は確かに $XY=a$ を満たす.

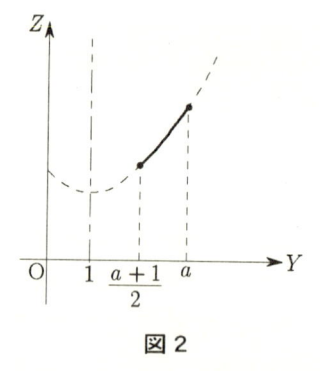

(ア), (イ) より Z は $1 \leqq X \leqq a$, $1 \leqq Y \leqq a$ において最大値 a^2+1 をとる.

$$\therefore \begin{cases} f(x, y) \text{の最小値 } 2a \\ f(x, y) \text{の最大値 } a^2+1 \end{cases} \cdots \text{(答)}$$

図 1

図 2

(**注**) 与えられた式が x, y の対称式であることを反映して, $f(x, y)$ の最小値は $x=y$ のときであるが, 最大値は $x \not= y$ のときである. 本問で, 単に"最大値のみを求めよ"とした場合, "$x=y$ のとき最大値をとる"という推測は外れる訳である.

なお, 解 **(ア), (イ)** では初め Y を固定しているが, そうしないで, "$|X-Y|$ ($1 \leqq X \leqq a$, $1 \leqq Y \leqq a$) の最大値は $XY=a$ の下で $|1-a|$ である"と, 一気に解けたならば, それも構わない.

別解 $a^{2x}=X$, $a^{2y}=Y$ とおくと, $0 \leqq 2x \leqq 2$, $0 \leqq 2y \leqq 2$ より $1 \leqq X \leqq a^2$, $1 \leqq Y \leqq a^2$ であり, $f(x, y)$ は

$$Z=X+Y$$

の形となる. $X+Y=k$ とおいて $XY=a^{2(x+y)}=a^2$ と連立させる:

$$\begin{cases} X+Y=k \\ XY=a^2 \ (1\leqq X\leqq a^2,\ 1\leqq Y\leqq a^2) \end{cases}$$

$g(t)=t^2-kt+a^2$ とおいたとき，X, Y は2次方程式 $g(t)=0$ の実数解として与えられるわけである．この2次方程式が区間 $1\leqq t\leqq a^2$ で2実数解をもつ条件を求めればよい：

$$\begin{cases} 対称軸：1\leqq \dfrac{k}{2}\leqq a^2 \\ 判別式：k^2-4a^2\geqq 0 \\ g(1)=1+a^2-k\geqq 0 \\ g(a^2)=a^2(a^2+1-k)\geqq 0 \end{cases}$$

以上から
$$2a\leqq k\leqq a^2+1$$

よって求めるべき
$$\begin{cases} 最小値\ 2a \\ 最大値\ a^2+1 \end{cases} \cdots (答)$$

（付）$f(x,\ y)$ の最小値だけなら，相加・相乗平均の関係式から直ちに求められる：
$$X+Y\geqq 2\sqrt{XY}=2a$$
等号成立は $X=Y=a$ のときである．

------- 基本事項 [2] -------

対数関数

(指数関数は単調関数であるから,その逆関数が存在するが,ここでは難しいことは述べない.)

正の実数 x の関数 $f(x)$ で,$x = a^{f(x)}\,(a > 0,\ a \neq 1)$ を満たす $f(x)$ を
$$f(x) = \log_a x$$
と表し,対数関数という.x は真数とよばれる.対数関数 $\log_a x$ については次の公式が成り立つ.

㋐ $\log_a 1 = 0$

㋑ $\log_a xy = \log_a x + \log_a y$

㋒ $\log_a \dfrac{x}{y} = \log_a x - \log_a y$ (㋐,㋑より㋒は導かれる)

------- 基本事項 [3] -------

対数の底変換

底の変換公式

$a,\ b,\ c$ を正の数で,$b \neq 1$ かつ $c \neq 1$ とする.
この下で
$$\log_b a = \frac{\log_c a}{\log_c b}$$
が成立する.

(例) $a_1,\ a_2,\ \cdots,\ a_n$ は全て正かつ 1 ではないとする.この下で
$$\log_{a_1} a_2 \cdot \log_{a_2} a_3 \cdot \cdots \cdot \log_{a_{n-1}} a_n \cdot \log_{a_n} a_1$$
の値は,底変換の公式によって 1 である.

§1. 指数関数と対数関数

対数の問題は，これらの公式を駆使するだけのことである．まずは数の問題から．

問題2

次の問いに答えよ．
（1） $\log_2 5$ は無理数であることを示せ．
（2） $p \geqq 2$, $q \geqq 1$ なる整数 p, q に対して，$\{\log_p(p+1)\}^{\frac{1}{q}}$ は無理数であることを示せ． （岩手大・教 ◇）

▶ （1），（2）共に背理法ですぐ片付く．

解 （1） $\log_2 5$ が有理数であるとすれば，
$$\log_2 5 = \frac{a}{b} \quad (a, \ b \text{ は互いに素な整数})$$
と表される．$a > 0$, $b > 0$ としておいてよい．それ故
$$5 = 2^{\frac{a}{b}} \quad \therefore \quad 5^b = 2^a$$
左辺はつねに奇数，右辺はつねに偶数であり，これは矛盾である．よって $\log_2 5$ は無理数である． ◀

（2）（1）と同様に $\{\log_p(p+1)\}^{\frac{1}{q}}$ が有理数であるとすれば，
$$\{\log_p(p+1)\}^{\frac{1}{q}} = \frac{a}{b} \quad (a \text{ と } b \text{ は互いに素な整数})$$
と表される．$a > 0$, $b > 0$ としておいてよい．それ故
$$\log_p(p+1) = \left(\frac{a}{b}\right)^q$$
$$\iff p+1 = p^{(\frac{a}{b})^q} \quad (p > 0, \ p \neq 1)$$
$$\iff (p+1)^{b^q} = p^{a^q} \quad (p > 0, \ p \neq 1)$$
前提より a^q と b^q はつねに正の整数であり，しかも p と $p+1$ は偶奇が異なるから，上式は矛盾している．よって $\{\log_p(p+1)\}^{\frac{1}{q}}$ は無理数である． ◀

次はグラフ・領域の問題．

問題3

実数 x, y に対して
$$\log_x y + 2\log_y x \geq 3$$
を満たす (x, y) の領域を xy 座標平面上に図示せよ．

▶ 底変換の公式を用いて整理していく．不等式の問題であるから，底が 1 より大か小かで場合分けが生じる．

解 x, y は底であるから，
$$x > 0,\ x \neq 1\ ;\ y > 0,\ y \neq 1 \quad \cdots ①$$
① を伴って底変換の公式により与式は
$$\log_x y + \frac{2}{\log_x y} \geq 3$$
$$\iff (\log_x y)(\log_x y - 2)(\log_x y - 1) \geq 0 \quad (y \neq 1)$$
$$\iff 0 < \log_x y \leq 1,\ \log_x y \geq 2$$

(ア) $0 < x < 1$ のとき
$$1 > y \geq x,\ 0 < y \leq x^2$$

(イ) $x > 1$ のとき
$$1 < y \leq x,\ y \geq x^2$$

(ア)，**(イ)** を図示すると，次のようになる．

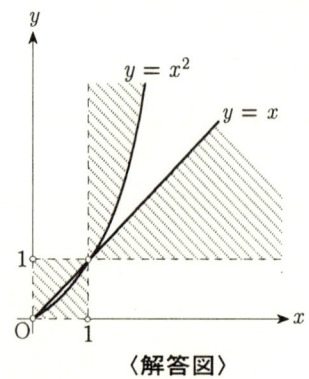

〈解答図〉

霞状部分が求める領域
（点線と ○ 印は除かれる）

§1. 指数関数と対数関数

そして不等式の問題.

問題4

$x>2$, $y>2$ のとき
$$\log_a\left(\frac{x+y}{2}\right),\quad \frac{\log_a(x+y)}{2},\quad \frac{\log_a x+\log_a y}{2}$$
の値を小さい順に並べよ. （横浜国大・文系 ◇）

▶ 面倒な計算の要らない考えさせる良問である. $x>2$, $y>2$ の条件をどう使うかがセンスを問う所である.

解
$$\frac{\log_a(x+y)}{2}=\log_a\sqrt{x+y},$$
$$\frac{\log_a x+\log_a y}{2}=\log_a\sqrt{xy}$$

である. $x>2$, $y>2$ というから, ここに
$$xy-(x+y)=x(y-1)-y>2(y-1)-y\quad(\because\ y-1>0,\ x>2\ \text{より})$$
$$=y-2>0\quad(\because\ y>2\ \text{より})$$
$$\therefore\quad xy>x+y\quad(x>2,\ y>2)$$

さらに相加・相乗平均の関係式により
$$\frac{x+y}{2}\geqq\sqrt{xy}\ (>\sqrt{x+y})$$

である. よって

$$\begin{cases} 0<a<1\text{のとき}\\ \quad\log_a\left(\dfrac{x+y}{2}\right)\leqq\dfrac{\log_a x+\log_a y}{2}<\dfrac{\log_a(x+y)}{2}\\ a>1\text{のとき}\\ \quad\dfrac{\log_a(x+y)}{2}<\dfrac{\log_a x+\log_a y}{2}\leqq\log_a\left(\dfrac{x+y}{2}\right)\end{cases}\quad\cdots\text{(答)}$$

・基本事項 [4]・

常用対数

指標と仮数

対数の底 a が 10 のとき，対数は常用対数であるといわれる．（これは実用的であり，底 10 は，煩わしいので，省略されることが多い．）正の実数 x の常用対数をとって

$$\log x = n + \alpha \quad (n \text{ は整数，} 0 \leqq \alpha < 1)$$

と分解したとき，n を指標，α を仮数という．（α は $1 \leqq x' < 10$ なるある x' を用いて $\alpha = \log x'$ と表せる．）

x が整数のとき，その桁数は $n+1$ であり，x が 0 と 1 の間の小数のとき，初めて 0 でない数が現れるのは小数第 $|n|$ 位である．

（**解説**）$\log x$ の分解の仕方から

$$n \leqq \log x < n+1$$

である．すなわち

$$10^n \leqq x < 10^{n+1}$$

である．

例を少し：有効数字 5 桁以内で述べておく．$\log 3000 = 3.4771$ であるから，3000 は 4 桁の整数である．$\log 2^{-10} = -10 \log 2 = -10 \times 0.3010 = -3.0100 = -4 + 0.9900$ であるから，2^{-10} は小数第 4 位に初めて 0 でない数が現れる．

問題5

同じ品質のガラス板がたくさんある．このガラス板を10枚重ねて光を通過させたとき，光の強さがはじめの $\frac{2}{5}$ 倍になった．通過した光をはじめの $\frac{1}{8}$ 倍以下にするには，このガラス板を何枚以上重ねればよいか．ただし，$\log_{10} 2 = 0.3010$, $\log_{10} 5 = 0.6990$ とする．

(信州大・文系 ◊)

▶ 問題文にて"はじめ…"ということは"ガラス板が0枚"のときということであって，"ガラス板が1枚"のときということではないだろう．1枚のガラス板に対する光の透過率を一定値 $\alpha\,(0<\alpha<1)$ とすると，題意より $\alpha^{10} = \frac{2}{5}$ となる．

解 ガラス板が0枚のときの光の強度を I_0 とする．光が1枚のガラス板を通過するごとに，そのときの強度が α 倍 $(0<\alpha<1)$ になると仮定して解く．題意より

$$\alpha^{10} I_0 = \frac{2}{5} I_0 \qquad \therefore \quad \alpha = \left(\frac{2}{5}\right)^{\frac{1}{10}}$$

このようなガラス板を x 枚以上重ねたとき，光の強度が $\frac{1}{8} I_0$ 以下になったとして

$$\alpha^x I_0 \leqq \frac{1}{8} I_0 \longleftrightarrow x \log \alpha \leqq -\log 8 = -3\log 2$$

α の値を代入して

$$x \geqq 30 \times \frac{\log 2}{\log 5 - \log 2}$$
$$= 30 \times \frac{0.3010}{0.3980}$$
$$= 22.68\cdots$$

∴ **23枚以上** …**(答)**

(付) 光の強さがガラス板によって弱められる現象が，このような簡単極まりない相乗効果に従うかどうかは，甚だ疑問の余地がある．実際，光に対するガラス板の遮断効果は光の強度にも依存してくる．

一般に，このような物理現象的問題を解くときは，出題者は，"最も簡単な現象で考えよ"というつもりであるから，あまり考え過ぎない方がよい．

138   第3部　指数・対数関数と三角関数

補充問題　星の等級と明るさとの関係について，次の問いに答えよ．
（1）1等星の明るさを L_1，2等星の明るさを L_2，n 等星の明るさを L_n とすると，$L_1 = AL_2$, $L_2 = AL_3$, $\cdots$, $L_{n-1} = AL_n$ とする．$\log_{10} A = 0.4$ として p 等星，q 等星の等級の差 $p-q$ をそれらの明るさ L_p, L_q を用いて表せ．
（2）（1）の結果を用いて，1等星の明るさは，6等星の明るさの何倍になるかを求めよ．　　　　　　　　　　　　　　　　　　（鳴門教育大 ◊）

（答）（1）　$\dfrac{5}{2} \log_{10} \dfrac{L_q}{L_p}$　　　　（2）100 倍

問題6

近似値 $\log_{10} 2 = 0.3010$, $\log_{10} 3 = 0.4771$ を利用して次の問いに答えよ．
（1）18^{35} の桁数を求めよ．
（2）18^{35} の最高位の数字が 8 であることを示せ．

（北海道大・文系 ◊）

▶　（2）が問題である．（1）の過程を，充分，使うとみる．18^{35} の最高位の数字が 8 であるとは，不等式で表すと，n をある自然数として $8 \times 10^n \leqq 18^{35} < 9 \times 10^n$ となることである．

解　（1）18^{35} の常用対数をとると，
$$35 \log 18 = 35 \log(2 \times 3^2)$$
$$= 35(\log 2 + 2\log 3)$$
$$= 35 \times (0.3010 + 2 \times 0.4771)$$
$$= 43.932$$

よって 18^{35} の桁数は
$$44 \text{(桁)} \quad \cdots \text{(答)}$$

（2）（1）より
$$\log 18^{35} = 43.932 \quad \therefore \quad 18^{35} = 10^{43.932} \quad \cdots ①$$

ところで
$$\log 8 = 3 \times 0.3010 = 0.9030,$$
$$\log 9 = 2 \times 0.4771 = 0.9542$$
であるから,
$$8 = 10^{0.9030}$$
$$\therefore \quad 8 \times 10^{43} = 10^{43.930} \quad \cdots ②$$
$$9 = 10^{0.9542}$$
$$\therefore \quad 9 \times 10^{43} = 10^{43.9542} \quad \cdots ③$$
①, ②, ③より
$$8 \times 10^{43} < 18^{35} < 9 \times 10^{43}$$
よって 18^{35} の最高位の数字は 8 である. ◀

指数・対数では，同じような易問が何度も出題されてきているので，失点しないように頂きたいものである.

§2. 三角関数

　三角関数は初等超越関数とよばれるものの1つであり，2次関数などとは異なった雰囲気で,初めはなじみにくいであろう．しかし，ある程度,,慣れて頂くより仕方がなさそうである．

　公式の暗記に奔走させられるかもしれないが，三角形と円の幾何分野での正弦，余弦定理などを除くと，基本となっているのは加法定理の第一式 $\sin(\alpha+\beta)=\sin\alpha\cos\beta+\cos\alpha\sin\beta$ のみであり，残りは全てこれから導出される．（従って，無理に覚える必要もない：しょっちゅう使っていると自然に覚えてしまう．このようにして記憶されるのはよい.）

　さて，本講での三角関数は，弧度法から始まる．そして内容的には〈1〉**三角関数**　〈2〉**図形への応用**という流れに沿うことにする．

〈1〉 三角関数

・基本事項 [1] ・

弧度法

　1つの円において，その半径に等しい長さの弧を与える中心角の指標を1弧度または1ラディアン (radian) という．（通常は，ラディアンという指標を省略した無名数で表してよい.）

　特に中心角が2直角分のときの弧度を $\pi(\text{rad})$ で表す．

　ある中心角の大きさを測って，弧度法では x, （それから誘導決定された）60分法では $\theta°$ だとすると，x と $\theta°$ の関係は次のようになる．

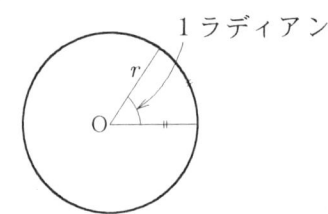

$$\pi:180°=x:\theta°$$
$$\therefore\ x=\frac{\pi}{180}\theta\quad\cdots\text{"代用品"とみるべきだろう.}$$

（付記） $1(\text{rad})$ は約 $57°17'$ に相当する．（ ′ は分と読む）

$180° = \pi(\text{rad})$?

ここで少し注意しておきたい．これまで，"$180° = \pi(\text{rad})$"ということについて，人類は何の疑いもなく今日に至っているが，筆者は，'これは正しくない'と論駁している．

微積分が，一応，確立する以前では円周率πというものは

$$\frac{\text{円周の長さ}}{\text{直径}} = -\text{定値}\ (=\pi:\text{円周率})$$

という経験法則だったと思われる．この式だけでは，radianという概念は(あからさまには)ない．円周率としてのπがradianという角の指標を付与されるのは弧度法の定義がなされてからであろうから，弧度は，事実上，無名数のはずである．実際，弧度は単位円弧上の位置パラメーターであり，角というものはそれから誘導される弧長表現で与えられる．(詳細は，月刊『理系への数学』1999.11月号での小論文および小さな修正の12月号参照．)

(例) 弧度法では，例えば$\sin 1$, $\sin 2$, $\sin 3$の大小は
$\frac{\pi}{4} < 1 < \frac{\pi}{3} < \frac{\pi}{2} < 2 < \frac{2\pi}{3} < \frac{5\pi}{6} < 3 < \pi$ であるから
$\sin 3 < \sin 1 < \sin 2$ となる（図参照）．

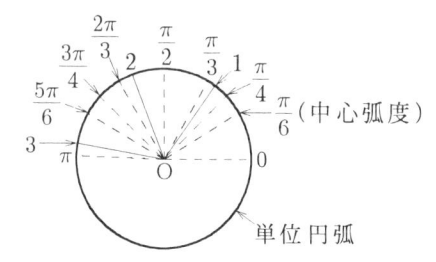

第3部 指数・対数関数と三角関数

問題1

直円錐が下の断面図のように半径 a の半球に外接しているとする．このような直円錐の底面積と側面積の和の最小値を求めよ．

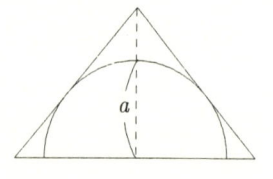

(北海道大)

▶ 問題図の断面図において，円の中心から円と三角形の接点に垂線を下ろし，それが底辺となす角を $\theta(\mathrm{rad})$ としてみよ．

解 まず図1のように，断面図において角 $\theta(\mathrm{rad})$ を設定し，直円錐の底円の半径を x と表す．
底面の面積を S_1 とすると，
$$S_1 = \pi x^2$$

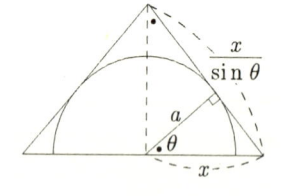

次に直円錐を1つの母線に沿って展開した図2において，扇形の中心角を $\alpha(\mathrm{rad})$ とする．直円錐の底円の周の長さは扇形の弧の長さに等しいから，
$$2\pi x = \frac{x}{\sin\theta} \cdot \alpha$$
$$\therefore \quad \alpha = 2\pi \sin\theta$$

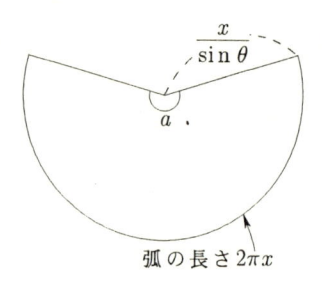

よって直円錐の側面積（扇形の面積）を S_2 とすると，
$$S_2 = \frac{1}{2}\left(\frac{x}{\sin\theta}\right)^2 \alpha = \frac{\pi}{\sin\theta} x^2$$

直円錐の全表面積を S とすると，
$$S = S_1 + S_2 = \pi\left(1 + \frac{1}{\sin\theta}\right) x^2$$

図1

図2

弧の長さ $2\pi x$

ここで**図1**において $a = x\cos\theta \ \left(0 < \theta < \dfrac{\pi}{2}\right)$ だから,

$$S = \pi a^2 \left(1 + \dfrac{1}{\sin\theta}\right) \dfrac{1}{\cos^2\theta}$$

$$= \pi a^2 \left(\dfrac{\sin\theta + 1}{\sin\theta}\right) \cdot \dfrac{1}{1 - \sin^2\theta}$$

$$= \pi a^2 \cdot \dfrac{1}{\sin\theta (1 - \sin\theta)}$$

$f(\sin\theta) = \sin\theta(1 - \sin\theta)$ とおくと, $\sin\theta = \dfrac{1}{2}$ のとき $f(\sin\theta)$ は最大値 $\dfrac{1}{4}$ をとる. よって

$$\begin{cases} S \text{の最小値は} 4\pi a^2 \\ (\text{底辺の半径} x = \dfrac{2\sqrt{3}}{3} a \text{のとき}) \end{cases} \cdots \textbf{(答)}$$

さて三角関数は三角比を踏まえた上で定義されるものなので,本格的に三角関数の問題に入る前に,三角比の問題のいくつかを(といっても2題だけだが,)扱っておこう.

三角比とは直角三角形 ABC(角 $C° = 90°$)の各辺の長さの比である.最も初歩的なものは角 $B° = 45°$,$B° = 60°$ の場合である.これらに対して各々 $\cos B° = \dfrac{1}{\sqrt{2}}$,$\cos B° = \dfrac{1}{2}$ となることを導けるかな?(ただ暗記しているだけで導けない人も結構いるのでは? そうだとすれば,中学生程度の初歩が怪しいことになる.)ここでは,一応,それらは大丈夫だとして,早く入試問題を解けるようになりたいという読者の心境に沿う問題を一題.一見,易しいようでも,やってみると,なかなか,どうして.

144　第3部　指数・対数関数と三角関数

問題2

　角 ∠O が直角である △AOB において辺 OB を n 等分して，その分点を $O = B_0, B_1, \cdots, B_n = B$ とする．
（1）$\angle B_{i-1} A B_i = \theta_i \, (i = 1, 2, \cdots, n)$ とおくとき，$\theta_1 > \theta_2 > \cdots > \theta_n$ を示せ．
（2）$OA = OB$ のとき $\sin\theta_n$, $\cos\theta_n$, $\tan\theta_n$ を求めよ．

（東京女子大）

▶　（1）まず図を描いて △$AB_{i-1}B_i$ と △AB_iB_{i+1} をじっとにらんでみると，底辺の長さは $B_{i-1}B_i = B_iB_{i+1}$ であり，高さ OA は共通である．そうすると，これら2つの三角形の面積は等しい（これが第1の糸口）．

　次に示すべき不等式は $\theta_i > \theta_{i+1}$ ということで，上述の2つの三角形は $B_{i-1}B_i = B_iB_{i+1}$ かつ AB_i が共通のものだから，$\theta_i > \theta_{i+1}$ となる原因は $AB_{i+1} > AB_{i-1}$ だということになる（これが第2の糸口）．このようなことを数分以内に見抜かなくてはならないから，厳しい．

　（2）再び図を描いてみる．$OA = OB$ より △AOB は直角二等辺三角形となり，角 $A = \dfrac{\pi}{4}$ である．$OA = OB = 1$ としてよい．△$AB_{n-1}B$ の面積は，2内角（$\angle BAB_{n-1} = \theta_n$，角 $B = \dfrac{\pi}{4}$）が与えられているので，θ_n と $\dfrac{\pi}{4}$ を用いて2通りの表し方ができる．（ということより設問（1）は，直接，影響なさそうである．）

解　（1）

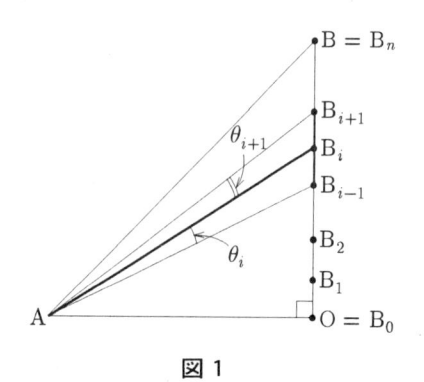

図1

図1において

$$\triangle AB_{i-1}B_i\,(\text{の面積}) = \triangle AB_iB_{i+1}\,(\text{の面積})$$
$$\iff \frac{1}{2} AB_{i-1} \cdot AB_i \sin\theta_i = \frac{1}{2} AB_i \cdot AB_{i+1} \sin\theta_{i+1}$$
$$\iff AB_{i-1} \sin\theta_i = AB_{i+1} \sin\theta_{i+1}$$
$$\iff \frac{\sin\theta_i}{\sin\theta_{i+1}} = \frac{AB_{i+1}}{AB_{i-1}}$$

$\dfrac{AB_{i+1}}{AB_{i-1}} > 1$ だから，

$$\sin\theta_i > \sin\theta_{i+1}$$

$0 < \theta_i < \dfrac{\pi}{2}\ (i=1,\ 2,\ \cdots,\ n)$ より

$$\theta_i > \theta_{i+1}$$
$$\therefore\quad \theta_1 > \theta_2 > \cdots > \theta_n \quad \blacktriangleleft$$

(2) 図2において

$\triangle AB_{n-1}B = \dfrac{1}{2} AB \cdot AB_{n-1} \sin\theta_n\ (AB = \sqrt{2}\,)$
$\phantom{\triangle AB_{n-1}B} = \dfrac{1}{2} \cdot \dfrac{1}{n} \cdot AB \sin\dfrac{\pi}{4}$

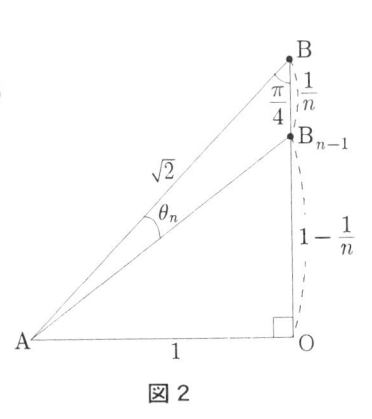

よって

$$\sin\theta_n = \frac{1}{\sqrt{2}\,n\,AB_{n-1}}$$

ここで三平方の定理により

$AB_{n-1} = \sqrt{OA^2 + OB_{n-1}^2} = \sqrt{1 + \left(1 - \dfrac{1}{n}\right)^2}$
$\phantom{AB_{n-1}} = \dfrac{\sqrt{2n^2 - 2n + 1}}{n}$

よって

$$\sin\theta_n = \frac{1}{\sqrt{2(2n^2 - 2n + 1)}} \quad \cdots\text{(答)}$$
$$\cos\theta_n = \sqrt{1 - \sin^2\theta_n}$$
$$ = \sqrt{\frac{4n^2 - 4n + 1}{2(2n^2 - 2n + 1)}}$$
$$ = \frac{2n - 1}{\sqrt{2(2n^2 - 2n + 1)}} \quad \cdots\text{(答)}$$

図2

$$\tan\theta_n = \frac{\sin\theta_n}{\cos\theta_n} = \frac{1}{2n-1} \quad \cdots \text{(答)}$$

$(\theta_1 > \theta_2 > \cdots > \theta_n$ は満たされている$)$

(付) 本問は，いわば，基礎的問題(これは基本的問題ではなく自然な原理的問題ということ)であったので，難しかったであろう．

問題 3

図のような角 α をなす塀 OA，OB の一方の点 A_0 から球を角 θ の方向に転がす．A_1, A_2, A_3 で跳ね返って，今度は同じ道を通って A_0 に戻ったとする．このとき，

(1) θ と α の満足する式を作り，$\alpha = \dfrac{\pi}{12}$ のときの θ の値を求めよ．

(2) $\alpha = \dfrac{\pi}{12}$，$\overline{OA_0}=1$ のとき $\overline{A_0A_1} + \overline{A_1A_2} + \overline{A_2A_3}$ の値を求めよ．

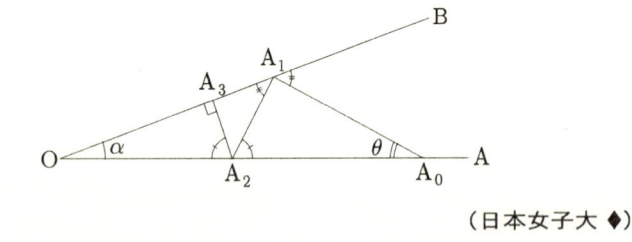

(日本女子大 ♦)

▶ (1) 与えられた角の情報を過不足なく使うこと．(三角形の内角の和$=\pi$.)

(2) 点 A_0 から A_3 への最短経路問題であるから，折れ線を一直線にするように図示して解くのみ．

解 (1)

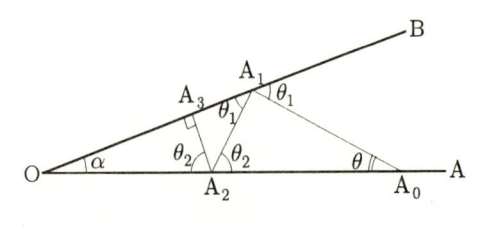

図 1

図1でのように角 θ_1, θ_2 と記号を設ける.

$\triangle OA_2A_3$ の内角の和:
$$\alpha + \theta_2 + \frac{\pi}{2} = \pi \quad \therefore \quad \alpha + \theta_2 = \frac{\pi}{2} \quad \cdots ①$$

$\triangle A_2A_1A_3$ の内角の和:
$$(\pi - 2\theta_2) + \theta_1 + \frac{\pi}{2} = \pi \quad \therefore \quad 2\theta_2 - \theta_1 = \frac{\pi}{2} \quad \cdots ②$$

$\triangle A_0A_1A_2$ の内角の和:
$$\theta + (\pi - 2\theta_1) + \theta_2 = \pi \quad \therefore \quad \theta - 2\theta_1 + \theta_2 = 0 \quad \cdots ③$$

①より $\theta_2 = \frac{\pi}{2} - \alpha$, ①と②より $\theta_1 = 2\theta_2 - \frac{\pi}{2} = \frac{\pi}{2} - 2\alpha$ を得るから, これらを③に代入して
$$\theta - (\pi - 4\alpha) + \frac{\pi}{2} - \alpha = 0$$
$$\therefore \quad \theta + 3\alpha = \frac{\pi}{2} \quad \cdots (\text{答})$$

$\alpha = \frac{\pi}{12}$ のとき
$$\theta = \frac{\pi}{4} \quad \cdots (\text{答})$$

(2)

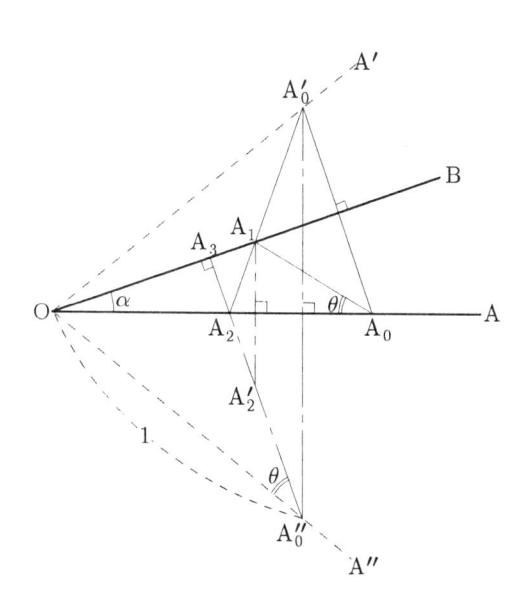

図2

図2は球の跳ね返る点を鏡像反転していった様子を表している．求める長さは A_3A_0'' の長さである．$\alpha = \frac{\pi}{12}$ のとき $\theta = \frac{\pi}{4}$ であるから

$$A_0''A_3 = 1 \cdot \cos\frac{\pi}{4}$$
$$= \frac{1}{\sqrt{2}} \quad \cdots（答）$$

三角比に関してはもう少し叙述しておくべきことがあるが，紙数の都合上，これで打ち切ろう．そんなに気にする必要もないだろうから．

それでは三角関数に入るが，その前に知っておいて頂きたい用語 (cotangent, secant, cosecant) について少し：

$$\cot\theta = \frac{1}{\tan\theta}, \quad \sec\theta = \frac{1}{\cos\theta}, \quad \mathrm{cosec}\,\theta = \frac{1}{\sin\theta}$$

（これらはなければなくて済むものだが，多角的見地からは，やはり，あった方がよい――分数式で表す煩わしさもなくなる．特に cotangent は，時折，入試問題でも見かける．）

三角関数の問題は，公式を総動員するものが多いので，以下にまとめておく．

§2. 三角関数

・基本事項 [2]・

三角関数の公式

❶ **加法定理**
$$\sin(\alpha \pm \beta) = \sin\alpha\cos\beta \pm \cos\alpha\sin\beta$$
$$\cos(\alpha \pm \beta) = \cos\alpha\cos\beta \mp \sin\alpha\sin\beta$$
$$\tan(\alpha \pm \beta) = \frac{\tan\alpha \pm \tan\beta}{1 \mp \tan\alpha\tan\beta}$$

（いずれも複合同順）

❷ **三角関数の合成**

a, b を実数とする．
$$a\sin\theta + b\sin\theta = \sqrt{a^2+b^2}\,\sin(\theta+\alpha)$$
ただし，$\cos\alpha = \dfrac{a}{\sqrt{a^2+b^2}},\ \sin\alpha = \dfrac{b}{\sqrt{a^2+b^2}}$．

❸ **和と積の変換公式**
$$\sin\alpha + \sin\beta = 2\sin\frac{\alpha+\beta}{2}\cos\frac{\alpha-\beta}{2}$$
$$\sin\alpha - \sin\beta = 2\cos\frac{\alpha+\beta}{2}\sin\frac{\alpha-\beta}{2}$$
$$\cos\alpha + \cos\beta = 2\cos\frac{\alpha+\beta}{2}\cos\frac{\alpha-\beta}{2}$$
$$\cos\alpha - \cos\beta = -2\sin\frac{\alpha+\beta}{2}\sin\frac{\alpha-\beta}{2}$$

❹ **倍角・半角の公式**
$$\sin 2\alpha = 2\sin\alpha\cos\alpha$$
$$\cos 2\alpha = \cos^2\alpha - \sin^2\alpha$$
$$= 2\cos^2\alpha - 1$$
$$= 1 - 2\sin^2\alpha$$

（本当は，$\sin^2\alpha$ というような記法はよろしくない．これは慣習的にそうなってしまっただけのこと．）

❺ **3倍角の公式**
$$\sin 3\alpha = 3\sin\alpha - 4\sin^3\alpha$$
$$\cos 3\alpha = 4\cos^3\alpha - 3\cos\alpha$$

これらの導出は，ここでは不要であろう．

三角関数は式変形が技巧的であり，入試において，出題者がその技巧性に走り過ぎると，ちょっとやそっとでは解答への糸口がつかめなくなる．手品同様，トリックを仕掛けた人はその裏を知っているが，解く側はトリックが見えないから，"エライ"目に遭うことになる．それ故，あまり計算技巧的問題はほどほどにしておいて頂きたいと願うものであるが，….

三角関数の問題を解くに当たって，特に留意しておくべき事は，sine と cosine が完全に独立でないこととそれらの周期性の故に関数が1対1対応でないということである．

また，最近の三角関数の問題は公式運用だけでは解けないようになってきている．1問1問，考えて解く習慣をつけて頂きたい．

それでは，この分野は問題がバラエティーに富むので，立て続けに演習を行なう．

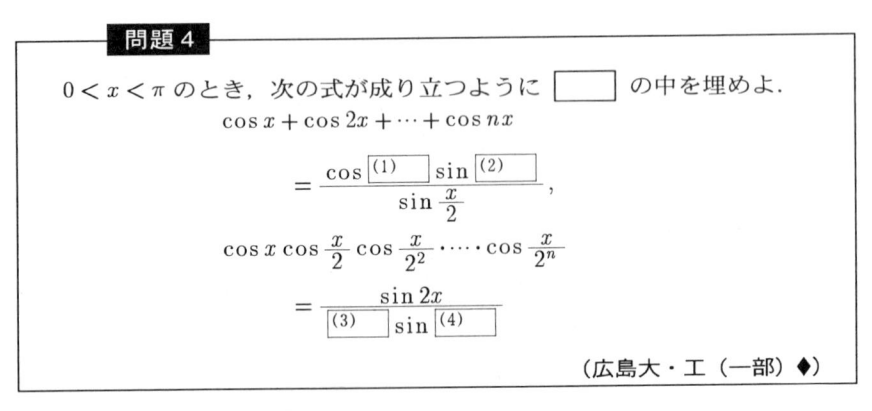

問題 4

$0 < x < \pi$ のとき，次の式が成り立つように □ の中を埋めよ．

$$\cos x + \cos 2x + \cdots + \cos nx$$
$$= \frac{\cos\boxed{(1)} \sin \boxed{(2)}}{\sin \frac{x}{2}},$$

$$\cos x \cos \frac{x}{2} \cos \frac{x}{2^2} \cdots \cos \frac{x}{2^n}$$
$$= \frac{\sin 2x}{\boxed{(3)} \sin \boxed{(4)}}$$

(広島大・工（一部）♦)

▶ （1）と（2）は和と積の変換公式，（3）と（4）は倍角・半角の公式 $\sin x = 2 \sin \frac{x}{2} \cos \frac{x}{2}$ を用いる．

解 （1），（2） $k = 1, 2, \cdots, n$ とする．和と積の変換公式によって

$$\sin\frac{x}{2}\cos kx$$
$$=\frac{1}{2}\left\{\sin\left(\frac{x}{2}+kx\right)+\sin\left(\frac{x}{2}-kx\right)\right\}$$
$$=\frac{1}{2}\left(\sin\frac{2k+1}{2}x-\sin\frac{2k-1}{2}x\right)$$

であるから，
$$\sin\frac{x}{2}(\cos x+\cos 2x+\cdots+\cos nx)$$
$$=\frac{1}{2}\left\{\left(\sin\frac{3}{2}x-\sin\frac{1}{2}x\right)+\left(\sin\frac{5}{2}x-\sin\frac{3}{2}x\right)+\left(\sin\frac{7}{2}x-\sin\frac{5}{2}x\right)\right.$$
$$\left.\cdots+\left(\sin\frac{2n+1}{2}x-\sin\frac{2n-1}{2}x\right)\right\}$$
$$=\frac{1}{2}\left(\sin\frac{2n+1}{2}x-\sin\frac{1}{2}x\right)$$
$$=\cos\frac{\frac{2n+1}{2}x+\frac{1}{2}x}{2}\sin\frac{\frac{2n+1}{2}x-\frac{1}{2}x}{2}$$

（ここで和と積の変換公式を用いた）
$$=\cos\frac{n+1}{2}x\sin\frac{n}{2}x$$

∴ （1） $\dfrac{n+1}{2}x$,　（2） $\dfrac{n}{2}x$　…(**答**)

（3），（4） $k=1, 2, \cdots, n$ とする．倍角・半角の公式によって
$$\sin\frac{x}{2^{k-1}}=2\sin\frac{1}{2}\left(\frac{x}{2^{k-1}}\right)\cdot\cos\frac{1}{2}\left(\frac{x}{2^{k-1}}\right)$$

であるから，
$$\cos\frac{x}{2^k}=\frac{\sin\dfrac{x}{2^{k-1}}}{2\sin\dfrac{x}{2^k}}$$

よって
$$\cos x\cos\frac{x}{2}\cos\frac{x}{2^2}\cdots\cdots\cos\frac{x}{2^n}$$
$$=\frac{\sin 2x}{2\sin x}\cdot\frac{\sin x}{2\sin\dfrac{x}{2}}\cdot\frac{\sin\dfrac{x}{2}}{2\sin\dfrac{x}{2^2}}\cdots\cdots\frac{\sin\dfrac{x}{2^{n-1}}}{2\sin\dfrac{x}{2^n}}$$
$$=\frac{\sin 2x}{2^{n+1}\sin\dfrac{1}{2^n}x}$$

∴ （3） 2^{n+1},　（4） $\dfrac{1}{2^n}x$　…(**答**)

問題 5

座標平面上で，長さ 1 の線分 OA が x 軸の正方向から角度 α をなしている．また，長さ 1 の線分 AB が OA の延長線から角度 β をなしている．点 B の座標を $(b, 1)$ とするとき，$\tan\frac{\alpha}{2}$ を b で表せ．ただし，$b \neq -1$ とする． (同志社大・工 (改))

▶（原出題は誘導形式になっている．）$\tan\frac{\alpha}{2}$ という半角が現れているので，これを t とおくと，
$$\sin\alpha = \frac{2t}{1+t^2}, \quad \cos\alpha = \frac{1-t^2}{1+t^2}$$
となることはよく知られている．（これらは，いわば，準公式である．）原則としては，これらを導出してから使うべきである（大して手間のかかるものではないから）．そして，点 B の座標が与えられているので，その x, y 成分を α, β で評価していくのである．

解 $\tan\frac{\alpha}{2} = t$ とおくと（問題の性質上，$\cos\frac{\alpha}{2} \neq 0$ としてよい），倍角・半角の公式により
$$\sin\alpha = 2\sin\frac{\alpha}{2}\cos\frac{\alpha}{2}$$
$$= 2\tan\frac{\alpha}{2}\cos^2\frac{\alpha}{2}$$
$$= \frac{2t}{1+t^2} \quad \cdots ①$$
$$\left(\because \ \frac{1}{\cos^2\frac{\alpha}{2}} = \tan^2\frac{\alpha}{2}+1 \text{ より}\right)$$
$$\cos\alpha = 2\cos^2\frac{\alpha}{2}-1 = \frac{2}{1+t^2}-1$$
$$= \frac{1-t^2}{1+t^2} \quad \cdots ②$$

さて，点 B の座標について

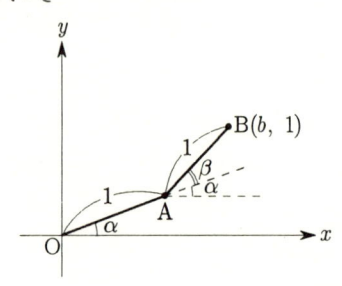

§2. 三角関数

$$\begin{cases} b = \cos\alpha + \cos(\alpha+\beta) \\ 1 = \sin\alpha + \sin(\alpha+\beta) \end{cases}$$

$$\longleftrightarrow \begin{cases} \cos(\alpha+\beta) = b - \cos\alpha & \cdots ③ \\ \sin(\alpha+\beta) = 1 - \sin\alpha & \cdots ④ \end{cases}$$

③^2 + ④^2 より

$$1 = b^2 + 2 - 2(\sin\alpha + b\cos\alpha)$$

そこで①，②の α を代入して整理すると，

$$(b+1)^2 t^2 - 4t + (b-1)^2 = 0$$

$b \neq 1$ よりこれは t の 2 次方程式である．

$$\therefore \quad t = \tan\frac{\alpha}{2} = \frac{2 \pm \sqrt{4-(b^2-1)^2}}{(b+1)^2} \quad (|b|<\sqrt{3})$$

$$= \frac{2 \pm \sqrt{(3-b^2)(1+b^2)}}{(b+1)^2} \quad (|b|<\sqrt{3}) \quad \cdots \text{(答)}$$

（付1）実をいうと，この 解 における $|b|<\sqrt{3}$ は t の 2 次方程式が実解をもつという内部付帯条件からではなく，3 点 O, A, B が三角形を形成するという事実から保証されるべきものなのである．つまり，

$$\mathrm{OB} < \mathrm{OA} + \mathrm{AB}$$

$$\therefore \quad |b| < \sqrt{3}.$$

しかしながら，本文では（原出題でも）"$\tan\frac{\alpha}{2}$ を b で表せ"とあるので， 解 ぐらいの記述でよい．

（付2）③，④への当たりまえの式変形に留意されたい．（ここで実力差が現れる．）③，④のすぐ上で $\cos(\alpha+\beta)$, $\sin(\alpha+\beta)$ を加法定理で展開すると収拾がつかなくなるからである．

（付3）各辺の長さが整数値である直角三角形の各辺の長さの比は $m^2 \pm n^2$, $2mn$ （m, n は $m > n > 0$ なる整数）の比であるということは，比較的，よく知られている．このことは $\tan\frac{\theta}{2} \left(\theta \neq \frac{\pi}{2}\right)$ が有理数のとき，$\tan\frac{\theta}{2} = t$ として $\sin\theta$, $\cos\theta$ を t で表すことにより容易に判明する．（ただの易しい計算．）

問題6

a と b は ± 1, 0 でない実数とする. 実数 x, y が

$$\frac{\sin x}{\sin y} = a, \quad \frac{\cos x}{\cos y} = b$$

を満たしているとする.
（1）$\tan^2 y$ を a, b を用いて表せ.
（2）点 (a, b) の存在する範囲を ab 平面に図示せよ.　　　　（東北大 ◇）

▶　（1）は連立方程式の問題である. $\tan^2 y = \dfrac{\sin^2 y}{\cos^2 y}$ が x によらないで a, b のみで決まるということはどういうことか？　与えられた条件式のみからは $\tan^2 y$ は a, b だけでは表せないから, 恒等式 $\sin^2 x + \cos^2 x = 1$ と $\sin^2 y + \cos^2 y = 1$ を用いると見抜くべし.（2）は $\tan^2 y \geqq 0$ しかない.

解　（1）$\dfrac{\sin x}{\sin y} = a(\not= \pm 1, 0), \ \dfrac{\cos x}{\cos y} = b(\not= \pm 1, 0)$ より

$$\tan^2 y = \frac{\sin^2 y}{\cos^2 y} = \left(\frac{b}{a}\right)^2 \frac{\sin^2 x}{\cos^2 x}$$
$$= \left(\frac{b}{a}\right)^2 \left(\frac{1 - \cos^2 x}{\cos^2 x}\right) \quad \cdots ①$$

一方

$$\tan^2 y = \frac{1}{\cos^2 y} - 1 = \frac{b^2}{\cos^2 x} - 1 \quad \cdots ②$$

①, ②より

$$\frac{1}{\cos^2 x} = \frac{b^2 - a^2}{b^2(1 - a^2)}$$

$$\therefore \quad \tan^2 y = \frac{b^2 - a^2}{1 - a^2} - 1 = \frac{b^2 - 1}{1 - a^2} \quad \cdots \text{（答）}$$

（2）（1）での結果において
$b^2 \not= 1$ より $\tan^2 y > 0$ だから,

$$\frac{b^2 - 1}{1 - a^2} > 0$$

$|a| < 1$ では

$$b^2 - 1 > 0 \quad \therefore \quad |b| > 1 \ (|a| < 1 \ \text{のとき})$$

$|a| > 1$ では

§2. 三角関数

$$b^2 - 1 < 0 \quad \therefore \quad |b| < 1 \quad (|a| > 1 \text{ のとき})$$

以上を図示すると次のようになる．

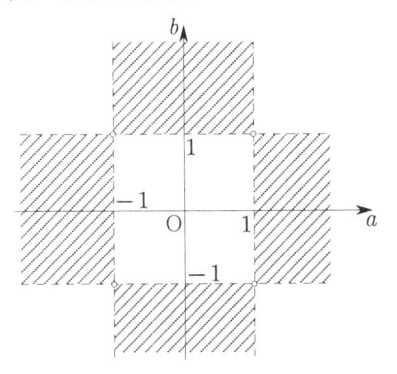

a, b 軸上の点を除いた斜線部分が求める範囲

（○印と境界は含まれない）

〈解答図〉

（付）本問の場合，出題側が $a = 0, \pm 1$ かつ $b = 0, \pm 1$ という条件を強く与え過ぎたように思われる．つまり，問題の与式は a, b を与えた場合，x, y が応答するという連立解析方程式というべきものでなっていて，解が存在する為には，部分的に，$a = 0, \pm 1$; $b = 0, \pm 1$ が許されてもよいのである．その方が自然であった．

問題 7

$-90° < x < 90°$ のとき，不等式
$$\frac{1}{3} \tan 2x \leqq \tan x$$
を満たす x の値の範囲を求めよ． （宮城教育大 ◇）

▶ ずばり tangent の加法定理でいけるだろう．

解　加法定理によって

$$\frac{1}{3}\tan 2x = \frac{1}{3}\left(\frac{2\tan x}{1-\tan^2 x}\right) \leqq \tan x \quad (x \neq \pm 45°)$$

$x = 0°$ のときは等号が成立する.

(ア) $0° < x < 90°$ のとき
$$\frac{1}{3}\left(\frac{2}{1-\tan^2 x}\right) \leqq 1$$

・$0° < x < 45°$ のとき
$$2 \leqq 3(1-\tan^2 x)$$

よって
$$3\tan^2 x - 1 \leqq 0$$

つまり
$$\left(\tan x - \frac{1}{\sqrt{3}}\right)\left(\tan x + \frac{1}{\sqrt{3}}\right) \leqq 0$$

$0° < x < 45°$ というから
$$0 < \tan x \leqq \frac{1}{\sqrt{3}}$$
$$\therefore \quad 0° < x \leqq 30°$$

・$45° < x < 90°$ のとき
$$2 \geqq 3(1-\tan^2 x)$$

前と同様にして
$$\left(\tan x - \frac{1}{\sqrt{3}}\right)\left(\tan x + \frac{1}{\sqrt{3}}\right) \geqq 0$$

$45° < x < 90°$ というから
$$\tan x \geqq \frac{1}{\sqrt{3}}$$
$$\therefore \quad 45° < x < 90°$$

(イ) $-90° < x < 0°$ のとき
$$\frac{1}{3}\left(\frac{2}{1-\tan^2 x}\right) \geqq 1$$

$-90° < x < -45°$ では不等式解がないので $-45° < x < 0°$ である. それ故
$$2 \geqq 3(1-\tan^2 x)$$

よって
$$3\tan^2 x - 1 \geqq 0$$

つまり
$$\left(\tan x - \frac{1}{\sqrt{3}}\right)\left(\tan x + \frac{1}{\sqrt{3}}\right) \geqq 0$$

§2. 三角関数

$-45° < x < 0°$ というから
$$\tan x \leqq -\frac{1}{\sqrt{3}}$$
$$\therefore \quad -45° < x < -30°$$
以上をまとめて，求める解は
$$-45° < x < -30°, \quad 0° \leqq x \leqq 30°, \quad 45° < x < 90° \quad \cdots \text{(答)}$$

問題 8

関数
$$f(\theta) = \sin\theta(\sin\theta + 1) + \cos\theta(\cos\theta + 1)$$
と
$$g(\theta) = \sin^2\theta(\sin^2\theta + 1) + \cos^2\theta(\cos^2\theta + 1)$$
がある．θ が $0° \leqq \theta \leqq 180°$ の範囲を動くとき，次の問いに答えよ．
（1）$f(\theta)$, $g(\theta)$ のとり得る値の範囲を求めよ．
（2）$\dfrac{f(\theta)}{g(\theta)}$ の最大値，最小値とそのときの θ の値を求めよ．

（横浜国大・文系 ◇）

▶ （1）は $\sin^2\theta + \cos^2\theta = 1$ と三角関数の合成公式で済みそうである．（2）は（1）を利用するのだろう．

解 （1） $f(\theta) = 1 + \sin\theta + \cos\theta$
$$= 1 + \sqrt{2}\sin(\theta + 45°)$$
$0° \leqq \theta \leqq 180°$ より $45° \leqq \theta + 45° \leqq 225°$ であるから，
$$1 - \sqrt{2} \cdot \frac{1}{\sqrt{2}} \leqq f(\theta) \leqq 1 + \sqrt{2} \cdot 1$$
$$\therefore \quad 0 \leqq f(\theta) \leqq 1 + \sqrt{2} \quad \cdots \text{(答)}$$

（左側の等号成立は $\theta + 45° = 225°$ のとき，右側の等号成立は $\theta + 45° = 90°$ のときである．）

$$g(\theta) = 1 + \sin^4\theta + \cos^4\theta$$
$$= 1 + (\sin^2\theta + \cos^2\theta)^2 - 2\sin^2\theta\cos^2\theta$$
$$= 2(1 - \sin^2\theta\cos^2\theta)$$
$$= 2 - \frac{1}{2}\sin^2 2\theta$$

（倍角・半角の公式を用いた）

$0° \leqq 2\theta \leqq 360°$ より $0 \leqq \sin^2 2\theta \leqq 1$ であるから,
$$2 - \frac{1}{2} \leqq g(\theta) \leqq 2 - 0$$
$$\therefore \quad \frac{3}{2} \leqq g(\theta) \leqq 2 \quad \cdots \text{(答)}$$

（左側の等号成立は $2\theta = 90°, 270°$ のとき, 右側の等号成立は $2\theta = 0°, 180°, 360°$ のときである.）

（2）（1）の結果より
$$\frac{0}{2} \leqq \frac{f(\theta)}{g(\theta)} \leqq \frac{1 + \sqrt{2}}{3/2}$$
$$\therefore \quad 0 \leqq \frac{f(\theta)}{g(\theta)} \leqq \frac{2(1+\sqrt{2})}{3}$$

（左側の等号成立は $\theta = 180°$ のとき, 右側の等号成立は $\theta = 45°$ のときである.）

以上から求めるべき
$$\begin{cases} 最小値 \quad 0 \quad (\theta = 180° のとき) \\ 最大値 \quad \frac{2}{3}(1+\sqrt{2}) \quad (\theta = 45° のとき) \end{cases} \cdots \text{(答)}$$

問題 9

角 θ は $0° \leqq \theta \leqq 180°$ の範囲で
$$|2\cos\theta + \sin\theta| \leqq 1$$
をみたすとする. 次の問いに答えよ.

（1） $\sin\theta$ のとる値の範囲を求めよ.

（2） $\cos\theta + 2\sin\theta$ のとる値の範囲を求めよ.

（滋賀大・教 ◇）

▶ 本問は（1）,（2）共, 見かけほど易しくはない. $\sin\theta$ と $\cos\theta$ が独立でないことに起因する煩わしさがある.（1）与えられた不等式を2乗して,

それから $\sin^2\theta + \cos^2\theta = 1$ を使って sine か cosine のどちらか一方を消去しようとすると，まずどうにもならない．$\sin^2\theta + \cos^2\theta = 1$ の使い方にも様々ある．どう用いるかによって表式が見やすくもなれば，複雑にもなる．（2）（1）ができないとどうにもならない．$\cos\theta + 2\sin\theta = \sqrt{5}\sin(\theta + \alpha)$ の形にして，（1）をよく見てかけひきをしていく．

解 （1） $|2\cos\theta + \sin\theta| \leqq 1$
両辺を2乗して整理していく．
$$4\cos^2\theta + \sin^2\theta + 4\sin\theta\cos\theta$$
$$= 3\cos^2\theta + 4\sin\theta\cos\theta + 1 \leqq 1$$
すなわち
$$3\cos^2\theta + 4\sin\theta\cos\theta \leqq 0 \quad \cdots ①$$
$0° \leqq \theta \leqq 180°$ において $\theta = 90°$ では，上式の等号が成立する．

$0° \leqq \theta < 90°$ では $\cos\theta > 0$, $\sin\theta \geqq 0$ であるから，①は不成立となるので，$90° < \theta \leqq 180°$ である．この下で①は
$$3\cos\theta + 4\sin\theta \geqq 0$$
$\cos\theta = -\sqrt{1 - \sin^2\theta} < 0$ であるから，上式は
$$4\sin\theta - 3\sqrt{1 - \sin^2\theta} \geqq 0$$
よって
$$16\sin^2\theta \geqq 9(1 - \sin^2\theta)$$
これを $\sin\theta \geqq 0$ の下で解くと，
$$\sin\theta \geqq \frac{3}{5}$$
$$\therefore \quad \frac{3}{5} \leqq \sin\theta \leqq 1 \quad (90° \leqq \theta \leqq \theta_0 < 180° ; ただし,$$
$$\sin\theta_0 = \frac{3}{5}, \text{従って} \cos\theta_0 = -\frac{4}{5} \text{とする}) \quad \cdots \text{(答)}$$

（2） $f(\theta) = \cos\theta + 2\sin\theta$ とおく．
$$f(\theta) = \sqrt{5}\sin(\theta + \alpha)$$
と表される．ここに
$$\cos\alpha = \frac{2}{\sqrt{5}}, \quad \sin\alpha = \frac{1}{\sqrt{5}}$$
$$(0° < \alpha < 90° \text{としてよい})$$

（1）の結果より $90° \leq \theta \leq \theta_0 (<180°)$ であるから，
$$90° + \alpha \leq \theta + \alpha \leq \theta_0 + \alpha$$
（図参照） 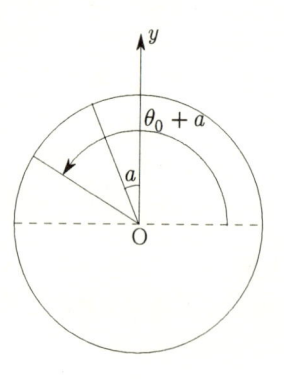
よって
$$\sqrt{5}\sin(\theta_0+\alpha) \leq f(\theta) \leq \sqrt{5}\sin(90°+\alpha)$$
加法定理を用いて
$$f(\theta) \geq \sqrt{5}(\sin\theta_0 \cos\alpha + \cos\theta_0 \sin\alpha)$$
$$= \sqrt{5}\left(\frac{3}{5} \times \frac{2}{\sqrt{5}} - \frac{4}{5} \times \frac{1}{\sqrt{5}}\right)$$
$$= \frac{2}{5},$$
$$f(\theta) \leq \sqrt{5}\cos\alpha$$
$$= \sqrt{5} \times \frac{2}{\sqrt{5}} = 2$$
$$\therefore \quad \frac{2}{5} \leq \cos\theta + 2\sin\theta \leq 2 \quad \cdots \text{(答)}$$

問題 10

$0 < \alpha < \beta < 135°$ であるとき，$2\sin(\alpha+\beta) \cdot \sin(\alpha-\beta)$ と $1-\cos 2\beta$ はどちらが大きいか．　　　　　　　　　　　　　　　（山梨大・工 ◇）

▶ 和と積の変換公式を用いて $2\sin(\alpha+\beta) \cdot \sin(\alpha-\beta) = -\cos 2\alpha + \cos 2\beta$ と表せるが，端っからこれだけでは済みそうにない．
$0 < \alpha < \beta < 135°$ より $\sin(\alpha-\beta) < 0$ であることに留意しておきたい．

解　$0 < \alpha < \beta < 135°$ よりつねに $\sin(\alpha-\beta) < 0$ である．

（ア）$0 < \beta \leq 90°$ のとき

$\sin(\alpha+\beta) > 0$ であるから，
$$2\sin(\alpha+\beta)\sin(\alpha-\beta) < 0$$
一方，$1 - \cos 2\beta > 0 \ (0 < \beta < 90°)$ であるから，
$$2\sin(\alpha+\beta)\sin(\alpha-\beta) < 1 - \cos 2\beta$$

（イ）$90° < \beta < 135°$ のとき

つねに $\cos 2\beta < 0$ であるから

§2. 三角関数

$$1 - \cos 2\beta > 1$$

・$0° < \alpha \le 90°$ のとき
$$2\sin(\alpha+\beta)\sin(\alpha-\beta) = -\cos 2\alpha + \cos 2\beta$$
（和と積の変換公式を用いた）

$-1 \le \cos 2\alpha < 1,\ \cos 2\beta < 0$ より
$$-\cos 2\alpha + \cos 2\beta < 1 < 1 - \cos 2\beta$$

・$90° < \alpha < \beta < 135°$ のとき

$-1 < \cos 2\alpha < \cos 2\beta < 0$ であるから
$$2\sin(\alpha+\beta)\sin(\alpha-\beta)$$
$$= -\cos 2\alpha + \cos 2\beta < 1 < 1 - \cos 2\beta$$

以上によって，$0 < \alpha < \beta < 135°$ではつねに
$$2\sin(\alpha+\beta)\sin(\alpha-\beta) < 1 - \cos 2\beta \quad \cdots\text{(答)}$$

問題 11．

実数 $\theta,\ a$ に対して
$$A = (1-a)\sin\theta + (1+a)\cos\theta$$
とおく．次の問いに答えよ．
(1) $\dfrac{\pi}{4} < \theta < \dfrac{\pi}{2}$ を満たすどのような θ に対しても $A > \sqrt{1+a^2}$ となる a の範囲を求めよ．
(2) $\dfrac{\pi}{4} < \theta < \dfrac{\pi}{2}$ を満たす 1 つの θ を決める．区間 $0 \le a \le 1$ における A の最大値を求めよ．

(高知大 ◇)

▶ (1)は三角関数の合成を行うのだが，易しくはない．(2)は(1)と独立している．要するに A を a の関数とみなせと主張しているだけのことである．

解　$A = \sqrt{2(1+a^2)}\sin(\theta + \theta_0)$
と表される．ただし，
$$\cos\theta_0 = \frac{1-a}{\sqrt{2(1+a^2)}},\quad \sin\theta_0 = \frac{1+a}{\sqrt{2(1+a^2)}}$$

である．三角関数の値域の問題であるから，いま $\theta+\theta_0$ の範囲は $0 \leq \theta+\theta_0 \leq \pi$ としてよい．（この了解の下で解いていく．）

さて，$A > \sqrt{1+a^2}$ となることは
$$\sin(\theta+\theta_0) > \frac{1}{\sqrt{2}} \quad \left(\frac{\pi}{4} < \theta < \frac{\pi}{2}\right)$$
となることに他ならない．すなわち
$$\frac{\pi}{4} < \theta+\theta_0 < \frac{3\pi}{4} \quad \left(\frac{\pi}{4} < \theta < \frac{\pi}{2}\right)$$
上不等式をつねに満たす θ_0 の値域は
$$0 \leq \theta_0 \leq \frac{\pi}{4}$$
すなわち
$$\frac{1}{\sqrt{2}} \leq \frac{1-a}{\sqrt{2(1+a^2)}} \leq 1 \quad \text{かつ} \quad 0 \leq \frac{1+a}{\sqrt{2(1+a^2)}} \leq \frac{1}{\sqrt{2}}$$
これを解いて
$$-1 \leq a \leq 0 \quad \cdots \text{(答)}$$

（2）A を a について整理すると
$$A = (\cos\theta - \sin\theta)a + \cos\theta + \sin\theta \quad (0 \leq a \leq 1)$$
$\frac{\pi}{4} < \theta < \frac{\pi}{2}$ より $\cos\theta < \sin\theta$ であるから，A は a の1次減少関数値である．よって A の最大値は
$$\cos\theta + \sin\theta \quad (a=0 \text{ のとき}) \quad \cdots \text{(答)}$$

（注）（1）の結果では等号が入る．

三角関数がつねに，あからさまに，表に現れているとは限らない問題を1つ．

問題 12

x, y は0以上の実数とする．x, y が $x+y=a$ （a は正の定数）を満たすとき，関数
$$f(x, y) = x - y - 2\sqrt{3xy}$$
の最小値と最大値を求めよ．

▶ $x \geq 0, y \geq 0$ としてあるから，$x = X^2, y = Y^2$ とおくことは，ごく自然な着想であろう．このとき条件式は $X^2 + Y^2 = a$, $f(x, y)$ は $X^2 - Y^2 -$

$2\sqrt{3}\,|XY|$ というあからさまな 2 次関数形になる．しかし，これを平方完成して最小値と最大値を求めることは容易ではなさそうだから，$X^2+Y^2=a$ が円の方程式を表すことに留意して $X=\sqrt{a}\cos\theta,\ Y=\sqrt{a}\sin\theta$ とおいて，三角関数へ融通をきかせるのが best である．

解 $x=X^2\,(\geqq 0),\ y=Y^2\,(\geqq 0)$ とおくと，
$$X^2+Y^2=a\,(>0)$$
となるから，$X=\sqrt{a}\cos\theta,\ Y=\sqrt{a}\sin\theta\ (0\leqq\theta\leqq\frac{\pi}{2})$ なる θ がある．このとき $f(x,y)$ の値を Z とおくと，
$$Z=X^2-Y^2-2\sqrt{3}\,XY$$
$$=a(\cos^2\theta-\sin^2\theta)-2\sqrt{3}\,a\cos\theta\sin\theta$$
倍角・半角の公式を用いると，
$$Z=a\cos 2\theta-\sqrt{3}\sin 2\theta$$
$$=2a\cos\left(2\theta+\frac{\pi}{3}\right)\quad(0\leqq\theta\leqq\frac{\pi}{2})$$
θ は $0\leqq\theta\leqq\frac{\pi}{2}$ で任意の値をとり得るから
$$-2a\leqq Z\leqq a$$
よって求めるべき
$$\begin{cases}最小値\ -2a\\ 最大値\ \ \ \ a\end{cases}\cdots\textbf{(答)}$$

（付） 本問の場合，最小値よりも最大値の方が問題になるので，$0\leqq\theta\leqq\frac{\pi}{2}$ にしておけば $|XY|=XY$ となるという訳である．

今は昔

大学生の時，非常に品位ある，専門家の鑑とでもいうべきK教授が，教養部での微分積分学の講義の際に，$\sin 2\theta = 2\cos^2\theta - 1$ とやって，黒板の右端まできてから，「あれ？ 何かおかしいな？」と言って，30分位も，教壇上を右往左往されたことを懐かしくもよく覚えている．速くて格調高い講義だったので，ノート写しに四苦八苦の我々学生は，このときとばかり，居眠りやら休息をとる．（「先生，ごゆっくり．」と．）

このような先生は，数学の本質を非常によく分かっておられるだけに，学生には高級過ぎたもので，学生はその講義の価値が分からず，やれ，難しいとか訳が分からんとか愚痴をこぼしては，よく勝手に休んだものであった．（実に勿体ないことであった．）時に，試験では，いつも，充分，時間を下さった．このような専門家による(その著作での)指導下で，もう少し真剣に学ぶべきであったのであるが，….（後悔，先に立たず！）

問題 13

$0 \leq a < x < b \leq \pi$ とする．不等式
$$(\sin b - \sin a)\cos x - (\cos b - \cos a)\sin x > \sin(b-a)$$
を示せ． （名大・情報文化 ♦）

▶ 右辺を加法定理で展開しては処置なしとなる．左辺の組み換えを行なうとみる．

解 示すべき不等式の

$$\text{左辺} = \sin b \cos x - \cos b \sin x + \cos a \sin x - \sin a \cos x$$
$$= \sin(b-x) + \sin(x-a)$$

（加法定理を用いた）

$$= 2\sin\frac{b-a}{2}\cos\frac{a+b-2x}{2} \quad \cdots ①$$

（和と積の変換公式を用いた）

ここで $0 \leq a < b \leq \pi$ より $0 < b-a \leq \pi$ であるから，

§2. 三角関数　　　　　　　　　　　　　　165

$$0 < \frac{b-a}{2} \leqq \frac{\pi}{2} \quad \therefore \quad \sin\frac{b-a}{2} > 0 \quad \cdots ②$$

さらに $0 \leqq a < x < b < \pi$ より

$$-\pi \leqq a-b < a+b-2x < b-a \leqq \pi$$

$$\therefore \quad -\frac{\pi}{2} \leqq \frac{a-b}{2} < \frac{a+b-2x}{2} < \frac{b-a}{2} \leqq \frac{\pi}{2}$$

$$\therefore \quad \cos\frac{a+b-2x}{2} > \cos\frac{b-a}{2} \geqq 0 \quad \cdots ③$$

②, ③から

$$①式右辺 > 2\sin\frac{b-a}{2}\cos\frac{b-a}{2} > \sin(b-a)$$

（倍角・半角の公式を用いた）

これで問題の不等式は示された． ◀

問題 14

次の不等式が成り立つことを証明し，等号が成立するための条件を求めよ．
（1） $0 \leqq \alpha \leqq \pi$, $0 \leqq \beta \leqq \pi$ のとき，

$$\frac{\sin\alpha + \sin\beta}{2} \leqq \sin\frac{\alpha+\beta}{2}.$$

（2） $0 \leqq \alpha \leqq \pi$, $0 \leqq \beta \leqq \pi$, $0 \leqq \gamma \leqq \pi$, $0 \leqq \delta \leqq \pi$ のとき，

$$\frac{\sin\alpha + \sin\beta + \sin\gamma + \sin\delta}{4} \leqq \sin\frac{\alpha+\beta+\gamma+\delta}{4}.$$

（証明には（1）の不等式を用いてよい．）
（3） $0 \leqq \alpha \leqq \pi$, $0 \leqq \beta \leqq \pi$, $0 \leqq \gamma \leqq \pi$ のとき，

$$\frac{\sin\alpha + \sin\beta + \sin\gamma}{3} \leqq \sin\frac{\alpha+\beta+\gamma}{3}.$$

（証明には（2）の不等式を用いてよい．）

（奈良医大 ◊）

▶　（1）はやさしいが，（2）あたりから点差がついたであろう．（3）は（1），（2）での変数文字が偶数個であっただけに，少々，難しいだろう．（2）での δ をどうとるかの問題であるが，$0 \leqq \delta \leqq \pi$ となるようにとればよい．全小問を通じて $\sin x$ ($0 \leqq x \leqq \pi$) が上に凸な関数であることの反映であるが，出題者の意図は"各小設問を順に利用せよ"ということなので，地道ながらやさしい解答を示しておく．

解 （1）和と積の変換公式により
$$\frac{1}{2}(\sin\alpha + \sin\beta) = \sin\frac{\alpha+\beta}{2}\cos\frac{\alpha-\beta}{2} \leq \sin\frac{\alpha+\beta}{2}$$
$$(\because\ 0 \leq \frac{\alpha+\beta}{2} \leq \pi\ \text{より}) \blacktriangleleft$$

等号成立は $|\alpha - \beta| \leq \pi$ より

$$\alpha = \beta\ \text{のときに限る} \quad \cdots\textbf{(答)}$$

（2）（1）での α を改めて $\frac{\alpha+\beta}{2}$，β を $\frac{\gamma+\delta}{2}$ とおき直してよく

$$\frac{1}{2}\left(\sin\frac{\alpha+\beta}{2} + \sin\frac{\gamma+\delta}{2}\right) \leq \sin\frac{\alpha+\beta+\gamma+\delta}{4}$$

一方，（1）より

$$\frac{\sin\alpha + \sin\beta}{2} + \frac{\sin\gamma + \sin\delta}{2} \leq \sin\frac{\alpha+\beta}{2} + \sin\frac{\gamma+\delta}{2}$$

$$\therefore\quad \frac{1}{2}\left(\frac{\sin\alpha + \sin\beta + \sin\gamma + \sin\delta}{2}\right) \leq \sin\frac{\alpha+\beta+\gamma+\delta}{4} \blacktriangleleft$$

等号成立は $\alpha + \beta = \gamma + \delta$ かつ $\alpha = \beta$ かつ $\gamma = \delta$ のとき，つまり

$$\alpha = \beta = \gamma = \delta\ \text{のときに限る} \quad \cdots\textbf{(答)}$$

（3）（2）で $\delta = \frac{\alpha+\beta+\gamma}{3}$ とおくと $0 \leq \delta \leq \pi$ を満たし

$$\frac{1}{4}\left(\sin\alpha + \sin\beta + \sin\gamma + \sin\frac{\alpha+\beta+\gamma}{3}\right) \leq \sin\frac{\alpha+\beta+\gamma}{3}$$

$$\Longleftrightarrow \frac{1}{3}(\sin\alpha + \sin\beta + \sin\gamma) \leq \sin\frac{\alpha+\beta+\gamma}{3} \blacktriangleleft$$

等号成立は

$$\alpha = \beta = \gamma\ \text{のときに限る} \quad \cdots\textbf{(答)}$$

（付） $\sin x$ は $0 \leq x \leq \pi$ で上に凸な関数なので（1）は次のように解いてもよい．図において

$$\text{線分ACの傾き} = \frac{\sin\frac{\alpha+\beta}{2} - \sin\alpha}{\frac{\beta-\alpha}{2}} > \frac{\sin\beta - \sin\frac{\alpha+\beta}{2}}{\frac{\beta-\alpha}{2}}$$

$$= \text{線分BCの傾き}$$

$$\therefore\quad \frac{1}{2}(\sin\alpha + \sin\beta) \leq \sin\frac{\alpha+\beta}{2}$$

（この際，「証明問題に対して図を用いてよいのか？」と思わないこと．証明上の自明でないプロセスをきちんと示していれば，グラフを補助にしてもよいのである．）

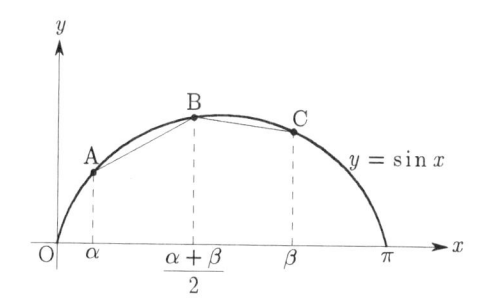

〈2〉 図形への応用

・基本事項［3］・
三角関数から図形へ

❶ 正弦定理

半径 R の円に内接する三角形 ABC の内角を頂点 A の方から順に A, B, C とし，頂点 A, B, C の対辺の長さをそれぞれ a, b, c とする．このとき

$$\frac{a}{\sin A} = \frac{b}{\sin B} = \frac{c}{\sin C} = 2R$$

が成立する．

❷ 余弦定理

三角形 ABC の頂点 A の内角を A，頂点 A, B, C の対辺の長さをそれぞれ a, b, c とする．このとき

$$a^2 = b^2 + c^2 - 2bc\cos A$$

が成立する．

❸ 三角形の形成条件（三角不等式）

三角形の3辺 a, b, c（大小が未知であってもよい）において

$$a \sim b < c < a + b$$

（$a \sim b$ は大きい方の値から小さい方の値を引くという意味）

が成立する．特に鋭角，直角，鈍角三角形においては次の等式，不等式が成立する．（$a \leqq b \leqq c$ としておく．）

  鋭角三角形：$c^2 < a^2 + b^2$
  直角三角形：$c^2 = a^2 + b^2$ **（三平方の定理）**
  鈍角三角形：$c^2 > a^2 + b^2$ かつ $c < a + b$

❹ **三角形と内接円**

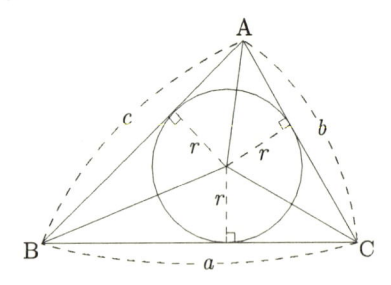

三角形 ABC に半径 r の円が内接しているとする．三角形 ABC の面積を S とすると，
$$S = sr \quad \left(s = \frac{a+b+c}{2}\right)$$
である．

❺ **ヘロンの公式**

三角形 ABC の三辺の長さを a, b, c とする．三角形 ABC の面積 S は
$$S = \sqrt{s(s-a)(s-b)(s-c)} \quad \left(s = \frac{a+b+c}{2}\right)$$
である．

∵）図から
$$S = \frac{1}{2} ca \sin B$$
$\sin B = \sqrt{1 - \cos^2 B} \ (> 0)$ であり，余弦定理によって
$$\cos B = \frac{c^2 + a^2 - b^2}{2ca}$$
であるから

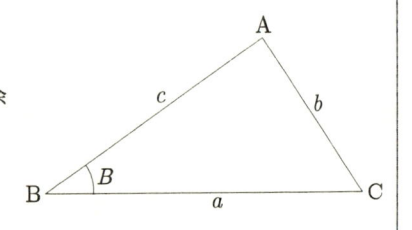

§2. 三角関数

$$\sin^2 B = 1 - \left(\frac{c^2+a^2-b^2}{2ca}\right)^2$$
$$= \left(1 - \frac{c^2+a^2-b^2}{2ca}\right)\left(1 + \frac{c^2+a^2-b^2}{2ca}\right)$$
$$= \frac{1}{4c^2a^2}(2ca - c^2 - a^2 + b^2)\cdot(2ca + c^2 + a^2 - b^2)$$
$$= \frac{1}{4c^2a^2}\{b^2 - (c-a)^2\}\{(c+a)^2 - b^2\}$$
$$= \frac{1}{4c^2a^2}(b-c+a)(b+c-a)(c+a-b)(c+a+b)$$

$s = \dfrac{a+b+c}{2}$ とおくことにより

$$\sin^2 B = \frac{4}{c^2a^2}s(s-a)(s-b)(s-c)$$

$\therefore \quad S = \sqrt{s(s-a)(s-b)(s-c)}$ **q.e.d.**

まずは正弦・余弦定理を用いる代表的問題から．

問題 15

半径 R の円に内接する三角形 ABC において角 $A = 60°$ とするとき，面積が最大となる三角形は正三角形であることを示せ．また，その正三角形の面積を R で表せ．

▶ 半径 R が与えられているから正弦定理の利用は明らか．△ABC の面積を S とすると（AB$=c$, BC$=a$, CA$=b$ として），$S = \dfrac{1}{2}bc\sin 60°$ である．正弦定理からは $2R = \dfrac{a}{\sin 60°}$ となるが，これを S とどう関連付けるか？ a, b, c を連結するある方程式が入用である．角 $A = 60°$ を与えているので余弦定理ということになろう．

解 図において正弦定理により
　$2R = \dfrac{a}{\sin 60°}$ 　$\therefore \quad a = \sqrt{3}R$
よって余弦定理により

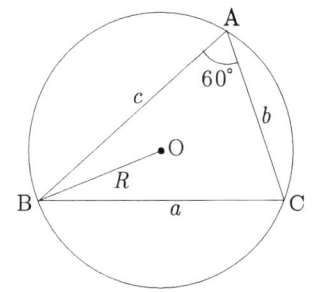

$$a^2 = (\sqrt{3}R)^2$$
$$= b^2 + c^2 - 2bc\cos 60°$$
$$= b^2 + c^2 - bc \quad \cdots ①$$

さて△ABC の面積を S とすると，
$$S = \frac{1}{2}bc\sin 60° = \frac{\sqrt{3}}{4}bc \quad \cdots ②$$

そこで①より
$$bc = b^2 + c^2 - 3R^2$$
$$= (b-c)^2 + 2bc - 3R^2$$

これより
$$bc = 3R^2 - (b-c)^2 \leqq 3R^2$$
（等号成立は $b = c$ のときに限る）

よって②の S は，$b = c = \sqrt{3}R$，従って①より $a = b = c = \sqrt{3}R$ （△ABC は正三角形）のときに限り，最大となる． ◀

$$S_{\max} = \frac{3\sqrt{3}}{4}R^2 \quad \cdots \textbf{(答)}$$

②のあとの数式では，$bc = (b-c)^2 + 2bc - 3R^2$ と絶妙の変形をしていることに留意されたい．$(b-c)^2$ の項を作ることで，やがて $b = c$ となることを先取りしているのである．この変形に気付かなくとも，相加・相乗平均の関係式を用いて解けるので，次に別解を与えておく．

別解 上の **解** での①，②までは同じ．①において $b > 0$ かつ $c > 0$ より相加・相乗平均の関係式が使えて
$$bc \leqq \left(\frac{b+c}{2}\right)^2 = \frac{3(R^2 + bc)}{4} \quad (\because ①より)$$

よって
$$bc \leqq 3R^2$$
$$\therefore \quad S \leqq \frac{3\sqrt{3}}{4}R^2$$

等号成立は $b = c$，従って①より $a = b = c$ （△ABC は正三角形）のときに限る． ◀

（付） 本問では角 $A = 60°$ を与えておいたが，これを指定しなくとも，この問題の結論は正三角形になる．

§2. 三角関数

問題 16

$BC = a$, $CA = b$, $AB = 2r$, $\angle C = 90°$, $\angle A \leqq \angle B$ である $\triangle ABC$ の辺 AB の中点を M とする. 辺 AB の垂直二等分線と線分 MC のなす角を θ ($\theta < 90°$) とするとき，次の問いに答えよ.

(1) θ を $\angle A$ の大きさ A で表せ.
(2) a と b を r と $\sin\theta$ で表せ.
(3) (1)と(2)を利用して $\tan 22.5°$ および $\tan 75°$ の値を求めよ.

(同志社大・文系)

▶ 三角形 ABC は辺 AB を直径とする円に内接する．あとは行き当たりばったり．

解 右の図を基にして解く．
(1) $\angle CMB = 2A$ であるから，
$$\theta = 90° - 2A \quad \cdots \text{(答)}$$
(2) $\triangle MBC$ に対して余弦定理を用いる．
$$a^2 = r^2 + r^2 - 2r^2 \cos \angle CMB$$
$$= 2r^2(1 - \cos 2A)$$
$$= 2r^2(1 - \sin\theta)$$
($\because$ (1)の結果より)
$$\therefore \quad a = \sqrt{2(1-\sin\theta)} \cdot r \quad \cdots \text{(答)}$$

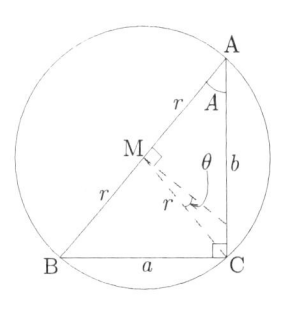

同様に $\triangle MCA$ に着眼して
$$b^2 = 2r^2\{1 - \cos(90° + \theta)\}$$
$$= 2r^2(1 + \sin\theta)$$
$$\therefore \quad b = \sqrt{2(1+\sin\theta)} \cdot r \quad \cdots \text{(答)}$$

(3) $A = 22.5°$ とおくと，(1)の結果より $\theta = 45°$ であり，そして(2)の結果より

$$\tan 22.5° = \frac{a}{b}$$
$$= \frac{\sqrt{1-\sin\theta}}{\sqrt{1+\sin\theta}} \quad (\theta = 45°)$$
$$= \sqrt{\frac{\sqrt{2}-1}{\sqrt{2}+1}}$$
$$= \sqrt{2}-1 \quad \cdots \text{(答)}$$

$B=75°$ とおくと，$A=15°$ であるから(1)の結果より $\theta=60°$ であり，そして(2)の結果より

$$\tan 75° = \frac{b}{a}$$
$$= \frac{\sqrt{1+\sin\theta}}{\sqrt{1-\sin\theta}} \quad (\theta = 60°)$$
$$= \sqrt{\frac{2+\sqrt{3}}{2-\sqrt{3}}}$$
$$= 2+\sqrt{3} \quad \cdots \text{(答)}$$

(付) (1)はともかくとして，(2)は1つの関門である．(2)では，まず
$$a = 2r\sin A \quad (\text{これは正弦定理そのもの})$$
$$= 2r\sin\left(45° - \frac{\theta}{2}\right) \quad (\because \text{ (1)の結果より})$$

が目につくだろうが，これで解こうなどと猪のごとく猛進すると，"エライ"目に遭うだろう．すぐ方向転換して $\text{MC}=r$，$\angle\text{CMB}=2A$ の方から余弦定理を使うと見抜くようでなくてはならない．(3)も着眼力を試す問題でちょっとした芯はある．

問題 17

鈍角三角形の3辺の長さを小さい方から a, b, c とする．このもとで次の不等式が成り立つことを示せ．ただし，正弦定理と余弦定理を用いてはならない．これら以外はどんな定理，公式を用いてもよい．
 (1) $c < a+b$ (2) $a^2 + b^2 < c^2$

▶ 基本事項［3］の❸の確認であるが，正弦・余弦定理の使用を禁止しただけでも1つの問題作成をしたことになり，受験生の弱点を突いたこ

§2. 三角関数   173

とにもなるだろう．このような問題では，その示すべき事柄以前の基本的命題・定理を用いることが原則である．最も基本的定理は直角三角形を対象とした三平方の定理である．

解　（1）長さ a, b, c の辺に対する頂点をそれぞれ A, B, C とする．$a<b<c$ という仮定より頂点 C の方の角 C が鈍角であるから**図1**を得る．
　頂点 C から辺 AB に下ろした垂線の足を H, $AH=c_1$, $HB=c_2$ $(c_1+c_2=c)$, $CH=h$ とする．三平方の定理より
$$a=\sqrt{c_2^2+h^2},$$
$$b=\sqrt{c_1^2+h^2}$$
であるから，
$$a+b=\sqrt{c_1^2+h^2}+\sqrt{c_2^2+h^2}>\sqrt{c_1^2}+\sqrt{c_2^2}$$
$$=\sqrt{c_1}^2+\sqrt{c_2}^2$$
$$=c_1+c_2=c$$

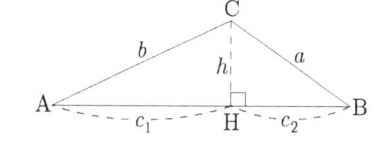

　　∴　$c<a+b$　◀

（2）（1）で述べたと同様の理由で**図2**を得る．辺 AC の延長線に点 B から下ろした垂線の足を H, $BH=h_1$, $CH=h_2$ とする．三平方の定理により
$$a^2=h_1^2+h_2^2\quad\cdots\text{①}$$
$$c^2=h_1^2+(b+h_2)^2$$
$$=b^2+h_1^2+h_2^2+2bh_2\quad\cdots\text{②}$$
②－①により
$$c^2-a^2=b^2+2bh_2$$
$$>b^2$$
　　∴　$a^2+b^2<c^2$　◀

（**付1**）念の為，余弦定理を用いて（1），（2）を示しておく．（（1）は，勿論，どんな三角形についても成立するものである．）

（1）∠BCA $= C$ とする．仮定より $\frac{\pi}{2} < C < \pi$ である．
余弦定理により
$$c^2 = a^2 + b^2 - 2ab\cos C$$
よって
$$(a+b)^2 - c^2 = a^2 + b^2 - c^2 + 2ab$$
$$= 2ab(1 + \cos C)$$
いま $-1 < \cos C < 0$ であるから，
$$(a+b)^2 - c^2 > 0$$
$$\therefore \quad a + b > c$$
（これで（1）は示された）

（2）（1）での
$$c^2 = a^2 + b^2 - 2ab\cos C$$
と $-1 < \cos C < 0$ より
$$c^2 > a^2 + b^2$$
（これで（2）も示された）

（付2）本問は基礎的（≫基本的）であるだけに，まず，大抵は "give up" では？「こんな問題．解けたって，解けなくたって，どうってことない．」と言うならば，次の東大の問題（1999．前期）の出題者に何と文句をつけるのか？

補充問題

（1）一般角 θ に対して $\sin\theta$，$\cos\theta$ の定義を述べよ．
（2）（1）で述べた定義にもとづき，一般角の α, β に対して
$$\sin(\alpha + \beta) = \sin\alpha\cos\beta + \cos\alpha\sin\beta,$$
$$\cos(\alpha + \beta) = \cos\alpha\cos\beta - \sin\alpha\sin\beta$$
を証明せよ． （東京大 ◇）

数学の問題は何が出題されるか見当がつかない！（そのような問題は入試には出ないなどと思わないこと．）

§2. 三角関数

問題 18

a, b, c が1つの三角形の3辺の長さを表すとき，x のすべての実数値に対して，次の不等式が成り立つことを示せ．
$$bx^2 + (b+c-a)x + c > 0$$

▶ 方針は三角不等式を用いて，'判別式＜0'を示すだけなのだが，….

解 示すべき不等式における2次式の判別式を D とすると，
$D = (b+c-a)^2 - 4bc$
$= a^2 + b^2 + c^2 - 2(ab+bc+ca)$
$= 2(a^2+b^2+c^2) - 2(ab+bc+ca) - (a^2+b^2+c^2)$
$= (a-b)^2 + (b-c)^2 + (c-a)^2 - (a^2+b^2+c^2)$
$= (a-b-c)(a-b+c) + (b-c-a)(b-c+a) + (c-a-b)(c-a+b)$

a, b, c は1つの三角形の3辺の長さを表すから，三角不等式により
$$(a-b-c)(a-b+c) < 0,$$
$$(b-c-a)(b-c+a) < 0,$$
$$(c-a-b)(c-a+b) < 0$$
よって
$$D < 0$$
これで題意は示された．◀

（注）上の **解** の式変形の技法を過信してはならない．

問題 19

a, b, c が1つの三角形の3辺の長さを表すとき，x のすべての実数値に対して，次の不等式が成り立つことを示せ．
$$b^2 x^2 + (b^2+c^2-a^2)x + c^2 > 0 \qquad \text{(関西大)}$$

▶ a^2, b^2, c^2 のところがそれぞれ a, b, c でも問題の不等式は成立する

のに，わざわざ a^2, b^2, c^2 の形にしているのは出題者に何か狙いがあると訝(いぶか)しがるようでなくては心もとない．本問は少々古いが，捨て難い問題である．方針は前問と同じように，三角不等式を用いて，'判別式<0' を示せばよいのだが，同様の式変形でいけるとは限らない．

解 示すべき不等式における2次式の判別式を D とすると，
$$D = (b^2+c^2-a^2)^2 - 4b^2c^2$$
$$= (b^2+c^2-a^2-2bc)(b^2+c^2-a^2+2bc)$$
$$= \{(b-c)^2-a^2\}\{(b+c)^2-a^2\}$$
$$= (b-c-a)(b-c+a)(b+c-a)(b+c+a)$$

a, b, c は1つの三角形の3辺の長さを表すから，三角不等式により
$$b-c-a < 0, \quad b-c+a > 0, \quad b+c-a > 0$$
さらに $a+b+c > 0$ は当りまえだから，
$$D < 0$$
これで題意は示された． ◂

（注）前問の算法を記憶して，それに慣れ過ぎた人は次のようにやりがちであろう：
$$D = a^4+b^4+c^4-2\{(ab)^2+(bc)^2+(ca)^2\}$$
$$= 2a^4+2b^4+2c^4-2\{(ab)^2+(bc)^2+(ca)^2\}-(a^4+b^4+c^4)$$
$$\vdots$$
$$= (a^2-b^2-c^2)(a^2-b^2+c^2)$$
$$\quad + (b^2-c^2-a^2)(b^2-c^2+a^2) + (c^2-a^2-b^2)(c^2-a^2+b^2)$$

三角不等式により
$$a^2 < b^2+c^2, \cdots (?)$$
これで出題者の思うつぼである．$a < b+c, \cdots$ ではあるが，$a^2 < b^2+c^2, \cdots$ とは限らない．

他方，前問に対しては，本問の解答路線を踏もうとすると，出題者（＝筆者）の思うつぼである．

前問の導入理由も納得して頂けたであろう．

§2. 三角関数　　　177

問題 20

　直角三角形に半径 r の円が内接していて，三角形の3辺の長さの和と円の直径との和が2となっている．このとき以下の問いに答えよ．
（1）この三角形の斜辺の長さを r で示せ．
（2）r の値が問題の条件を満たしながら変化するとき，この三角形の面積の最大値を求めよ．　　　　　　　　　　　　　　　　（京都大 ◇）

▶　京大だって時には京大レベルでの基本問題（ただの基本問題とは違って少し芯はあるが）を出題してくれる．だから，本番でこのような問題を解けなかったとすると，まず絶望的である．直角三角形の内接円問題であるから，**基本事項[2]** の❹と三平方の定理を使うことになるだろう．

解　まず図を描いておく．
この図に基づくと，題意より
$$a+b+c+2r=2 \quad \cdots ①$$
（1）△ABC の面積について
$$\frac{1}{2}ab = \frac{1}{2}(a+b+c)r$$
①より
$$ab=2(1-r)r \quad \cdots ②$$
$ab>0$ より $1-r>0$ であるから，
$$0<r<1$$
一方，①より
$$(a+b)^2 = \{2(1-r)-c\}^2 \quad \cdots ③$$
そして △ABC は $C=90°$ の直角三角形であるから，三平方の定理により
$$c^2 = a^2+b^2 \quad \cdots ④$$
②，③，④より a, b を消去できて c は r で決まる．④は
$$c^2 = (a+b)^2 - 2ab$$
$$= \{2(1-r)-c\}^2 - 4(1-r)r$$
$$(\because \text{②，③より})$$
これを整理して c を求める：

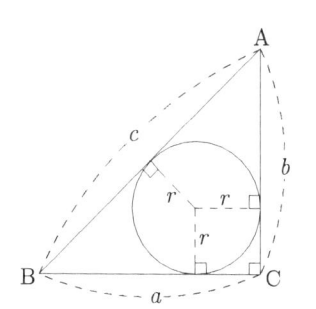

$$c = 1 - 2r \quad \cdots \text{(答)}$$

（2）（1）の結果と①より

$$a + b = 1$$

よって

$$\triangle \text{ABCの面積} = \frac{1}{2}ab$$
$$= \frac{1}{2}a(1-a) \quad (0 < a < 1)$$
$$\leq \frac{1}{2} \times \frac{1}{2} \times \frac{1}{2} = \frac{1}{8}$$

求める最大値は，$a = b = \frac{1}{2}$，$c = \frac{\sqrt{2}}{2}$ なる直角三角形のときで，

$$\frac{1}{8} \quad \cdots \text{(答)}$$

(付)（1）とて"スジ"が悪いと，それ程，すんなりと正解には到らないだろう．（2）では，$\triangle \text{ABCの面積} = \frac{1}{2}ab = (1-r)r \left(0 < r < \frac{1}{2}\right)$ となるが，このままでは面積の最大値は求まらない．（こういう点に京大らしい特色が現れている．）もし，r の2次関数として，どうしても解きたければ，r の存在範囲をもう少し厳密に評価しなくてはならない（少し遠回りになるが）：

$$\begin{cases} a + b = 1 \\ ab = 2(1-r)r \end{cases}$$

であるから，a, b は t の2次方程式

$$t^2 - t + 2(1-r)r = 0$$

の実数解ということになる．この判別式は

$$1 - 8(1-r)r \geq 0$$

となるべきだから，

$$8r^2 - 8r + 1 \geq 0 \quad \left(0 < r < \frac{1}{2}\right)$$
$$\therefore \quad 0 < r \leq \frac{2 - \sqrt{2}}{4}$$

よって求めるべき最大値は

$$\left(1 - \frac{2-\sqrt{2}}{4}\right)\left(\frac{2-\sqrt{2}}{4}\right) = \frac{1}{8}$$

となるわけである．

§2. 三角関数　　　179

問題 21

以下に答えよ．
(1) 半径 R の円に外接する三角形 ABC において，円と辺 BC, CA, AB との接点をそれぞれ D, E, F とし，AF $= l$, BD $= m$, CE $= n$ とする．l, m, n が実数値をとるとき，三角形 ABC の面積の最小値を求め，このときの三角形 ABC の形状を調べよ．
(2) 半径 1 の円に外接する三角形 ABC において，BC $= 2\sqrt{3}$ のとき，角 A の範囲を求めよ． (福井工大(改)♦)

▶ 三角形の内接円問題はよくあるものの (1), (2) 共に易しくはない．
(1) △ABC の内接円問題では，△ABC の面積の表し方は 2 通り ($S = \frac{1}{2} \times$ '半径' $\times$ '△ABCの周の長さ' とヘロンの公式) ある．
(2) 内心を共通の頂点とする 3 つの小三角形に分解するのは常套手段だが，その後をどうするか？

解 (1) △ABC の面積を S で表す．
図 1 を参照して
$$S = \triangle OAB + \triangle OBC + \triangle OCA$$
$$= \frac{1}{2}\{(l+m)+(m+n)+(n+l)\}$$
$$= (l+m+n)R \quad \cdots ①$$
一方，ヘロンの公式により
$$S = \sqrt{s(s-l-m)(s-m-n)(s-n-l)}$$
(ただし $s = l+m+n$ とする)
$$= \sqrt{(l+m+n)lmn} \quad \cdots ②$$
①，②より
$$S = \frac{lmn}{R} \quad \cdots ③$$

図 1

①，③において相加・相乗平均の関係式により
$$S = R(l+m+n) \geqq 3R \cdot \sqrt[3]{lmn} = 3R\sqrt[3]{RS} \iff S \geqq 3\sqrt{3}R^2 \text{ かつ②，③}$$
等号成立は $l = m = n$ のときであり，②と③より

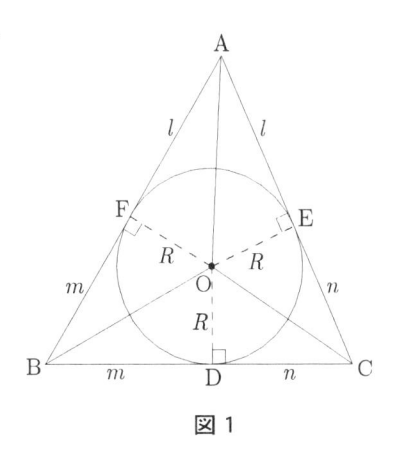

$$l = \sqrt{3}R$$

よって

$$\begin{cases} l = m = n = \sqrt{3}R \text{ のとき } S \text{ の最小値 } 3\sqrt{3}R^2 \\ \text{正三角形} \end{cases}$$

…(答)

(2) 図2のように角 α, β をとると

$$2\sqrt{3} = \tan\alpha + \tan\beta$$

$$\left(0 < \alpha < \frac{\pi}{2}, \ 0 < \beta < \frac{\pi}{2}\right) \quad \cdots ①$$

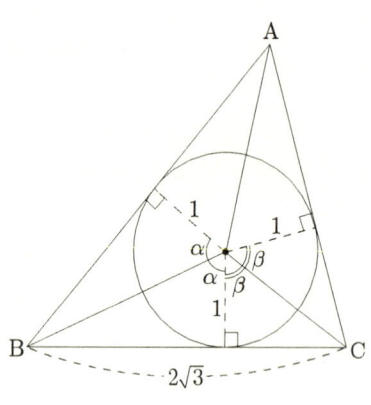

ここで角 A と角 α, β の関係は

$$\pi = A + B + C = A + (\pi - 2\alpha) + (\pi - 2\beta)$$

$$\therefore \quad A = 2(\alpha + \beta) - \pi \quad \cdots ②$$

$0 < A < \pi$ だから $\frac{\pi}{2} < \alpha + \beta < \pi$.

加法定理により

$$\tan(\alpha + \beta) = \frac{\tan\alpha + \tan\beta}{1 - \tan\alpha\tan\beta}$$

(ここで $\tan\alpha\tan\beta \neq 1$ は $\frac{\pi}{2} < \alpha + \beta < \pi$, $0 < \alpha < \frac{\pi}{2}, \ 0 < \beta < \frac{\pi}{2}$ より保証される)

上式に続けて

$$= \frac{2\sqrt{3}}{1 - \tan\alpha(2\sqrt{3} - \tan\alpha)} \quad (\because \ ① \text{より})$$

$$= \frac{2\sqrt{3}}{(\tan\alpha - \sqrt{3})^2 - 2}$$

$\frac{\pi}{2} < \alpha + \beta < \pi$ の下で $\tan(\alpha+\beta) < 0$ であり，よって $(\tan\alpha - \sqrt{3})^2 - 2 < 0$ である．よって $\tan(\alpha+\beta)$ の範囲は

$$\tan(\alpha+\beta) \leq -\sqrt{3} \quad \left(\frac{\pi}{2} < \alpha + \beta < \pi\right)$$

$$\therefore \quad \frac{\pi}{2} < \alpha + \beta \leq \frac{2}{3}\pi \quad (\text{図3参照})$$

②より

$$0 < A \leq \frac{\pi}{3} \quad \cdots (\text{答})$$

図2

図3

(2)の別解 相加・相乗平均の関係を用いてみる．①，②までは上の 解 と同じ．加法定理により

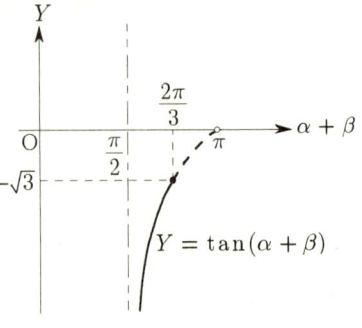

$$\tan(\alpha+\beta) = \frac{2\sqrt{3}}{1-\tan\alpha\tan\beta} \quad \cdots ③$$

$$\left(\frac{\pi}{2} < \alpha+\beta < \pi \text{ より } \tan\alpha\tan\beta \neq 1\right)$$

$0 < \alpha < \frac{\pi}{2}$, $0 < \beta < \frac{\pi}{2}$ は明らかだから $\tan\alpha > 0$, $\tan\beta > 0$ である．よって

$$\frac{\tan\alpha+\tan\beta}{2} \geqq \sqrt{\tan\alpha\cdot\tan\beta}$$

$$\therefore \quad \tan\alpha\cdot\tan\beta \leqq 3 \quad (\because \text{ ①より}) \quad \cdots ④$$

一方，②より $\tan(\alpha+\beta) = -\dfrac{1}{\tan\dfrac{A}{2}}$ だから

③，④より

$$2\sqrt{3}\tan\frac{A}{2} + 1 \leqq 3 \quad \therefore \quad \tan\frac{A}{2} \leqq \frac{1}{\sqrt{3}}$$

そして $0 < \dfrac{A}{2} < \dfrac{\pi}{2}$ だから $0 < \dfrac{A}{2} \leqq \dfrac{\pi}{6}$．

$$\therefore \quad 0 < A \leqq \frac{\pi}{3} \quad \cdots \text{(答)}$$

問題 22

鋭角三角形 ABC の3つの角の大きさを A, B, C で表し，それらの対辺の長さを a, b, c で表す．三角形 ABC の面積を S, 外接円の半径を R, 外接円の中心を O とする．次の問いに答えよ．

(1) $S = \dfrac{abc}{4R}$ を示せ．

(2) 三角形 OAB, 三角形 OBC, 三角形 OCA の面積を求めて，
$$S = \frac{R}{2}(a\cos A + b\cos B + c\cos C)$$
を示せ．

(3) (1), (2)の結果を用いて S と R を a, b, c で表せ．

(山口大 ◇)

▶ 全問，正弦・余弦定理を使うのみ．(3)は計算力を要するだろう．(3)での S は，当然，ヘロンの公式となる．

|解|

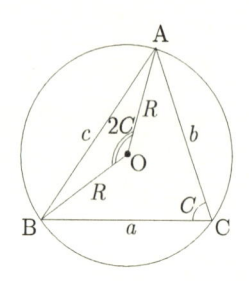

以下ではこの図をもとに解いていく．

（1）正弦定理により
$$\frac{a}{\sin A} = 2R$$
よって
$$S = \frac{1}{2} bc \sin A$$
$$= \frac{abc}{4R} \quad \blacktriangleleft$$

（2）再び正弦定理により
$$\frac{c}{\sin C} = 2R$$
よって（△OAB の面積を単に△OAB と表すことにして）
$$\triangle \mathrm{OAB} = \frac{1}{2} R \cdot R \sin 2C$$
$$= R^2 \sin C \cos C$$
　　　　　　（倍角・半角の公式を用いた）
$$= \frac{cR}{2} \cos C \quad \cdots\text{(答)}$$

以下，同様にして
$$\triangle \mathrm{OBC} = \frac{aR}{2} \cos A \quad \cdots\text{(答)}$$
$$\triangle \mathrm{OCA} = \frac{bR}{2} \cos B \quad \cdots\text{(答)}$$
$$\therefore \quad S = \triangle \mathrm{OAB} + \triangle \mathrm{OBC} + \triangle \mathrm{OCA}$$
$$= \frac{R}{2}(a \cos C + b \cos B + c \cos C) \quad \blacktriangleleft$$

（3） 余弦定理により
$$\cos A = \frac{b^2+c^2-a^2}{2bc}\ (>0),$$
$$\cos B = \frac{c^2+a^2-b^2}{2ca}\ (>0),$$
$$\cos C = \frac{a^2+b^2-c^2}{2ab}\ (>0)$$

これらを(2)の S の表式に代入し,
$$S = \frac{R}{4}\left\{\frac{a(b^2+c^2-a^2)}{bc} + \frac{b(c^2+a^2-b^2)}{ca} + \frac{c(a^2+b^2-c^2)}{ab}\right\}$$
$$= \frac{R}{4abc}\{a^2(b^2+c^2-a^2) + b^2(c^2+a^2-b^2) + c^2(a^2+b^2-c^2)\}$$
$$= -\frac{R}{4abc}\{a^4 - 2(b^2+c^2)\,a^2 + (b^2-c^2)^2\}$$
$$= -\frac{R}{4abc}\{a^4 - 2(b^2+c^2)\,a^2 + (b-c)^2(b+c)^2\}$$
$$= -\frac{R}{4abc}\{a^2-(b-c)^2\}\{a^2-(b+c)^2\}$$
$$= -\frac{R}{4abc}(a-b+c)(a+b-c)(a-b-c)(a+b+c)$$
$$= \frac{R}{4abc}(a+b+c)(b+c-a)(c+a-b)(a+b-c)$$

ところで(1)によると, $S = \frac{abc}{4R}$ であるから, 上式は
$$S = \frac{1}{4}\sqrt{(a+b+c)(b+c-a)(c+a-b)(a+b-c)} \quad \cdots \text{(答)}$$
$$R = \frac{abc}{4S}$$
$$= \frac{abc}{\sqrt{(a+b+c)(b+c-a)(c+a-b)(a+b-c)}} \quad \cdots \text{(答)}$$

(付) 公式導出の問題として, 本問は易しくはない.
特に(3)は, 結構, 難しい. (筆者もやっとで解いた.)

実は, この辺りでトレミーの定理とその応用問題を導入しておきたかったのだが, あとの紙数と**第4部**での脈絡のために, 省くことにした.

問題 23

$A+B+C=\pi$ とする．次の等式が成立することを示せ．
$$\cos A+\cos B-\cos C = 4\cos\frac{A}{2}\cos\frac{B}{2}\sin\frac{C}{2}-1$$

(福井医大)

▶ 左辺の和が，右辺の -1 を別として，積の形に変わっていることから，和と積の変換公式の利用と予想される．次に，右辺には sine の式 $\sin\frac{C}{2}$ が現れていることに留意してみる．これがどのようにして現れるのか見当をつけてみよ．$\cos A+\cos B = 2\cos\frac{A+B}{2}\cos\frac{A-B}{2} = 2\cos\left(\frac{\pi}{2}-\frac{C}{2}\right)\cos\frac{A-B}{2} = 2\sin\frac{C}{2}\cos\frac{A-B}{2}$ によるものと推定される．これだけの予想をつけていよいよスタートである．（途中であまり式を膨ませると，見通しが悪くなるので注意しながら進む．）本問は三角形を扱っているとは限らないが三角形を意識していることは間違いない．

解 和と積の変換公式により
$$\cos A+\cos B-\cos C$$
$$=2\cos\frac{A+B}{2}\cos\frac{A-B}{2}-\cos C$$
$$=2\cos\left(\frac{\pi}{2}-\frac{C}{2}\right)\cos\frac{A-B}{2}-\cos C$$
$$(\because\ A+B+C=\pi\ \text{より})$$
$$=2\sin\frac{C}{2}\cos\frac{A-B}{2}-\cos C$$

ここで倍角・半角の公式により $\cos C = 1-2\sin^2\frac{C}{2}$ だから，
$$\cos A+\cos B-\cos C$$
$$=2\sin\frac{C}{2}\left(\cos\frac{A-B}{2}+\sin\frac{C}{2}\right)-1$$
$$=2\sin\frac{C}{2}\left\{\cos\frac{A-B}{2}+\sin\left(\frac{\pi}{2}-\frac{A+B}{2}\right)\right\}-1$$
$$(\because\ C=\pi-(A+B)\ \text{より})$$
$$=2\sin\frac{C}{2}\left(\cos\frac{A-B}{2}+\cos\frac{A+B}{2}\right)-1$$

$$= 2\sin\frac{C}{2} \cdot 2\cos\left(\frac{\frac{A-B}{2}+\frac{A+B}{2}}{2}\right)\cdot\cos\left(\frac{\frac{A-B}{2}-\frac{A+B}{2}}{2}\right) - 1$$
(∵ 再び和と積の変換公式を用いた)
$$= 4\cos\frac{A}{2}\cos\frac{B}{2}\sin\frac{C}{2} - 1 \quad \blacktriangleleft$$

問題 24

△ABC について
(1) 不等式 $\cos A\cos B \leqq \frac{1}{2}(1-\cos C)$ が成立することを示せ.
(2) 角 A, B, C が変化するとき, $\cos A\cos B\cos C$ の最大値を求めよ.

(東京慈恵医大)

▶ (1) 三角形であるから $C = \pi - (A+B)$ である. これより $\frac{1}{2}(1-\cos C)$ を, 加法定理を用いて, いける所まで変形していく. それから何をすればよいかは見当がつくだろう. (多分に, 右辺－左辺 $\geqq 0$ を示すのであろう.)

(2) (1) での式に $\cos C$ をかけるのだが, 不等式の向きが変わらないようにするには $0 < C \leqq \frac{\pi}{2}$ でなくてはならない. $\cos C\left(0 < C \leqq \frac{\pi}{2}\right)$ をかけたあとは $\frac{1}{2}(1-\cos C)\cos C$ となり, $\cos C$ の 2 次関数の最大値問題になる. 次に $\frac{\pi}{2} < C < \pi$ のときであるが, このときは $\cos C < 0$ となるので, (1) での式にこれをかけてもどうにもならない. どうすればよいか? じっくり考えてみること.

解 $A+B+C = \pi$ であることより
$$\frac{1}{2}(1-\cos C) = \frac{1}{2} - \frac{1}{2}\cos\{\pi-(A+B)\}$$
$$= \frac{1}{2}\{1+\cos(A+B)\}$$
$$= \frac{1}{2}(1+\cos A\cos B - \sin A\sin B)$$
(∵ 加法定理による展開をした)

よって
$$\frac{1}{2}(1-\cos C) - \cos A\cos B$$
$$= \frac{1}{2}(1-\cos A\cos B - \sin A\sin B)$$

$$= \frac{1}{2}\{1-\cos(A-B)\} \geqq 0$$
$$(\because \text{ 加法定理によってまとめた})$$
$$\therefore \quad \cos A \cos B \leqq \frac{1}{2}(1-\cos C) \quad \blacktriangleleft$$

(等号成立は $A=B$ ($\because$ $|A-B|<\pi$ より) のときである)

(2) $0<C\leqq \frac{\pi}{2}$ のとき

$0\leqq \cos C<1$ だから, (1)の式の両辺に $\cos C(\geqq 0)$ をかけて

$$\cos A \cos B \cos C \leqq \frac{1}{2}(1-\cos C)\cos C \leqq \frac{1}{2}\cdot\frac{1}{4}=\frac{1}{8} \quad \text{(図参照)}$$

等号成立は(1)より $A=B$ かつ $C=\pi-(A+B)=\frac{\pi}{3}$ のとき, つまり, $A=B=C$ のときである.

$\frac{\pi}{2}<C<\pi$ のとき

不等式 $\cos A \cos B \cos C \leqq \frac{1}{8}$ において

ては角 A, B は鋭角でも鈍角でもよいので,三角形の内角について $A+B+C=\pi$ と $\cos A\cos B\cos C$ の対称性より C が鈍角でも上述の不等式には影響がない.

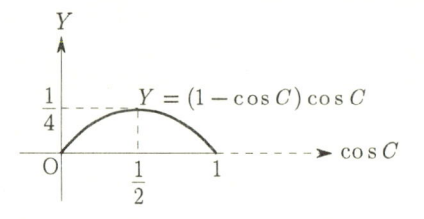

以上から求める最大値は

$$\frac{1}{8} \quad (\triangle \text{ABC は正三角形のとき}) \quad \cdots \text{(答)}$$

　結果論ではあるが, 問題 23 と問題 24 は似た雰囲気であるのに, 公式運用が, 前者が和と積の変換公式, 後者は加法定理が中心である. これらの公式は見かけが異なるだけで, 中身は同等であるので, 結局は加法定理 "on parade" という訳である.

第4部

ベクトルと複素数

　ベクトルと複素数は，主に，幾何的世界の解明の為に威力を発揮する．
　一方では，両者は平面上の点としては，1対1の対応を有し，それ故，どちらもその上で1次変換が定義できるという点で著しい類似点がある．
　しかし，他方では，著しい相違点もある．複素数平面には，単なる平面ベクトルにはない性質が豊富にある．それは複素数の数としての性質そのものから派生する幾何的性質やさらには華麗な解析関数なるものなどが定義できるということである．
　高校程度や入試までは後者の点には，全然，触れない．関心のある人は大学生もしくはそれ以上になってから，勉強されたい．
　いずれにしても，これらの分野は発展性の高いものであるだけに，非常に重宝されるものである．それだけに現段階のベクトルと複素数をは，しっかり学んでおいて頂きたい．

§1. ベクトル

「ベクトルとは何か？」；「それは矢印である．」か？　次のようなことを認識しているならば，矢印と思ってもかまわない：その矢印の方向と終点がどのような平面，空間あるいは座標系で特徴付けられてあるのか？

少し難しいことをいうと，矢線ベクトルというものは1次性（仰々しく線型性ともいう）の視覚的想像物に過ぎないが，とにかく，その世界では内積というものが定義されるので，煩わしい算術計算が少なくて済むという利点がある．これがベクトルの有用性である．

しかし，まあ，あまり公理的なことをいわなければ（これは理知的人間にはよくない教育だが），いまのところは気軽にベクトルを矢印として扱ってもよろしい．

既に平面上でのベクトルは実数倍と和で定義されているものとする．

・基本事項 [1]・

線分の内分・外分

❶ **内分の公式**

$\triangle \mathrm{OAB}$ の辺 AB を $m:n\ (m>0,\ n>0)$ に内分する点を P とすると，
$$\overrightarrow{\mathrm{OP}} = \frac{n\overrightarrow{\mathrm{OA}} + m\overrightarrow{\mathrm{OB}}}{m+n}$$
$$= \alpha\overrightarrow{\mathrm{OA}} + \beta\overrightarrow{\mathrm{OB}} \quad (\alpha + \beta = 1)$$
である．

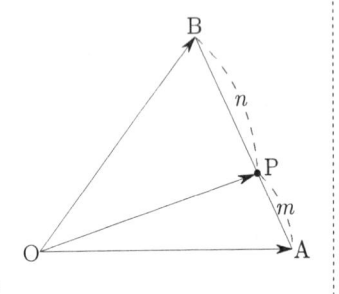

（付記） このように，$\overrightarrow{\mathrm{OA}} \neq \vec{0},\ \overrightarrow{\mathrm{OB}} \neq \vec{0}$ の下で $\overrightarrow{\mathrm{OA}} \not\parallel \overrightarrow{\mathrm{OB}}$ のとき，$\overrightarrow{\mathrm{OA}}$ と $\overrightarrow{\mathrm{OB}}$ は1次独立であるという．そうでないときを1次従属であるという．また，n 個のベクトル $\overrightarrow{\mathrm{OA}_1},\ \overrightarrow{\mathrm{OA}_2},\ \cdots,\ \overrightarrow{\mathrm{OA}_n}$ と n 個の実数 $a_1, a_2, \cdots, a_n$ を用いて作ったベクトル和
$$a_1\overrightarrow{\mathrm{OA}_1} + a_2\overrightarrow{\mathrm{OA}_2} + \cdots + a_n\overrightarrow{\mathrm{OA}_n}$$
をベクトルの1次結合という．

❷ 外分の公式

△OAB の辺 AB を $m:n$ $(m>n>0)$ に外分する点を P とすると，
$$\overrightarrow{OP} = \frac{-n\overrightarrow{OA} + m\overrightarrow{OB}}{m-n}$$
$$= -\alpha\overrightarrow{OA} + \beta\overrightarrow{OB} \quad (\beta - \alpha = 1, \ \alpha \geq 0)$$
である．

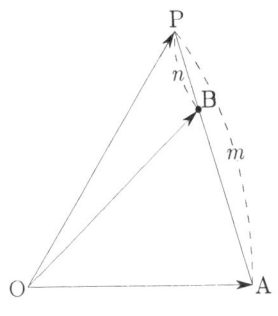

(付記) m, n の中に符号を含めておけば，全て次の形でまとまる：
$$\overrightarrow{OP} = \frac{n\overrightarrow{OA} + m\overrightarrow{OB}}{m+n} \quad (m+n \neq 0)$$

(ア) $m>0, \ n>0$ のとき，点 P は辺 AB を $m:n$ に内分する．

(イ) $mn<0$ のとき，$n<0$ ならば，点 P は辺 AB を $m:|n|$ に外分，

$m<0$ ならば，点 P は辺 BA を $n:|m|$ に外分する．

これらは空間ベクトルを扱う場合でもそのまま拡張されていく．

❸ 三角形の重心の位置

△ABC の重心の位置を G とすると，
$$\overrightarrow{AG} = \frac{1}{3}(\overrightarrow{AB} + \overrightarrow{AC})$$
である．

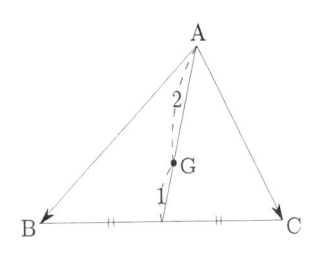

また △ABC と点 O があるとき，O を位置の始点として
$$\overrightarrow{OG} = \frac{1}{3}(\overrightarrow{OA} + \overrightarrow{OB} + \overrightarrow{OC})$$
とも表される．

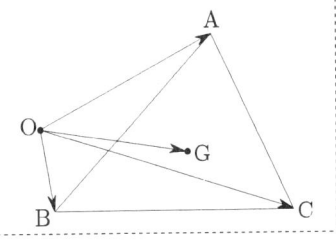

・基本事項 [2] ・

内積，2ベクトルの相関

❶ **内積の公式**

座標平面の原点を O とする．O 以外に 2 点 A, B があって，$\overrightarrow{OA} = \vec{a}$，$\overrightarrow{OB} = \vec{b}$ と表す．

$\vec{a} = \begin{pmatrix} a_1 \\ a_2 \end{pmatrix}$, $\vec{b} = \begin{pmatrix} b_1 \\ b_2 \end{pmatrix}$ のとき，

$$\vec{a} \cdot \vec{b} = a_1 b_1 + a_2 b_2$$
$$= |\vec{a}||\vec{b}|\cos\theta$$

である．ただし，角 θ は $\vec{a}$ と $\vec{b}$ のなす角を表し，$0 \leqq \theta \leqq \pi$ とする．

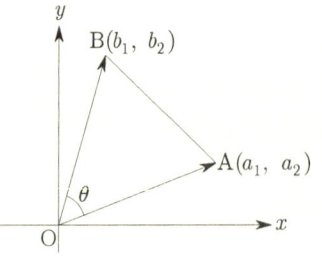

❷ **ベクトルの平行・垂直条件**

$\vec{0}$ でない2つのベクトル $\vec{a}$ と $\vec{b}$ が

(ア) 平行である $\iff \vec{b} = k\vec{a}$ なる実数 $k(\neq 0)$ がある

(イ) 垂直である $\iff \vec{a} \cdot \vec{b} = 0$

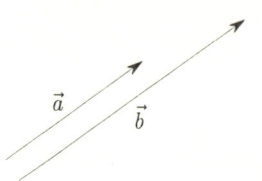

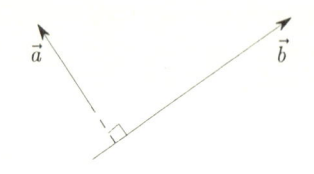

これらは空間ベクトルを扱う場合でもそのまま拡張されていく．

§1. ベクトル

問題1

平面上の3点 A, B, C は一直線上にはないとする．三角形 ABC の内接円 O が辺 BC, CA, AB に接する点をそれぞれ P, Q, R とし，辺 BC, CA, AB の長さをそれぞれ a, b, c とする．このとき次の問に答えよ．

(1) $AR = \dfrac{a+b+c-2a}{2}$ であることを示せ．

(2) $\overrightarrow{BP}$ を $\overrightarrow{AB}$, $\overrightarrow{AC}$ と a, b, c を用いて表せ．

(3) $\overrightarrow{AQ}+\overrightarrow{AR}+\overrightarrow{BP}+\overrightarrow{BR}+\overrightarrow{CP}+\overrightarrow{CQ}=\vec{0}$ ならば三角形 ABC は正三角形であることを示せ． (神戸大 ◊)

▶ (1)は三角形の周の長さを評価するのみ．(2)は(1)を借用して BP を a, b, c で表せば，$\overrightarrow{BP}$ は $\overrightarrow{BC}$ で表せる．(3)は要領のよい計算をしないと式がふくらんでミスをしやすい．出題者が(1)でわざわざ $AR=\dfrac{a+b+c-2a}{2}$ とおいてくれているのは，"$\dfrac{a+b+c}{2}=s$ とでもおけ" と親切な助言を暗示している．実力がありながら，(1)でミスをして芋蔓式の失点で失敗する，ことがないようにと配慮してくれている．(問題はつねにこうであってもらいたいものである．)

解　(1) 三角形の周の長さを評価する：
$$2(AR+BP+CQ)=a+b+c$$
ここで $BP=c-AR$, $CQ=b-AR$ だから上式は
$$2(b+c-AR)=a+b+c$$
$$\therefore\ AR=\dfrac{a+b+c-2a}{2}\ \blacktriangleleft$$

(2) (1)より $BP=s-b$ ($s=\dfrac{a+b+c}{2}$ とした) だから
$$\overrightarrow{BP}=\dfrac{s-b}{a}\overrightarrow{BC}$$
$$=\dfrac{a+c-b}{2a}(\overrightarrow{AC}-\overrightarrow{AB})\quad\cdots\text{(答)}$$

(3) $\overrightarrow{AR}+\overrightarrow{RB}+\overrightarrow{BP}+\overrightarrow{PC}+\overrightarrow{CQ}+\overrightarrow{QA}=\vec{0}$ と与式を辺々相加えると
$$2(\overrightarrow{AR}+\overrightarrow{BP}+\overrightarrow{CQ})=\vec{0}\quad\cdots\text{①}$$

ここで(1),(2)にかんがみると
$$AR = s-a, \quad BP = s-b, \quad CQ = s-c$$
$$\therefore \overrightarrow{AR} = \frac{s-a}{c}\overrightarrow{AB}, \quad \overrightarrow{BP} = \frac{s-b}{a}\overrightarrow{BC}, \quad \overrightarrow{CQ} = \frac{s-c}{b}\overrightarrow{CA}$$
これらを①に代入すると
$$\left(\frac{s-a}{c} - \frac{s-b}{a}\right)\overrightarrow{AB} + \left(\frac{s-b}{a} - \frac{s-c}{b}\right)\overrightarrow{AC} = \vec{0}$$
$\overrightarrow{AB}, \overrightarrow{AC}$ は1次独立だから
$$\frac{s-a}{c} = \frac{s-b}{a}, \quad \frac{s-b}{a} = \frac{s-c}{b}$$
$$\leftrightarrow ab - a^2 = c^2 - bc, \quad a^2 - ac = bc - b^2$$
辺々相加えると
$$a(b-c) = (c-b)(c+b)$$
$b \neq c$ とすると, $a = -(b+c) < 0$ で矛盾が生じるので $b = c$.
$$\therefore a = b = c \text{ (正三角形)} \blacktriangleleft$$

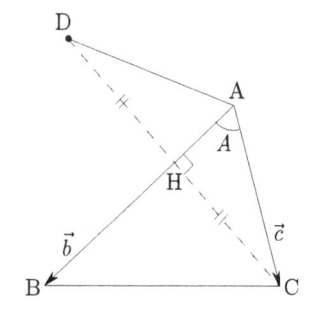

問題2

三角形 ABC において,線分 AB に関して点 C と対称な点を D,線分 AC に関して点 B と対称な点を E とする.2つの線分 DE と BC が平行のとき,三角形 ABC はどのような三角形か.

(埼玉大(改)◇)

▶ 線分 AB, AC に関して対称な点をベクトルで評価していく.とりたてて関所はないもののつまずく人は多いのでは?

解 $\overrightarrow{AB} = \vec{b}, \overrightarrow{AC} = \vec{c}, |\vec{b}| = b, |\vec{c}| = c$ とおく.

まず $\overrightarrow{AD}$ を評価する.図において
$$\vec{b} \cdot \vec{c} = bc \cos A,$$
$$AH = c \cos A = \frac{\vec{b} \cdot \vec{c}}{b}$$
であるから
$$\overrightarrow{AH} = \frac{(\vec{b} \cdot \vec{c})}{b^2}\vec{b} \quad \cdots ①$$
一方,

$$\overrightarrow{\mathrm{AH}} = \frac{\overrightarrow{\mathrm{AC}} + \overrightarrow{\mathrm{AD}}}{2}$$

であるから

$$\overrightarrow{\mathrm{AD}} = 2\overrightarrow{\mathrm{AH}} - \overrightarrow{\mathrm{AC}} = \frac{2(\vec{b}\cdot\vec{c})}{b^2}\vec{b} - \vec{c} \quad (\because \text{ ①より})$$

次に $\overrightarrow{\mathrm{DE}}$ を評価する.

$$\overrightarrow{\mathrm{DE}} = \overrightarrow{\mathrm{AE}} - \overrightarrow{\mathrm{AD}}$$

上と同様の推論過程により

$$\overrightarrow{\mathrm{AE}} = \frac{2(\vec{b}\cdot\vec{c})}{c^2}\vec{c} - \vec{b}$$

であるから

$$\overrightarrow{\mathrm{DE}} = -\left(\frac{2(\vec{b}\cdot\vec{c})}{b^2}+1\right)\vec{b} + \left(\frac{2(\vec{b}\cdot\vec{c})}{c^2}+1\right)\vec{c} \quad \cdots ②$$

さて仮定 $\overrightarrow{\mathrm{DE}} /\!/ \overrightarrow{\mathrm{BC}}$ より

$$\overrightarrow{\mathrm{DE}} = t(\vec{c}-\vec{b})$$

なる実数 t がある. ②より上式は

$$\left(t - \frac{2(\vec{b}\cdot\vec{c})}{b^2} - 1\right)\vec{b} + \left(\frac{2(\vec{b}\cdot\vec{c})}{c^2}+1-t\right)\vec{c} = \vec{0}$$

$\vec{b}$ と $\vec{c}$ は1次独立だから

$$t = \frac{2(\vec{b}\cdot\vec{c})}{b^2}+1 = \frac{2(\vec{b}\cdot\vec{c})}{c^2}+1$$

よって

$$\begin{cases} \triangle \mathrm{ABC} \text{ は } \vec{b}\cdot\vec{c}\neq 0 \text{ のときは } \mathrm{AB}=\mathrm{AC} \text{ なる二等辺三角形}, \\ \vec{b}\cdot\vec{c}=0 \text{ のときは角 } A = \frac{\pi}{2} \text{ の直角三角形}. \end{cases} \quad \cdots \text{(答)}$$

(付) $\overrightarrow{\mathrm{AH}} = \mathrm{AH}\cdot\dfrac{\vec{b}}{b}$ と表せた. $\dfrac{\vec{b}}{b}$ が点 A から B に向かう単位ベクトルであることは大切である.（知っていた？　知っていることと認識できていることは別！）

194　第4部　ベクトルと複素数

問題3

原点 O を中心とする半径 1 の円に内接する正五角形 $A_1A_2A_3A_4A_5$ に対し，$\angle A_1OA_2 = \theta$ とし，$\overrightarrow{OA_1} = \vec{a_1}$，$\overrightarrow{OA_2} = \vec{a_2}$，$\overrightarrow{OA_3} = \vec{a_3}$，$\overrightarrow{OA_4} = \vec{a_4}$，$\overrightarrow{OA_5} = \vec{a_5}$ とする．

（1）$\vec{a_3}$ を $\vec{a_1}$, $\vec{a_2}$, θ を用いて表せ．
（2）$\vec{a_1} + \vec{a_2} + \vec{a_3} + \vec{a_4} + \vec{a_5} = \vec{0}$ を表せ．
（3）$1 + 2\vec{a_1} \cdot \vec{a_2} + 2\vec{a_1} \cdot \vec{a_3} = 0$ を示し，$\cos\theta$ の値を求めよ．（ただし，$\vec{a} \cdot \vec{b}$ は $\vec{a}$ と $\vec{b}$ の内積を表す．）

（広島大 ◇）

▶ 本問は座標系のとり方によらない．正五角形の頂点を特定の座標に当てがって解いてもよいが，ここでは前者の路線で解く．（1）は $\vec{a_3} = \alpha\vec{a_1} + \beta\vec{a_2}$ として α, β を決める．（2）は（1）を他のベクトルにも適用することでいけそう．

解　（1）$\vec{a_3} = \alpha\vec{a_1} + \beta\vec{a_2}$（$\alpha, \beta$ は 0 でない数）と表す．
$|\vec{a_1}|^2 = |\vec{a_2}|^2 = 1$ というから
$$\vec{a_3} \cdot \vec{a_1} = \alpha + \beta\vec{a_2} \cdot \vec{a_1}$$
ここで $\vec{a_3} \cdot \vec{a_1} = \cos 2\theta$, $\vec{a_2} \cdot \vec{a_1} = \cos\theta$ であるから，
$$\alpha + \beta\cos\theta = \cos 2\theta \quad \cdots ①$$
また
$$\vec{a_3} \cdot \vec{a_2} = \alpha\vec{a_1} \cdot \vec{a_2} + \beta$$
ここで $\vec{a_3} \cdot \vec{a_2} = \cos\theta$, $\vec{a_1} \cdot \vec{a_2} = \cos\theta$ であるから
$$\alpha\cos\theta + \beta = \cos\theta \quad \cdots ②$$
① $-$ ② $\times \cos\theta$ より
$$\alpha - \alpha\cos^2\theta = \cos 2\theta - \cos^2\theta$$
$$\iff \alpha\sin^2\theta = -\sin^2\theta$$
（倍角・半角の公式を用いた）

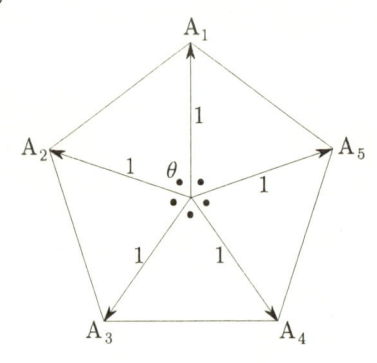

（点 O は省略）

$\sin\theta \neq 0$ であるから
$$\alpha = -1$$
よって②より
$$\beta = 2\cos\theta$$
$$\therefore \quad \vec{a_3} = -\vec{a_1} + (2\cos\theta)\vec{a_2} \quad \cdots \text{(答)}$$

（2）（1）と同様にして
$$\vec{a_4} = -\vec{a_2} + (2\cos\theta)\vec{a_3},$$
$$\vec{a_5} = -\vec{a_3} + (2\cos\theta)\vec{a_4},$$
$$\vec{a_1} = -\vec{a_4} + (2\cos\theta)\vec{a_5},$$
$$\vec{a_2} = -\vec{a_5} + (2\cos\theta)\vec{a_1}$$

（1）の結果と上4式を辺々相加えることにより
$$\vec{a_1} + \vec{a_2} + \vec{a_3} + \vec{a_4} + \vec{a_5}$$
$$= -(\vec{a_1} + \vec{a_2} + \vec{a_3} + \vec{a_4} + \vec{a_5})$$
$$\quad + (2\cos\theta)(\vec{a_1} + \vec{a_2} + \vec{a_3} + \vec{a_4} + \vec{a_5})$$
$$\iff 2(1-\cos\theta)(\vec{a_1} + \vec{a_2} + \vec{a_3} + \vec{a_4} + \vec{a_5}) = \vec{0}$$

$1-\cos\theta \neq 0$ であるから
$$\vec{a_1} + \vec{a_2} + \vec{a_3} + \vec{a_4} + \vec{a_5} = \vec{0} \quad \blacktriangleleft$$

（3）（2）での式の両辺に $\vec{a_1}$ を内積することにより
$$1 + \vec{a_1}\cdot\vec{a_2} + \vec{a_1}\cdot\vec{a_3} + \vec{a_1}\cdot\vec{a_4} + \vec{a_1}\cdot\vec{a_5} = 0$$
ここで $\vec{a_1}\cdot\vec{a_4} = \vec{a_1}\cdot\vec{a_3}$, $\vec{a_1}\cdot\vec{a_5} = \vec{a_1}\cdot\vec{a_2}$ であるから，
$$1 + 2\vec{a_1}\cdot\vec{a_2} + 2\vec{a_1}\cdot\vec{a_3} = 0 \quad \blacktriangleleft$$
いま上式は
$$1 + 2\cos\theta + 2\cos 2\theta = 0$$
を与える．すなわち
$$4\cos^2\theta + 2\cos\theta - 1 = 0 \quad (\theta = 72°)$$
$$\therefore \quad \cos\theta = \frac{-1+\sqrt{5}}{4} \ (>0) \quad \cdots \text{(答)}$$

（付） 結果はよく知られたものばかりであるが，この流れに沿うた解答をすることは易しくはなかったであろう．なかなかおもしろい問題呈示の仕方である．（この大学は時間内でも無理のない良問を出題してくれる．）

問題 4

xy 平面上の原点 O を中心とする単位円上に異なる 3 点 A, B, C があり，△ABC の重心を G とする．A から直線 BC へ引いた垂線と B から直線 CA へ引いた垂線との交点を H とする．

(1) $(\overrightarrow{OH} - 3\overrightarrow{OG})\cdot\overrightarrow{BC} = 0$, $(\overrightarrow{OH} - 3\overrightarrow{OG})\cdot\overrightarrow{CA} = 0$ を示せ．
(2) $\overrightarrow{OH} = 3\overrightarrow{OG}$ であることを示せ．

(札幌医大♦)

▶ 本問の場合，xy 座標軸をとってもあまり意味がない．(1)は直交する 2 ベクトルは，'内積＝0' を駆使して解ける．(2) は，(1) がヒントになっているが，….

解 (1) まず，点 G は△ABC の重心であるから，
$$3\overrightarrow{OG} = \overrightarrow{OA} + \overrightarrow{OB} + \overrightarrow{OC} \quad \cdots ①$$

△ABC が鋭角三角形のとき，点 A から辺 BC に，点 B から辺 CA に下ろした垂線の足をそれぞれ K, L とし，点 H は AK を $\alpha:1-\alpha$ $(0<\alpha<1)$，LB を $\beta:1-\beta$ $(0<\beta<1)$ に内分するものとする．このとき
$$\overrightarrow{OH} = (1-\alpha)\overrightarrow{OA} + \alpha\overrightarrow{OK}$$
$$= \beta\overrightarrow{OB} + (1-\beta)\overrightarrow{OL}$$

$\overrightarrow{OK} = \overrightarrow{OA} + \overrightarrow{AK}$, $\overrightarrow{OL} = \overrightarrow{OB} + \overrightarrow{BL}$ であるから，上式は
$$\overrightarrow{OH} = \overrightarrow{OA} + \alpha\overrightarrow{AK} \quad \cdots ②$$
$$= \overrightarrow{OB} + (1-\beta)\overrightarrow{BL} \quad \cdots ③$$

①，②そして $\overrightarrow{AK} \perp \overrightarrow{BC}$ であることより
$$(\overrightarrow{OH} - 3\overrightarrow{OG})\cdot\overrightarrow{BC}$$
$$= -(\overrightarrow{OB} + \overrightarrow{OC})\cdot\overrightarrow{BC} \quad (\because \overrightarrow{AK} \perp \overrightarrow{BC} \text{ を用いた})$$
$$= (\overrightarrow{OB} + \overrightarrow{OC})\cdot(\overrightarrow{OB} - \overrightarrow{OC})$$
$$= |\overrightarrow{OB}|^2 - |\overrightarrow{OC}|^2$$

$$= 0$$
$$(\because \quad 点 B, C は単位円周上にある)$$
同様に①，③そして $\overrightarrow{BL} \perp \overrightarrow{CA}$ であることより
$$(\overrightarrow{OH} - 3\overrightarrow{OG}) \cdot \overrightarrow{CA} = 0$$

次に $\triangle ABC$ が鈍角三角形（$\angle C \geqq 90°$ として議論することにする：ここに $\angle C = 90°$ の直角三角形も含めておいてよい；$\angle A \geqq 90°$ または $\angle B \geqq 90°$ としても同様の計算で済む）のとき点 A から直線 BC に，点 B から直線 CA に下ろした垂線の足をそれぞれ L, K とし，点 H は AL を $\alpha : \alpha - 1$ ($\alpha \geqq 1$)，BK を $\beta : \beta - 1$ ($\beta \geqq 1$) に外分するものとする．このとき
$$\overrightarrow{OH} = (1-\alpha)\overrightarrow{OA} + \alpha\overrightarrow{OL}$$
$$= (1-\beta)\overrightarrow{OB} + \beta\overrightarrow{OK}$$
$\overrightarrow{OL} = \overrightarrow{OA} + \overrightarrow{AL}, \ \overrightarrow{OK} = \overrightarrow{OB} + \overrightarrow{BK}$ であるから，上式は
$$\overrightarrow{OH} = \overrightarrow{OA} + \alpha\overrightarrow{AL}$$
$$= \overrightarrow{OB} + \beta\overrightarrow{BK}$$
$\overrightarrow{AL} \perp \overrightarrow{BC}, \ \overrightarrow{BK} \perp \overrightarrow{CA}$ であるから前半と同様の計算で同形式の結論を得る．◀

（2）問題の仮定より $\overrightarrow{BC}$ と $\overrightarrow{CA}$ は 1 次独立であるから，それら 2 つと直交するベクトルは，同一平面上では $\vec{0}$ しかない．
$$\therefore \quad \overrightarrow{OH} - 3\overrightarrow{OG} = \vec{0}$$
$$\therefore \quad \overrightarrow{OH} = 3\overrightarrow{OG} \quad ◀$$

（注）（1）では $\triangle ABC$ が鋭角三角形，鈍角三角形で場合分けされることに気付かないと半分も失点になる．（2）も易しくはなかったのでは？（苦し紛れの怪答をしないように.）

（付）'三角形の重心は外心と垂心を結ぶ線分を 1 : 2 に内分する' ということは，知る人ぞ知る．

次は空間ベクトルの内容に移る．

・基本事項 [3]・

空間ベクトル

4点共面条件

　四面体の頂点を O，底面を三角形 ABC とする．点 P が △ABC 内（辺 AB, BC, CA も含まれる）にある条件は
$$\overrightarrow{OP} = \alpha\overrightarrow{OA} + \beta\overrightarrow{OB} + \gamma\overrightarrow{OC},$$
$$\alpha + \beta + \gamma = 1 \ (\alpha \geqq 0, \ \beta \geqq 0, \ \gamma \geqq 0)$$
と表されることである．

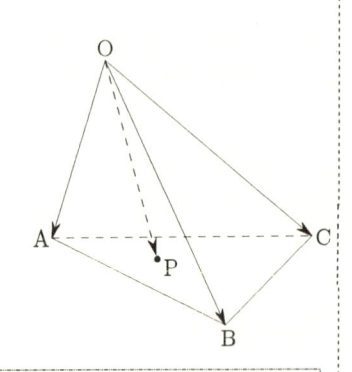

∵）図のように点 C から P を通る直線が辺 AB と交わる点を Q とする．
$CP:CQ = x:1-x \ (0 \leqq x \leqq 1)$ とすると，
$$\overrightarrow{OP} = x\overrightarrow{OQ} + (1-x)\overrightarrow{OC}$$
さらに $AQ:QB = y:1-y \ (0 \leqq y \leqq 1)$ とすると，
$$\overrightarrow{OQ} = y\overrightarrow{OB} + (1-y)\overrightarrow{OA}$$
これを $\overrightarrow{OP}$ の式に代入して
$$\overrightarrow{OP} = x(1-y)\overrightarrow{OA} + xy\overrightarrow{OB} + (1-x)\overrightarrow{OC},$$
$x(1-y) = \alpha, \ xy = \beta, \ 1-x = \gamma$ とおくと，
$$\alpha + \beta + \gamma = 1 \quad \text{q.e.d.}$$

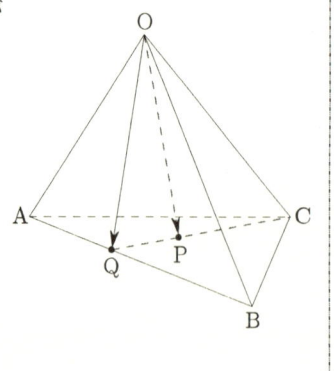

四面体問題は出題率が高いので，以下に，少し多目に演習しておく．

問題 5

四面体 OABC の辺 OA 上に点 P, 辺 AB 上に点 Q, 辺 BC 上に点 R, 辺 CO 上に点 S をとる. これらの 4 点をこの順序で結んで得られる図形が平行四辺形となるとき, この平行四辺形 PQRS の 2 つの対角線の交点は 2 つの線分 AC と OB のそれぞれの中点を結ぶ線分上にあることを示せ. (京都大 ◇)

▶ 本問のように四面体の 4 辺を切る平面が平行四辺形になる条件はベクトル初等幾何でよく知られている. その平面を挟んだ 2 つの (四面体の) 対辺上の 2 点を結んだ線分を動かしてみれば, その平行四辺形の対角線の中点を通るようにできるのはごく当たりまえのことである. まず $\overrightarrow{OA}$, $\overrightarrow{OB}$, $\overrightarrow{OC}$ で平行四辺形の形成条件を表し, $\overrightarrow{OA}$, $\overrightarrow{OB}$, $\overrightarrow{OC}$ の 1 次独立性を用いる. あとはよく知られた共線条件で片付く.

解 $\overrightarrow{OA} = \vec{a}$, $\overrightarrow{OB} = \vec{b}$, $\overrightarrow{OC} = \vec{c}$ で表す. 辺 OB, AC の中点をそれぞれ M, N とし, 対角線 PR と QS の交点を T とする. また各辺の内分比を図のようにとる (記号 α, β, s, t で表してある).

PQRS が平行四辺形であることより

$\overrightarrow{PR} = \overrightarrow{PS} + \overrightarrow{PQ}$
$\Longleftrightarrow \overrightarrow{OR} + \overrightarrow{OP} - \overrightarrow{OS} - \overrightarrow{OQ} = \vec{0}$
$\Longleftrightarrow \{\alpha - (1-t)\}\vec{a}$
    $+ \{(1-\beta) - t\}\vec{b}$
    $+ \{\beta - (1-s)\}\vec{c} = \vec{0}$

$\vec{a}$, $\vec{b}$, $\vec{c}$ は 1 次独立だから

$\alpha = 1 - t$, $\beta = 1 - t$,
$\quad\quad\quad \beta = 1 - s (= 1 - t)$

$\therefore \ \overrightarrow{PT} = \dfrac{1}{2}\overrightarrow{PR} = \dfrac{1}{2}(\overrightarrow{OR} + \overrightarrow{PO})$
$\quad\quad\quad = \dfrac{1}{2}\{-(1-t)\vec{a} + t\vec{b} + (1-t)\vec{c}\}$

ここで

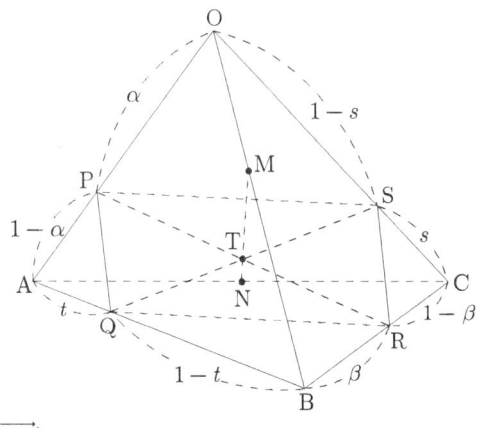

$$\overrightarrow{PM} = \frac{1}{2}(\overrightarrow{PB} + \overrightarrow{PO}) = -(1-t)\vec{a} + \frac{1}{2}\vec{b}$$

であるから

$$\overrightarrow{MT} = \overrightarrow{PT} - \overrightarrow{PM} = \frac{1-t}{2}(\vec{a} - \vec{b} + \vec{c})$$

一方

$$\overrightarrow{MN} = \overrightarrow{ON} - \overrightarrow{OM} = \frac{1}{2}(\vec{a} - \vec{b} + \vec{c})$$

$$\therefore \quad \overrightarrow{MT} = (1-t)\overrightarrow{MN} \quad \blacktriangleleft$$

問題 6

四面体 OABC の辺 OA, OB 上にそれぞれ点 D, E をとる. ただし, 点 D は点 A, O とは異なり, AE と BD の交点 F は線分 AE, BD をそれぞれ 2:1, 3:1 に内分している. また辺 BC を $t:1$ ($t>0$) に内分する点 P をとり, CE と OP の交点を Q とする. このとき次の問に答えよ.
(1) $\overrightarrow{OF}$ を $\overrightarrow{OA}$ と $\overrightarrow{OB}$ を用いて表せ.
(2) $\overrightarrow{OQ}$ を $\overrightarrow{OB}$, $\overrightarrow{OC}$ および t を用いて表せ.
(3) 直線 FQ と平面 ABC が平行になるような t の値を求めよ.

(東京医歯大 ◇)

▶ (1), (2) は力で押しきる. (3) 平面 ABC の法線ベクトルと $\overrightarrow{FQ}$ が直交するとみる.

解 右の図に基づいて解く.

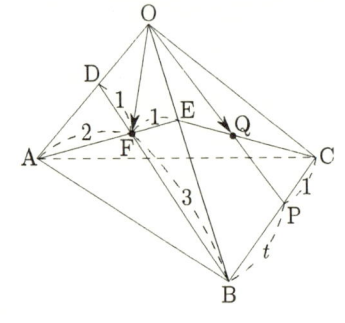

(1) $\overrightarrow{OF} = \frac{1}{3}(\overrightarrow{OA} + 2\overrightarrow{OE})$
$= \frac{1}{4}(3\overrightarrow{OD} + \overrightarrow{OB})$

$\overrightarrow{OD} = \alpha\overrightarrow{OA}$ $(0<\alpha<1)$, $\overrightarrow{OE} = \beta\overrightarrow{OB}$
$(0<\beta<1)$ と表せるから, これらを上式に代入して

$$\frac{1}{3}(\overrightarrow{OA} + 2\beta\overrightarrow{OB}) = \frac{1}{4}(3\alpha\overrightarrow{OA} + \overrightarrow{OB})$$

$\overrightarrow{OA}$, $\overrightarrow{OB}$ は $\vec{0}$ でなく, しかも $\overrightarrow{OA} \not\parallel \overrightarrow{OB}$ であるから

$$\frac{1}{3} = \frac{3}{4}\alpha, \quad \frac{2}{3}\beta = \frac{1}{4}$$

$$\therefore \quad \alpha = \frac{4}{9}, \quad \beta = \frac{3}{8}$$

§1. ベクトル

$$\therefore \quad \overrightarrow{OF} = \frac{1}{3}\overrightarrow{OA} + \frac{1}{3} \times 2 \times \frac{3}{8}\overrightarrow{OB}$$
$$= \frac{1}{3}\overrightarrow{OA} + \frac{1}{4}\overrightarrow{OB} \quad \cdots \text{(答)}$$

(2) $$\overrightarrow{OQ} = \frac{u}{1+t}(\overrightarrow{OB} + t\overrightarrow{OC}) \ (0 < u < 1) \quad \cdots ①$$

一方，(1)の過程により
$$\overrightarrow{OE} = \frac{3}{8}\overrightarrow{OB} \quad \cdots ②$$

そこで $EQ : QC = s : 1-s \ (0 < s < 1)$ とすると，
$$\overrightarrow{OQ} = s\overrightarrow{OC} + (1-s)\overrightarrow{OE}$$
$$= s\overrightarrow{OC} + \frac{3}{8}(1-s)\overrightarrow{OB} \quad \cdots ③$$

①，③ より
$$\frac{u}{1-t}\overrightarrow{OB} + \frac{ut}{1+t}\overrightarrow{OC}$$
$$= \frac{3}{8}(1-s)\overrightarrow{OB} + s\overrightarrow{OC}$$

$\overrightarrow{OB}, \overrightarrow{OC}$ は $\vec{0}$ でなく，しかも $\overrightarrow{OB} \not\parallel \overrightarrow{OC}$ より
$$\frac{u}{1+t} = \frac{3}{8}(1-s), \quad \frac{ut}{1+t} = s$$

これらより s を消去して
$$u = \frac{3(t+1)}{3t+8}$$
$$\therefore \quad \overrightarrow{OQ} = \frac{3}{3t+8}(\overrightarrow{OB} + t\overrightarrow{OC}) \cdots \text{(答)}$$

(3) まず $\overrightarrow{FQ}$ を $\overrightarrow{OA}, \overrightarrow{OB}, \overrightarrow{OC}$ および t で表す．
$$\overrightarrow{FQ} = \overrightarrow{OQ} - \overrightarrow{OF}$$
$$= \frac{3}{3t+8}\overrightarrow{OB} + \frac{3t}{3t+8}\overrightarrow{OC} - \frac{1}{3}\overrightarrow{OA} - \frac{1}{4}\overrightarrow{OB}$$
$$= -\frac{1}{3}\overrightarrow{OA} + \left(\frac{3}{3t+8} - \frac{1}{4}\right)\overrightarrow{OB} + \frac{3t}{3t+8}\overrightarrow{OC} \quad \cdots ④$$

さて $\overrightarrow{FQ}$ が $\triangle ABC$ に平行ということは，$\overrightarrow{FQ}$ は $\overrightarrow{AB}, \overrightarrow{AC}$ との直交ベクトル（$\vec{N}$ と表すことにする）と直交することに他ならない．

$$\vec{N} \cdot \overrightarrow{AB} = 0 \quad \therefore \quad \vec{N} \cdot \overrightarrow{OB} = \vec{N} \cdot \overrightarrow{OA}$$
$$\vec{N} \cdot \overrightarrow{AC} = 0 \quad \therefore \quad \vec{N} \cdot \overrightarrow{OC} = \vec{N} \cdot \overrightarrow{OA}$$

であるから，④の $\overrightarrow{FQ}$ に対して

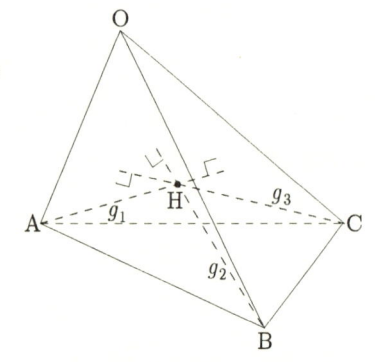

$$\vec{N} \cdot \vec{FQ} = 0$$
$$= -\frac{1}{3}\vec{N}\cdot\vec{OA} + \left(\frac{3}{3t+8} - \frac{1}{4}\right)\vec{N}\cdot\vec{OA} + \frac{3t}{3t+8}\vec{N}\cdot\vec{OA}$$

$\vec{N}\cdot\vec{OA} \neq 0$ であるから，上式は

$$\frac{3(t+1)}{3t+8} = \frac{7}{12}$$

これを解いて

$$t = \frac{4}{3} \quad \cdots \text{(答)}$$

問題 7

四面体 OABC において頂点 A, B, C より平面 OBC, OCA, OAB に下した垂線をそれぞれ g_1, g_2, g_3 とするとき，以下の設問にベクトルを用いて答えよ．

(1) g_1, g_2, g_3 が一点 H で交われば，OH も ABC に垂直となり，かつ OA⊥BC, OB⊥CA, OC⊥AB となることを示せ．

(2) (1)において H が，四面体 OABC の重心であれば，四面体 OABC は正四面体であることを示せ． (佐賀大)

▶ 四面体の対辺のベクトル直交問題はベクトル初等幾何の問題ではよく出題される．また重心に関する問題も，時々，出題される．本問でそれらの要所をおさえて頂きたい．

解 前提より
$\vec{g_1} \perp \vec{OB}, \vec{OC}$ かつ $\vec{g_2} \perp \vec{OC}, \vec{OA}$ かつ
$\vec{g_3} \perp \vec{OA}, \vec{OB}$ ……(∗)

(1) g_1, g_2, g_3 の交点が H ということより $\vec{AH} /\!/ \vec{g_1}$ であるから (∗) より
$$\vec{AH} \perp \vec{OB}, \vec{OC}$$
$\vec{BH} /\!/ \vec{g_2}$ であるから (∗) より
$$\vec{BH} \perp \vec{OC}, \vec{OA}$$
$\vec{CH} /\!/ \vec{g_3}$ であるから (∗) より

$$\overrightarrow{CH} \perp \overrightarrow{OA}, \overrightarrow{OB}$$

よって,

$$(\overrightarrow{OH} - \overrightarrow{OA}) \cdot \overrightarrow{OB} = 0 \quad \cdots ①$$
$$(\overrightarrow{OH} - \overrightarrow{OA}) \cdot \overrightarrow{OC} = 0 \quad \cdots ②$$
$$(\overrightarrow{OH} - \overrightarrow{OB}) \cdot \overrightarrow{OC} = 0 \quad \cdots ③$$
$$(\overrightarrow{OH} - \overrightarrow{OB}) \cdot \overrightarrow{OA} = 0 \quad \cdots ④$$
$$(\overrightarrow{OH} - \overrightarrow{OC}) \cdot \overrightarrow{OA} = 0 \quad \cdots ⑤$$
$$(\overrightarrow{OH} - \overrightarrow{OC}) \cdot \overrightarrow{OB} = 0 \quad \cdots ⑥$$

まず $OH \perp \triangle ABC$ を示す:

$$\overrightarrow{OH} \cdot \overrightarrow{AB} = \overrightarrow{OH} \cdot (\overrightarrow{OB} - \overrightarrow{OA}) = 0 \quad (\because ①, ④ より)$$
$$\overrightarrow{OH} \cdot \overrightarrow{AC} = \overrightarrow{OH} \cdot (\overrightarrow{OC} - \overrightarrow{OA}) = 0 \quad (\because ②, ⑤ より)$$
$$\therefore \quad OH \perp \triangle ABC$$

次に $OA \perp BC$ を示す:

$$\overrightarrow{OA} \cdot \overrightarrow{BC} = \overrightarrow{OA} \cdot (\overrightarrow{OC} - \overrightarrow{OB}) = 0 \quad (\because ④, ⑤ より)$$
$$\therefore \quad OA \perp BC$$

以下 $OB \perp CA$, $OC \perp AB$ も同様である. ◀

(2) 仮定より $\overrightarrow{OH} = \dfrac{1}{4}(\overrightarrow{OA} + \overrightarrow{OB} + \overrightarrow{OC})$.

$\triangle OAB \equiv \triangle OBC \equiv \triangle OCA$ でどれも正三角形であることを示せばよい:(1)での $OH \perp \triangle ABC$ の下で

$$\overrightarrow{OH} \cdot \overrightarrow{AB} = 0 \leftrightarrow (\overrightarrow{OA} + \overrightarrow{OB} + \overrightarrow{OC}) \cdot (\overrightarrow{OB} - \overrightarrow{OA}) = 0$$

そこで②, ③より

$$|\overrightarrow{OA}| = |\overrightarrow{OB}|$$

同様にして $\overrightarrow{OH} \cdot \overrightarrow{AC} = 0$ より $|\overrightarrow{OA}| = |\overrightarrow{OC}|$ (, $\overrightarrow{OH} \cdot \overrightarrow{BC} = 0$ より $|\overrightarrow{OB}| = |\overrightarrow{OC}|$) が示されるから

$$OA = OB = OC \quad \cdots ⑦$$

さらに①より

$$|\overrightarrow{OB}|^2 + \overrightarrow{OB} \cdot \overrightarrow{OC} - 3\overrightarrow{OA} \cdot \overrightarrow{OB} = 0$$

このことと⑥より

$$\overrightarrow{OA} \cdot \overrightarrow{OB} = \overrightarrow{OB} \cdot \overrightarrow{OC} = \dfrac{1}{2}|\overrightarrow{OB}|^2 \quad \cdots ⑧$$

一方, ②より

$$|\overrightarrow{OC}|^2 + \overrightarrow{OB}\cdot\overrightarrow{OC} - 3\overrightarrow{OC}\cdot\overrightarrow{OA} = 0$$

このことと③より
$$\overrightarrow{OB}\cdot\overrightarrow{OC} = \overrightarrow{OC}\cdot\overrightarrow{OA} = \frac{1}{2}|\overrightarrow{OC}|^2 \quad \cdots ⑨$$

⑦, ⑧, ⑨より $\angle AOB = \angle BOC = \angle COA = \frac{\pi}{3}$ であり, $\triangle OAB \equiv \triangle OBC \equiv \triangle OCA$ はどれも正三角形である. よって四面体 OABC は正四面体である. ◀

(付) 重心（ここでは三角形か四面体のもの）は，本当は，物理的に定義されるものである．

数学では，完全に，幾何的に定義される．四面体の場合，それを構成する三角形2つに着眼して，その2つの重心の位置を評価すれば，四面体の重心はすぐ求まる．（ただ，これは教科書の範囲を逸脱しているのでは？）

問題8

四面体 OABC において, $OA = OB = 2$, $OC = 1$, $\angle AOB = \angle BOC = \angle COA = \frac{\pi}{3}$ とする. 辺 OA 上の点 P を $\overrightarrow{OP} = x\overrightarrow{OA}$ となるようにとり, 三角形 OBC の内部に点 Q を内積 $\overrightarrow{PQ}\cdot\overrightarrow{OB}$ と $\overrightarrow{PQ}\cdot\overrightarrow{OC}$ がともに 0 となるようにとる.

(1) $\overrightarrow{OQ}$ を x, $\overrightarrow{OB}$, $\overrightarrow{OC}$ を用いて表せ.

(2) x が $0 < x < 1$ の範囲を動くとき，四面体 BCPQ の体積の最大値と，その最大値を与える x の値を求めよ． (福島医大 ◇)

▶ 本問はありきたりの四面体問題ではない．(2)では明らかに出題者の創意が見られ，点差は歴然とつく．(1)は内積計算で済む．(2)は四面体 BCPQ の底面 $\triangle$BCQ と高さ PQ を x で表す．その為に(1)の結果や与えられた数値からくる図形の特殊性に着眼するのである．

解 $\overrightarrow{OP} = x\overrightarrow{OA}$ $(0 < x < 1)$
$\overrightarrow{PQ}\cdot\overrightarrow{OB} = \overrightarrow{PQ}\cdot\overrightarrow{OC} = 0$ より PQ⊥$\triangle$OBC である.

(1) $\overrightarrow{PQ}\cdot\overrightarrow{OB} = \overrightarrow{PQ}\cdot\overrightarrow{OC} = 0$ より

§1. ベクトル

$$\begin{cases} \overrightarrow{OQ}\cdot\overrightarrow{OB} - \overrightarrow{OP}\cdot\overrightarrow{OB} = 0 \\ \overrightarrow{OQ}\cdot\overrightarrow{OC} - \overrightarrow{OP}\cdot\overrightarrow{OC} = 0 \end{cases}$$

そこで $\overrightarrow{OQ} = \alpha\overrightarrow{OB} + \beta\overrightarrow{OC}$ ($\alpha > 0,\ \beta > 0,\ 0 < \alpha + \beta < 1$) とおくと
($\overrightarrow{OP} = x\overrightarrow{OA}$ より)

$$\begin{cases} \alpha|\overrightarrow{OB}|^2 + \beta\overrightarrow{OB}\cdot\overrightarrow{OC} - x\overrightarrow{OA}\cdot\overrightarrow{OB} = 0 \\ \alpha\overrightarrow{OB}\cdot\overrightarrow{OC} + \beta|\overrightarrow{OC}|^2 - x\overrightarrow{OA}\cdot\overrightarrow{OC} = 0 \end{cases}$$

$OA = OB = 2$, $OC = 1$, $\angle AOB = \angle BOC = \angle COA = \frac{\pi}{3}$ より上式は

$$\begin{cases} 4\alpha + \beta - 2x = 0 \\ \alpha + \beta - x = 0 \end{cases}$$

$$\therefore\quad \alpha = \frac{x}{3},\ \beta = \frac{2}{3}x$$

$$\therefore\quad \overrightarrow{OQ} = \frac{x}{3}\overrightarrow{OB} + \frac{2}{3}x\overrightarrow{OC} \quad\cdots\text{(答)}$$

（2）　線分 OQ の延長線と辺 BC の交点を R とすると（図参照），(1) の結果より

$$\overrightarrow{OR} = \frac{1}{3}\overrightarrow{OB} + \frac{2}{3}\overrightarrow{OC} \quad \therefore\ |\overrightarrow{OR}| = \frac{2}{\sqrt{3}}$$

そこで△QBC の面積と線分 PQ の長さを x で表す：(1) の結果より $|\overrightarrow{OQ}| = \frac{2}{\sqrt{3}}x$ だから

$$OR : QR = 1 : 1-x$$

$$\therefore\quad \triangle QBC = (1-x)\triangle OBC$$

$$= (1-x)\cdot\frac{1}{2}\cdot\sqrt{3}\cdot 1$$

（△OBC は $\angle BCO = \frac{\pi}{2}$ の直角三角形であることを用いた）

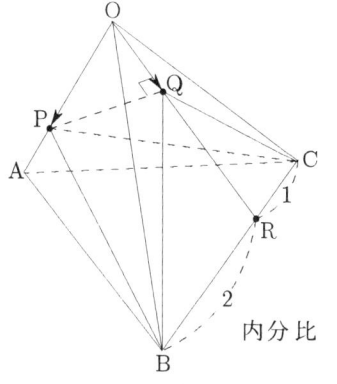

一方

$$PQ = \sqrt{OP^2 - OQ^2} = \sqrt{(2x)^2 - \left(\frac{2}{\sqrt{3}}x\right)^2}$$

$$= \frac{2\sqrt{6}}{3}x$$

よって四面体 BCPQ の体積 V は

$$V = \frac{1}{3}\times\triangle QBC\times PQ = \frac{\sqrt{2}}{3}(1-x)x \quad (0 < x < 1)$$

$$\therefore\quad x = \frac{1}{2} \text{ のとき } V \text{ の最大値は } \frac{\sqrt{2}}{12} \quad\cdots\text{(答)}$$

これから動点の軌跡と領域の問題を扱う．平面上で，点 A, B を定点としたとき，
$$\overrightarrow{OP} = s\overrightarrow{OA} + t\overrightarrow{OB}$$
で表される点 P は実数 s, t によってある軌跡や領域を描く．さらに，平面上で
$$|\overrightarrow{OP}| = r \quad (正の一定値)$$
で表される点 P は円を描く．

このように点の軌跡の問題だけのことだが，これが，受験生には並々ならないことのようである．

問題 9

△OAB の辺 OA, OB（両端の点は除く）上に，それぞれ動点 P, Q があり，次の関係を満たしながら動いている．
$$2\overrightarrow{OP} \cdot \overrightarrow{OB} + 2\overrightarrow{OQ} \cdot \overrightarrow{OA} = 3\overrightarrow{OA} \cdot \overrightarrow{OB}$$
このとき，△OPQ の重心 G が動く範囲を図示せよ．ただし，記号 $\overrightarrow{OX} \cdot \overrightarrow{OY}$ はベクトル $\overrightarrow{OX}$ と $\overrightarrow{OY}$ の内積を表す．

（神戸大・文系 ◆）

▶ $\overrightarrow{OP}, \overrightarrow{OQ}$ をパラメーターを伴って $\overrightarrow{OA}, \overrightarrow{OB}$ で表す．

解 $\overrightarrow{OP} = s\overrightarrow{OA} \ (0 < s < 1)$,
$\overrightarrow{OQ} = t\overrightarrow{OB} \ (0 < t < 1)$ と表せるので，与式は
$$2(s+t)\overrightarrow{OA} \cdot \overrightarrow{OB} = 3\overrightarrow{OA} \cdot \overrightarrow{OB}$$
△OAB の 2 辺 OA と OB が垂直でないならば，
$$2(s+t) = 3 \quad (0 < s < 1, \ 0 < t < 1)$$
それ故 $\frac{1}{2} < s < 1, \ \frac{1}{2} < t < 1$ であり，そして

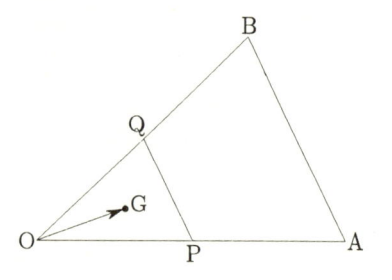

§1. ベクトル

$$\overrightarrow{\mathrm{OG}} = \tfrac{1}{3}(\overrightarrow{\mathrm{OP}} + \overrightarrow{\mathrm{OQ}})$$
$$= \tfrac{1}{3}(s\overrightarrow{\mathrm{OA}} + t\overrightarrow{\mathrm{OB}})$$
$$= \tfrac{1}{2}\left(\frac{2s\overrightarrow{\mathrm{OA}} + 2t\overrightarrow{\mathrm{OB}}}{3}\right)$$

の終点 G は次の〈解答図１〉での範囲を動く：

次に OA と OB が垂直ならば，
$$\mathrm{OG} = s \cdot \tfrac{1}{3}\overrightarrow{\mathrm{OA}} + t \cdot \tfrac{1}{3}\overrightarrow{\mathrm{OB}} \quad (0 < s < 1,\ 0 < t < 1)$$
であるから，点 G は〈解答図２〉での範囲を動く：

図中の太線部分（○印は除かれる）が
△OPQ の重心 G が動く範囲
〈解答図１〉

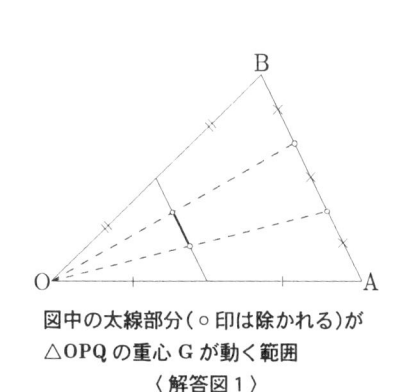

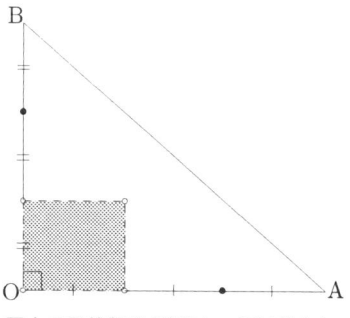

図中の霞状部分（境界と○印は除かれる）が△OPQ の重心 G が動く範囲
〈解答図２〉

問題 10

△OAB がある．$\overrightarrow{\mathrm{OP}} = \alpha\overrightarrow{\mathrm{OA}} + \beta\overrightarrow{\mathrm{OB}}$ で表されるベクトル $\overrightarrow{\mathrm{OP}}$ の終点 P の集合は α, β が次の条件を満たすとき，それぞれどのような図形を表すか．O, A, B を適当にとって図示せよ．

(1) $\dfrac{\alpha}{2} + \dfrac{\beta}{3} = 1,\ \alpha \geq 0,\ \beta \geq 0$ のとき

(2) $1 \leq \alpha + \beta \leq 2,\ 0 \leq \alpha \leq 1,\ 0 \leq \beta \leq 1$ のとき

(3) $\beta - \alpha = 1,\ \alpha \geq 0$ のとき

（愛知教育大 ◇）

▶ （1）は前問より易しい．（2）は $0 \leq \alpha \leq 1,\ 0 \leq \beta \leq 1$ で図示してから

$1 \leqq \alpha + \beta \leqq 2$ の部分をとり出す．（3）は外分の公式を少し応用するだけのこと．（$\alpha \geqq 0$ より $\beta \geqq 1$ である．）

解 $\overrightarrow{OP} = \alpha \overrightarrow{OA} + \beta \overrightarrow{OB}$

（1）$\dfrac{\alpha}{2} + \dfrac{\beta}{3} = 1$，$\alpha \geqq 0$，$\beta \geqq 0$ の下で
$$\overrightarrow{OP} = \dfrac{\alpha}{2} \cdot 2\overrightarrow{OA} + \dfrac{\beta}{3} \cdot 3\overrightarrow{OB}$$
よって〈解答図 1〉を得る．

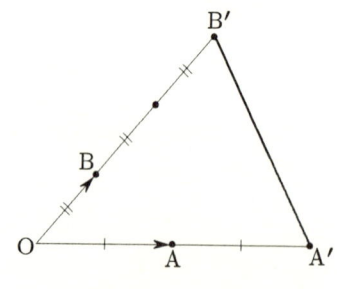

（2）まず $0 \leqq \alpha \leqq 1$，$0 \leqq \beta \leqq 1$ の範囲で点 P の存在範囲を図示すると，下の図での霞状部分のようになる：

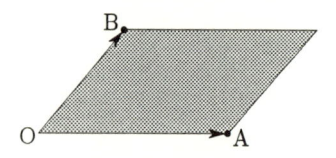

図中の太線部分 A′B′（端点は含まれる）が点 P の集合
〈解答図 1〉

次に $1 \leqq \alpha + \beta \leqq 2$ を課すと，〈解答図 2〉を得る．

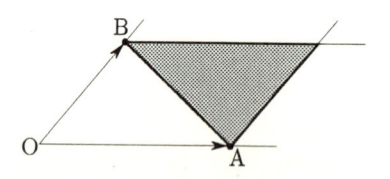

（3）$\beta - \alpha = 1$，$\alpha \geqq 0$ の下で
$$\overrightarrow{OP} = \dfrac{(-\alpha)(-\overrightarrow{OA}) + \beta \overrightarrow{OB}}{\beta - \alpha}$$
よって〈解答図 3〉を得る．

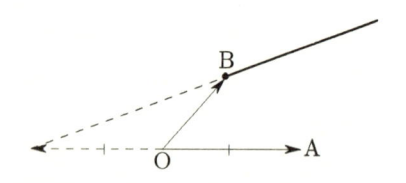

図中の霞状部分とその境界が点 P の集合
〈解答図 2〉

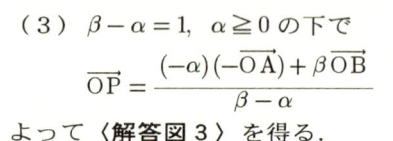

図中の太線の半直線が点 P の集合
〈解答図 3〉

問題 11

△ABC 上に時速 u, v, w で運動する3点があって，それぞれ A から辺 AB に沿って B へ，B から辺 BC に沿って C へ，C から辺 CA に沿って A へ同時に出発したとする．t 時間後のそれらの位置をそれぞれ P(t), Q(t), R(t) とする．3点が同時に次の頂点に到達するための必要十分条件は，△P(t)Q(t)R(t) の重心の位置が t によらず一定なことである．これを示せ． (名古屋大 ◇)

▶ 三角形の各辺上で等速度ベクトル $\vec{u}$, $\vec{v}$, $\vec{w}$ を用いて $\overrightarrow{AP} = t\vec{u} = tu\dfrac{\overrightarrow{AB}}{AB}$ ($|\vec{u}| = u$ とする)，…と変形して三角形の重心を評価していく．

解 位置の原点を A，△ABC の重心を G，△PQR の重心を G' とすると，
$$\overrightarrow{AG} = \frac{1}{3}(\overrightarrow{AB} + \overrightarrow{AC}),$$
$$\overrightarrow{AG'} = \frac{1}{3}(\overrightarrow{AP} + \overrightarrow{AQ} + \overrightarrow{AR})$$
$$= \frac{1}{3}(\overrightarrow{AP} + \overrightarrow{BQ} + \overrightarrow{AB} + \overrightarrow{CR} + \overrightarrow{AC})$$
$$= \frac{1}{3}(\overrightarrow{AP} + \overrightarrow{BQ} + \overrightarrow{CR}) + \frac{1}{3}(\overrightarrow{AB} + \overrightarrow{AC})$$

ここで時刻 t において
$$\overrightarrow{AP} = t\vec{u} = tu \cdot \frac{\overrightarrow{AB}}{AB} = tk\overrightarrow{AB},$$
(ただし $|\vec{u}| = u$, $k = \dfrac{u}{AB}$ とした；以下同様)
$$\overrightarrow{BQ} = t\vec{v} = tv\frac{\overrightarrow{BC}}{BC} = tl\overrightarrow{BC},$$
$$\overrightarrow{CR} = t\vec{w} = tw\frac{\overrightarrow{CA}}{CA} = tm\overrightarrow{CA},$$

と表せるから
$$\overrightarrow{AG'} = \frac{t}{3}(k\overrightarrow{AB} + l\overrightarrow{BC} + m\overrightarrow{CA}) + \overrightarrow{AG}$$
$$= \frac{t}{3}\{k\overrightarrow{AB} + l(\overrightarrow{AC} - \overrightarrow{AB}) - m\overrightarrow{AC}\} + \overrightarrow{AG}$$
$$= \frac{t}{3}\{(k-l)\overrightarrow{AB} + (l-m)\overrightarrow{AC}\} + \overrightarrow{AG}$$

$\overrightarrow{AG'}$ が定ベクトル $\Longleftrightarrow k - l = l - m = 0$
　　　　　($\because$ $\overrightarrow{AB}$, $\overrightarrow{AC}$ は1次独立)

$\longleftrightarrow \dfrac{u}{AB} = \dfrac{v}{BC} = \dfrac{w}{CA}$

$\longleftrightarrow \dfrac{AB}{u} = \dfrac{BC}{v} = \dfrac{CA}{w}$

$\longleftrightarrow$ 3点P，Q，Rは同時に次の頂点に達する ◀

（付）問題の条件は $\vec{u}+\vec{v}+\vec{w}=\vec{0}$ と同値である．このことは右図において $\triangle A'B'C'$ を相似拡大していくと，やがて $\triangle ABC$ に一致するということである．

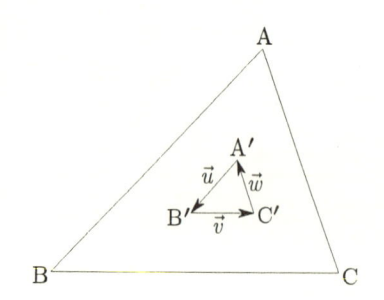

問題 12

実数 p, q $(q>0)$ に対して次の2条件(イ)，(ロ)を満たす三角形 ABC が存在するための必要十分条件を求めよ．

（イ） $|\overrightarrow{BC}|=q$ 　　　（ロ） $\overrightarrow{AB}\cdot\overrightarrow{AC}=p$

ただし，$\overrightarrow{AB}\cdot\overrightarrow{AC}$ は $\overrightarrow{AB}$ と $\overrightarrow{AC}$ の内積を表す．

(京都大)

▶ 点B, Cを固定しておく．$|\overrightarrow{BC}|=q$ はどうにもならないが，$\overrightarrow{AB}\cdot\overrightarrow{AC}=p$ の方は，点Aに自由度がある．従って，直ちに点Aのベクトル方程式を考えられる訳である．

(A, B, C を全て固定点のように考えて，力づくで三角不等式にもち込もうとして迷路にはまる受験生が多いようだが，固定観念が強すぎる．)

解 　（ロ）より
$$\overrightarrow{BA}\cdot\overrightarrow{CA} = \overrightarrow{BA}\cdot(\overrightarrow{BA}-\overrightarrow{BC})$$
$$= |\overrightarrow{BA}|^2 - \overrightarrow{BC}\cdot\overrightarrow{BA} = p$$

ここに点BとCは固定されたものとする．上式は次のように変形される：
$$\left|\overrightarrow{BA}-\dfrac{1}{2}\overrightarrow{BC}\right|^2 = p + \dfrac{1}{4}|\overrightarrow{BC}|^2$$

（イ）より上式は

$$\left|\overrightarrow{\mathrm{BA}} - \frac{1}{2}\overrightarrow{\mathrm{BC}}\right|^2 = p + \frac{q^2}{4} \geqq 0$$

($p + \frac{q^2}{4} > 0$ ならば，点 A は線分 BC の中点を中心とする半径 $\sqrt{p + \frac{q^2}{4}}$ の円を描く)

(イ)，(ロ)を満たす△ABC が存在する

$$\longleftrightarrow p + \frac{q^2}{4} > 0 \quad \cdots \text{(答)}$$

問題 13

空間に原点を始点とする位置ベクトル $\vec{x}, \vec{a}$ を考える．$\vec{a}$ は零ベクトル $\vec{0}$ でない定ベクトルで，ベクトル $\vec{a}$ と $\vec{x}$ の内積を $\vec{a} \cdot \vec{x}$，ベクトル $\vec{x}$ の大きさを $|\vec{x}|$ で表す．

(1) $|\vec{x}|^2 + \vec{a} \cdot \vec{x} = 1$ をみたすベクトル $\vec{x}$ の終点はどんな図形を描くか．

(2) 実数 k を変化させても常に $|\vec{x}|^2 + k\vec{a} \cdot \vec{x} = 1$ をみたすようなベクトル $\vec{x}$ の集合を S とする．S に属するベクトル $\vec{x}$ の終点は，ひとつの平面上にあることを示せ．

(3) $\vec{x}, \vec{y}, \vec{z}$ を S に属するベクトルとする．0 でない実数 a, b, c で，$a + b + c = 0$ と $a\vec{x} + b\vec{y} + c\vec{z} = \vec{0}$ をみたすものがあれば，$\vec{x} = \vec{y} = \vec{z}$ であることを示せ．

(大阪医大)

▶ (1)は平方完成してみよ(球面を表すベクトル方程式になる)．(2)は k の恒等式であることより直ちに条件は決まる．(3)は緻密さにおいて難しいだろう．a, b, c の1文字を消去して図を頼りに解いていくとよかろう．

解 (1) $|\vec{x}|^2 + \vec{a} \cdot \vec{x} = 1$

$$\longleftrightarrow \left|\vec{x} + \frac{1}{2}\vec{a}\right|^2 = 1 + \frac{1}{4}|\vec{a}|^2$$

よって $\vec{x}$ の終点は

中心が $-\frac{1}{2}\vec{a}$，半径 $\sqrt{1 + \frac{1}{4}|\vec{a}|^2}$ の球面を描く …(答)

(2) 任意の実数 k に対して

$$(\vec{a} \cdot \vec{x})k + |\vec{x}|^2 - 1 = 0$$

が成立する為の条件は
$$\vec{x} \perp \vec{a} \quad \text{かつ} \quad |\vec{x}|=1 \quad \text{(図1参照)}$$
$\vec{x} \in S$ は**図1**のように定ベクトル $\vec{a}$ と直交する平面内で原点 O を中心とする半径 1 の円周上にその終点をもつ. ◀

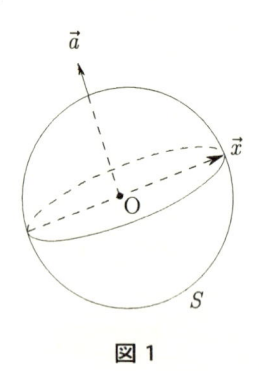

(3) $a+b+c=0 \ (a \neq 0, \ b \neq 0, \ c \neq 0)$ より
$$a\vec{x}+b\vec{y}+c\vec{z} = a\vec{x}+b\vec{y}-(a+b)\vec{z}$$
$$= \vec{0} \quad (\vec{x}, \vec{y}, \vec{z} \in S)$$

図1

$-c = a+b \neq 0$ より
$$\vec{z} = \frac{a\vec{x}+b\vec{y}}{a+b} = t\vec{x}+(1-t)\vec{y} \quad \left(t=\frac{a}{a+b} \text{ とした}\right)$$
$$\iff \vec{z}-\vec{y}-t(\vec{x}-\vec{y}) = \vec{0} \quad (t \neq 0, \ t \neq 1) \quad \cdots ①$$

これを満たす実数 t があれば, $\vec{x}=\vec{y}=\vec{z}$ であることを以下に示す:

(ア) $\vec{x} \neq -\vec{y}$ かつ $\vec{x} \neq \vec{y}$ とすると**図2**のように $\vec{x}, \vec{y} \in S$ の終点は円周上の異なる2点にある. このときは①を満たす $\vec{z}$ は直線 l_1 上にあるが, $\vec{z} \notin S$ となり, $\vec{z} \in S$ に矛盾する.

(イ) $\vec{x}=-\vec{y}$ (従って $\vec{x} \neq \vec{y}$) とすると, このとき①を満たす $\vec{z}$ は, $\vec{z}=(2t-1)\vec{x}$ となり, **図2**での直線 l_2 上にあるが, $t \neq 0, 1$ だから $\vec{z} \notin S$ となり, $\vec{z} \in S$ に矛盾する.

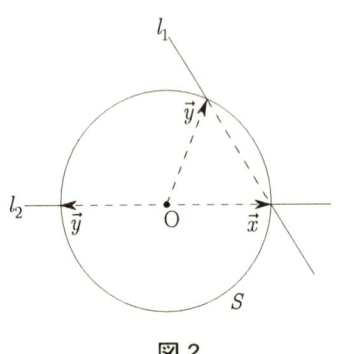

図2

(ア), (イ) より $\vec{x}=\vec{y}$ でなくてはならない. よって①より $\vec{z}=\vec{y}$ である.
$$\therefore \ \vec{x}=\vec{y}=\vec{z} \quad ◀$$

(付) ベクトルの集合を扱った問題で, 本問は程度が高い. (1), (2) まで何とか解ければ合格圏であろう.

基本事項 [4]
xyz 空間での直線，平面の方程式

❶ 直線の方程式

xyz 空間内の点 $(x_0,\ y_0,\ z_0)$ を通り，方向ベクトルが位置ベクトル表示 $\vec{l}=(a,\ b,\ c)$ で表される平面の方程式は

$$\frac{x-x_0}{a}=\frac{y-y_0}{b}=\frac{z-z_0}{c}$$

で表される．

❷ 平面の方程式

xyz 空間内の点 $(x_0,\ y_0,\ z_0)$ を通り，法線ベクトルが位置ベクトル表示 $\vec{n}=(a,\ b,\ c)$ で表される平面の方程式は

$$a(x-x_0)+b(y-y_0)+c(z-z_0)=0$$

で表される．

（例） xyz 空間内の平面：$x+2y+3z=0$ に直交し，かつ原点 O を通る直線の方程式を求めてみる．

この平面の法線ベクトルの 1 つは $(1,\ 2,\ 3)$ であるから，このベクトルを求める直線の方向ベクトルとしてよい．しかも，この直線は原点 O を通るというから，求める直線の方程式は $x=\frac{y}{2}=\frac{z}{3}$ である．

（例） xyz 空間内の直線 $x=\frac{y}{2}=\frac{z}{3}$ に直交する直線で点 $(1,\ 0,\ 1)$ を通るものを求めてみる．

求める直線の方向ベクトルを $(l,\ m,\ n)$ とすると，これはベクトル $(1,\ 2,\ 3)$ と直交しなくてはならない．そして，直線 $x=\frac{y}{2}=\frac{z}{3}$ 上の任意の点は $(k,\ 2k,\ 3k)$ と表されるからそれを両直線の交点に当てがって，$(l,\ m,\ n)$ は $(1-k,\ -2k,\ 1-3k)$ の実数倍（0 倍ではない）になる．$k=\frac{2}{7}$ と定まる．求める直線の方程式は $\frac{x-1}{5}=-\frac{y}{4}=z-1$ である．

問題 14

ねじれの位置にある 2 直線
$$l_1 : \frac{x-1}{2} = \frac{y-2}{3} = z-3$$
$$l_2 : x-4 = \frac{y-3}{2} = \frac{z+1}{2}$$
がある．原点 O を通って l_1, l_2 のどちらとも交わる直線の方程式を求めよ．
（大分医大（改））

▶ 直線 l_1 と原点 O が含まれるような平面と直線 l_2 と原点 O が含まれるような平面の交線が求めるべき直線である．

解 図において L が求める直線になる．

まず直線 l_1 と原点 O が含まれるような平面を α_1 とする．
$$\alpha_1 : a_1 x + b_1 y + c_1 z = 0$$
（ただし，$(a_1, b_1, c_1) \neq (0, 0, 0)$）
これが l_1 上の点 $(1, 2, 3)$ を通るから
$$a_1 + 2b_1 + 3c_1 = 0 \quad \cdots ①$$
平面 α_1 の法線ベクトル $\sim (a_1, b_1, c_1)$ は直線 l_1 の方向ベクトル $\sim (2, 3, 1)$ と直交するから，
$$2a_1 + 3b_1 + c_1 = 0 \quad \cdots ②$$
① $-$ ② $\times 3$ より
$$5a_1 + 7b_1 = 0 \qquad \therefore \quad b_1 = -\frac{5}{7} a_1$$
$$\therefore \quad c_1 = \frac{1}{7} a_1$$
$a_1 \neq 0$ であるべきだから，
$$\alpha_1 : 7x - 5y + z = 0$$
次に直線 l_2 と原点 O が含まれるような平面を α_2 とし，上と同様にしてそれを求めると，
$$\alpha_2 : 8x - 9y + 5z = 0$$

（xyz 座標軸は省略）

§1. ベクトル

求めるべき直線 L は 2 平面 α_1, α_2 の交線に他ならない．α_1 と α_2 から z を消去すると

$$27x - 16y = 0 \quad \therefore \quad L: \frac{x}{16} = \frac{y}{27} = \frac{z}{23} \quad \cdots \text{(答)}$$

問題 15

空間内に 3 点 A(1, 2, 3)，B(3, 2, 1)，C(2, 3, 1) がある．このとき，次の問いに答えよ．
(1) 直線 AB，BC の方程式を求めよ．
(2) △ABC の内角 ∠CAB，∠ABC，∠BCA の大きさを求めよ．
(3) ∠ABC の二等分線の方程式を求めよ．
(4) 3 点 A，B，C を通る球のなかで，体積が最小となる球の方程式を求めよ． (香川医大 ◇)

▶ (1) 直線は方向ベクトルと通る点が与えられれば決まる．(2) 内積計算にもち込めばよい．(3) 三角形の 1 つの内角の二等分線問題は中学生レベルの初等幾何．(4) 直観的に球の大円 (球の中心を通る円板の周囲) が 3 点 A，B，C を通るときであることを見抜けないようでは困る．

解 (1) 線分 AB の方向ベクトルの 1 つは $(2, 0, -2)$ だから，2 点 A，B を通る直線の方程式は

$$x - 1 = 2t, \; z - 3 = -2t \; (t \text{はパラメーター}), \; y = 2$$

よって

$$x + z - 4 = 0, \; y = 2 \quad \cdots \text{(答)}$$

同様に 2 点 B，C を通る直線の方程式は

$$x + y - 5 = 0, \; z = 1 \quad \cdots \text{(答)}$$

(2) $\overrightarrow{AB} = (2, 0, -2)$，$\overrightarrow{BC} = (-1, 1, 0)$，$\overrightarrow{CA} = (-1, -1, 2)$

よって

$$\overrightarrow{AB} \cdot \overrightarrow{AC} = 6 = \sqrt{8}\sqrt{6} \cos \angle \text{CAB}$$
$$\overrightarrow{BA} \cdot \overrightarrow{BC} = 2 = \sqrt{8}\sqrt{2} \cos \angle \text{ABC}$$
$$\overrightarrow{CA} \cdot \overrightarrow{CB} = 0$$

∴ $\angle \mathrm{CAB} = \dfrac{\pi}{6}$, $\angle \mathrm{ABC} = \dfrac{\pi}{3}$, $\angle \mathrm{BCA} = \dfrac{\pi}{2}$ …(答)

（3）∠ABC の 2 等分線が線分 AC と交わる点を I とすると
$$\mathrm{BC} \cdot \mathrm{AI} = \mathrm{BA} \cdot \mathrm{IC} \longleftrightarrow \sqrt{2}\,\mathrm{AI} = 2\sqrt{2}\,\mathrm{IC}$$
が成立するので（図 1 参照）
$$\overrightarrow{\mathrm{BI}} = \dfrac{\overrightarrow{\mathrm{BA}} + 2\overrightarrow{\mathrm{BC}}}{3}$$
$$= \dfrac{1}{3}\{(-2,\,0,\,2) + (-2,\,2,\,0)\}$$
$$= \dfrac{1}{3}(-4,\,2,\,2)$$
よって 2 点 B, I を通る直線の方程式は
$$x - 3 = -\dfrac{4}{3}t,\ y - 2 = \dfrac{2}{3}t,\ z - 1 = \dfrac{2}{3}t$$
∴ $-(x-3) = 2(y-2) = 2(z-1)$ …(答)

図 1

（4）外接球の体積が最小となるのはその球の大円が 3 点 A, B, C を通るときである．△ABC は(2)より直角三角形である．△ABC の外心の位置を E とすると（図 2 参照）
$$\overrightarrow{\mathrm{OE}} = \dfrac{1}{2}(\overrightarrow{\mathrm{OA}} + \overrightarrow{\mathrm{OB}}) = (2,\,2,\,2)$$
この円の半径は $\dfrac{\mathrm{AB}}{2} = \sqrt{2}$ だから，求める球の方程式は
$$(x-2)^2 + (y-2)^2 + (z-2)^2 = 2 \quad \text{…(答)}$$

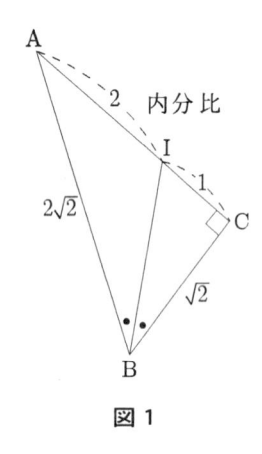

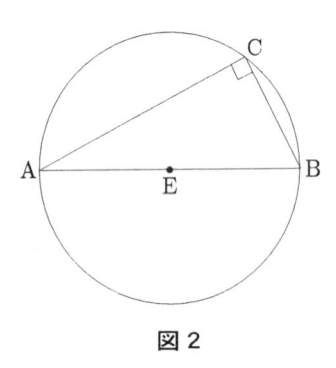

図 2

（付）常識とは思われるが，念の為に，'xyz 空間内の点 $(a,\,b,\,c)$ を中心とした半径 r の球面の方程式は
$$(x-a)^2 + (y-z)^2 + (z-c)^2 = r^2$$
で表される' ことを付記しておく．

§1. ベクトル

いよいよベクトルの最終段階である．
ここではベクトルに関する三角不等式を講ずる．（ベクトルの問題だからといって，つねに図を描いて解ける訳でもない．）

基本事項 [5]

三角不等式

ベクトルについての三角不等式
2つのベクトル $\vec{a}, \vec{b}$ に対して
$$||\vec{a}|-|\vec{b}||\leqq|\vec{a}+\vec{b}|\leqq|\vec{a}|+|\vec{b}|$$
が成り立つ．

早速，使ってみる．

問題 16

$\vec{a}, \vec{b}$ を $\vec{0}$ でない空間ベクトル，s, t を負でない実数とし，
$$\vec{c}=s\vec{a}+t\vec{b}$$
とおく．このとき，次のことを示せ．ただし，$\vec{x}\cdot\vec{y}$ は $\vec{x}$ と $\vec{y}$ の内積を表す．
 (1) $s\vec{c}\cdot\vec{a}+t\vec{c}\cdot\vec{b}\geqq 0$
 (2) $\vec{c}\cdot\vec{a}\geqq 0$ または $\vec{c}\cdot\vec{b}\geqq 0$
 (3) $|\vec{c}|\geqq|\vec{a}|$ かつ $|\vec{c}|\geqq|\vec{b}|$ ならば $s+t\geqq 1$ 　　（神戸大・文系♦）

▶ (1)は何とか解いて頂きたい．(2)は背理法を用いる．(3)は緻密さが要求される．

解 (1) 左辺 $=\vec{c}\cdot(s\vec{a}+t\vec{b})$
　　　　　　　$=\vec{c}\cdot\vec{c}$
　　　　　　　$=|\vec{c}|^2\geqq 0=$ 右辺　◀

(2) もし $\vec{c}\cdot\vec{a}<0$ かつ $\vec{c}\cdot\vec{b}<0$ とすれば，(1)の不等式は，$s\geqq 0$ かつ

$t \geqq 0$ より
$$|\vec{c}|^2 \leqq 0$$
を与える，すなわち
$$\vec{c} = \vec{0}$$
ということであるが，$\vec{c}\cdot\vec{a} < 0$ に反する．よって
$$\vec{c}\cdot\vec{a} \geqq 0 \quad \text{または} \quad \vec{c}\cdot\vec{b} \geqq 0 \quad \blacktriangleleft$$

（3）まず $\vec{c}$ の絶対値をとると，
$$|\vec{c}| = |s\vec{a} + t\vec{b}|$$
$$\leqq |s\vec{a}| + |t\vec{b}| \quad (\because 三角不等式により)$$
$$= s|\vec{a}| + t|\vec{b}| \quad (\because s \geqq 0 \text{ かつ } t \geqq 0)$$

なる不等式が成立する．ここで $|\vec{c}| \geqq |\vec{a}|$ かつ $|\vec{c}| \geqq |\vec{b}|$ というから，上式に続けて
$$上式 \leqq s|\vec{c}| + t|\vec{c}|$$
$$= (s+t)|\vec{c}|$$

$\vec{a} \rightleftharpoons \vec{0}$, $\vec{b} \rightleftharpoons \vec{0}$ の前提で $|\vec{c}| > 0$ であるから
$$1 \leqq s + t \quad \blacktriangleleft$$

§1. ベクトル 219

問題 17

$\vec{x}, \vec{y}, \vec{p}$ を空間内のベクトル，t を実数とする．

(1) ベクトルの大きさと内積の関係を用いて，次の不等式を示せ．

  (ア) $|t\vec{x}| = |t||\vec{x}|$

  (イ) $|\vec{x}+\vec{y}| \leqq |\vec{x}|+|\vec{y}|$

(2) 不等式
$$|\vec{x}+\vec{y}| + |\vec{x}-\vec{y}| \geqq 2|\vec{y}|$$
を示し，さらに等号はどのような場合に成り立つかを調べよ．

(3) 正数 R に対し，次の 2 つの不等式
$$|\vec{x}+\vec{p}| + |\vec{x}-\vec{p}| \leqq R,$$
$$|\vec{y}+\vec{p}| + |\vec{y}-\vec{p}| \leqq R$$
が成り立つとき，$0 \leqq t \leqq 1$ であれば，
$$\vec{z} = t\vec{x} + (1-t)\vec{y}$$
に対しても
$$|\vec{z}+\vec{p}| + |\vec{z}-\vec{p}| \leqq R$$
が成り立つことを示せ． (信州大 ◇)

▶ 最後は既知の事実ばかりで作られた名作である．（基本的材料ばかりで高級品を作り上げた 1 例である．）(1), (2) は 2 乗して計算する．(3) は (1) の (ア) と (2) をうまく用いる．(3) は難しいだろう．結果が t によらないのだから，….

解 (1)(ア) $|t\vec{x}|^2 = t\vec{x} \cdot t\vec{x}$
$$= t^2 |\vec{x}|^2$$
$$\therefore\ |t\vec{x}| = |t||\vec{x}|$$

(イ) $|\vec{x}+\vec{y}|^2 = |\vec{x}|^2 + 2\vec{x}\cdot\vec{y} + |\vec{y}|^2$
$$\leqq |\vec{x}|^2 + 2|\vec{x}||\vec{y}| + |\vec{y}|^2$$
      （等号が成立するのは $\vec{y} = k\vec{x}\,(k>0)$ のとき）
$$= (|\vec{x}|+|\vec{y}|)^2$$
$\therefore\ |\vec{x}+\vec{y}| \leqq |\vec{x}|+|\vec{y}|$ ◀

（2）　　　$2|\vec{y}| = |2\vec{y}|$　（∵（1）の（ア）により）
　　　　　　　$= |\vec{y} - \vec{x} + \vec{y} + \vec{x}|$
　　　　　　　$\leqq |\vec{y} - \vec{x}| + |\vec{y} + \vec{x}|$　（∵（1）の（イ）により）
　　　　　　　$= |\vec{x} - \vec{y}| + |\vec{x} + \vec{y}|$　◀

等号が成立するのは $\vec{y} - \vec{x} = k(\vec{x} + \vec{y})$ $(k > 0)$, すなわち
$$\vec{x} = \frac{1-k}{1+k}\vec{y} \quad (k > 0) \text{のとき} \quad \cdots \text{(答)}$$

（3）　$\vec{z} = t\vec{x} + (1-t)\vec{y}$ $(0 \leqq t \leqq 1)$ より
　　　　$|\vec{z} + \vec{p}| + |\vec{z} - \vec{p}|$
　$= |t\vec{x} + (1-t)\vec{y} + \vec{p}| + |t\vec{x} + (1-t)\vec{y} - \vec{p}|$
　$= |t\vec{x} + (1-t)\vec{y} + t\vec{p} + (1-t)\vec{p}| + |t\vec{x} + (1-t)\vec{y} - t\vec{p} - (1-t)\vec{p}|$
　$= |t(\vec{x} + \vec{p}) + (1-t)(\vec{y} + \vec{p})| + |t(\vec{x} - \vec{p}) + (1-t)(\vec{y} - \vec{p})|$
　$\leqq t|\vec{x} + \vec{p}| + (1-t)|\vec{y} + \vec{p}| + t|\vec{x} - \vec{p}| + (1-t)|\vec{y} - \vec{p}|$
　　　　（∵（1）の（ア）と $0 \leqq t \leqq 1$, および（1）の（イ）を用いた）
　$= t(|\vec{x} + \vec{p}| + |\vec{x} - \vec{p}|) + (1-t)(|\vec{y} + \vec{p}| + |\vec{y} - \vec{p}|)$
　$\leqq tR + (1-t)R$　（∵仮定より）
　$= R$　◀

ベクトルはやっぱり難しいようである．めげずに頑張って頂きたい．

§2. 複素数とその平面上の幾何

　複素数というものは人間の日常感覚からみれば，まことに不思議なるものである．2乗して-1になるという虚数iは現実的目にはとても受け容れ難い代物であることは否定できない．実際，一般3次方程式の解の公式を導いた1500年代の数学者カルダノですら，虚数の使用には何か詭弁的なものを感じるという違和感は禁じ得なかったようである．複素数を，一躍，数学の正当な概念として引き立てたのは数学界の王といわれるガウスであった．それ故，複素数平面をガウス平面ともいう．複素数への数の概念の拡大によって，実数の使用だけではどうにもならなかった多くの難題が解決されたことは数学の歴史が教えるところである．今や複素数なくして理工系の数学というものは語れない程である．応用範囲の広いその複素数の世界に進んで入ってゆかねばならないわけである．

・**基本事項 [1]**・

円周 n 等分方程式とド＝モアヴルの定理

❶ **虚立方根の性質**

　xの3次方程式$x^3-1=0$の1でない解を虚立方根という．ωを1つの虚立方根とすると，その共役数$\overline{\omega}$も虚立方根である．

　㋐　$\omega^3=1,\ \omega^2+\omega+1=0$

　　　$\overline{\omega}^3=\overline{\omega^3}=1,\ \overline{\omega}^2+\overline{\omega}+1=0$

　㋑　$\omega\overline{\omega}=\omega^3=1$

❷ **ド＝モアヴルの定理**

　$z=x+yi$（x, yは実数）を極形式$z=r(\cos\theta+i\sin\theta)$ $(r=|z|,$ $0\leqq\arg z=\theta<2\pi)$で表したとき，$n$を整数として
$$z^n=r^n(\cos\theta+i\sin n\theta)$$
が成り立つ．

　（この定理によって，円分方程式$z^{n-1}+z^{n-2}+\cdots+1=0$（$n$はある自然数）の全ての解が求まる．）

　（**付記**）zの偏角θを$0\leqq\theta<2\pi$または$-\pi<\theta\leqq\pi$に限定した場合，θを主値という．

第4部　ベクトルと複素数

問題 1

x の整式 $f(x) = x^4 - ax + b$ がある．ただし，a, b は正の実数とする．このとき，次の問に答えよ．

（1）方程式 $f(x) = 0$ は，実数解 $x = t$ ともつとすると，$t > 0$ であることを示せ．

（2）方程式 $f(x) = 0$ は少なくとも1つの虚数解をもつことを示せ．ただし，4次方程式は複素数の範囲に4個の解をもつ．（n 重解は n 個の解と数える．）

（3）複素数 $x = \alpha + \beta i$ （α, β は実数で $\beta \neq 0$ とする）が方程式 $f(x) = 0$ の解であれば，x の共役な複素数 $\bar{x} = \alpha - \beta i$ も方程式 $f(x) = 0$ の解であることを示せ．　　　　　　　（香川医大（改））

▶ 整方程式とその複素数解の問題で難しくはないから，完答できるようにしておきたい．

解　（1）$x = t$ が $f(x) = 0$ の解というから，
$$f(t) = t^4 - at + b = 0$$
t は実数というから
$$t^4 = at - b > 0$$
a, b は正の実数というから
$$t > \frac{b}{a} > 0 \quad \blacktriangleleft$$

（2）$f(x) = 0$ の4つの解を $\alpha, \beta, \gamma, \delta$ とすると，
$$f(x) = (x-\alpha)(x-\beta)(x-\gamma)(x-\delta)$$
と因数分解される．これを展開して $f(x) = x^4 - ax + b$ と x^3 の係数を比較すると，
$$\alpha + \beta + \gamma + \delta = 0$$
である．もし $\alpha, \beta, \gamma, \delta$ が全て実数解であるとすると，（1）によりそれらは全て正の数であるから，上式に反する．よって少なくとも1つは虚数解である．　　　　　　　　　　　　　　　　　　　　　　　　　　　　　◀

（3）$x = \alpha + \beta i$ が $f(x) = 0$ の解ならば，

§2. 複素数とその平面上の幾何

$$f(\alpha+\beta i) = (\alpha+\beta i)^4 - a(\alpha+\beta i) + b = 0$$

上式の複素共役をとると，$\bar{a}=a$，$\bar{b}=b$ であることに注意して

$$\overline{f(\alpha+\beta i)} = \overline{(\alpha+\beta i)^4} - \overline{a(\alpha+\beta i)} + b$$
$$= \overline{(\alpha+\beta i)}^4 - a\overline{(\alpha+\beta i)} + b$$

（∵ 複素数 z に対して $\overline{z^4} = \bar{z}^4$ である）

$$= (\alpha-\beta i)^4 - a(\alpha-\beta i) + b$$
$$= 0$$

∴ $f(\alpha-\beta i) = 0$ ◀

問題 2

複素数 ω を $\omega = \dfrac{-1+\sqrt{3}\,i}{2}$ とする．次の各問いに答えよ．

（1）a, b, c は実数で

$$a\omega^2 + b\omega + c = 0$$

をみたすとき，

$$a = b = c$$

であることを示せ．

（2）係数が実数である整式 $f(x)$ は $x=\omega$ を方程式 $f(x)=0$ の1つの解としてもち，かつ $f(1)=2$ をみたすとする．このとき，$f(x)$ を x^3-1 で割ったときの余りを求めよ．ただし $f(x)$ は3次以上とする．

（茨城大 ◊）

▶ ω が虚立方根であることは明らかであろう？

（1）$\omega^2 = \bar{\omega} = \dfrac{-1-\sqrt{3}\,i}{2}$ である．「$\omega^2+\omega+1=0$ と $a\omega^2+b\omega+c=0$ の係数を比較して $a=b=c=1$ だから，$a=b=c$ である」などと訳の分からぬことをしてはならない．（2）$f(x) = (x^3-1)q(x) + ax^2 + bx + c$ と表して(1)を利用する．

解 （1）$\omega = \dfrac{-1+\sqrt{3}\,i}{2}$ より $\omega^2 = \bar{\omega} = \dfrac{-1-\sqrt{3}\,i}{2}$ であるから，仮定より

$$a\omega^2 + b\omega + c$$
$$= a\bar{\omega} + b\omega + c$$
$$= \left(-\frac{1}{2}a - \frac{1}{2}b + c\right) + \left(-\frac{\sqrt{3}}{2} + \frac{\sqrt{3}}{2}b\right)i$$

$$= 0$$
$$\Longleftrightarrow a+b-2c = 0 \quad \text{かつ} \quad a = b$$
$$\Longleftrightarrow a = b = c \quad \blacktriangleleft$$

（2）整式の除法定理により
$$f(x) = (x^3-1)q(x) + a'x^2 + b'x + c'$$
と表せる．$f(x)$は3次以上というから$q(x)$はある整式で，a', b', c' は実数である．$x = \omega$ は $f(x) = 0$ の1つの解というから，
$$f(\omega) = (\omega^3 - 1)q(\omega) + a'\omega^2 + b'\omega + c' = 0$$
しかるに $\omega = \dfrac{-1+\sqrt{3}\,i}{2}$ より
$$\omega^3 = \omega\bar{\omega} = 1$$
であるから，
$$a'\omega^2 + b'\omega + c' = 0$$
ここで（1）より
$$a' = b' = c'$$
であるから，
$$f(x) = (x^3-1)q(x) + a'(x^2+x+1)$$
$f(1) = 2$ より
$$2 = 3a' \qquad \therefore \quad a' = \frac{2}{3}$$
求める余りは
$$\frac{2}{3}(x^2+x+1) \quad \cdots \textbf{(答)}$$

（付）（1）では，'一般に a, b が実数であるならば，
$$a + bi = 0 \Longleftrightarrow a = b = 0$$
である' という事が暗黙の了解で使われている．これは 'a, b が有理数であるならば
$$a + b\sqrt{2} = 0 \Longleftrightarrow a = b = 0$$
である' などという事と同様である．

§2. 複素数とその平面上の幾何

問題3

n 個の複素数 $z_1, z_2, \cdots, z_n$ が $z_1 + z_2 + \cdots + z_n = i$ （i は虚数単位）を満たすものとして固定されている．$|z|=1$ である複素数 z の中で
$$|z-z_1|^2 + |z-z_2|^2 + \cdots + |z-z_n|^2$$
を最大，最小にするものをそれぞれ求めよ． （群馬大・医 ◇）

▶ 基本的問題であるから，ヒントなどはない．

解　　　　$z_1 + z_2 + \cdots + z_n = i$　　…①

$|z|=1$ より
$$z = \cos\theta + i\sin\theta \quad \cdots ②$$

さて
$$\begin{aligned}
f(z) &= \sum_{k=1}^{n} |z-z_k|^2 \quad (\text{とおく}) \\
&= \sum_{k=1}^{n} (z-z_k)(\bar{z}-\overline{z_k}) \\
&= \sum_{k=1}^{n} (|z|^2 - z\overline{z_k} - z_k\bar{z} + |z_k|^2) \\
&= n + iz - i\bar{z} + \sum_{k=1}^{n} |z_k|^2 \\
&\qquad (\because |z|=1 \text{ と①より}) \\
&= n + (z-\bar{z})i + \sum_{k=1}^{n} |z_k|^2 \\
&= n - 2\sin\theta + \sum_{k=1}^{n} |z_k|^2 \\
&\qquad (\because ②より)
\end{aligned}$$

ここで各 z_k は①を満たすように固定されているので，$\sum_{k=1}^{n} |z_k|^2$ は定数である．

よって $f(z)$ は
$$\begin{cases} \sin\theta = -1, \text{ つまり，} z=-i \text{ のとき最大} \\ \sin\theta = +1, \text{ つまり，} z=i \text{ のとき最小} \end{cases} \quad \cdots \textbf{(答)}$$

問題 4

複素数
$$z = a + bi = r(\cos\theta + i\sin\theta)$$
が $z^5 = 1$ を満たすとき，次の問に答えよ．ただし，a, b, r は正の実数で，$0 < \theta < \dfrac{\pi}{2}$ とする．

（1）r の値と θ の値を求めよ．
（2）z を解とする整数係数の4次方程式を求めよ．
（3）$z + \dfrac{1}{z}$ を解とする整数係数の2次方程式を求めよ．
（4）a の値を求めよ．

(新潟大 ◊)

▶ 正五角問題である．(1)はただの計算で済むが，(2)と(3)はかなり難しい．((2)以後では，z は未知数ではなく既知数である．単なる算数的解答では正解にならない．) (4)は(2), (3)ができていれば易しい．

解　（1）$z^5 = 1$ において z は複素数というからド＝モアヴルの定理により
$$r^5(\cos 5\theta + i\sin 5\theta) = 1 \quad (r > 0)$$
となる．$|z^5| = |z|^5$ であるから
$$r^5 = |z|^5 = 1 \quad (r > 0)$$
$$\therefore \quad r = 1 \quad \cdots \textbf{(答)}$$
よって
$$\cos 5\theta = 1, \quad \sin 5\theta = 0 \quad \left(0 < \theta < \dfrac{\pi}{2}\right)$$
$0 < 5\theta < \dfrac{5}{2}\pi$ であるから
$$5\theta = 2\pi$$
$$\therefore \quad \theta = \dfrac{2}{5}\pi \quad \cdots \textbf{(答)}$$

（2）（1）の結果より
$$z = \cos\dfrac{2}{5}\pi + i\sin\dfrac{2}{5}\pi$$
である．そこで
$$z_k = (z^k =) \cos\dfrac{2}{5}k\pi + i\sin\dfrac{2}{5}k\pi \quad (k = 1, 2, 3, 4, 5)$$
とおくと，$z_1 \sim z_5$ は全て相異なり，そして全ての $k (1 \leqq k \leqq 5)$ に対して

§2. 複素数とその平面上の幾何

$z_k^5 = 1$であるから，これらを解とする方程式は
$$x^5 = 1 \iff (x-1)(x^4+x^3+x^2+x+1) = 0$$
である．(1)でのzを解とする整数係数の4次方程式は唯1つ定まり，
$$x^4+x^3+x^2+x+1 = 0 \quad \cdots \textbf{(答)}$$

(3) (2)より (zは(2)での方程式の解であるから)
$$z^4+z^3+z^2+z+1 = 0$$
これをz^2で割ると，
$$z^2+z+1+\frac{1}{z}+\frac{1}{z^2} = 0 \iff \left(z+\frac{1}{z}\right)^2 + \left(z+\frac{1}{z}\right) - 1 = 0$$
$z+\frac{1}{z} = z+\bar{z}$ ($\because |z|=1$より) であるから$z+\frac{1}{z} = 2\cos\frac{2}{5}\pi > 0$であり，このことと上式より
$$z+\frac{1}{z} = \frac{-1+\sqrt{5}}{2}$$
そして，この値を解にもつ整数係数の2次方程式は
$$z'+\frac{1}{z'} = \frac{-1-\sqrt{5}}{2}$$
とおいたこの値をも必ず解にもつ．そして
$$\left(z'+\frac{1}{z'}\right)^2 + \left(z'+\frac{1}{z'}\right) - 1 = 0$$
であるから，$z+\frac{1}{z}$を解とする整数係数の2次方程式は唯1つ定まり，
$$x^2+x-1 = 0 \quad \cdots \textbf{(答)}$$

(4) $z = a+bi = \cos\frac{2}{5}\pi + i\sin\frac{2}{5}\pi$であるから，
$$a = \cos\frac{2}{5}\pi = \frac{z+\bar{z}}{2}$$
$$= \left(z+\frac{1}{z}\right)/2$$
よってaは(3)での方程式の正の実数解の$\frac{1}{2}$倍である．
$$\therefore \quad a = \frac{-1+\sqrt{5}}{4} \quad \cdots \textbf{(答)}$$

(注1) (2)では次のように解答してはならない：

「$z^5 = 1$ $\therefore (z-1)(z^4+z^3+z^2+z+1) = 0$
$\therefore z^4+z^3+z^2+z+1 = 0 \quad \cdots$(答 i)」

どこが拙いのかお分かりかな？

まず，この(答 i)の式は方程式ではないこと．

「それでは次のように書き直す：
$$x^4+x^3+x^2+x+1=0 \quad \cdots (\text{答 ii})」$$
それでも上の(答 i)と何ら変わりはない．しかも，(答 i)の式から何の理由もなく(答 ii)の式をは結論できない．「z は複素数だから，そんな理由を述べる必要はない．」という結果論からの自己正当化はしないように．

（注２）（３）では次のように解答してはならない（これを解く人は，まず，殆ど例外ない程に，次のようにやる．このことを出題側は読んでいたはずである．）：

「（２）での(答 i)の式の両辺を $z^2(\neq 0)$ で割って
$$z^2+z+1+\frac{1}{z}+\frac{1}{z^2}=0$$
$$\therefore \quad \left(z+\frac{1}{z}\right)^2+\left(z+\frac{1}{z}\right)-1=0$$
$$\therefore \quad x^2+x-1=0 \quad \cdots (\text{答})」$$
これも数学というものの解答ではない．問題の文意は'$z+\frac{1}{z}$ を解とする整数係数の２次方程式を，全て，理由を述べて列挙せよ．（従って１つだけならば，それに限ることを示さなくてはならない．）'である．まだ"ピン"とこないかな？　例えば，"1を解にもつ整数係数の２次方程式を求めよ"に対して，「$x=1$ より（単に x を掛けて）$x^2-1=0 \cdots$(答)」となるか？　すぐ上の"解答"はこれと同じようなことをしている．（1を解にもつ整数係数の２次方程式は $x^2-(m+1)x+m=0$（m は任意の整数）…**(答)**である．）

　上の 解 (３)をきちんと説明すると，次のようになる：

　整数係数の２次方程式の全ての形は次式に帰着する．
$$x^2+mx+n=0 \quad (m, \; n \text{ は有理数})$$
この２解は
$$x=\frac{-m\pm\sqrt{m^2-4n}}{2} \quad \cdots ①$$
そして，無理数 $z+\frac{1}{z}=\frac{-1+\sqrt{5}}{2}$ を解にもつ整数係数の２次方程式という制限を加えることより，①式は，$m^2-4n>0$ かつ $\sqrt{m^2-4n}$ が有理数ではないというもとで（$\sqrt{m^2-4n}$ は無理数となる）

§2. 複素数とその平面上の幾何

$$-m+\sqrt{m^2-4n} = -1+\sqrt{5}$$
$$\therefore \quad m=1, \ n=-1$$

よって①は
$$x = \frac{-1\pm\sqrt{5}}{2} \quad \cdots ②$$

これらを2解とする整数係数の2次方程式は唯1つ定まり，
$$x^2+x-1=0 \quad \cdots \text{(答)}$$

[解] (3)における '$z+\dfrac{1}{z}=\dfrac{-1+\sqrt{5}}{2}$ を解にもつ整数係数の2次方程式は $z'+\dfrac{1}{z'}=\dfrac{-1-\sqrt{5}}{2}$ （この値は $\left(z+\dfrac{1}{z}\right)^2+\left(z+\dfrac{1}{z}\right)-1=0$ から求めたものではない！）を解にもつ'ということは，実は，上の②式からのものであり，上述の内容が，[解] では要約されているのである．少なくとも，[解] のように述べておけば，然るべき人が見るのだから，何をやっているのかはすぐ分かる．とにかく，整数係数という仮定が入らないと，問題の2次方程式は無数に出てくる．"その仮定を論理的に用いた解答をせよ"というのが出題側の意図である．さもなくば，全小問，問題にならないではないか．

（入試数学とて，数学は底なしに難しい．単に結果が一致しただけでは必ずしも正解にはならない．筆者とて，数学の指導が怖くなってきた！）

基本事項 [2]

三角不等式

複素数についての三角不等式
2つの複素数 z_1, z_2 に対して
$$|z_1|\sim|z_2|\leqq|z_1+z_2|\leqq|z_1|+|z_2|$$
が成り立つ．

問題 5

z の方程式 $z^3+2z+5=0$ は $|z|\leqq 1$ の範囲には解をもたないことを示せ．

▶ z を求めてから $|z|\leqq 1$ を示そうなどとすることは無謀である．**基本事項 [2]** の三角不等式を用いる．しかし，どう用いるかが問題である．計算は殆ど要らないが，よく考える頭は要る．

解 もし $|z|\leqq 1$ の範囲内で解 z_0 をもつとすると，$z_0^3+2z_0+5=0$ である．しかるに三角不等式により

$$\begin{aligned}
0=|z_0^3+2z_0+5| &= |5-(-z_0^3-2z_0)| \\
&\geqq 5-|z_0^3+2z_0| \\
&\geqq 5-(|z_0^3|+2|z_0|) \\
&= 5-|z_0|^3-2|z_0| \\
&\geqq 5-1-2\times 1 \quad (\because |z_0|\leqq 1 \text{ より}) \\
&= 2
\end{aligned}$$

これは不合理である．よって $|z|\leqq 1$ の範囲では問題の方程式は解をもたない． ◀

複素数平面での幾何では，定線分の内分・外分の公式，三角形の重心を表す公式，そして直線・円の方程式は，平面でのベクトルのそれらに準ずるが，複素数のもつ共役性の故に表式変形されたものも少なくないので注意を要する．それは複素数の世界の内容の豊富さを物語っている．

基本事項 [3]

円に内接する四角形

トレミーの定理

円に内接する四角形 ABCD において，対辺の長さの積の和は対角線の長さの積に等しい：
$$AB \cdot CD + AD \cdot BC = AC \cdot DB$$

∵) 4点 A, B, C, D がこの順で共円条件を満たすことより問題8の図1参照．

点 A, B, C, D の順に，同一複素数平面上の点 z_1, z_2, z_3, z_4 を対応させる．線分の長さだけの関係式の証明であるから，$z_4 = 0$ としてよい．このとき
$$\arg \frac{z_2 - z_3}{z_1 - z_3} = \arg \frac{z_2}{z_1} \iff \arg \frac{z_1(z_2 - z_3)}{z_2(z_1 - z_3)} = 0$$

よって
$$|z_1(z_2 - z_3) - z_2(z_1 - z_3)|$$
$$= |z_1(z_2 - z_3)| \sim |z_2(z_1 - z_3)|$$

上式左辺 $= |(z_2 - z_1)z_3|$ であるから，
$$AB \cdot CD = -AD \cdot BC + BD \cdot AC \quad \textbf{q.e.d.}$$

(付記1) ABCD が凸四角形であれば，逆に上式が成り立っているとき，この四角形は円に内接する．

(付記2) 複素数平面において，上述のトレミーの定理を論ずる前には4点 A, B, C, D が共円条件を満たすことが前提となる．(以下の問題参照．)

(付記3) トレミーの定理をもう少し拡張して次のように述べることもできる：

相異なる4点 A, B, C, D において
$$AB \cdot CD + AD \cdot BC \geqq AC \cdot DB$$

等号成立は図のように A, B, C, D の順にそれらが同一円周上にあるときである．

(これはある恒等式からも得られるが，受験生は，ここまではやる必要はないだろう．そもそもトレミーの定理を使わなければ解けないような問題は，まず，ないと思われる．)

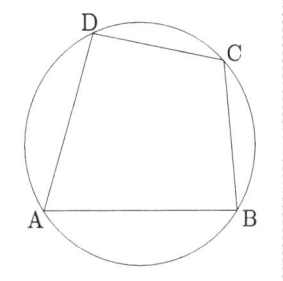

まずは教科書程度の基本的問題から．

問題6

複素数平面において，相異なる3点 z_1, z_2, z_3 がある．次のことを示せ．
(1) 線分 z_1z_2 と z_2z_3 が垂直ならば，$\dfrac{z_1-z_2}{z_3-z_2}$ は純虚数である．
(2) 3点 z_1, z_2, z_3 が同一直線上にあるならば，$\dfrac{z_1-z_2}{z_3-z_2}$ は実数である．

▶ (1)，(2) 共に解けて当然．偏角だけの問題であるから．

解 (1) 偏角は全て主値の範囲でとってよい． 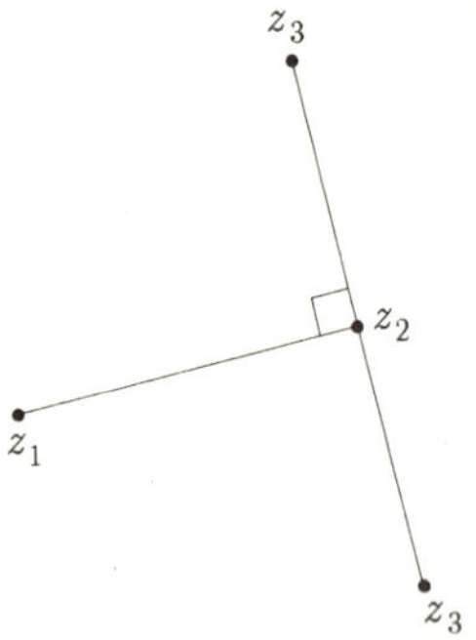
$$\arg(z_3-z_2)-\arg(z_2-z_1)$$
$$=\arg\frac{z_3-z_2}{z_2-z_1}=\arg\frac{z_1-z_2}{z_3-z_2}$$
$$=\frac{\pi}{2} \text{ または } \frac{3}{2}\pi$$

よって z_1-z_2 は z_3-z_2 を純虚数倍したものである，つまり
$$\frac{z_1-z_2}{z_3-z_2}=\text{純虚数} \quad \blacktriangleleft$$

(2) $\arg(z_3-z_2)-\arg(z_2-z_1)$
$$=\arg\frac{z_3-z_2}{z_2-z_1}=\arg\frac{z_1-z_2}{z_3-z_2}$$
$$=0 \text{ または } \pi$$

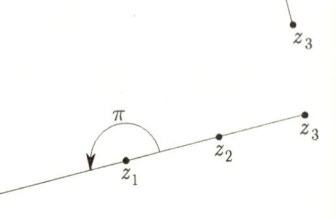

よって
$$\frac{z_1-z_2}{z_3-z_2}=\text{実数} \quad \blacktriangleleft$$

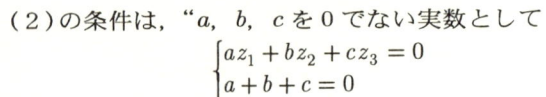

(付1) (1)，(2) 共に逆も成立する．
(2) の条件は，"a, b, c を 0 でない実数として
$$\begin{cases} az_1+bz_2+cz_3=0 \\ a+b+c=0 \end{cases}$$
である"とも叙述される．

(付2) 複素数平面上の3点 z_1, z_2, z_3 を頂点とする三角形が正三角形であるための条件は
$$z_1^2+z_2^2+z_3^2-(z_1z_2+z_2z_3+z_3z_1)=0$$
である．（各自，演習．）

§2. 複素数とその平面上の幾何　　　　　　　　　　　　233

問題7
（1） 複素平面上の3点 α, β, γ が同一直線上にある必要十分条件は $\dfrac{\gamma-\alpha}{\beta-\alpha}$ が実数であることを示せ．
（2） 3個の複素数 $-1, iz, z^2$ が同一直線上にある条件を求めよ．

（津田塾大・情報 ◇）

▶ （1）は問題ないだろう．（2）は，（1）に当てがうだけのことだが，芯はありそうである．

解 （1） 略．
（2）（1）により
$$\frac{z^2+1}{iz+1}=a \quad (a は実数)$$
$z=x+yi$（x, y は実数）と表すと，上式は
$$(x+yi)^2+1=a(xi-y+1) \quad (x \neq 0 \text{ または } y \neq 1)$$
$$\iff x^2-y^2+ay+1-a+x(2y-a)i=0 \quad (x \neq 0 \text{ または } y \neq 1)$$
$$\iff \begin{cases} x^2-y^2+ay+1-a=0 \\ x(2y-a)=0 \end{cases} (x \neq 0 \text{ または } y \neq 1)$$

$y=\dfrac{a}{2}$ とすると，もう一方の式より
$$x^2+\left\{\frac{1}{2}(a-2)\right\}^2=0$$
x, a は実数であるから，
$$x=0 \text{ かつ } a=2$$
$$\therefore \quad x=0, \ y=1$$
　　　　　（これは $x \neq 0$ または $y \neq 1$ と両立しない）

よって $x=0$ に限る．それ故 $y \neq 1$ である．そして
$$-y^2+ay+1-a=0$$
$$\iff (y-1)(y-a+1)=0$$
$y \neq 1$ であるから，
$$y=a-1 \neq 1$$
よって求める条件は
$$z=ki \quad (k は 1 でない実数) \quad \cdots \textbf{(答)}$$

問題8

複素数平面において，相異なる4点 z_1, z_2, z_3, z_4 が同一円周上にあれば，
$$\frac{z_1-z_3}{z_2-z_3} \cdot \frac{z_2-z_4}{z_1-z_4}$$
は実数であり，
$$\frac{z_1-z_3}{z_2-z_3}$$
は虚数であることを示せ．

▶ 前半は z_2, z_3 の入れ換えの図も描ける．後半は前問（2）の否定である．

解 （前半）相異なる4点 z_1, z_2, z_3, z_4 が同一円周上にある(帰結的に)独立な図は2通り（**図1**，**2**）ある．これらの4点の共円条件は次の通りである：

$$\angle z_2 z_3 z_1 = \angle z_2 z_4 z_1 \quad \cdots \text{①}$$

または

$$\angle z_2 z_3 z_1 + \angle z_2 z_4 z_1 = \pi \quad \cdots \text{②}$$

(ただし偏角は主値の範囲0以上 2π 未満でとる)

①より

$$\arg \frac{z_2-z_3}{z_1-z_3} = \arg \frac{z_2-z_4}{z_1-z_4} \quad \cdots \text{①}'$$

②より

$$\arg \frac{z_1-z_3}{z_2-z_3} + \arg \frac{z_2-z_4}{z_1-z_4} = \pi \quad \cdots \text{②}'$$

①′，②′より

$$\frac{z_1-z_3}{z_2-z_3} \cdot \frac{z_2-z_4}{z_1-z_4} = 実数 \quad \blacktriangleleft$$

図1

図2

（後半）3点 z_1, z_2, z_3 は同一直線上にはないから，

$$\arg \frac{z_1-z_3}{z_2-z_3} \neq 0, \ \pi$$

$$\therefore \ \frac{z_1-z_3}{z_2-z_3} = 虚数 \quad \blacktriangleleft$$

(付) 本問は逆も成立する．なお，$\frac{z_1-z_3}{z_2-z_3} \cdot \frac{z_2-z_4}{z_1-z_4}$ は複比とよばれ，$(z_1, z_2 ; z_3, z_4)$ などと表されるが，そんなことはどうでもよいだろう．

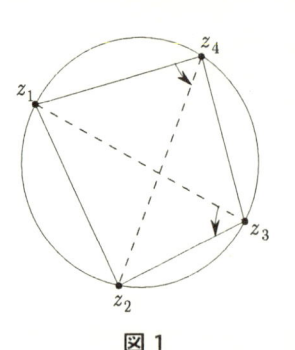

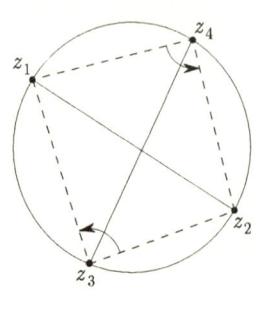

·―――― **基本事項 [4]** ――――·

複素数平面での図形と方程式

（以下では，いちいち"複素数平面"という用語はもち出さないことにする．）

❶ **直線の方程式**（これはやや発展的である）

α を複素数の定数，c を実数の定数として，一般に，直線の方程式は
$$\bar{\alpha}z + \alpha\bar{z} + c = 0$$
の形で表される．

> ∵) a, b, c は実数とする．xy 座標平面上の直線を l とする．
> $$l : ax + by + c = 0, \ (a, b) \neq (0, 0)$$
> ここで $x + yi = z$, $x - yi = \bar{z}$ と変換することにより
> $$l : a\left(\frac{z + \bar{z}}{2}\right) + b\left(\frac{z - \bar{z}}{2i}\right) + c = 0$$
> $$\therefore \ l : \left(\frac{a - bi}{2}\right)z + \left(\frac{a + bi}{2}\right)\bar{z} + c = 0$$
> $\frac{a + bi}{2} = \alpha$ とおくと
> $$l : \bar{\alpha}z + \alpha\bar{z} + c = 0 \quad \textbf{q.e.d.}$$

〈系〉
  ㋐ 原点を通らない直線の方程式
$$\bar{\alpha}z + \alpha\bar{z} + 1 = 0$$
  ㋑ 原点を通る直線の方程式
$$\arg z = c \ (c は実数の定数)$$

(付記) 相異なる 2 定点 α, β から等距離にある点の軌跡は直線である．

❷ **円の方程式**

α を複素数の定数，r を正の実数として，円の方程式は
$$|z - \alpha| = r$$
の形で表される．これは
$$z\bar{z} - \bar{\alpha}z - \alpha\bar{z} + |\alpha|^2 = r^2 \ (r > 0)$$
と同じことである．

(付記) 直線は半径 ∞ の円とみなすことができる：問題 8 での(付)において $z_4 \to \infty$ とでもすれば，直観的には，納得できよう．

問題 9

a, b, c を実数とする．方程式 $x^3 + ax^2 + bx + c = 0$ の 3 つの解が次の条件を満たすものとする．

(ア) α は実数で β, γ は実数でない．

(イ) $|\alpha - 1 + 4i| = |\beta - 1 + 4i| = 5$

このとき $|\alpha\beta\gamma|$ が最大となるような c の値を求めよ． (信州大・理 ◇)

▶ 3 次方程式の解と係数の関係式と条件(ア)より $\gamma = \overline{\beta}$ （あるいは，同じことだが，$\beta = \overline{\gamma}$）が成立する．

解 解と係数の関係により

$$\begin{cases} \alpha + \beta + \gamma = -a & \cdots ① \\ \alpha\beta + \beta\gamma + \gamma\alpha = b & \cdots ② \\ \alpha\beta\gamma = -c & \cdots ③ \end{cases}$$

①において(ア)より

$$\gamma = \overline{\beta}$$

よって③より

$$|c| = |\alpha\beta\gamma| = \alpha|\beta|^2 \quad \cdots ④$$

次に(イ)において，$1 - 4i = z_0$ とおくと，

$$|\alpha - z_0| = 5$$

$$\iff \alpha^2 - (z_0 + \overline{z_0})\alpha + |z_0|^2 = 25$$

$$\iff (\alpha - 4)(\alpha + 2) = 0$$

$$(\because z + \overline{z_0} = 2, \ |z_0|^2 = 17 \text{ であるから})$$

よって α の最大値は 4 である．
従って④より

$$|c| \leq 4|\beta|^2 \quad \cdots ⑤$$

さらに(イ)より $|\beta - z_0| = 5$ であるから，⑤より

$$|c| \leq 4(\sqrt{17} + 5)^2 \quad \text{(右図参照)}$$
$$= 4(42 + 10\sqrt{17})$$

よって求めるべき c の値は（③より $c = -\alpha|\beta|^2$ であるから）

$$c = -8(21 + 5\sqrt{17}) \quad \cdots \textbf{(答)}$$

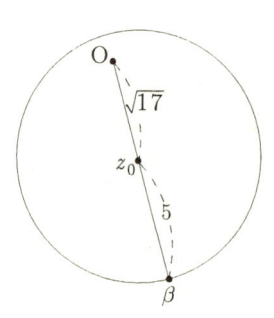

$|\beta|^2$ が最大となる β の位置

問題 10

複素数平面上の異なる 2 点 z_1, z_2 に対して $z = az_1 + bz_2$ とする．ただし $a \geqq 0$, $b \geqq 0$ とする．

(1) $a + b = 1$ とし，$|z_1| = 2\sqrt{3}$, $|z_2| = \sqrt{6}$, $\arg \frac{z_1}{z_2} = 45°$ とする．このとき点 z が動いてできる図形の長さ l を求めよ．

(2) z_1, z_2 が (1) の条件を満たすとする．$2 \leqq a + b \leqq 3$ のとき，点 z が動いてできる図形の面積 S を求めよ．

(3) z_1, z_2 は $z_1 = -2 + 2i$, $|z_2 - 2i| = 1$ を満たすとする．$a + b = 1$ のとき，複素数 z の偏角の最大値および最小値を求めよ．

(千葉大 ◇)

▶ (1), (2) は線分の内分点問題で，a, b がパラメーターになっている場合だから，z の軌跡・領域問題になる．ベクトルの場合と同じように扱えばよい．(3) は，z_2 が円の方程式を満たすように動くだけのことである．

解 $z = az_1 + bz_2$ $(z_1 \neq z_2, \ a \geqq 0, \ b \geqq 0)$

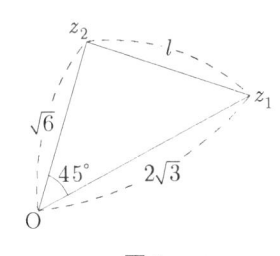

(1) $a + b = 1$ というから，点 z は**図 1** のように線分 $z_1 z_2$ を描く．
求める長さは
$$l = \sqrt{6} \quad \cdots (\text{答})$$

(2) $a \geqq 0$, $b \geqq 0$, $2 \leqq a + b \leqq 3$ より $z = az_1 + bz_2$ の存在領域は**図 2** のようになる．
求める面積は
$$S = \frac{1}{2}\{(3\sqrt{6})^2 - (2\sqrt{6})^2\}$$
$$= 15 \quad \cdots (\text{答})$$

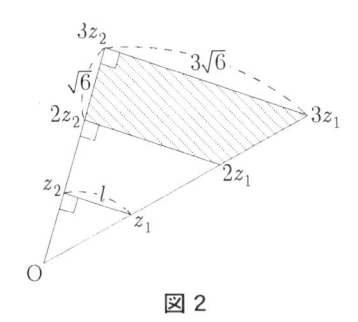

(3) 点 z_2 は点 $2i$ を中心とした半径 1 の図を描く．そして $a + b = 1$ より点 z の存在領域は**図 3** の霞状領域（境界は含まれる）である．

図 1

図 2

この図より
$$60° \leq \arg z \leq 135°$$
∴ $\arg z$ の
$\begin{cases} 最大値 135° (z = -2+2i \text{のとき}) \\ 最小値 60° \left(z = \frac{\sqrt{3}}{2} + \frac{3}{2}i \text{のとき}\right) \end{cases}$

…(答)

図 3

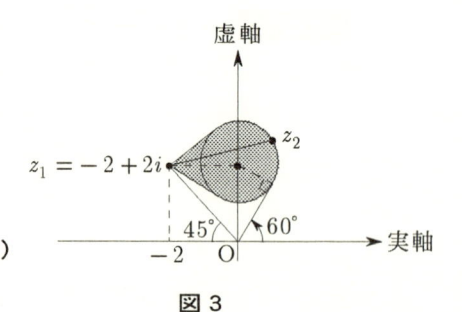

さらに1次関数の初歩について少し．

・基本事項［5］・

1 次（分数）変換

1 次分数関数

a, b, c, d を複素数の定数とする．
$$f(z) = \frac{az+b}{cz+d} \quad (ad - bc \neq 0)$$
これは次のようにも表される：
$$f(z) = \frac{bc - ad}{c(cz+d)} + \frac{a}{c}$$
$ad - bc \neq 0$ は $f(z)$ が定値関数でないことを意味する．この条件下で逆関数 f^{-1} が存在する．（$cz+d=0$ となる z の値を極というが，この用語は気にしなくてよい．）

（付記） この分数関数は次の3つの1次変換から成っている：
$$f_1(z) = cz + d \quad (擬似変換),$$
$$f_2(z) = \frac{1}{z} \quad (反転),$$
$$f_3(z) = \frac{bc-ad}{c} z + \frac{a}{c}$$
$f(z)$ はこれらの合成，すなわち，
$$f(z) = f_3(f_2(f_1(z))) \quad (メービウス変換)$$
である．変換 $f(z)$ は広義の円を広義の円に移すものである．

問題 11

複素数 z を与えたとき，複素数 w は
$$w = \frac{z+p}{qz+r}$$
で定まるものとする．ただし p, q, r は複素数の定数である．$z = 0, i, -i$ のとき，w はそれぞれ $w = 1, -1, 0$ となる．

(1) p, q, r を求めよ．
(2) $|w| = 1$ を満たすような z の集合を複素数平面上に図示せよ．

(横浜国大 ◇)

▶ (1) は初歩的だが，(2) は力量差が現れる．

解 (1) 条件より
$$1 = \frac{p}{r},$$
$$-1 = \frac{i+p}{qi+r},$$
$$0 = \frac{-i+p}{-qi+r}$$

以上を解いて
$$p = r = i, \quad q = -3 \quad \cdots \text{(答)}$$

(2) $w = \dfrac{z+i}{-3z+i}$ であるから，
$$1 = |w| = \left|\frac{z+i}{3z-i}\right|$$
よって
$$|3z - i| = |z + i|$$
ただし $z \neq \dfrac{i}{3}$ である．上式を 2 乗して整理していく：
$$(3z - i)(3\bar{z} + i) = (z+i)(\bar{z} - i)$$
$$\iff 9|z|^2 + 3i(z - \bar{z}) + 1 = |z|^2 + i(\bar{z} - z) + 1$$
$$\iff 8|z|^2 + 4iz - 4i\bar{z} = 0$$
$$\iff z\bar{z} + \frac{1}{2}iz - \frac{1}{2}i\bar{z} = 0 \quad \cdots \text{①}$$

① が
$$(z - \alpha)(\bar{z} - \beta) = \gamma \quad \cdots \text{②}$$
となるように複素数定数 α, β, γ を定める．
①，② より

$$\alpha = \frac{i}{2}, \quad \beta = -\frac{i}{2}$$
$$\therefore \gamma = \frac{1}{4}$$

よって②は

$$\Leftrightarrow \left(z - \frac{i}{2}\right)\left(\bar{z} + \frac{i}{2}\right) = \frac{1}{4}$$
$$\Leftrightarrow \left(z - \frac{i}{2}\right)\overline{\left(z - \frac{i}{2}\right)} = \left(\frac{1}{2}\right)^2$$
$$\Leftrightarrow \left|z - \frac{i}{2}\right| = \frac{1}{2}$$

点 z は点 $\frac{i}{2}$ を中心とした半径 $\frac{1}{2}$ の円を描く．

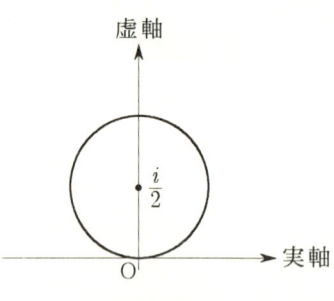

問題 12

z 平面上に図のような直角二等辺三角形 Oz_1z_2 がある．w 平面上への変換 $w = f(z) = \frac{1}{z}$ によって図の三角形の周囲はどんな図形になるか．図示せよ．ただし，$a > 0$ とする．

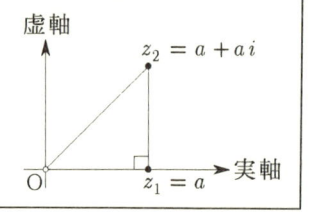

▶ 本問は，これまでの基本事項を総合したもの．「1次変換だから，三角形は三角形へうつる．」などと早合点しないこと．筆者は問題にトリックを仕掛けない方なので，実力があれば，素直に解けるはずだが？

解 まず，線分 Oz_1 上の点は $z = x \ (0 < x \leq a)$ で表されるから

$$w = \frac{1}{x} \quad \text{より} \quad w \geq \frac{1}{a}$$

次に，線分 z_1z_2 上の点は $\frac{z + \bar{z}}{2} = a, \ z = a + yi \ (0 \leq y \leq a)$ で表されるから $z = \frac{1}{w} \ (w \neq 0)$ に代入して

$$\frac{1}{w} + \frac{1}{\bar{w}} = 2a, \quad w = \frac{1}{a + yi} \ (0 \leq y \leq a)$$
$$\Leftrightarrow \left|w - \frac{1}{2a}\right| = \frac{1}{2a}, \quad w = \frac{a - yi}{a^2 + y^2} \ (0 \leq y \leq a)$$

そして，線分 Oz_2 上の点は $z = x + xi$ $(0 < x \leq a)$ で表されるから

$$w = \frac{1}{x(1 + i)} = \frac{1}{2x}(1 - i) \ (0 < x \leq a)$$

以上から，図の太実線の部分が求める図形となる．

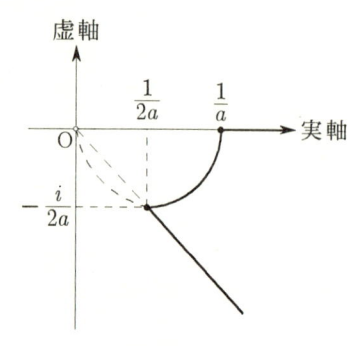

〈解答図〉

第5部

数列の極限と無限級数および関数の極限

　極限というものを，諸君は
　　　　　　　　"ある点に限りなく近づくこと"
あるいは
　　　　　　　　"±∞に限りなく向かうこと"
と学んできたことであろう．初歩的かつ感覚的段階ではこれでよい．しかし，少し考える人ならば，このような表現は，実に非数学的で漠然とした直観に過ぎないことに気付かれるであろう．もし諸君の中でそのようなことに気付いている人がいれば，それは，かなり，数学的センスのある人である．

　実際，数学の歴史の中でも，上述のことが明確に定義付けされるまでには，大分，長い歴史的時間（少なくとも1800年頃まで）を要しており，それ以前には，常に計算だけが先走りしては，つまずいていたのである．いわゆる無限小解析の世界の理解に，これ程，手間どってしまったことは，それだけ難しい概念であったからである．勿論，入試レベルまでは，そのようなことには，全然，触れないわけだが，人間というものの頭がいかにがさつなものであるかを，はっきり示している顕著な例といえよう．そのようなことを学んでみたい人も多いかもしれないが，それ以前に，まずはlim 算法がしっかりできていなくてはならない．（そしてこのような極限が，**第6部の微分積分**の屋台骨になっているのである．）

§1. 数列の極限と無限級数

第2部では数列を学んだが，ここでは $n \to \infty$ での数列 $\{a_n\}$ の極限を扱う．それから $\sum_{n=1}^{\infty} a_n$ なる無限級数の収束・発散を扱う．

〈1〉—（a）数列の収束・発散

数列の収束・発散では，通常，自然数 n についての分数式や無理式で問題になるが，具体的問題に入る前に，一般的数列 $\{a_n\}$ の収束・発散というものを概観的に復習しておくことにする．

数列の収束・発散について

数列 $\{a_n\}$ $(n = 1, 2, \cdots)$ がある．$n \to \infty$ においては
$$\lim_{n \to \infty} a_n = \begin{cases} \alpha \quad (\alpha \text{ は極限値}) \\ \pm\infty \\ \text{その他} \end{cases}$$
に分けられる．上記の順に $\{a_n\}$ は収束，発散，（広い意味で）振動するといわれる．

・基本事項 ［1］・

〈定理 1-1〉

数列 $\{a_n\}$，$\{b_n\}$ がそれぞれ α, β に収束するならば，次の諸公式が成り立つ．

㋐ $\lim\limits_{n \to \infty} (c a_n) = c\alpha$ （c は定数）

㋑ $\lim\limits_{n \to \infty} (a_n + b_n) = \alpha + \beta$

㋒ $\lim\limits_{n \to \infty} (a_n b_n) = \alpha\beta$

㋓ $\lim\limits_{n \to \infty} \dfrac{a_n}{b_n} = \dfrac{\alpha}{\beta}$ $(b_n \not\equiv 0, \ \beta \not= 0)$

(付記) 上述の事柄を証明することは，高校程度ではやらない．そのことを抜きにして，少し付記しておく．上述において $\{a_n\}$, $\{b_n\}$ が α, β に収束するという仮定は，ある公式に対しては，少し強いのである：$\{a_n\}$, $\{b_n\}$ が共に発散しても⑦は成立する．しかし，これを①に当てはめるわけにはゆかない．例えば，$a_n = n+1$, $b_n = -n$ は各々が $\lim_{n\to\infty} a_n = \infty$, $\lim_{n\to\infty} b_n = -\infty$ であり，①を文字通り解釈すると，$\lim_{n\to\infty}\{(n+1)-n\} = \infty - \infty$ となる．実際は，当然，$\lim_{n\to\infty}\{(n+1)-n\} = 1$ である．このように，一般的内容になればなるほど，注意を要することになる．

極限を求める手段として，極めて強力なものが，通称，"はさみうちの原理" と呼ばれるものである．

・━━━━ 基本事項 [2] ━━━━・

〈原理〉"はさみうち"

数列 $\{a_n\}$, $\{b_n\}$, $\{c_n\}$ において自然数 n がある値以上で，つねに $b_n \leqq a_n \leqq c_n$ であり，かつ $\lim_{n\to\infty} b_n = \lim_{n\to\infty} c_n = \alpha$ （極限値）であるならば，
$$\lim_{n\to\infty} a_n = \alpha$$
である．

〈系〉

数列 $\{a_n\}$, $\{b_n\}$ において自然数 n がある値以上で，つねに $b_n \leqq a_n$ であり，かつ $\lim_{n\to\infty} b_n = \infty$ であるならば，
$$\lim_{n\to\infty} a_n = \infty$$
である．

または，つねに $a_n \leqq b_n$ であり，かつ $\lim_{n\to\infty} b_n = -\infty$ であるならば，
$$\lim_{n\to\infty} a_n = -\infty$$
である．

(例) $\lim_{n\to\infty} \frac{\sin n}{n}$ の値は，$-1 \leqq \sin n \leqq 1$ であるから，$-\frac{1}{n} \leqq \frac{\sin n}{n} \leqq \frac{1}{n}$ で，$\lim_{n\to\infty} \frac{1}{n} = 0$ より，$\lim_{n\to\infty} \frac{\sin n}{n} = 0$ となる．

まずは，はさみうちの原理を用いない問題から．

問題 1

次の問いに答えよ．
(1) 次の条件を満たす数列 $\{a_n\}$ の一般項を求めよ．
$$a_1 = 1, \quad a_2 = 3$$
$$a_{n+2} - a_{n+1} - a_n = 0$$
(2) 数列 $\{a_n\}$ は次の条件を満たしているとする．
「正の整数 n に対して
$$\left(\frac{1+\sqrt{5}}{2}\right)^n = b_n + c_n,$$
b_n は正の整数，$0 < c_n < 1$」
このとき，2つの極限値 $\lim_{n\to\infty} c_{2n+1}$, $\lim_{n\to\infty} c_{2n}$ を求めよ．

(京都府医大 ◇)

▶ (1) これは，最早，問題ではないだろうから略解を示すに留めておく．(2) これは実力差が現れそうである．(1) の結果を利用することは間違いないが，それだけではだめである．数列 $\{a_n\}$ が整数数列であることを捉えておかなくてはならない．

解 (1) $\alpha + \beta = 1$, $\alpha\beta = -1$ として
$$\begin{cases} a_{n+1} - \alpha a_n = \beta^{n-1}(a_2 - \alpha a_1) = \beta^{n-1}(3-\alpha) \\ a_{n+1} - \beta a_n = \alpha^{n-1}(a_2 - \beta a_1) = \alpha^{n-1}(3-\beta) \end{cases}$$
辺々相引くと，
$$(\beta - \alpha)a_n = (3-\alpha)\beta^{n-1} - (3-\beta)\alpha^{n-1}$$
ここで
$$3 - \alpha = \beta(\beta - \alpha), \quad 3 - \beta = \alpha(\alpha - \beta)$$

であるから，
$$a_n = \beta^n + \alpha^n = \left(\frac{1+\sqrt{5}}{2}\right)^n + \left(\frac{1-\sqrt{5}}{2}\right)^n \quad \cdots (答)$$

（2）(1)の結果より
$$\left(\frac{1+\sqrt{5}}{2}\right)^n = a_n - \left(\frac{1-\sqrt{5}}{2}\right)^n$$

このことと与えられた条件より
$$\left(\frac{1+\sqrt{5}}{2}\right)^{2n+1} = a_{2n+1} - \left(\frac{1-\sqrt{5}}{2}\right)^{2n+1} = b_{2n+1} + c_{2n+1}$$

よって
$$c_{2n+1} = a_{2n+1} - b_{2n+1} + \left(\frac{\sqrt{5}-1}{2}\right)^{2n+1}$$

ここで $0 < \left(\frac{\sqrt{5}-1}{2}\right)^{2n+1} < 1$ であり，そして a_n, b_n は整数であるから，$a_{2n+1} - b_{2n+1}$ が $|a_{2n+1} - b_{2n+1}| \geqq 1$ なる整数では $0 < c_{2n+1} < 1$ に矛盾するので，$a_{2n+1} - b_{2n+1} = 0$ でなくてはならない．よって，
$$a_{2n+1} = b_{2n+1}, \quad c_{2n+1} = \left(\frac{\sqrt{5}-1}{2}\right)^{2n+1}$$
$$\therefore \lim_{n \to \infty} c_{2n+1} = 0$$

次に
$$\left(1+\frac{\sqrt{5}}{2}\right)^{2n} = a_{2n} - \left(\frac{1-\sqrt{5}}{2}\right)^{2n} = b_{2n} + c_{2n}$$

より
$$c_{2n} = a_{2n} - b_{2n} - \left(\frac{\sqrt{5}-1}{2}\right)^{2n}$$
$$= a_{2n} - b_{2n} - 1 + 1 - \left(\frac{\sqrt{5}-1}{2}\right)^{2n}$$

ここで $0 < c_{2n} < 1,\ 0 < 1 - \left(\frac{\sqrt{5}-1}{2}\right)^{2n} < 1$ より $a_{2n} - b_{2n} - 1$ は前と同様の論法により 0 である．よって
$$a_{2n} = b_{2n} + 1, \quad c_{2n} = 1 - \left(\frac{\sqrt{5}-1}{2}\right)^{2n}$$
$$\therefore \lim_{n \to \infty} c_{2n} = 1$$

以上から
$$\lim_{n \to \infty} c_{2n+1} = 0, \quad \lim_{n \to \infty} c_{2n} = 1 \quad \cdots (答)$$

次は，はさみうちの原理を用いる問題

> **問題 2**
>
> 次の極限を求めよ．
> （1）$\lim_{n\to\infty} \dfrac{\log n}{\log(n+1)}$　（log は常用・自然対数のどちらでもよい）
>
> （富山大（改））
>
> （2）$\lim_{n\to\infty} \dfrac{a^n}{n!}$　（a はある自然数）

▶　（1）の極限は 1 のようだと予想がついたかな？　それを，はさみうちの原理で示すには？　（2）は，ある n の値から $n!$ は a^n より莫大な値をとってくるので，極限は 0 のようだと予想がつく．

解　（1）$n \to \infty$ とするので $n > 1$ としておいてよい．その下で
$$0 < \log n < \log(n+1) < \log(n+n)$$
$$= \log(2n)$$
$$= \log 2 + \log n$$

よって
$$1 < \frac{\log(n+1)}{\log n} < \frac{\log 2 + \log n}{\log n} \quad (n > 1)$$
$$\iff \frac{\log n}{\log 2 + \log n} < \frac{\log n}{\log(n+1)} < 1 \quad (n > 1)$$

はさみうちの原理により
$$\lim_{n\to\infty} \frac{\log n}{\log(n+1)} = 1 \quad \cdots \text{(答)}$$

（2）n を充分大きな値としてとると，問題の自然数 a は
$$(n-1)! = 1 \cdot 2 \cdot \cdots \cdot a \cdot (a+1) \cdot \cdots \cdot (n-1)$$
として存在する．そこで
$$a^n \leqq \underbrace{a \cdot a \cdot \cdots \cdot a}_{a+1 \text{ 個}} \cdot (a+1) \cdot \cdots \cdot (n-1)$$
$$= \frac{a^{a+1}}{a!}(n-1)!$$

であるから，
$$0 < \frac{a^n}{n!} \leqq \frac{a^{a+1}}{a!} \cdot \frac{1}{n}$$
よって，はさみうちの原理により
$$\lim_{n\to\infty} \frac{a^n}{n!} = 0 \quad \cdots（答）$$

問題 3

$x > 0$, n は 1 より大きい自然数とする．
（1）不等式
$$(1+x)^n \geqq 1 + nx + \frac{n(n-1)}{2}x^2$$
が成立することを示せ．
（2）$(1+n)^{\frac{1}{n}} = 1 + a_n$ とするとき，不等式
$$1 \geqq a_n + \frac{n-1}{2}a_n^2$$
が成立することを示せ．
（3）（2）の結果を用いて，$\lim_{n\to\infty}(1+n)^{\frac{1}{n}}$ の値を求めよ． （神戸大 ♦）

▶ （1）は帰納法でも 2 項展開でもよい．（2）は $1+n = (1+a_n)^n$ とみれば，もう明らかであろう．（3）は，（2）での a_n が $\lim_{n\to\infty} a_n = 0$ であることを見抜ければ，易しいが，さもないと….

解 （1）帰納法で示す．
$n = 2$ のとき
$$左辺 = (1+x)^2 = 1 + 2x + x^2$$
$$= 右辺$$
$n = k$ のとき
$$(1+x)^k \geqq 1 + kx + \frac{k(k-1)}{2}x^2$$
の成立を仮定して，両辺に $1+x (>0)$ をかけると，
$$(1+x)^{k+1} \geqq (1+x)\left\{1 + kx + \frac{k(k-1)}{2}x^2\right\}$$
$$= 1 + (k+1)x + \frac{k(k+1)}{2}x^2 + \frac{k(k-1)}{2}x^3$$

$$\geqq 1+(k+1)x+\frac{k(k+1)}{2}x^2$$
$$\left(\because \frac{k(k-1)}{2}x^3>0 \text{ より}\right)$$

よって任意の自然数 $n(\geqq 2)$ について，問題の不等式は成立している． ◀

（2） $$(1+n)^{\frac{1}{n}}=1+a_n$$
このことと（1）により
$$1+n=(1+a_n)^n$$
$$\geqq 1+na_n+\frac{n(n-1)}{2}a_n^2$$
よって
$$n \geqq na_n+\frac{n(n-1)}{2}a_n^2$$
$$\therefore \quad 1 \geqq a_n+\frac{n-1}{2}a_n^2 \quad ◀$$

（3）（2）での a_n は $0<a_n<1$ である．（2）の結果により
$$0<a_n^2<\frac{2}{n-1}(1-a_n)$$
であるから，はさみうちの原理により
$$\lim_{n\to\infty}a_n^2=0 \quad \therefore \quad \lim_{n\to\infty}a_n=0$$
よって
$$\lim_{n\to\infty}(1+n)^{\frac{1}{n}}=\lim_{n\to\infty}(1+a_n)$$
$$=1 \quad \cdots\text{（答）}$$

（付）（1）の不等式は，なかなか，使い得のあるものである．これを用いて，例えば，$\lim_{n\to\infty}\sqrt[n]{a}=1$（$a$ は正の定数）を示すことができる：

$a=1$ のときは明らかであり，$0<a<1$ のときは $a>1$ のときの $\frac{1}{a}$ を，$0<a<1$ の a と見直せばよいから，$a>1$ の場合で示してみる．
$\sqrt[n]{a}=1+h_n$ $(h_n>0)$ とおけるから，$n\geqq 1$ として
$$a=(1+h_n)^n \geqq 1+nh_n$$
$$>nh_n$$
よって
$$0<h_n<\frac{a}{n} \quad (n\geqq 1)$$
はさみうちの原理により
$$\lim_{n\to\infty}h_n=0$$

§1. 数列の極限と無限級数

$$\therefore \lim_{n\to\infty} \sqrt[n]{a} = 1 \quad \textbf{q.e.d.}$$

もう1つ例を，
x を $0 < x < 1$ なる実数とすると，$\lim_{n\to\infty} nx^n = 0$ を示すことができる．
まず不等式

$$(1+h)^n \geqq 1 + nh + \frac{n(n-1)}{2} h^2 \quad (h > 0,\ n\ \text{は}\ 2\ \text{以上の自然数})$$

により

$$(1+h)^n > \frac{n(n-1)}{2} h^2$$

そこで $\dfrac{1}{1+h} = x$ とおくと $0 < x < 1$ であり，この下で

$$\frac{1}{x^n} > \frac{n(n-1)}{2} \left(\frac{1}{x} - 1\right)^2$$

$$\longleftrightarrow 0 < nx^n < \left(\frac{x}{1-x}\right)^2 \cdot \frac{2}{n-1}$$

$$\therefore \lim_{n\to\infty} nx^n = 0 \quad \textbf{q.e.d.}$$

この項の最後に，漸化式で与えられた数列の極限を扱っておく．

漸化式は帰納的に数列の一般項 a_n を定めるものである．例えば $a_1 = 1$，$a_{n+1} = \dfrac{1}{2} a_n + 1$ なる漸化式では，$a_1 = 1$，$a_2 = \dfrac{3}{2}$，$a_3 = \dfrac{7}{4}$，… と逐次 a_n が定められていく．このような数列 $\{a_n\}$ の一般項 a_n は

$$a_n = 2 - \left(\frac{1}{2}\right)^{n-1}$$

で与えられる．
この数列の極限は

$$\lim_{n\to\infty} a_n = 2$$

である．
一般項 a_n を求めずして，この数列の極限を求めることもできる：
$\lim_{n\to\infty} a_n = \alpha$ なる極限値 α があると仮定すると，漸化式より

$$\alpha = \frac{1}{2} \alpha + 1 \quad \therefore \quad \alpha = 2$$

$\alpha = 2$ が $\{a_n\}$ の極限値であることを示す：

$$a_n - 2 = \frac{1}{2}(a_{n-1} - 1)$$

$$= \left(\frac{1}{2}\right)^{n-1} (a_1 - 2) \to 0 \quad (n \to \infty)$$

よって $\{a_n\}$ は 2 に収束するというのである.

このような簡単な 1 次漸化式では一般項が容易に求められるので, $\lim_{n\to\infty} a_n = \alpha$ (極限値) の存在を仮定しても大して御利益はないが, 非 1 次漸化式では, それに頼らざるを得なくなる.

そこで, この項では漸化式が解ける場合と解けない (あるいは解くことが極めて面倒である) 場合に分けて, 問題を解いてゆく.

問題 4

a_1 を正の実数とし,
$$a_{n+1} = 2\sqrt{a_n} \quad (n = 1, 2, 3, \cdots)$$
によって数列 $\{a_n\}$ を定める. このとき $\lim_{n\to\infty} a_n$ を求めよ.

(埼玉大 ◊)

▶ 漸化式の両辺の対数をとると, 1 次漸化式に帰着する.

解 つねに $a_n > 0$ である. そこで与式の常用対数をとると,
$$\log a_{n+1} = \frac{1}{2} \log a_n + \log 2$$
$\log a_n = b_n$ とおくと,
$$b_{n+1} = \frac{1}{2} b_n + \log 2$$
$$\iff b_{n+1} - 2\log 2 = \frac{1}{2}(b_n - 2\log 2)$$
$$\therefore \quad b_n = 2\log 2 + \left(\log \frac{a_1}{4}\right) \cdot \left(\frac{1}{2}\right)^{n-1} \to 2\log 2 \quad (n \to \infty)$$
$$\therefore \quad \lim_{n\to\infty} a_n = 4 \quad \cdots \text{(答)}$$

(付) 少しうるさいことを言うと, 関数 log の連続性に言及しなくてはならないが, この点は大目に見てもらえる.

問題5

数列 $\{x_n\}$ が
$$x_1 = a, \quad x_n = \frac{bx_{n+1}}{1-x_{n+1}} \quad (n=1, 2, 3, \cdots)$$
で与えられているとき，次の問いに答えよ．ただし a と b は正の定数とする．
 (1) 一般項 x_n を求めよ．
 (2) $\lim_{n\to\infty} x_n$ を求めよ．　　　　　　　　　　　　　　（九州大 ◇）

▶ 漸化式の両辺の逆数をとればよいことは気付いたかな？　その前に，ちょっとうるさいことを片付けなくてはならないが．

解　(1) ある x_n が 0 であるとすると，漸化式より $bx_{n+1} = 0$, $b > 0$ より $x_{n+1} = 0$ となる．よって漸化式より全ての x_n が 0 となり，$x_1 = a > 0$ に反する．よって全ての x_n が 0 でない．

与漸化式の逆数をとると，
$$\frac{1}{x_n} = \frac{1}{bx_{n+1}} - \frac{1}{b}$$

（ここで $x_{n+1} = 1$ とすると矛盾が生ずるので，$x_{n+1} \neq 1$ はつねに保たれていることになる．）

$\frac{1}{x_n} = y_n$ とおくと
$$y_n = \frac{1}{b} y_{n+1} - \frac{1}{b}$$

$b = 1$ のとき
$$y_{n+1} - y_n = 1 \quad \left(y_1 = \frac{1}{a}\right)$$
$$\therefore \quad y_n = \frac{1}{a} + (n-1)\cdot 1$$

$b \neq 1$ のとき
$$y_{n+1} - \frac{1}{1-b} = b\left(y_n - \frac{1}{1-b}\right) \quad \left(y_1 = \frac{1}{a}\right)$$
$$\therefore \quad y_n = \frac{1}{1-b} + \frac{1-a-b}{a(1-b)} b^{n-1}$$

以上から

$$x_n = \begin{cases} \dfrac{a}{(n-1)a+1} & (b=1 \text{のとき}) \\ \dfrac{a(1-b)}{a+(1-a-b)b^{n-1}} & (b \neq 1 \text{のとき}) \end{cases} \quad \cdots \text{(答)}$$

（2）（1）の結果より
$$\lim_{n\to\infty} x_n = \begin{cases} 1-b & (0<b<1 \text{のとき}) \\ 0 & (b \geqq 1 \text{のとき}) \end{cases} \quad \cdots \text{(答)}$$

問題 6

p, q は $p>0, q>0, p+q=1$ をみたす定数とする．$a_0=1, b_0=2$ として $a_n, b_n (n=1, 2, \cdots)$ を
$$a_n = pa_{n-1} + qb_{n-1},$$
$$b_n = pb_{n-1} + qa_n$$
により定める．
（1）$c_n = b_n - a_n$ とおくとき，$\{c_n\}$ が等比数列であることを示せ．
（2）a_n と $\lim_{n\to\infty} a_n$ を求めよ．
（3）b_n と $\lim_{n\to\infty} b_n$ を求めよ． (名古屋市大・医 ◇)

▶ ここの出題としては比較的素直な方である．それでも実力通りの得点差が，適度に現れたことであろう．（1）が出来れば，（2）と（3）は芋蔓式に解ける．（1）は与漸化式を辺々相引いて，それから一方を使えばよい．

解 （1） $a_n = pa_{n-1} + qb_{n-1} \quad \cdots ①$
$\qquad\qquad b_n = pb_{n-1} + qa_n \quad \cdots ②$
②－①より
$$b_n - a_n = (p-q)b_{n-1} + qa_n - pa_{n-1}$$
$$= (p-q)b_{n-1} + q(pa_{n-1}+qb_{n-1}) - pa_{n-1} \quad (\because ① \text{より})$$
$$= p(q-1)a_{n-1} + (p-q+q^2)b_{n-1}$$
ここで $p+q=1$ より
$$b_n - a_n = -(1-q)^2 a_{n-1} + (1-q)^2 b_{n-1}$$
$$= (1-q)^2 (b_{n-1} - a_{n-1})$$
$p=1-q>0$ より $1-q \neq 0$ であるから，上式は数列 $\{c_n\} = \{b_n - a_n\}$ が初項

$c_0 = b_0 - a_0 = 2 - 1 = 1$，公比 $(1-q)^2$ の等比数列であることを示している．

（2）（1）の結果より
$$c_n = (1-q)^2 c_{n-1}$$
$$= (1-q)^{2n} c_0$$
$$= (1-q)^{2n} = p^{2n}$$
$$\therefore \quad b_n = a_n + p^{2n}$$

これを①に代入する：
$$a_n = p\,a_{n-1} + 2(a_{n-1} + p^{2(n-1)})$$
$$= (p+q)\,a_{n-1} + q p^{2n-2}$$
$$= a_{n-1} + (1-p)\,p^{2n-2} \quad (\because \ p+q=1 \text{ より})$$

よって
$$a_n = a_0 + \sum_{k=0}^{n-1}(1-p)\,p^{2k}$$
$$= 1 + (1-p)\cdot\frac{1-p^{2n}}{1-p^2}$$
$$= 1 + \frac{1-p^{2n}}{1+p}$$
$$\therefore \quad a_n = \frac{2+p-p^{2n}}{1+p} \quad \cdots (\text{答})$$

$0 < p < 1$ であるから
$$\lim_{n\to\infty} a_n = \frac{2+p}{1+p} \quad \cdots (\text{答})$$

（3）（2）の結果の a_n を①に代入する：
$$q b_n = a_{n+1} - p\,a_n$$
$$= \frac{2+p-p^{2(n+1)} - p(2+p-p^{2n})}{1+p}$$
$$= \frac{2-p-p^2 + p^{2n+1}(1-p)}{1+p}$$
$$= \frac{(1-p)(p+2+p^{2n+1})}{1+p}$$
$$\therefore \quad b_n = \frac{2+p+p^{2n+1}}{1+p} \quad \cdots (\text{答})$$
$$\therefore \quad \lim_{n\to\infty} b_n = \frac{2+p}{1+p} \quad \cdots (\text{答})$$

問題 7

a を $0 \leqq a < 1$ なる定数とし,数列 $\{x_n\}$ を
$$x_1 = 1+a,$$
$$x_{n+1} = \frac{x_n^2}{2x_n + a} \quad (n = 1, 2, \cdots)$$
で定める.次の問いに答えよ.

(1) $0 < x_{n+1} \leqq \frac{1}{2} x_n \ (n=1, 2, \cdots)$ となることを示せ.

(2) $\displaystyle\lim_{n\to\infty} \frac{x_{n+1}}{x_n^p}$ が 0 でない有限の値となるような定数 p を求め,さらにこの極限値を求めよ.

(横浜国大 ◊)

▶ 本問の場合,本質的に非 1 次式なので,これまでのものよりは難しい.(1)では,$x_{n+1} > 0$ を示すのは,帰納法できちんとやった方が無難だろう.$x_n > 0$ が示されれば,$x_{n+1} \leqq \frac{1}{2} x_n$ を示すことは易しいはずである.(2)は斬新的である.これは(1)を使って $x_n \to 0 \ (n \to \infty)$ であることより,そして $x_{n+1} = \dfrac{x_n^2}{2x_n + a}$ より何とかなるだろう.

解 (1) まず $x_n > 0$ を帰納法で示す.
$n = 1$ のとき
$$x_1 = 1 + a > 0 \quad (\because\ 0 \leqq a < 1 \text{ より})\ (\text{成立している})$$
$n = k$ のとき,$x_k > 0$ の成立を仮定すると,
$$x_{k+1} = \frac{x_k^2}{2x_k + a} > 0$$
よってつねに $x_n > 0 \ (n = 1, 2, \cdots)$ である.

次に $x_{n+1} < \frac{1}{2} x_n$ を示す.漸化式より
$$\begin{aligned}x_{n+1} - \frac{1}{2} x_n &= \frac{x_n^2}{2x_n + a} - \frac{1}{2} x_n \\ &= \frac{-a x_n}{2(2x_n + a)} < 0 \quad (\because\ x_n > 0 \text{ より})\end{aligned}$$
$$\therefore\quad 0 < x_{n+1} \leqq \frac{1}{2} x_n \quad ◀$$

(2) (1)より

$$0 < x_n < \left(\frac{1}{2}\right) x_{n-1}$$
$$< \left(\frac{1}{2}\right)^{n-1} x_1 = (1+a)\left(\frac{1}{2}\right)^{n-1}$$

はさみうちの原理によって
$$\lim_{n \to \infty} x_n = 0 \quad \cdots ①$$

さて,
$$\frac{x_{n+1}}{x_n^p} = \frac{x_n^{2-p}}{2x_n + a} \quad \cdots ②$$

であるから, a が 0 である場合とそうでない場合, そして $2-p$ の正負で場合分けをする. ①, ②を踏まえておく.

・$a = 0$ とする

$$\frac{x_{n+1}}{x_n^p} = \frac{x_n^{1-p}}{2} \xrightarrow[(n \to \infty)]{} \begin{cases} 0 & (1-p > 0 \text{のとき}) \\ \frac{1}{2} & (1-p = 0 \text{のとき}) \\ \infty & (1-p < 0 \text{のとき}) \end{cases}$$

・$0 < a < 1$ とする

$$\frac{x_{n+1}}{x_n^p} = \frac{x_n^{2-p}}{2x_n + a} \xrightarrow[(n \to \infty)]{} \begin{cases} 0 & (2-p > 0 \text{のとき}) \\ \frac{1}{a} & (2-p = 0 \text{のとき}) \\ \infty & (2-p < 0 \text{のとき}) \end{cases}$$

以上から, 題意に沿う定数 p と極限値は

$$\lim_{n \to \infty} \frac{x_{n+1}}{x_n^p} = \begin{cases} \frac{1}{2} & (a = 0, \ p = 1 \text{のとき}) \\ \frac{1}{a} & (0 < a < 1, \ p = 2 \text{のとき}) \end{cases} \quad \cdots \text{(答)}$$

問題 8

数列 $\{a_n\}$ が
$$a_1 = 1, \ a_{n+1} = \sqrt{a_n + 1}$$
で与えられるとき, $\{a_n\}$ は収束するか? 収束するときはその値を求めよ.

▶「$\lim\limits_{n \to \infty} a_n = \alpha$ とおくと, 漸化式より $a = \sqrt{\alpha + 1}$ となるはずだから, $\lim\limits_{n \to \infty} a_n = \alpha = \dfrac{1 + \sqrt{5}}{2}$ であり, 確かに $\{a_n\}$ は収束している.」と結論しては

ならない．これでは $\lim_{n\to\infty} a_n = \alpha$ の途中経過がすっぽ抜けている．

解 α を $\alpha^2 - \alpha - 1 = 0$ $(\alpha > 0)$ を満たす値とすると，与えられた漸化式より

$$|a_{n+1} - \alpha| = |\sqrt{a_n + 1} - \alpha|$$

$$= \left| \frac{(\sqrt{a_n + 1} - \alpha)(\sqrt{a_n + 1} + \alpha)}{\sqrt{a_n + 1} + \alpha} \right|$$

$$= \frac{|a_n + 1 - \alpha^2|}{\sqrt{a_n + 1} + \alpha}$$

$$= \frac{1}{\sqrt{a_n + 1} + \alpha} |a_n - \alpha|$$

$$(\because \alpha^2 - \alpha - 1 = 0 \text{ より})$$

a_n の作り方から明らかに $a_n > 0$ だから，$\sqrt{a_n + 1} + \alpha > 1 + \alpha$ が成立するので

$$|a_{n+1} - \alpha| < \frac{1}{1 + \alpha} |a_n - \alpha|$$

$$\vdots$$

$$< \left(\frac{1}{1 + \alpha} \right)^{n-1} |a_1 - \alpha|$$

$$= \left(\frac{1}{1 + \alpha} \right)^{n-1} |1 - \alpha|$$

この不等式は任意の自然数 n について成立する．よって $0 < \frac{1}{1+\alpha} < 1$ ($\because$ $\alpha = \frac{1 + \sqrt{5}}{2}$ より）であることと，はさみうちの原理により

数列 $\{a_n\}$ の極限は有限値として唯1つ存在し，つまり収束し，その値は $\lim_{n\to\infty} a_n = \frac{1 + \sqrt{5}}{2}$ …**(答)**

（付）本問は，一般に，
$$a_{n+1} = \sqrt{a_n + a} \quad (a > 0)$$
としても同じこと．

数列 $\{a_n\}$ は $1 = a_1 < a_2 < \cdots < a_n < \cdots < \alpha$ であった．このようなとき '$\{a_n\}$ は上に有界な単調増加数列である' という．（同様に '下に有界な単調減少数列' という場合もある．）このような場合，数列は収束する．

〈1〉―(b) 無限級数の収束・発散

無限級数（等比級数はこの項では扱わない）は形式的和として $\sum_{n=1}^{\infty} a_n$ と表されるが，その内容は，数列 $\{a_n\}$ の第 n 項までの和を S_n としたとき，$\lim_{n\to\infty} S_n$ のことである．

基本事項［3］

〈定理 1-2〉
無限級数 $\sum_{n=1}^{\infty} a_n$ が収束すれば，$\lim_{n\to\infty} a_n = 0$ である．（同じことであるが，対偶をとって，'$\lim_{n\to\infty} a_n \neq 0$ であれば，$\sum_{n=1}^{\infty} a_n$ は発散する' と述べてもよい．）

∵) $\sum_{n=1}^{\infty} a_n$ の第 n 部分和を S_n で表すと，$S_n = \sum_{k=1}^{n} a_k$ であるから，n を大きな値としておいて，$S_n - S_{n-1} = a_n$ となる．仮定より $\lim_{n\to\infty} S_n = \alpha$ （極限値）とおけるから，$\lim_{n\to\infty} a_n = 0$ を得る． **q.e.d.**

問題 9

次の無限級数の収束・発散を調べ，収束するときはその和を求めよ．
(1) $\sum_{n=1}^{\infty} \dfrac{1}{\sqrt{n+a}}$ （a は正の定数）
(2) $\sum_{n=1}^{\infty} \{\sqrt{n(n+a)} - n\}$ （a は正の定数）

▶ (1)は数列 $\left\{\dfrac{1}{\sqrt{n+a}}\right\}$ の第 n 項までの和をとってみよ．

(2)は上の〈定理 1-2〉が使える．

解 （1）n を充分大きな値としておいてよい．

$$\frac{1}{\sqrt{1+a}} + \frac{1}{\sqrt{2+a}} + \cdots + \frac{1}{\sqrt{n+a}}$$
$$> \underbrace{\frac{1}{\sqrt{n+a}} + \frac{1}{\sqrt{n+a}} + \cdots + \frac{1}{\sqrt{n+a}}}_{n\text{項}}$$
$$= \frac{n}{\sqrt{n+a}} \to \infty \ (n \to \infty)$$

よって

$$\sum_{n=1}^{\infty} \frac{1}{\sqrt{n+a}} \text{ は発散する} \quad \cdots \text{(答)}$$

（2）$\sqrt{n(n+a)} - n$

$$= \frac{(\sqrt{n(n+a)} - n)(\sqrt{n(n+a)} + n)}{\sqrt{n(n+a)} + n}$$
$$= \frac{an}{\sqrt{n(n+a)} + n}$$
$$= \frac{a}{\sqrt{1 + \frac{a}{n}} + 1} \to \frac{a}{2} \ (n \to \infty)$$

$\lim_{n \to \infty} a_n \neq 0$ であれば，$\sum_{n=1}^{\infty} a_n$ は発散するので，

$$\sum_{n=1}^{\infty} \{\sqrt{n(n+a)} - n\} \text{ は発散する} \quad \cdots \text{(答)}$$

問題 10

次の無限級数の収束・発散を調べ，収束するときはその和を求めよ．
(1) $\displaystyle\sum_{n=1}^{\infty} \frac{n+1}{\{n(n+2)\}^2}$
(2) $\displaystyle\sum_{n=1}^{\infty} \frac{n+3}{n(n+1)(n+2)}$

▶ （1）では $\dfrac{n+1}{\{n(n+2)\}^2} = \dfrac{1}{4}\left\{\dfrac{1}{n^2} - \dfrac{1}{(n+2)^2}\right\}$ と部分分数に分けられる．
（2）では $\dfrac{n+3}{n(n+1)(n+2)} = \dfrac{1}{n(n+1)} + \dfrac{1}{n(n+1)(n+2)}$ となる．

解 （1）与式の第 n 部分和を S_n とすると，

$$S_n = \sum_{k=1}^{n} \frac{k+1}{\{k(k+2)\}^2}$$
$$= \frac{1}{4} \sum_{k=1}^{n} \left\{ \frac{1}{k^2} - \frac{1}{(k+2)^2} \right\}$$
$$= \frac{1}{4} \left\{ 1 + \frac{1}{2^2} - \frac{1}{(n+1)^2} - \frac{1}{(n+2)^2} \right\} \to \frac{5}{16} \ (n \to \infty)$$

∴ 与式 $= \dfrac{5}{16}$ …(答)

（2）与式の第 n 部分和を S_n とすると，
$$S_n = \sum_{k=1}^{n} \frac{k+3}{k(k+1)(k+2)}$$
$$= \sum_{k=1}^{n} \left\{ \frac{1}{k(k+1)} + \frac{1}{k(k+1)(k+2)} \right\}$$
$$= \sum_{k=1}^{n} \left(\frac{1}{k} - \frac{1}{k+1} \right) + \frac{1}{2} \sum_{k=1}^{n} \left\{ \frac{1}{k(k+1)} - \frac{1}{(k+1)(k+2)} \right\}$$
$$= 1 - \frac{1}{n+1} + \frac{1}{2} \left\{ \frac{1}{2} - \frac{1}{(n+1)(n+2)} \right\} \to \frac{5}{4} \ (n \to \infty)$$

∴ 与式 $= \dfrac{5}{4}$ …(答)

問題 11

a を 1 以上の定数とする．無限級数
$$\frac{a}{1+a} + \frac{a^2}{1+a^2} + \cdots + \frac{a^n}{1+a^n} + \cdots$$
は収束するかどうか？ 収束するときは，その値を求めよ．

▶ まず $a=1$ としてみると，
$$\frac{1}{1+1} + \frac{1}{1+1} + \cdots + \frac{1}{1+1} + \cdots$$
$$= \frac{1}{2}(1+1+\cdots+1+\cdots) = \infty$$

であるから，一般に $a \geqq 1$ では問題の無限級数は発散すると予想される．
$a > 1$ では，直接，発散することを示すことはできないので，次の事実を用いる：
 '数列 $\{S_n\}$, $\{T_n\}$ において，つねに $T_n \leqq S_n$ で，かつ $\displaystyle\lim_{n \to \infty} T_n = \infty$ のとき

$\lim_{n\to\infty} S_n = \infty$ である'

この $\{T_n\}$ をどのようにとるかということになる.

解 $S_n = \dfrac{a}{1+a} + \dfrac{a^2}{1+a^2} + \cdots + \dfrac{a^n}{1+a^n}$

とする. $a \geqq 1$ より
$$(1 \leqq) a \leqq a^n$$
だから, 任意の自然数 n について
$$\frac{a}{1+a} \leqq \frac{a^n}{1+a^n}$$
よって
$$\underbrace{\frac{a}{1+a} + \cdots + \frac{a}{1+a}}_{n\text{項}} \leqq S_n$$
$$\longleftrightarrow \frac{a}{1+a} n \leqq S_n$$

$\lim_{n\to\infty} \dfrac{a}{1+a} n = \infty$ だから, $\lim_{n\to\infty} S_n = \infty$ である.

よって, 問題の無限級数は

発散する …(答)

（付）解答は短いものの, 決して易しくはない. 自力でこれを解けたならば自信をもってよろしい.

問題 12

次の問いに答えよ.

(1) $\displaystyle\sum_{k=1}^{n} \frac{\left|\sin \frac{2}{3} k\pi\right|}{k(k+3)}$ を n で表せ.

(2) $\displaystyle\sum_{n=1}^{\infty} \frac{\left|\sin \frac{2}{3} n\pi\right|}{n(n+3)}$ を求めよ.

(島根大（改））

▶ $\dfrac{1}{k(k+3)} = \dfrac{1}{3}\left(\dfrac{1}{k} - \dfrac{1}{k+3}\right)$ と部分分数に分解できるので, 残る問題は分子の方である. sine は周期関数だから, k の場合に応じて周期的に同じ値をとる.

解　（1）$S_n = \sum_{k=1}^{n} \dfrac{\left|\sin \frac{2}{3}k\pi\right|}{k(k+3)}$ とおくと,
$$S_n = \frac{1}{3}\sum_{k=1}^{n}\left(\frac{1}{k} - \frac{1}{k+3}\right)\left|\sin\frac{2}{3}k\pi\right|$$

ここで
$$\sin\frac{2\pi}{3}k = \begin{cases} +\dfrac{\sqrt{3}}{2} & (k = 1,\ 4,\ 7,\ \cdots \text{のとき}) \\ -\dfrac{\sqrt{3}}{2} & (k = 2,\ 5,\ 8,\ \cdots \text{のとき}) \\ 0 & (k = 3,\ 6,\ 9,\ \cdots \text{のとき}) \end{cases}$$

以下では M は 1, 2, 3, $\cdots$ のどれかとする.

（ア） $n = 3M - 2$ のとき
$$S_{3M-2} = \frac{1}{3}\left\{\frac{1}{1} - \frac{1}{1+3} + \frac{1}{4} - \frac{1}{4+3} + \frac{1}{7} - \frac{1}{7+3}\right.$$
$$\left. + \cdots + \frac{1}{3M-2} - \frac{1}{(3M-2)+3}\right\}\cdot\frac{\sqrt{3}}{2} + \frac{1}{3}\left\{\frac{1}{2} - \frac{1}{2+3} + \frac{1}{5} - \frac{1}{5+3}\right.$$
$$\left. + \frac{1}{8} - \frac{1}{8+3} + \cdots + \frac{1}{3M-4} - \frac{1}{(3M-4)+3}\right\}\cdot\left|-\frac{\sqrt{3}}{2}\right|$$

　　　（この時点では, M は充分大きな自然数としておく）

$$= \frac{\sqrt{3}}{6}\left(1 + \frac{1}{2} - \frac{1}{3M+1} - \frac{1}{3M-1}\right)$$

　　　（この時点では, $M = 1$ を含めてよい）

$$= \frac{\sqrt{3}}{6}\left(\frac{3}{2} - \frac{1}{n+3} - \frac{1}{n+1}\right)$$

（イ） $n = 3M - 1$ のとき
$$S_{3M-1} = \frac{\sqrt{3}}{6}\left(\frac{3}{2} - \frac{1}{3M+1} - \frac{1}{3M+2}\right)$$
$$= \frac{\sqrt{3}}{6}\left(\frac{3}{2} - \frac{1}{n+2} - \frac{1}{n+3}\right)$$

（ウ） $n = 3M$ のとき
$$S_{3M} = \frac{\sqrt{3}}{6}\left(\frac{3}{2} - \frac{1}{3M+1} - \frac{1}{3M+2}\right)$$
$$= \frac{\sqrt{3}}{6}\left(\frac{3}{2} - \frac{1}{n-1} - \frac{1}{n+2}\right)$$

（ア）, **（イ）**, **（ウ）** より

$$S_n = \begin{cases} \frac{\sqrt{3}}{6}\left(\frac{3}{2} - \frac{1}{n+3} - \frac{1}{n+1}\right) & (n = 3M-2 \text{ のとき}) \\ \frac{\sqrt{3}}{6}\left(\frac{3}{2} - \frac{1}{n+2} - \frac{1}{n+3}\right) & (n = 3M-1 \text{ のとき}) \\ \frac{\sqrt{3}}{6}\left(\frac{3}{2} - \frac{1}{n+1} - \frac{1}{n+2}\right) & (n = 3M \text{ のとき}) \end{cases}$$

ただし，M は 1, 2, 3, $\cdots$ のどれかの値をとる $\cdots$(答)

(2) $\displaystyle\sum_{n=1}^{\infty} \frac{\left|\sin \frac{2}{3}n\pi\right|}{n(n+3)} = \lim_{n \to \infty} S_n$

$\displaystyle\qquad\qquad = \frac{\sqrt{3}}{6} \cdot \frac{3}{2} = \frac{\sqrt{3}}{4}$ $\cdots$(答)

問題 13

$a_n = 1 + \frac{1}{2} + \frac{1}{3} + \cdots + \frac{1}{n} - \log n$ （n は自然対数）で定められる数列 $\{a_n\}$ は収束することが知られている．（この収束値はオイラーの定数とよばれる．）

このことを利用して交代級数
$$1 - \frac{1}{2} + \frac{1}{3} - \frac{1}{4} + \frac{1}{5} - \cdots + (-1)^{n-1}\frac{1}{n} + \cdots$$
はある値に収束することを示せ．

▶ 問題の無限級数の第 n 部分和を n の偶奇で場合分けする．

解 問題の無限級数の第 n 部分和を S_n で表すと，

$S_{2n-1} = 1 - \frac{1}{2} + \frac{1}{3} - \frac{1}{4} + \cdots + \frac{1}{2n-1}$,

$S_{2n} = 1 - \frac{1}{2} + \frac{1}{3} - \frac{1}{4} + \cdots + \frac{1}{2n-1} - \frac{1}{2n}$

$\quad = \left(1 + \frac{1}{3} + \frac{1}{5} + \cdots + \frac{1}{2n-1}\right) - \left(\frac{1}{2} + \frac{1}{4} + \cdots + \frac{1}{2n}\right)$

$\quad = \left(1 + \frac{1}{2} + \frac{1}{3} + \frac{1}{4} + \frac{1}{5} + \cdots + \frac{1}{2n-1} + \frac{1}{2n}\right) - 2\left(\frac{1}{2} + \frac{1}{4} + \cdots + \frac{1}{2n}\right)$

$\quad = \left(1 + \frac{1}{2} + \frac{1}{3} + \cdots + \frac{1}{2n-1} + \frac{1}{2n}\right) - \left(1 + \frac{1}{2} + \cdots + \frac{1}{n}\right)$

$a_n = 1 + \frac{1}{2} + \frac{1}{3} + \cdots + \frac{1}{n} - \log n$ としてあるから，

$\qquad S_{2n} = a_{2n} + \log(2n) - (a_n + \log n)$

$\qquad\qquad = a_{2n} - a_n + \log 2$

$\{a_n\}$ は収束することが既知であるから，$\lim_{n\to\infty} a_n = \gamma \ (<\infty)$ とおくと，
$$\lim_{n\to\infty} S_{2n} = \gamma - \gamma + \log 2 = \log 2$$
一方，$S_{2n-1} = S_{2n} + \dfrac{1}{2n}$ であるから，
$$\lim_{n\to\infty} S_{2n-1} = \log 2$$
よって，問題の無限級数は
$$\log 2 \text{ に収束する} \quad \cdots \text{(答)}$$

（付）オイラーの定数は
$$\gamma = 0.57721\cdots$$
であるが，それが有理数なのか無理数なのかも判明していない（解析数論というものの）歴史的大難問の1つである．

γ が超越数といわれるものならば，全て解明されたことになるのだが，…．（将来，挑戦してみるか？ ただし，現状からの道のりと高度さは大分あるが．）

〈２〉無限等比級数

等比級数はその規則的な構造が非常に簡単であり，無限級数の中で，入試最頻出のものである．この類の問題は，初めから式で表して与えると，その構造が見え過ぎて大して考えることもなく解かれるので，むしろ図形問題と融合して出題されるのが通常である．

・基本事項［１］・
無限等比級数の収束・発散について
〈公式〉
無限等比級数 $\sum_{n=1}^{\infty} ar^n \ (a \neq 0)$ は

$$\sum_{n=1}^{\infty} ar^n = \begin{cases} \dfrac{a}{1-r} & (|r|<1 \text{ のとき}) \\ \text{発散} & (|r| \geq 1 \text{ のとき}) \end{cases}$$

となる.

(r=-1 のときは上述のどれにも当てはまらないが,慣習上,発散に含めておくことにする.)

(注意) 一般に無限級数 $\sum_{n=1}^{\infty} ar^{n-1}$ では $ar=0$ と $ar \neq 0$ の場合が含まれているので,問題をよく読み,出題者の指示を了解しておかなければならない. $a=0$ が許されると,収束条件には '$a=0$ (r は何でもよい)' が含まれてくる.

始めに無限等比級数の自然な構造を有する循環小数の問題を解いておこう.

問題 14

3進法で表した小数 $0.2\dot{2}\dot{1}$ を10進法の小数で表せ. (旭川医大)

▶ 循環小数に関しては大丈夫でも,3進法となると弱い人は結構いるのでは?(これについては**(付)**参照.)

解 1 3進法での $0.2\dot{2}\dot{1}$ を10進法表示にする:

$$0.2\dot{2}\dot{1} \sim 2 \times \frac{1}{3} + 2 \times \left(\frac{1}{3}\right)^2 + 1 \times \left(\frac{1}{3}\right)^3 + 2 \times \left(\frac{1}{3}\right)^4 + 1 \times \left(\frac{1}{3}\right)^5 + \cdots$$

$$= 2 \times \frac{1}{3} + 2 \times \left(\frac{1}{3}\right)^2 \left\{1 + \left(\frac{1}{3}\right)^2 + \left(\frac{1}{3}\right)^4 + \cdots\right\} + 1 \times \left(\frac{1}{3}\right)^3 \left\{1 + \left(\frac{1}{3}\right)^2 + \left(\frac{1}{3}\right)^4 + \cdots\right\}$$

$$= \frac{2}{3} + \left(\frac{2}{9} + \frac{1}{27}\right) \frac{1}{1-\left(\frac{1}{3}\right)^2}$$

$$= \frac{23}{24}$$

$$= 0.9583\dot{3} \quad \cdots \text{(答)}$$

解 2 3進法での $0.2\dot{2}\dot{1}$ を10進法で表した数を x とする:$x \sim 0.2\dot{2}\dot{1}$

$$3x \sim 2.\dot{2}\dot{1} \quad \cdots ①$$

これを3倍する:

$$9x \sim 22.\dot{1}\dot{2}$$

さらに3倍する:

$$27x \sim 221.2\dot{1} \quad \cdots ②$$

②—①より
$$24x \sim 212$$

よって
$$24x = 2 \times 3^2 + 1 \times 3 + 2$$
$$= 23$$
$$\therefore \quad x = \frac{23}{24} = 0.9583\dot{} \quad \cdots \text{(答)}$$

(付) 3進分数について
(一般の場合でも全く同様である.)
3進法で表して $0.b_1 b_2 b_3 \cdots$ となる小数は 10 進法では
$$x = b_1 \times \frac{1}{3} + b_2 \times \left(\frac{1}{3}\right)^2 + b_3 \times \left(\frac{1}{3}\right)^3 + \cdots$$
となる．これを3倍すると,
$$3x = b_1 + b_2 \times \frac{1}{3} + b_3 \times \left(\frac{1}{3}\right)^2 + \cdots$$
となるので, $3x$ なる数を3進法で表したものは $b_1 . b_2 b_3 \cdots$ となる訳である．

〈定理 1-3〉
2つの無限級数 $\sum_{n=1}^{\infty} a_n$, $\sum_{n=1}^{\infty} b_n$ が各々 A, B という値に収束するならば,
㋐ $\sum_{n=1}^{\infty} (ca_n) = cA$ （c は定数）
㋑ $\sum_{n=1}^{\infty} (a_n + b_n) = A + B$
が成立する．
㋐, ㋑ どちらも証明は易しいので各自でなされよ．

ある程度まで進んでくると，無限級数において，非常に注意しなくてはならない事が顕著になってくる：無限級数では，勝手に項の順序を入れ換えたり，あるいは勝手にかっこを付けたり，取ったりしてはならないということである．さもないと，たとい収束する級数でも，別々の異なった値

に収束したりすることが起こる．（これらのことは，〈１〉-（ｂ）で叙述しておくべきことであったが，さして入用ではなかったので触れておかなかっただけのこと．）どうしてこのようなことがらを注意しておくのか？ それは次の問題を解いた後で述べる．

問題 15

$|a|<1$ とする．
無限級数 $\sum_{n=1}^{\infty} a^n \sin \dfrac{n\pi}{3}$ の和を求めよ．

▶ あからさまには等比級数ではないが，…．$\sin \dfrac{n\pi}{3}$ は３通りの異なった値しかとらない．（n の場合分けをしてみよ．）

解 $y = \sin \dfrac{n\pi}{3}$ は点列三角関数として周期 6 であるから，その値は次のようになる．

$$\sin \frac{n\pi}{3} = \begin{cases} 0 & (n=6k,\ 6k+3 \text{のとき}) \\ +\dfrac{\sqrt{3}}{2} & (n=6k+1,\ 6k+2 \text{のとき}) \\ -\dfrac{\sqrt{3}}{2} & (n=6k+4,\ 6k+5 \text{のとき}) \end{cases}$$

ただし，$k=0,\ 1,\ 2,\ \cdots$ とする．
よって

$$\sum_{n=1}^{\infty} a^n \sin \frac{n\pi}{3} = \frac{\sqrt{3}}{2}(a + a^2 + 0 - a^4 - a^5 + 0 \\ + a^7 + a^8 + 0 - a^{10} - a^{11} + 0 + \cdots)$$

$$= \frac{\sqrt{3}}{2}\{(a - a^4 + a^7 - a^{10} + \cdots) + (a^2 - a^5 + a^8 - a^{11} + \cdots)\}$$

$$= \frac{\sqrt{3}}{2}\left\{\frac{a}{1-(-a)^3} + \frac{a^2}{1-(-a)^3}\right\}$$

$$(\because\ |a|<1\text{より})$$

$$= \frac{\sqrt{3}\,a(a+1)}{2(a^3+1)} = \frac{\sqrt{3}\,a}{2(a^2-a+1)} \quad \cdots \text{（答）}$$

（注）上の解答は，もし前述の〈定理 1-3〉における①を認識しているならば，一応，よいが，さもなくば，（かなり直観的で）都合のよいように

§1. 数列の極限と無限級数

無限級数の項を入れ換えて,しかも勝手にかっこを付けていることになる.(いまは無限等比級数だから結果が一致しただけのこと.)従って受験生が上のように解答するときは,〈定理 1-3〉①を簡単に述べておくべきである.(それを述べなくても,無限等比級数の場合は大目に見てくれるとは思われるが.実は,問題 14 でも同じようなことをしている.)

(付 1) '$\sum_{n=1}^{\infty} |a_n|$ が収束するならば,$\sum_{n=1}^{\infty} a_n$ の各項を入れ換えてもよい.'
これは受験生の預かり知らぬこと.

(付 2) 本問は複素数を導入しても解ける.(各自,演習.)

以下に無限等比級数の図形的問題をいくつか提示しておく.

問題 16

平面上に平行でない 2 つの直線 g, h と,g, h 上にない点 P_1 が与えられている.a を $0 < a < 1$ である定数とする.P_1 を通り h に平行な直線と g の交点を Q_1 とし,P_1 を通り g に平行な直線と h の交点を R_1 とする.線分 $Q_1 R_1$ を $a : (1-a)$ に内分する点を P_2 とする.同様に P_2 を通り h に平行な直線と g の交点を Q_2 とし,P_2 を通り g に平行な直線と h の交点を R_2 とする.線分 $Q_2 R_2$ を $a : (1-a)$ に内分する点を P_3 とする.以下同じ操作を続けて,P_n, Q_n, R_n ($n = 3, 4, \cdots$) を定める.次の問いに答えよ.

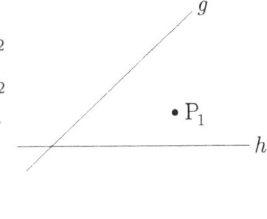

(1) 三角形 $P_n Q_n R_n$ の面積を S_n とする.$\dfrac{S_n}{S_1}$ を求めよ.

(2) $T_n = \sum_{k=1}^{n} S_k$ とおくとき,$\lim_{n \to \infty} \dfrac{T_n}{S_1}$ を求めよ. (大阪市大 ◊)

▶ 等比級数の問題作成は,今の時代では,工夫されたものを出題することは難しくなっているが,本問はいささかなりとも工夫されている.難しくはないが,通り一遍の学習では,ちょっと解けないだろうから,0 点か

完答かの得点差がはっきり現れたことであろう．直線 g, h の交点を O とすると，$\triangle P_1Q_1R_1 = \triangle OR_1Q_1$, … であることをすぐ見抜くことが大切．

解 （1） $\triangle P_1Q_1R_1 = \triangle OR_1Q_1$, $\triangle P_2Q_2R_2 = \triangle OR_2Q_2$, … である．
$OR_1 \parallel Q_2P_2$ であるから，
$$OQ_1 : OQ_2 = 1 : (1-a)$$
$$\therefore \quad OQ_2 = (1-a)OQ_1$$
同様に
$$OR_2 = aOR_1$$
一般に
$$OQ_n = (1-a)OQ_{n-1} \ (n \geqq 2),$$
$$OR_n = aOR_{n-1} \ (n \geqq 2)$$
よって
$$\frac{S_n}{S_{n-1}} = \frac{OQ_n \cdot OR_n}{OQ_{n-1} \cdot OR_{n-1}} \ (n \geqq 2)$$
$$= a(1-a)$$
$$\therefore \quad S_n = \{a(1-a)\}^{n-1}S_1 \ (n \geqq 1)$$
$$\therefore \quad \frac{S_n}{S_1} = \{a(1-a)\}^{n-1} \quad \cdots \text{(答)}$$

（2） $\displaystyle T_n = \sum_{k=1}^n S_k = \frac{1-\{a(1-a)\}^n}{1-a(1-a)}S_1$
$0 < a < 1$, $0 < 1-a < 1$ であるから $0 < a(1-a) < 1$ であり，よって
$$\lim_{n \to \infty} \frac{T_n}{S_1} = \frac{1}{1-a+a^2} \quad \cdots \text{(答)}$$

問題 17

二等辺三角形 ABC に図のように正方形 DEFG が内接している．AB = AC = a，BC = 2 として次の問いに答えよ．

(1) 正方形 DEFG の面積 S_1 を求めよ．
(2) 二等辺三角形 ADG に内接する正方形 D′E′F′G′ の面積を S_2，二等辺三角形 AD′G′ に内接する正方形の面積を S_3，以下同様に正方形を作っていき，その面積を $S_4, S_5, \cdots$ とする．このとき，無限級数 $S_1 + S_2 + S_3 + S_4 + S_5 + \cdots$ の和 S_∞ を求めよ．
(3) 三角形 ABC の面積を S とするとき，$S = 2S_\infty$ となるのは三角形 ABC がどんな三角形のときか． （お茶の水大 ◇）

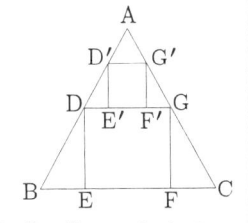

▶ お茶の水大の問題は，一見，易しそうに見えても，実際は，骨っぽい問題が多い．果たしてすんなり解かしてくれるかどうか？

勝負どころは (2) である．これは，EF : E′F′ = DE : D′E′ = BE : DE′ = BC : DG （これは**加比の理**）より解けるが，ここでは，それを知らないものとして，地道に解いてみる．

解 (1) 正方形 DEFG の一辺の長さを x とする．
∠ABC = θ とおくと

$$\sin\theta = \sqrt{1 - \cos^2\theta} = \sqrt{1 - \left(\frac{1}{a}\right)^2}$$

である（$a > 1$ は三角不等式 $2 < a + a$ より明らか）．そこで
（△ABC ∽ △ADG であるから）

$$BC : DG = 2 : x$$
$$= a\sin\theta : a\sin\theta - x$$

$$\therefore \quad x = \frac{2a\sin\theta}{a\sin\theta + 2} = \frac{2\sqrt{a^2-1}}{2 + \sqrt{a^2-1}}$$

$$\therefore \quad S_1 = x^2 = \frac{4(a^2-1)}{(2+\sqrt{a^2-1})^2} \quad \cdots \text{(答)}$$

(2) 問題図において

$$DG = 2DE' + E'F'$$
$$= (2\cot\theta + 1)E'F'$$

$DG = x$, $\cot\theta = \dfrac{\cos\theta}{\sin\theta} = \dfrac{1}{\sqrt{a^2-1}}$ であるから

$$E'F' = \dfrac{\sqrt{a^2-1}}{2+\sqrt{a^2-1}} x$$
$$= \dfrac{x}{2} \cdot x \quad (\because \text{（1）の結果により）}$$

よって
$$S_2 = \dfrac{x^2}{4} S_1 \quad (x \rightleftharpoons 2)$$

$S_3, S_4, \cdots$ についても同様であり，$0 < \dfrac{x^2}{4} < 1$ であるから，

$$S_\infty = S_1 \left\{ 1 + \dfrac{x^2}{4} + \left(\dfrac{x^2}{4}\right)^2 + \cdots \right\}$$
$$= S_1 \cdot \dfrac{1}{1-\dfrac{x^2}{4}}$$
$$= \dfrac{4x^2}{4-x^2}$$
$$= \dfrac{a^2-1}{1+\sqrt{a^2-1}} \quad \cdots \text{(答)}$$

（3） $S(=\triangle ABC) = 2S_\infty$

$$\Longleftrightarrow \dfrac{1}{2} \times 2a\sin\theta = \dfrac{2(a^2-1)}{1+\sqrt{a^2-1}} \quad (a>1)$$

$$\Longleftrightarrow \sqrt{a^2-1} = \dfrac{2(a^2-1)}{1+\sqrt{a^2-1}} \quad (a>1)$$

$$(\because \sin\theta = \dfrac{\sqrt{a^2-1}}{a} \text{ より）}$$

$$\Longleftrightarrow \sqrt{a^2-1} = 1 \quad (a>1)$$
$$\Longleftrightarrow a = \sqrt{2}$$

よって△ABCは
　　　∠CAB＝90°の直角二等辺三角形　　…(答)

（付）出題校が出題校であるだけに，やはり，易しくはなかったようである．

問題 18

数列 $\{x_n\}$, $\{y_n\}$ を以下で定める：
$$x_1 = 2, \quad y_1 = 3$$
$$x_{n+1} = -\frac{1}{2} y_n, \quad y_{n+1} = \frac{1}{2} x_n \quad (n = 1, 2, 3, \cdots)$$

また $n = 1, 2, 3, \cdots$ に対して (x_n, y_n) を点 P_n とする.

(1) 角 $\angle \mathrm{P}_1 \mathrm{P}_2 \mathrm{P}_3$ を求めよ.
(2) 線分 $\mathrm{P}_n \mathrm{P}_{n+1}$ の長さを L_n とするとき, L_n を n で表せ.
(3) $\displaystyle\sum_{n=1}^{\infty} L_n$ を求めよ.

(長岡技科大（改））

▶ 本問では力で押し切る解答と軽妙な解答を呈示しておこう. 前者は x_n, y_n それぞれを n で表す路線, 後者は複素数を用いる路線である.

解 1 与漸化式より
$$x_{n+1} y_{n+1} = -\left(\frac{1}{2}\right)^2 x_n y_n \quad (x_1 y_1 = 6)$$

よって
$$x_n y_n = 6\left(-\frac{1}{4}\right)^{n-1} \quad \cdots ①$$

また $x_{n+1} = -\dfrac{1}{4} x_{n-1}$ であるから

$$x_n = -\frac{1}{4} x_{n-2} = \left(-\frac{1}{4}\right)^2 x_{n-4} = \cdots$$

$$= \begin{cases} \left(-\dfrac{1}{4}\right)^{\frac{n-2}{2}} x_2 = -\dfrac{3}{2}\left(-\dfrac{1}{4}\right)^{\frac{n-2}{2}} & (n = 2, 4, \cdots \text{のとき}) \\ \left(-\dfrac{1}{4}\right)^{\frac{n-1}{2}} x_1 = 2\left(-\dfrac{1}{4}\right)^{\frac{n-1}{2}} & (n = 1, 3, \cdots \text{のとき}) \end{cases} \quad \cdots ②$$

よって①より

$$y_n = \begin{cases} \left(-\dfrac{1}{4}\right)^{\frac{n-2}{2}} & (n = 2, 4, \cdots \text{のとき}) \\ 3\left(-\dfrac{1}{4}\right)^{\frac{n-1}{2}} & (n = 1, 3, \cdots \text{のとき}) \end{cases} \quad \cdots ③$$

(1) ②, ③より
$$\mathrm{P}_1 = (2, 3), \quad \mathrm{P}_2 = \left(-\frac{3}{2}, 1\right), \quad \mathrm{P}_3 = \left(-\frac{1}{2}, -\frac{3}{4}\right)$$

よって
$$\overrightarrow{P_2P_1} = \begin{pmatrix} \frac{7}{2} \\ 2 \end{pmatrix}, \quad \overrightarrow{P_2P_3} = \begin{pmatrix} 1 \\ -\frac{7}{4} \end{pmatrix}$$

内積をとると，
$$\frac{7}{2} \times 1 + 2 \times \left(-\frac{7}{4}\right) = 0$$
$$\therefore \angle P_1P_2P_3 = 90° \quad \cdots \text{(答)}$$

（2）②，③より
$$(x_{2m-1},\ y_{2m-1}) = \left(2\left(-\frac{1}{4}\right)^{m-1},\ 3\left(-\frac{1}{4}\right)^{m-1}\right),$$
$$(x_{2m},\ y_{2m}) = \left(-\frac{3}{2}\left(-\frac{1}{4}\right)^{m-1},\ \left(-\frac{1}{4}\right)^{m-1}\right),$$
$$(x_{2m+1},\ y_{2m+1}) = \left(2\left(-\frac{1}{4}\right)^m,\ 3\left(-\frac{1}{4}\right)^m\right)$$

ただし $m = 1, 2, 3, \cdots$ である．

$n = 2m-1$ のとき
$$P_nP_{n+1}^2 = \left(\frac{7}{2}\right)^2 \left(\frac{1}{4}\right)^{2m-2} + 2^2 \left(\frac{1}{4}\right)^{2m-2}$$
$$= \frac{65}{4}\left(\frac{1}{4}\right)^{2m-2} = 65\left(\frac{1}{4}\right)^n$$

$n = 2m$ のとき
$$P_nP_{n+1}^2 = \left(\frac{1}{4}\right)^{2m-2} + \left(\frac{7}{2}\right)^2 \left(\frac{1}{4}\right)^{2m-2}$$
$$= \frac{65}{16}\left(\frac{1}{4}\right)^{2m-2} = 65\left(\frac{1}{4}\right)^n$$

よって n の偶奇によらず
$$L_n = P_nP_{n+1} = \sqrt{65}\left(\frac{1}{2}\right)^n \quad \cdots \text{(答)}$$

（3）（2）の結果より
$$\sum_{n=1}^{\infty} L_n = \sqrt{65} \cdot \frac{\frac{1}{2}}{1 - \frac{1}{2}}$$
$$= \sqrt{65} \quad \cdots \text{(答)}$$

解2 与漸化式は次式と同値である：
$$x_{n+1} + y_{n+1}i = -\frac{1}{2}y_n + \frac{1}{2}x_n i$$
$$(i \text{ は虚数単位})$$

§1. 数列の極限と無限級数

$$= \frac{i}{2}(x_n + iy_n)$$

これは点 P_n を原点 O の周りに $\frac{\pi}{2}$ だけ回転して，OP_n を $\frac{1}{2}$ 倍に縮小したものが P_{n+1} の位置座標であることを示している．

（1）点 $\mathrm{P}_1, \mathrm{P}_2, \mathrm{P}_3$ について上述のことを図示してみる（右図参照）．
よって
$$\angle \mathrm{P}_1\mathrm{P}_2\mathrm{P}_3 = \frac{\pi}{2} \quad \cdots \text{(答)}$$

（2）線分 $\mathrm{P}_n\mathrm{P}_{n+1}$ は $\mathrm{P}_{n-1}\mathrm{P}_n$ を $\frac{1}{2}$ 倍だけ縮小したものであるから，

$$L_n = \mathrm{P}_n\mathrm{P}_{n+1} = \left(\frac{1}{2}\right)^{n-1} \mathrm{P}_1\mathrm{P}_2,$$

$$\mathrm{P}_1\mathrm{P}_2 = \sqrt{\left(2 + \frac{3}{2}\right)^2 + (3-1)^2} = \frac{\sqrt{65}}{2}$$

$$\therefore L_n = \left(\frac{1}{2}\right)^n \sqrt{65} \quad \cdots \text{(答)}$$

$\mathrm{OP}_2 = \frac{1}{2}\mathrm{OP}_1$, $\mathrm{OP}_3 = \frac{1}{2}\mathrm{OP}_2$

（3）$$\sum_{n=1}^{\infty} L_n = \sqrt{65} \cdot \frac{\frac{1}{2}}{1-\frac{1}{2}} = \sqrt{65} \quad \cdots \text{(答)}$$

（付） 因みに P_n の座標を具体的に表すと，次のようになる：

$$x_n = \left(\frac{1}{2}\right)^{n-1}\left(2\cos\frac{(n-1)\pi}{2} - 3\sin\frac{(n-1)\pi}{2}\right),$$

$$y_n = \left(\frac{1}{2}\right)^{n-1}\left(2\sin\frac{(n-1)\pi}{2} + 3\cos\frac{(n-1)\pi}{2}\right).$$

さて 解1 と 解2 を見比べて，いかがであったろう．ここで，少し，注意しておかねばならない．それは，解2 が 解1 より短くて分かり易いから，解2 の方が，価値があるなどと思わないようにということである．内容的には解答の長短と価値はあまり関係はない．解答が長いことと解答が拙劣であることを同一視しないようにして頂きたい．いまの場合，解1 の方が 解2 より安定した力強さを会得するには優れている．解2 はあまり力量がなくても複素数（あるいは1次変換）という戦略処方を知ってさえいれば，できる路線である．（勿論，時間制限の厳しい試験では 解2 の方がてっとり早いに決まっている．）

§2. 関数の極限

関数の極限，そしてこれから扱われるであろう微積分はうるさいことにこだわらなければ，つまり，計算だけならば易しい．しかし，うるさいことにこだわれば，途端に難しくなる．だから，入試程度までは，うるさいことには全く触れずに，"$\lim_{x \to a} f(x)$ は，とにかく，$f(x)$ の x を a に近づけろ"と単純に教えられるのだろう．しかし，そんなに単純なものなのかな？

筆者は，ここでは，'$\lim_{x \to a} f(x)$ の意味は，$f(x)$ の関数性を失わないように，$x \to a$ とせよ'と指導しておこう．難しいかな？（単純に教えられれば，分かりやすくは思えるだろうが，正しくはないことが多いものである．）

・基本事項 [1]・

関数の極限に関する一般的定理

❶ **極限に関する一般的定理**

$\lim_{x \to a} f(x) = \alpha$, $\lim_{x \to a} g(x) = \beta$ （a は $\pm\infty$ でもよい．；α は有限な値，β は次の㋐，㋑までは有限な値）ならば，

㋐ $\lim_{x \to a}\{kf(x) + lg(x)\} = k\alpha + l\beta$ （k, l は定数）

㋑ $\lim_{x \to a}\{f(x)g(x)\} = \{\lim_{x \to a} f(x)\}\{\lim_{x \to a} g(x)\}$

㋒ $g(x)$ は定値零関数ではなく，かつ $\beta \neq 0$ の下で

$$\lim_{x \to a} \frac{f(x)}{g(x)} = \frac{\lim_{x \to a} f(x)}{\lim_{x \to a} g(x)} = \frac{\alpha}{\beta}$$

が成り立つ．

❷ **"はさみうちの原理"**

$\lim_{x \to a} f(x) = \alpha$, $\lim_{x \to a} h(x) = \alpha$ （a は $\pm\infty$ でもよい；α は $\pm\infty$ でもよい）であり，かつ

$$f(x) \leqq g(x) \leqq h(x)$$

ならば，

$$\lim_{x \to a} g(x) = \alpha$$

である．（これは定理というよりも原理である．）

一般論は難しいが，入試問題は特殊なので易しい．

§2. 関数の極限

まずは有理整関数の極限問題から．

問題1

$f(x)$はxの整式で
$$\lim_{x \to 1} \frac{f(x)}{x-1} = 24,$$
$$\lim_{x \to 2} \frac{f(x)}{x-2} = -20,$$
$$\lim_{x \to 3} \frac{f(x)}{x-3} = 60$$
である．$f(x)$を$(x-1)(x-2)(x-3)$で割ったときの商を$g(x)$とすると，$g(1) = \boxed{(1)}$ で，$g(x)$を$(x-1)(x-2)(x-3)$で割ったときの余りは $\boxed{(2)}$ である．　　　　　　　　　　　　（大分医大）

▶ $f(x)$の次数が与えられていないので，少々，扱いにくいかもしれないが，大したことはない．基本となることは，'aを定数として
$$\lim_{x \to a} \frac{f(x)}{x-a} = c \quad (<\infty)$$
ならば，$f(x)$は$x-a$を因数にもつ'ということである．

解　題意より
$$f(x) = (x-1)(x-2)(x-3)g(x)$$
と表されて
$$24 = (-1) \times (-2)g(1) \quad \therefore \quad g(1) = 12 \quad \cdots ①$$
$$-20 = 1 \times (-1)g(2) \quad \therefore \quad g(2) = 20 \quad \cdots ②$$
$$60 = (2 \times 1)g(3) \quad \therefore \quad g(3) = 30 \quad \cdots ③$$
さらに$g(x)$を$(x-1)(x-2)(x-3)$で割った商を$h(x)$とすると，
$$g(x) = (x-1)(x-2)(x-3)h(x) + ax^2 + bx + c$$
　　　　（a, b, cは定数）
と表せて①〜③より
$$12 = a + b + c \quad \cdots ④$$
$$20 = 4a + 2b + c \quad \cdots ⑤$$
$$30 = 9a + 3b + c \quad \cdots ⑥$$

⑤-④より
$$8 = 3a + b$$
⑥-⑤より
$$10 = 5a + b$$
以上 2 式を解いて
$$a = 1, \ b = 5$$
④より
$$c = 6$$
$$\therefore \ (1) \ 12 \quad (2) \ x^2 + 5x + 6 \quad \cdots \textbf{(答)}$$

次は極限の小品集である．

問題 2

（1）a を定数とする．$\lim_{x \to \infty}(\sqrt{4x^2 + 3x + 6} + ax)$ が有限の値をもつとき，$a = \boxed{(ア)}$ で，極限値は $\boxed{(イ)}$ である． （東京慈恵医大）

（2）$\lim_{x \to \infty}(\sqrt[3]{x^3 - x^2} - x)$ の値を求めよ．

（3）$\vec{a}, \vec{b}$ は平面におけるベクトルで，共に長さは 1 である．$\vec{a}, \vec{b}$ のなす角が 45° のとき，$\lim_{x \to 0}\dfrac{|\vec{a} + x\vec{b}| - |\vec{a}|}{x}$ を求めよ．

（早稲田大・教）

▶ （1）は，いわゆる "逆有理化" の問題．（2）も同様だが，計算的に少し手ごわい．$a - b = (a^{\frac{1}{3}} - b^{\frac{1}{3}})(a^{\frac{2}{3}} + a^{\frac{1}{3}}b^{\frac{1}{3}} + b^{\frac{2}{3}})$ を使う．（3）は，ベクトルの内積から極限計算に移行していく．（(3) は昔々の問題）

解 （1）（ア）まず題意を満たすためには
$$a < 0$$
であることに注意しておく．
$$\sqrt{4x^2 + 3x + 6} + ax$$
$$= \frac{(\sqrt{4x^2 + 3x + 6} + ax)(\sqrt{4x^2 + 3x + 6} - ax)}{\sqrt{4x^2 + 3x + 6} - ax}$$
$$= \frac{(4 - a^2)x^2 + 3x + 6}{\sqrt{4x^2 + 3x + 6} - ax}$$

この式の分母は $x > 0$ では，$a < 0$ よりつねに正の値であり，$x \sim \infty$ では高々 x の一次式である．従ってこの関数が $x \to \infty$ で収束する為には $4 - a^2 = 0$ でなくてはならない．

$$\therefore \quad a^2 = 4 \ (a < 0) \quad \therefore \ a = -2 \quad \cdots \text{(答)}$$

(イ) よって求める極限値は

$$\lim_{x \to \infty} \frac{3x + 6}{\sqrt{4x^2 + 3x + 6} + 2x}$$

$$= \lim_{x \to \infty} \frac{3 + \frac{6}{x}}{\sqrt{4 + \frac{3}{x} + \frac{6}{x}} + 2}$$

$$= \frac{3}{4} \quad \cdots \text{(答)}$$

(2)
$$\sqrt[3]{x^3 - x^2} - x$$
$$= (x^3 - x^2)^{\frac{1}{3}} - (x^3)^{\frac{1}{3}}$$
$$= \frac{(x^3 - x^2) - (x^3)}{(x^3 - x^2)^{\frac{2}{3}} + (x^3 - x^2)^{\frac{1}{3}}(x^3)^{\frac{1}{3}} + (x^3)^{\frac{2}{3}}}$$
$$= \frac{(-1)}{\left(1 - \frac{1}{x}\right)^{\frac{2}{3}} + \left(1 - \frac{1}{x}\right)^{\frac{1}{3}} + 1}$$
$$\xrightarrow[(n \to \infty)]{} -\frac{1}{3} \quad \cdots \text{(答)}$$

(3)
$$|\vec{a} + x\vec{b}|^2 = |\vec{a}|^2 + 2x\vec{a} \cdot \vec{b} + x^2 |\vec{b}|^2$$
$$= 1 + \sqrt{2}\, x + x^2$$
$$(\because |\vec{a}| = |\vec{b}| = 1, \ \vec{a} \cdot \vec{b} = \cos 45° \text{ より})$$

よって

$$\text{与式} = \lim_{x \to 0} \frac{|\vec{a} + x\vec{b}|^2 - |\vec{a}|^2}{x(|\vec{a} + x\vec{b}| + |\vec{a}|)}$$

$$= \lim_{x \to 0} \frac{x^2 + \sqrt{2}\, x}{x(\sqrt{x^2 + \sqrt{2}\, x + 1} + 1)}$$

$$= \lim_{x \to 0} \frac{x + \sqrt{2}}{\sqrt{x^2 + \sqrt{2}\, x + 1} + 1}$$

$$= \frac{1}{\sqrt{2}} \quad \cdots \text{(答)}$$

・基本事項 [2]・

三角関数の極限

〈定理〉

　x を弧度法での角とする．（x は実数とみること．）
$$\lim_{x \to 0} \frac{\sin x}{x} = 1$$

〈系〉
$$\lim_{x \to 0} \frac{\tan x}{x} = 1, \quad \lim_{x \to 0} x \cot x = 1$$

（例）　n をある自然数とする．
$$\lim_{x \to 0} \frac{\tan^n x}{x}$$
$$= \lim_{x \to 0} x^{n-1} \left(\frac{\tan x}{x} \right)^n$$
$$= \begin{cases} 0 & (n \geqq 2) \\ 1 & (n = 1) \end{cases}$$

・基本事項 [3]・

自然対数の底 e

〈定理〉

　n を整数とする．
$$\lim_{n \to \infty} \left(1 + \frac{1}{n} \right)^n = e (= 2.718\cdots)$$

　x を実数とする．
$$\lim_{x \to 0} (1 + x)^{\frac{1}{x}} = e$$

このような底 e をもつ対数を自然対数という（底 e は，常用対数の底 10 と同様に，煩わしいので，誤解の恐れがない限り，省略するのが慣習である）．

§2. 関数の極限

（例） n をある自然数とする．
$$\lim_{x \to 0}(1+x^n)^{\frac{1}{x}}$$
$$= \lim_{x \to 0}\left\{(1+x^n)^{\left(\frac{1}{x}\right)^n}\right\}^{x^{n-1}}$$
$$= \begin{cases} 1 & (n \geq 2) \\ e & (n = 1) \end{cases}$$

・・・・・・・基本事項 [4]・・・・・・・

微分係数

x の関数 $f(x)$ は $x=a$ （a は定数）の近くで定義されていて，$x=a$ での微分係数があれば，
$$f'(a) = \lim_{x \to a}\frac{f(x)-f(a)}{x-a}$$
で表される．これを $\{f(x)\}'_{x=a} = f'(a)$ とも表す．$x-a=h$ とおくと，上式は
$$f'(a) = \lim_{h \to 0}\frac{f(a+h)-f(a)}{h}$$
と表される．

三角関数，対数関数の微分係数

〈公式〉

❶ $(\sin x)'_{x=a} = \cos a$, $(\cos x)'_{x=a} = -\sin a$
❷ $(\log x)'_{x=a} = \dfrac{1}{a}$ $(a>0)$, $(e^x)'_{x=a} = e^a$

∵) ❶は第1式のみについて示しておく．
$$\frac{\sin(a+h)-\sin a}{h}$$
$$= \frac{2\cos\dfrac{2a+h}{2}\sin\dfrac{h}{2}}{h}$$
$$= \cos\left(a+\frac{h}{2}\right)\cdot\frac{\sin\dfrac{h}{2}}{\dfrac{h}{2}}$$

$$\xrightarrow[(h \to 0)]{} \cos a$$

$$\therefore \quad (\sin x)'_{x=a} = \cos a \qquad \textbf{q.e.d.}$$

❷ 第1式について（h を充分小さくとっておく）

$$\frac{\log(a+h) - \log a}{h}$$

$$= \frac{1}{h} \log\left(1 + \frac{h}{a}\right)$$

$$= \log\left(1 + \frac{h}{a}\right)^{\frac{1}{h}}$$

$$= \log\left\{\left(1 + \frac{h}{a}\right)^{\frac{a}{h}}\right\}^{\frac{1}{a}}$$

$$= \frac{1}{a} \log\left(1 + \frac{h}{a}\right)^{\frac{a}{h}}$$

よって

$$\lim_{h \to 0} \frac{\log(a+h) - \log a}{h}$$

$$= \frac{1}{a} \log e = \frac{1}{a} \qquad \textbf{q.e.d.}$$

第2式について

$$\frac{e^{a+h} - e^a}{h} = \frac{e^a(e^h - 1)}{h}$$

そこで $\lim_{h \to 0} \dfrac{e^h - 1}{h} = 1$ であることを示す.

$e^h - 1 = t$ とおくことにより

$$h = \log(1+t),$$

$$h \to 0 : t \to 0$$

よって

$$\lim_{h \to 0} \frac{e^h - 1}{h} = \lim_{t \to 0} \frac{t}{\log(1+t)}$$

$$= \lim_{t \to 0} \frac{1}{\frac{1}{t} \log(1+t)}$$

$$= \lim_{t \to 0} \frac{1}{\log(1+t)^{\frac{1}{t}}}$$

$$= \frac{1}{\log e} = 1$$

$$\therefore \quad \lim_{h \to 0} \frac{e^{a+h} - e^a}{h} = e^a \qquad \textbf{q.e.d.}$$

（付記） 一般の底の対数・指数関数に対しても同様の論法は使える.

問題 3

(1) $\lim_{x \to 0} \dfrac{e^{x \tan x} - 1}{x^2}$ の値を求めよ．

(2) $\lim_{x \to 0} \dfrac{e^x - \cos x}{\sin x}$ の値を求めよ．

(3) $\lim_{x \to 0} \dfrac{e^{x \sin nx} - 1}{x \log(1+x)}$ （n は自然数）の値を求めよ．ただし，log は自然対数関数とする．

(芝浦工大（改））

▶ 式の形から $\lim_{x \to 0} \dfrac{e^x - 1}{x} = 1$ を利用することは明らかだろうが，ちょっと工夫を要する．

解　(1) 与式 $= \lim_{x \to 0} \left(\dfrac{e^{x \tan x} - 1}{x \tan x} \cdot \dfrac{\tan x}{x} \right)$

$= 1 \times 1 = 1$　…（答）

(2)　与式 $= \lim_{x \to 0} \dfrac{e^x - 1 + 1 - \cos x}{\sin x}$

$= \lim_{x \to 0} \left(\dfrac{e^x - 1}{x} + \dfrac{1 - \cos x}{x} \right) \cdot \dfrac{x}{\sin x}$

$= \lim_{x \to 0} \left\{ \dfrac{e^x - 1}{x} + \dfrac{2 \sin^2 \left(\dfrac{x}{2} \right)}{x} \right\} \cdot \dfrac{x}{\sin x}$

$= (1 + 0) \times 1 = 1$　…（答）

(3)　与式 $= \lim_{x \to 0} \left\{ \dfrac{e^{x \sin nx} - 1}{x \sin nx} \cdot \dfrac{\sin nx}{\log(1+x)} \right\}$

$= \lim_{x \to 0} \left\{ \dfrac{e^{x \sin nx} - 1}{x \sin nx} \cdot \dfrac{\sin nx}{nx} \cdot \dfrac{nx}{\log(1+x)} \right\}$

$= 1 \times 1 \times n$

$= n$　…（答）

補充問題

$\lim_{x \to 0} \dfrac{1}{x} \log \dfrac{e^x + e^{2x} + \cdots + e^{nx}}{n}$ の値を求めよ．

ただし，log は自然対数，n はある自然数とする．

（答）$\dfrac{n+1}{2}$

(神戸大（改））

補充問題

$\vec{a}, \vec{b}$ が定ベクトルで $\vec{a}$ は $\vec{0}$ ではないとする．また $y = f(x)$ は $x = p$ で微分可能で，$f(p) = 0$ を満たす関数とする．このとき次の値を求めよ．

$$\lim_{x \to p} \frac{|\vec{a} + f(x)\vec{b}| - |\vec{a}|}{x - p}$$

（順天堂大・医）

（答）　$\dfrac{f'(p)\vec{a} \cdot \vec{b}}{|\vec{a}|}$

（注記）問題 2 の（3）と見比べよ！

問題 4

n を自然数とする．また，a は定数とする．次の極限を求めよ．

(1) $\displaystyle\lim_{x \to a} \frac{x^n \sin a - a^n \sin x}{x - a}$

(2) $\displaystyle\lim_{x \to a} \frac{x^n \sin a - a^n \sin x}{x^n - a^n}$

▶ (1)は微分係数の定義に従う．(2)は(1)を利用する．

解　(1) 与式 $= \displaystyle\lim_{x \to a} \dfrac{x^n \sin a - a^n \sin a + a^n \sin a - a^n \sin x}{x - a}$

$= \displaystyle\lim_{x \to a} \left(\dfrac{x^n - a^n}{x - a} \cdot \sin a - a^n \cdot \dfrac{\sin x - \sin a}{x - a} \right)$

$= \displaystyle\lim_{x \to a} \left\{ (x^{n-1} + x^{n-2}a + \cdots + a^{n-1}) \sin a - a^n \cdot \dfrac{\sin x - \sin a}{x - a} \right\}$ $(n \geqq 2)$

$= na^{n-1} \sin a - a^n \cos a$ $(n \geqq 1)$　…**（答）**

(2) (1)の結果より

与式 $= \dfrac{na^{n-1} \sin a - a^n \cos a}{na^{n-1}}$ $(a \neq 0)$

$= \sin a - \dfrac{a}{n} \cos a$

（この段階で $a = 0$ を含めてよい）　…**（答）**

§2. 関数の極限

これまでは関数が連続か否かは何の詮議もなくやってきた．これからは非常に大切なその内容に入っていく．

- **基本事項 [5]** -

関数の連続・不連続

x の関数 $f(x)$ が $x=a$（a は $f(x)$ の定義域内での値）で連続とは
$$\lim_{x \to a} f(x) = f(a)$$
を満たすときである．$f(x)$ がある区間の全ての x に対して連続であるとき，$f(x)$ はその区間で連続であるといわれる．もしある $x=a$ で $f(x)$ が不連続ならば，$\lim_{x \to a} f(x) \neq f(a)$ である．

ここで $x \to a$（$a \neq \infty$ とする）についてであるが，これは $x \to a \pm 0$ のことで $x \to a+0$ は a より大きい方から a に，$x \to a-0$ は a より小さい方から a に近づけるという意味でそれぞれ左方極限，右方極限とよばれる．関数が連続か否かを議論する為にはこれらの極限が重要な役割をしてくる．$a=0$ のときは，単に $x \to \pm 0$ とも表す．

以下のグラフは $x=a$ で不連続な関数の視覚的様子を与えるものである．

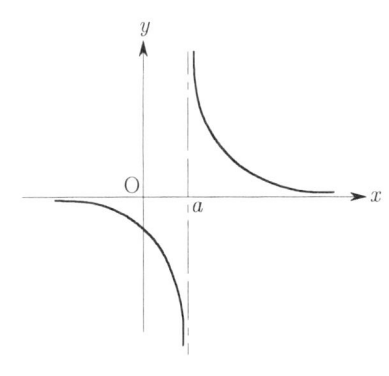

$$y = f(x) = \frac{1}{x-a} \quad (a > 0)$$

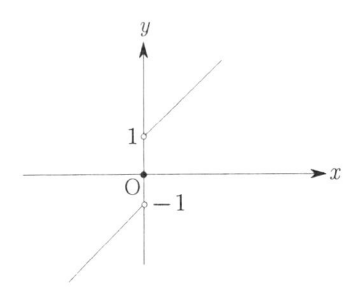

$$y = f(x) = \begin{cases} x+1 & (x > 0) \\ 0 & (x = 0) \\ x-1 & (x < 0) \end{cases}$$

中間値の定理

関数 $f(x)$ が閉区間 $[a, b]$ で連続かつ $f(a) \neq f(b)$ ならば，$f(a)$ と $f(b)$ の間の任意の値 k に対して
$$k = f(c) \quad (a < c < b)$$
なる c がある．

（ある区間内での連続関数の連続性を強調するこの定理は使わなければ使わないで済むものである．入試微積分での無用の長物かもしれない．）

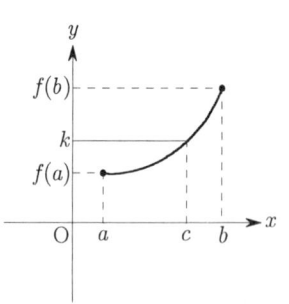

〈命題〉

x の関数 $f(x)$ が $x = a$ で微分可能ならば，$f(x)$ は $x = a$ で連続である．

問題 5

関数
$$f(x) = \begin{cases} x^2 \sin \dfrac{1}{x} & (x \neq 0) \\ 0 & (x = 0) \end{cases}$$
は $x = 0$ で連続かどうかを調べよ．また，$x = 0$ で微分可能かどうかを調べよ．さらに $f'(x)$ は $x = 0$ で連続かどうかを調べよ．

▶ 基本事項 [4]，[5] がきちんと理解されているかどうかを確認するもの．

解 まず $f(x)$ が $x = 0$ で連続かどうかについて．
$$\left| x^2 \sin \dfrac{1}{x} \right| \leq x^2$$
はさみうちの原理により $\lim\limits_{x \to 0} x^2 \sin \dfrac{1}{x} = 0$ である．
よって
$$\lim_{x \to 0} f(x) = \lim_{x \to 0} x^2 \sin \dfrac{1}{x}$$
$$= 0 = f(0)$$
故に $f(x)$ は $x = 0$ で

§2. 関数の極限

連続である　…(答)

次に $x=0$ での微分は可能かどうかについて.
$$\lim_{x \to 0} \frac{f(x)-f(0)}{x-0} = \lim_{x \to 0} x \sin \frac{1}{x}$$
$$= 0 \quad (\because \ f(0)=0 \ \text{より})$$

よって $f(x)$ は $x=0$ で微分可能であり,
$$f'(0) = 0 \quad \text{…(答)}$$

最後に $f'(x)$ が $x=0$ での連続かどうかについて.
$x \neq 0$ では
$$f'(x) = 2x \sin \frac{1}{x} - \frac{1}{x^2} \cdot x^2 \cos \frac{1}{x}$$
$$= 2x \sin \frac{1}{x} - \cos \frac{1}{x}$$

これより $\lim_{x \to 0} f'(x)$ は存在しない.
よって $f'(x)$ は $x=0$ で

連続ではない　…(答)

問題6

$g(x)$ は $0 \leqq x \leqq 1$ で連続な関数で, $0 \leqq g(x) \leqq 1$ であるとき, $g(c)=c$ となる点 c があることを示せ. 　　　　　　　　　　　　　　　　（早稲田大）

▶ 本問は中間値の定理を用いてもよいが, ここでは用いないで示してみる.（その方が煩わしくない.）

解　$f(x) = g(x) - x \ (0 \leqq x \leqq 1)$ とおくと,
$f(0) = g(0) \geqq 0$,
$f(1) = g(1) - 1 \leqq 0$
　　$(\because \ 0 \leqq x \leqq 1$ で $0 \leqq g(x) \leqq 1$ より $)$

$g(x)$ は $0 \leqq x \leqq 1$ で連続, x は, 勿論, $0 \leqq x \leqq 1$ で連続だから, $f(x)$ は $0 \leqq x \leqq 1$ で連続である. 以上によって $f(x)=0$ となる x が $0 \leqq x \leqq 1$ 内にあるので, その1つを c とおくと,
$$f(c) = 0 \leftrightarrow g(c) = c \quad \blacktriangleleft$$

(付) 中間値の定理を用いるならば, $f(0)=f(1)$ のときは別扱いとなる.

問題 7

(1) 関数 $f(x)$ は $-\infty < x < \infty$ で微分可能かつ $f(0) = 0$ とする. いま
$$g(x) = \begin{cases} \dfrac{f(x)}{x} & (x \neq 0) \\ f'(0) & (x = 0) \end{cases}$$
とすると, $g(x)$ は $x = 0$ で連続であることを示せ.

(2) a, b, c を正の定数とする. 次の極限値を, (1)を利用して, 求めよ.
$$\lim_{x \to 0} \left(\frac{a^x + b^x + c^x}{3} \right)^{\frac{1}{x}}$$
(慶応大(改))

▶ (1)は易しい. (2)は易しくない. $f(x) = \left(\dfrac{a^x + b^x + c^x}{3} \right)^{\frac{1}{x}}$ とおくことはよいにしても,これから両辺の自然対数をとって $\lim_{x \to 0} \log f(x)$ を一気に計算すると, (1)を用いたことにならない. (1)と関連付けるには?

解 (1)
$$\lim_{x \to 0} g(x) = \lim_{x \to 0} \frac{f(x)}{x}$$
$$= \lim_{x \to 0} \frac{f(x) - f(0)}{x - 0} \quad (\because \ f(0) = 0 \ \text{より})$$
$$= f'(0)$$
$$(\because \ f(x) \text{は} -\infty < x < \infty \text{で微分可能より})$$
$$= g(0)$$
よって $g(x)$ は $x = 0$ で連続である.

(2) $f(x) = \log \dfrac{a^x + b^x + c^x}{3}$ とおくことにより
$$f(x) = \log(a^x + b^x + c^x) - \log 3$$
であり, $f(0) = 0$ となる. この $f(x)$ の $x = 0$ での微分係数を求める.
$$\lim_{x \to 0} \frac{f(x) - f(0)}{x}$$
$$= \{\log(a^x + b^x + c^x)\}'_{x=0}$$
$$= \left(\frac{a^x \log a + b^x \log b + c^x \log c}{a^x + b^x + c^x} \right)_{x=0}$$
$$= \frac{1}{3} \log(abc)$$
$$\therefore \quad f'(0) = \frac{1}{3} \log(abc)$$

よって
$$g(x) = \begin{cases} \dfrac{f(x)}{x} = \log\left(\dfrac{a^x+b^x+c^x}{3}\right)^{\frac{1}{x}} & (x \neq 0) \\ f'(0) = \dfrac{1}{3}\log(abc) & (x=0) \end{cases}$$

（1）での$g(x)$は一般的なものであり，従って（2）での$g(x)$においても $\lim_{x \to 0} g(x) = g(0)$ である．

$$\therefore \quad \lim_{x \to 0} \log\left(\dfrac{a^x+b^x+c^x}{3}\right)^{\frac{1}{x}} = \dfrac{1}{3}\log(abc)$$

$\log x$は（$x>0$で）連続関数であるから，上式は
$$\lim_{x \to 0}\left(\dfrac{a^x+b^x+c^x}{3}\right)^{\frac{1}{x}} = \sqrt[3]{abc} \quad \cdots\text{(答)}$$

問題8

実数xの関数
$$f(x) = x^{[x^n]+1} \quad (|x|<1,\ n\text{はある自然数})$$
は$x=0$で連続であるか？ また，$x=0$で微分可能であるか？ ここに$[a]$は，実数aを越えない最大の整数を表すものとする．

▶ $-1 \leq x < 0$では，nの偶奇で場合分けする．

解 まず，$f(0) = 0$に注意しておく．
$0 \leq x < 1$においては$[x^n] = 0$であるから
$$f(x) = x \quad (0 \leq x < 1)$$
$-1 < x < 0$においては，nが偶数ならば，$[x^n] = 0$であり，nが奇数ならば，$[x^n] = -1$である．よって$-1 < x \leq 0$では
$$f(x) = \begin{cases} x & (-1 < x \leq 0,\ n\text{は偶数}) \\ x^2 & (-1 < x \leq 0,\ n\text{は奇数}) \end{cases}$$
以上から$f(x)$は$x=0$において
$$\begin{cases} n\text{の偶奇によらず連続} \\ n\text{が偶数の場合は微分可能} \\ n\text{が奇数の場合は微分可能でない} \end{cases} \cdots\text{(答)}$$

第6部

微分積分

　微積分法は，周知のように，ニュートン・ライプニッツによって体系的学問として発見されたものであり，諸君が学ぶ数学のうちでは，時代的に最も新しいものである．とはいうものの，その微積分ですらも現代より330年程も昔のものである．

　微積分は，ニュートンの場合は物理への適用の為であったし，ライプニッツの場合は求積法への適用の為であった．因みに当時の微積分の物理への適用のレベルは，高校物理のそれより，上をいっている．（高校物理への微積分の導入については，賛否両論あるが，筆者は，いくつかの理由があって，否定の側に立つ．）

　さて，その後，1700年代に入ってからの微積分の発展はめざましい．大学の工学部などで使う応用解析は，大体，この時期のものである．

　そして，1800年代には，数学は近代化の時代に入り，その後，微分積分学は，計算といわれたものから，面目を一新し，一方では近代集合論をとり入れた公理論的数学の一分野として，他の学問をよそに，抽象的世界へと飛翔し，他方では新しい抽象幾何学などの世界に代数的作用素表現として威力を発揮していったのである．

　さらに，現代は……．

　ところで入試数学としての微分積分に戻ると，部分的には，二昔以上前の問題と大きく変貌してきている．それは，コンピューターが裏で，一役，演じている問題が散見されてきているということである．コンピューターは単純数値計算や様々なグラフを直ちに演出してくれるので，数値評価のよい近似不等式などの問題が作りやすいのである．とすれば，そのような分野に関しては，できるだけ最近の入試問題に当たっておかねばならない．そのようなことを踏まえて，ここでは内容を構成した．理工系の人に

とって，微積分は避けて通れない分野であるし，入試でも最頻出分野でもあるので，極力，内容の充実を図ったつもりである．

§1. 微分

微分法の威力のすさまじさは，関数の様々な振る舞いをつぶさに調べることができるという点にある．その為に，まず，多くの微分演算に習熟しておかねばならない．

・基本事項 [1]・

1次導関数

〈公式〉

❶ $(x^a)' = ax^{a-1}$ （a は実数）

❷ $(\log|x|)' = \dfrac{1}{x}$

❸ $(e^x)' = e^x$, $(a^x)' = a^x \log a$ （a は正の定数）

❹ $(\sin x)' = \cos x$, $(\cos x)' = -\sin x$

❺ $\{f(x)g(x)\}' = f'(x)g(x) + f(x)g'(x)$ （関数の積の微分）

❻ $\left\{\dfrac{f(x)}{g(x)}\right\}' = \dfrac{f'(x)g(x) - f(x)g'(x)}{\{g(x)\}^2}$

❼ $(\tan x)' = \sec^2 x = \dfrac{1}{\cos^2 x}$ （❺，❻を用いる例）

❽ $(\cot x)' = -\operatorname{cosec}^2 x = -\dfrac{1}{\sin^2 x}$

n 次導関数

入試に現れる n 次導関数は易しいものに限定されている．（以下の（例）参照．）

---

§1. 微分

> **(例)** $\log x$ の n 次導関数 $(\log x)^{(n)}$ を求めよ．ただし $\log$ は自然対数とする．
>
> $$(\log x)' = \frac{1}{x}$$
> $$\longleftrightarrow x(\log x)' = 1$$
>
> これを微分すると
> $$(\log x)' + x(\log x)'' = 0$$
> $$\longleftrightarrow 1 + x^2(\log x)'' = 0$$
>
> さらにこれを微分して整理すると
> $$-2 + x^3(\log x)''' = 0$$
>
> 以上から
> $$(-1)^n(n-1)! + x^n(\log x)^{(n)} = 0$$
>
> と推定される．(帰納法で確かめよ． $n! = n(n-1)\cdots 2\cdot 1$ である．)
> $$\therefore \quad (\log x)^{(n)} = -\frac{(-1)^n(n-1)!}{x^n} = \frac{(-1)^{n+1}(n-1)!}{x^n}$$

まずは有理整関数の微分の問題から．

問題 1

関数 $f(x) = ax^2 + bx + c$ は $0 \leqq x \leqq 2$ においてつねに $|f(x)| \leqq M$ を満たすとする．ただし a, b, c, M は定数である．

(1) 各係数 a, b, c を $f(0)$, $f(1)$ および $f(2)$ を用いて表せ．

(2) $f'(x)$ は $0 \leqq x \leqq 2$ においてつねに $|f'(x)| \leqq 4M$ を満たすことを示せ． (大阪教育大)

▶ $a = 0$ とは限らないので注意を要する．(1) は問題外だが，この誘導がないと (2) が結構な難問になり，白紙答案だらけと出題者はみたのだろうか？ (1) のヒントを与えても，(2) では，はっきりとセンスの差は現れる． $f'(x) = 2ax + b$ は定数または 1 次関数なので， $y = f'(x)$ $(0 \leqq x \leqq 2)$ のグラフ（描くまでもなく想定すればよい）を補助にして， $\mathrm{Max}\{|f'(0)|, |f'(2)|\} \leqq 4M$ を示せばよい．（ $\mathrm{Max}\{\alpha, \beta\}$ は α, β のうち小さ

くない方を表す.)

解 （1）　　　$f(0) = c,$
　　　　　　　　$f(1) = a + b + c,$
　　　　　　　　$f(2) = 4a + 2b + c$

より

$$f(1) = a + b + f(0), \quad f(2) = 4a + 2b + f(0)$$

よって

$$\begin{cases} a = \dfrac{1}{2}\{f(0) - 2f(1) + f(2)\} \\ b = \dfrac{1}{2}\{-3f(0) + 4f(1) - f(2)\} \quad \cdots\textbf{(答)} \\ c = f(0) \end{cases}$$

（2）$f'(x) = 2ax + b \ (0 \leq x \leq 2)$ は，$a = 0$ のときは定数，$a \neq 0$ のときは1次単調関数だから，結局，$\mathrm{Max}\{|f'(0)|, |f'(2)|\} \leq 4M$ を示せばよい．さらにはグラフとしての $y = |f'(x)|$ （定数の場合も含めて）は，$0 \leq x \leq 2$ を無視すると，$x = -\dfrac{b}{2a}$ に関して対称なので，$|f'(0)| \leq 4M$ だけを示せばよいことになる：

$$|f'(0)| = |b| = \dfrac{1}{2}|3f(0) - 4f(1) + f(2)|$$

$$\leq \dfrac{1}{2}\{3|f(0)| + 4|f(1)| + |f(2)|\}$$

$$\leq \dfrac{1}{2}(3M + 4M + M)$$

　　　　　($\because \ 0 \leq x \leq 2$ で $|f'(x)| \leq M$ より)

$$= 4M$$

$\therefore \ |f'(x)| \leq 4M \ (0 \leq x \leq 2)$　◀

基本事項 [2]

合成関数，パラメーター表示の関数および逆関数の導関数

❶ 合成関数の導関数

$f(x)$, $g(x)$ を微分可能な関数とする.
$$\{f(g(x))\}' = g'(x)f'(g(x))$$

❷ パラメーター表示の関数の導関数

$x = f(t)$, $y = g(t)$ は t について1回微分可能な関数とする. $\dfrac{dx}{dt}$ は定値0関数ではないとする.
$$\frac{dy}{dx} = \frac{\dfrac{dy}{dt}}{\dfrac{dx}{dt}} = \frac{g'(t)}{f'(t)}$$

❸ 逆関数の導関数

$f(x)$ は適当な定義域で逆関数 $f^{-1}(x)$ をもつものとする. このもとで $y = f^{-1}(x)$ は $x = f(y)$ に他ならないから,
$$\frac{dy}{dx} = \frac{1}{\dfrac{dx}{dy}} = \frac{1}{f'(y)}$$

となる.

(例) $\left\{f\left(\dfrac{1}{x}\right)\right\}' = -\dfrac{1}{x^2}f'\left(\dfrac{1}{x}\right)$

$\{\log(x+\sqrt{1+x^2}\,)\}' = \dfrac{1}{\sqrt{1+x^2}}$

(例) $x = \cos t$, $y = \sin t$ のとき, $\dfrac{dy}{dx} = \dfrac{\cos t}{-\sin t} = -\dfrac{x}{y}$ $(y \neq 0)$

(例) $y = x^2$ $(x > 0)$ の逆関数は $y = \sqrt{x}$ であるから, $\dfrac{d\sqrt{x}}{dx} = \dfrac{1}{2y} = \dfrac{1}{2\sqrt{x}}$ $(x > 0)$ となる.

問題2

(1) $\lim_{x\to 0}\dfrac{\sin x}{x}=1$ であることを用いて, $f(x)=\cos x$ の導関数を求めよ.

(2) $f(x)=\cos x$ $(\pi<x<2\pi)$ の逆関数を $g(x)$ とする. このとき, $g(x)$ の導関数を求めよ.

（富山医薬大 ◊）

▶ (1)はいまや対象外．(2) $\pi<x<2\pi$ に注意すること.

解 (1) 略.

(2) 題意より
$$x=\cos g(x) \quad (-1<x<1)$$
であるから, $g(x)=y$ とおくと, $\pi<y<2\pi$ に留意して
$$\frac{dg(x)}{dx}=\frac{1}{\dfrac{dx}{dy}}=-\frac{1}{\sin y}=\frac{1}{\sqrt{1-\cos^2 y}}$$

$\therefore\quad \{g(x)\}'=\dfrac{1}{\sqrt{1-x^2}} \quad (-1<x<1) \quad \cdots$ **(答)**

逆関数が苦手という人は多いであろうから, 少し説明しておく．（本当は教科書で理解して頂きたい所である．）

ある実数区間を定義域とする f が上への1対1写像であるとき, f の逆関数 g が存在する．（このことは, いまのところ, 直観的に捉えるだけでよい．）$g(x)$ の定義は, $g(f(x))=f(g(x))=x$ で与えられる．このようなことを xy 平面上のグラフとして表すと, 結果的に, $y=f(x)$ と $y=g(x)$ は直線 $y=x$ に関して対称になる．($g(x)$ の定義域は $f(x)$ の値域になる．)

$y=f(x)=\cos x$ $(0<x<\pi)$ として, その逆関数 $y=g(x)$ を図示すると, 右のようになる

なお, 三角関数の逆関数は $\sin^{-1}x$, $\cos^{-1}x$ のように表される．（これらの呼び名はあるが, いまは, どうでもよい．）因みに, $f(x)=\sin x$ $\left(|x|<\dfrac{\pi}{2}\right)$ の逆関数を $g(x)$ で表すと, $g'(x)=\dfrac{1}{\sqrt{1-x^2}}$ $(|x|<1)$ となる.

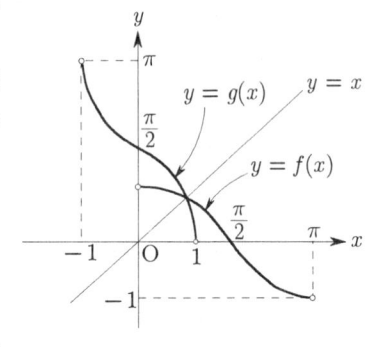

（問題2と, 見かけ上, 同じ結果になった．その理由を, 各自, 考えよ．）

·—— 基本事項 ［3］·——

平均値の定理

平均値の定理

実数 x の関数 $f(x)$ が閉区間 $a \leqq x \leqq b$ で連続かつ開区間 $a < x < b$ で微分可能ならば，
$$\frac{f(b)-f(a)}{b-a} = f'(c), \quad a < c < b$$
であるような c がある．

上式は，しばしば，次の表式で述べられる：
$$f(a+h) = f(a) + hf'(a+\theta h), \quad 0 < \theta < 1$$
であるような θ がある．（$h = b-a$，$\theta = \dfrac{c-a}{b-a}$ と採っているのである．）

〈系〉ロルの定理

実数 x の関数 $f(x)$ が閉区間 $a \leqq x \leqq b$ で連続かつ開区間 $a < x < b$ で微分可能で，さらに $f(a) = f(b)$ であれば，
$$f'(c) = 0, \quad a < c < b$$
であるような c がある．

（例） $\dfrac{1}{x+1} < \log(x+1) - \log x < \dfrac{1}{x}$ が成り立つ．これは，
$\dfrac{\log(x+1) - \log x}{(x+1) - x} = (\log t)'_{t=c} = \dfrac{1}{c}$ $(0 < x < c < x+1)$ から直ちに示される．

問題 3

次の不等式が成り立つことを平均値の定理を用いて示せ．
$$x + \frac{1}{e^x + 1} < \log(e^x + 1) < x + \frac{1}{e^x}$$

（東京医大（改））

▶ 基本事項 ［3］での（例）の類問．

解 $x > 0$ で $\log x$ は微分可能であるから，平均値の定理により

$$\frac{\log(e^x+1)-\log e^x}{(e^x+1)-e^x} = \frac{1}{c} \quad \cdots ①$$
$$0 < e^x < c < e^x+1 \quad \cdots ②$$

なる c がある．②より
$$\frac{1}{e^x+1} < \frac{1}{c} < \frac{1}{e^x}$$

これと①より
$$\frac{1}{e^x+1} < \log(e^x+1) - x < \frac{1}{e^x}$$
$$\therefore \quad x + \frac{1}{e^x+1} < \log(e^x+1) < x + \frac{1}{e^x}$$

問題 4

平均値の定理を利用して，$\alpha \leqq \beta$ のとき
$$|e^\beta \sin\beta - e^\alpha \sin\alpha| \leqq \sqrt{2}(\beta-\alpha)e^\beta$$
が成り立つことを示せ． （新潟大 ◇）

▶ $\sqrt{2}$ は三角関数の合成からくるものだとすぐに気付いたかな？

解 $\alpha = \beta$ のときは，問題の不等式では等号が成立する．$\alpha < \beta$ とする．$e^x \sin x$ は微分可能関数であるから，平均値の定理により
$$\frac{e^\beta \sin\beta - e^\alpha \sin\alpha}{\beta-\alpha} = (e^x \sin x)'_{x=\gamma}$$
$$= e^\gamma(\sin\gamma + \cos\gamma) \quad \cdots ①$$
$$\alpha < \gamma < \beta \quad \cdots ②$$

であるような γ がある．①より
$$\left|e^\beta \sin\beta - e^\alpha \sin\alpha\right| = \sqrt{2}(\beta-\alpha)e^\gamma \left|\sin\left(\gamma+\frac{\pi}{4}\right)\right| \quad \cdots ①'$$

そこで②より
$$e^\alpha < e^\gamma < e^\beta$$

であるから
$$e^\alpha \left|\sin\left(\gamma+\frac{\pi}{4}\right)\right| \leqq e^\gamma \left|\sin\left(\gamma+\frac{\pi}{4}\right)\right|$$
$$\leqq e^\beta \left|\sin\left(\gamma+\frac{\pi}{4}\right)\right|$$
$$\leqq e^\beta$$

このことと①'より
$$|e^\beta \sin\beta - e^\alpha \sin\alpha| \leqq \sqrt{2}(\beta-\alpha)e^\beta \quad (\alpha \leqq \beta) \quad \blacktriangleleft$$

§1. 微分

問題 5

$f(x) = x^3$ とし,a を実数とする.実数 h に対して,θ は
$$f(a+h) = f(a) + hf'(a+\theta h) \quad (0 < \theta < 1)$$
を満たす実数とする.このとき,$h \to 0$ のときの θ の極限値を求めよ.

(大阪教育大 ◇)

▶ 本問はこれまでにも,しばしば,他校で出題されてきた.見かけほど易しくはない.

平均値の定理の理解度の試金石.

解 $f(x) = x^3$ より $f'(x) = 3x^2$ であるから,$f(a+h) = f(a) + hf'(a+\theta h)$ は
$$(a+h)^3 = a^3 + 3h(a+\theta h)^2$$
$$\longleftrightarrow 3ah^2 + h^3 = 3\theta^2 h^3 + 6a\theta h^2$$

いま $h \neq 0$ としてよいから,上式は
$$3a + h = 3\theta^2 h + 6a\theta \quad \cdots ①$$

$a = 0$ のとき
① は
$$h = 3\theta^2 h \quad (h \neq 0)$$
$$\therefore \quad \theta = \frac{1}{\sqrt{3}} \quad (a = 0)$$

$a \neq 0$ のとき
$0 < \theta < 1$ であることに注意して,① で $h \to 0$ とすると,
$$3a = 6a \lim_{h \to 0} \theta \quad (a \neq 0)$$
$$\therefore \quad \lim_{h \to 0} \theta = \frac{1}{2} \quad (a \neq 0)$$

以上をまとめて
$$\lim_{h \to 0} \theta = \begin{cases} \dfrac{1}{\sqrt{3}} & (a = 0) \\ \dfrac{1}{2} & (a \neq 0) \end{cases} \quad \cdots \textbf{(答)}$$

(付) **解** での①式を θ の 2 次方程式とみて θ を求めてから,$h \to 0$ をとると,遠回りになる.

・基本事項 [4] ・
近似式

❶ 第1次近似式

$f(x)$ は1回微分可能な関数とする．b を a に充分近い数とすると，
$$f(b) \fallingdotseq f(a) + f'(a)(b-a)$$
と近似できる．$b - a = h$ とおくと，
$$f(a+h) \fallingdotseq f(a) + f'(a)h$$
と表される．

〈公式〉　$\sqrt{1+h} \fallingdotseq 1 + \dfrac{1}{2}h \quad (h \fallingdotseq 0)$

❷ 第2次近似式

$f(x)$ は2回微分可能な関数とする．b を a に充分近い数とすると，
$$f(b) \fallingdotseq f(a) + f'(a)(b-a) + \dfrac{1}{2}f''(a)(b-a)^2$$
と近似できる．

❸ 第2次近似における誤差の限界

ある θ が $0 < \theta < 1$ にあるとして
$$f(a+h) = f(a) + f'(a)h + \dfrac{1}{2}f''(a+\theta h)h^2 \quad (h = b-a)$$
と展開できる．（うるさい条件は，適宜，満たされているとして）
$|f''(x)| \leqq M$ （M は正の定数）ならば，
$$|f(b) - \{f(a) + f'(a)h\}|$$
$$= \dfrac{1}{2}|f''(a+\theta h)|h^2 \leqq \dfrac{M}{2}h^2 \quad \text{（誤差の限界）}$$
となる．

（解説）❸についてのみ簡単に説明しておく．以下では $a \fallingdotseq b$ とする．
$$f(b) = f(a) + f'(a)(b-a) + k(b-a)^2$$
となるように実数 k を定める．
$F(x) = f(b) - \{f(x) + f'(x)(b-x) + k(b-x)^2\}$ と表すと，$F(a) = F(b) = 0$ であるから，ロルの定理により
$$F'(c) = 0 = -f'(c) - f''(c)(b-c) + f'(c) + 2k(b-c)$$
$$= -f''(c)(b-c) + 2k(b-c)$$
　　　　（c は a と b の間の値）

なる c がある．よって

§1. 微分

$$k = \frac{1}{2} f''(c)$$
$$\therefore \quad f(b) = f(a) + f'(a)(b-a) + \frac{1}{2} f''(c)(b-a)^2$$

$\frac{c-a}{b-a} = \theta$, $b-a = h$ とおくと,

$$f(a+h) = f(a) + f'(a)h + \frac{1}{2} f''(a+\theta h)h^2$$

となる.

(例) $\sqrt{3} = 1.732$, $e = 2.718$ とする. $\sqrt{e}$ の近似値を, 1次近似式を用いて, 小数以下2桁で答えよ.

$$\begin{aligned}
\sqrt{e} &= \sqrt{2.718} = (3 - 0.282)^{\frac{1}{2}} \\
&= \sqrt{3}\left(1 - \frac{0.282}{3}\right)^{\frac{1}{2}} \\
&\fallingdotseq \sqrt{3}\left(1 - \frac{1}{2} \times \frac{0.282}{3}\right) \\
&= 1.732\left(\frac{6 - 0.282}{6}\right) \\
&\fallingdotseq 1.65
\end{aligned}$$

(この近似値は少々粗いが, 悪くはないだろう.)

問題 6

$0 < h < 0.0009$ とする. $\sqrt[3]{1+h}$ を1次近似式で表したとき, 誤差の絶対値は 10^{-7} より小さいことを示せ. （東京理大（改））

▶ $\sqrt[3]{1+h} \fallingdotseq 1 + \frac{1}{3} h$ $(h \fallingdotseq 0)$ が1次近似式である. このことをまず示す.

解 $f(x) = \sqrt[3]{x}$ とする.
$$f'(x) = \frac{1}{3} x^{-\frac{2}{3}},$$
$$f''(x) = -\frac{2}{9} x^{-\frac{5}{3}}$$

よって $f(1+h)$ の第1次近似式は
$$f(1+h) \fallingdotseq 1 + \frac{1}{3} h \quad (0 < h < 0.0009)$$

一方,

$$f(1+h) = f(1) + f'(1)h + \frac{1}{2}f''(c)h^2,$$
$$= 1 + \frac{1}{3}h + \frac{1}{2}f''(c)h^2,$$
$$1 < c < 1+h$$

と展開できるので，1次近似値に対する誤差は

$$\left|f(1+h) - \left(1+\frac{1}{3}h\right)\right| = \frac{1}{2}|f''(c)|h^2$$
$$= \frac{1}{9c^{5/3}}h^2$$
$$< \frac{1}{9}h^2 \quad (\because 1 < c < 1+h \text{ より})$$
$$< \frac{1}{9} \times (9 \times 10^{-4})^2 \quad (\because 0 < h < 0.0009 \text{ より})$$
$$= 9 \times 10^{-8}$$
$$< 10 \times 10^{-8}$$

$$\therefore \quad \left|f(1+h) - \left(1+\frac{1}{3}h\right)\right| < 10^{-7} \quad \blacktriangleleft$$

近似値に関する問題だからといって，常に微分法を使わねばならない訳ではない．微分法を使わない方が，すんなり解けることもある．（次の補充問題を，各自，演習してみよ．）

補充問題

p を平方数でない正の整数とする．a を $\sqrt{p}$ に近い有理数として，
$$b = \frac{\sqrt{q}\,a + p}{a + \sqrt{q}} \quad (q = p-1)$$
とおく．
（1）$\sqrt{p}$ は a と b の間の値であることを示せ．
（2）b は a よりも $\sqrt{p}$ のよい近似値であることを示せ．

Hint. （1）$a < \sqrt{p}$, $a > \sqrt{p}$ で場合分けが生じる．

（2）$a < \sqrt{p} < b$ のとき，$\frac{a+b}{2} < \sqrt{p}$ を示す．$b < \sqrt{p} < a$ のときも同様．

この補充問題で，特に $p = 2$ の場合に当たる具体的問題は，これまでもいくつかの大学で出題されているが，最早，この補充問題の形にすると，$p = 3, 5, \cdots$ と，いくらでもとれることになる．

問題 7

関数 $f(x) = \sqrt{x^2 - 2x + 2}$ について，次の問に答えよ．

(1) 微分係数 $f'(1)$ を求めよ．

(2) $\displaystyle\lim_{x \to 1} \frac{f'(x)}{x-1}$ を求めよ．

(3) x が 1 に十分近いときの近似式
$$f'(x) \fallingdotseq a + b(x-1)$$
の係数 a, b を求めよ．

(4) (3)の結果を用いて，x が 1 に十分近いときの近似式
$$f(x) \fallingdotseq A + B(x-1) + C(x-1)^2$$
の係数 A, B, C を求めよ．

(徳島大 ◇)

▶ (1), (2) は一直線にいけるだろう．(3) は (2) からいける．

解 (1) $f(x) = \sqrt{x^2 - 2x + 2}$ より
$$f'(x) = \frac{x-1}{\sqrt{x^2 - 2x + 2}}$$
$$\therefore \quad f'(1) = 0 \quad \cdots \textbf{(答)}$$

(2) $\displaystyle\lim_{x \to 1} \frac{f'(x)}{x-1} = \lim_{x \to 1} \frac{1}{\sqrt{x^2 - 2x + 2}}$
$$= 1 \quad \cdots \textbf{(答)}$$

(3) (2) より $x \fallingdotseq 1$ では
$$f'(x) \fallingdotseq x - 1$$
$$\therefore \quad a = 0, \ b = 1 \quad \cdots \textbf{(答)}$$

(4) (3) の結果より，$x \fallingdotseq 1$ では
$$f''(x) \fallingdotseq 1 \quad \cdots ①$$

一方，$x \fallingdotseq 1$ では
$$f(x) \fallingdotseq f(1) + f'(1)(x-1) + \frac{1}{2} f''(1)(x-1)^2 \quad \cdots ②$$

① と (1) の結果より ② は
$$f(x) \fallingdotseq 1 + 0 \times (x-1) + \frac{1}{2}(x-1)^2$$

と近似される．よって
$$A = 1, \ B = 0, \ C = \frac{1}{2} \quad \cdots \textbf{(答)}$$

······ **基本事項 [5]** ······

曲線の接線と法線

曲線の接線と法線の方程式

xy 座標平面において $x=a$ で微分可能な曲線 $y=f(x)$ の $x=a$ での接線の方程式は
$$y - f(a) = f'(a)(x-a)$$
で与えられる．

$f'(a) \ne 0$ であれば，その点で $y=f(x)$ の法線があって，その方程式は
$$y - f(a) = \frac{1}{f'(a)}(x-a)$$
で与えられる．

······ **基本事項 [6]** ······

関数の極値

関数 $f(x)$ はある区間内で微分可能であるとする．その区間内での $x=a$ で $f(x)$ が極値をとるならば，$f'(a)=0$ である．（この逆は一般には成り立たない．）

一般に連続関数 $f(x)$ がある点 $x=a$ で極値をもつ定義は次の通りである：

$f(a)$ が極大値（極小値 resp.）であるとは，$x=a$ の近くにおいて，$x<a$ では $f(x)$ は増加の状態（減少の状態），$x>a$ では $f(x)$ は減少の状態（増加の状態）であるときをいう．

もし $f(x)$ が $x=a$ で微分可能ならば，そして $f'(a)=0$ であるならば，$x=a$ の近くで

㋐　$f'(x) > 0\ (x < a),\ f'(x) < 0\ (x > a)$ のとき
$f(a)$ は極大値である．

㋑　$f'(x) < 0\ (x < a),\ f'(x) > 0\ (x > a)$ のとき
$f(a)$ は極小値である．

さらに $f'(a)=0$ かつ $f(x)$ が $x=a$ で 2 回微分可能であるならば，

§1. 微分

(ア)′ $f''(a) < 0$ のとき

$f(a)$ は極大値である．

(イ)′ $f''(a) > 0$ のとき

$f(a)$ は極小値である．

極大値か極小値を判定するには増減表が便利である．
2回微分についてもう少し述べておく．
　$f''(a) > 0$ ということは $x = a$ の近くで $f(x)$ は下に凸，$f''(a) < 0$ ということは $x = a$ の近くで $f(x)$ は上に凸であることに他ならない．

・────── **基本事項 [7]** ──────・

曲線の描き方

　問題文で "xy 座標平面で $y = f(x)$ のグラフまたは曲線の概形を描け" とあるときは，次の事柄について詮議しておく．

(ア) 関数の増減と極値．

(イ) 関数の凹凸と変曲点．

(ウ) 関数の定義域の端点もしくは $x \to \pm\infty$ などでの $f(x)$, $f'(x)$ の振る舞い．

(注意) (ア)について調べることは当然のことだが，(イ)と(ウ)についてはおろそかにされがちである．原則として次のように考えておかれたい．出題者が，"$f''(x)$ は調べなくてもよい" と断っているか，$f'(x)$ をいくらうまくまとめても，かなりの複雑さをもっていて，$f''(x)$ までは，到底，計算する時間はないというときを除いて，$f''(x)$ は必ず求めておく．(ウ)はつねに調べる．

　従って次のような正解図に対して(A)，(B)のような受験生の答案図は，当然，減点の対象となる．調べるべきものが少ない程，減点は大きくなる．

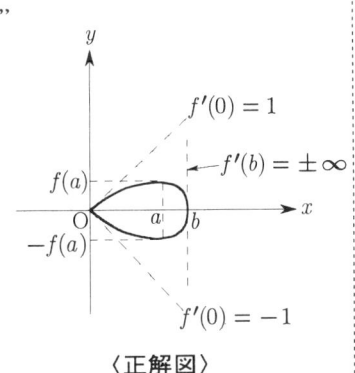

〈正解図〉

(A)

(B)

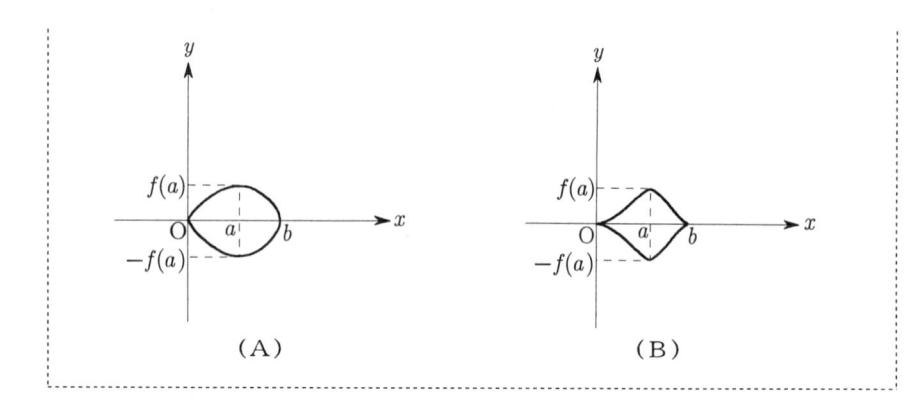

問題8

xy 座標平面にて関数
$$y = f(x) = \log \frac{e^x + e^{-x}}{2}$$
のグラフを描け．なお，曲線グラフの漸近線があれば，それも求めて図示せよ． （大阪工大（改））

▶ グラフは y 軸に関して対称である．"漸近線…"は筆者が付加したものであり，多分に，読者の弱点を突いていると思われるが，いかがかな？

解 $f(x) = \log(e^x + e^{-x}) - \log 2$ であるから
$$f'(x) = \frac{e^x - e^{-x}}{e^x + e^{-x}}$$
$$= \frac{e^{2x} - 1}{e^{2x} + 1},$$
$$f''(x) = \frac{2e^{2x}(e^{2x} + 1) - (e^{2x} - 1) \cdot 2e^{2x}}{(e^{2x} + 1)^2}$$
$$= \frac{4e^{2x}}{(e^{2x} + 1)^2} > 0$$

$f'(x) = 0$ となるのは $x = 0$ のときである．さらに
$$\lim_{x \to \pm\infty} f'(x) = \pm 1 \quad （複号同順），$$
$$\lim_{x \to \pm\infty} f(x) = \infty$$

以上に基づいて増減表を作成し，グラフを描く．

§1. 微分

x	$-\infty$		0		∞
$f''(x)$		+	+	+	
$f'(x)$	-1	$-$	0	$+$	$+1$
$f(x)$	∞	↘	0	↗	∞

増減表より漸近線があり，$x>0$ では傾き $+1$ である．その漸近線を $y=x+b$ と表すと，

$$b = \lim_{x\to\infty}\left(\log\frac{e^x+e^{-x}}{2} - x\right)$$
$$= \lim_{x\to\infty}\left(\log\frac{e^x+e^{-x}}{2e^x}\right)$$
$$= -\log 2$$

よって漸近線の方程式は
$$y = \pm x - \log 2$$
$y=f(x)$ のグラフは右のようになる．

$y=f(x)$ のグラフは y 軸に関して対称である．

〈解答図〉

問題 9

パラメーター表示で表された xy 座標平面での曲線
$$\begin{cases} x = \cos^{\frac{4}{3}}\theta \\ y = \sin^{\frac{4}{3}}\theta \quad \left(0 \leqq \theta \leqq \frac{\pi}{2}\right) \end{cases}$$
の概形を描け．

▶ 曲線の方程式は $x^{\frac{3}{2}} + y^{\frac{3}{2}} = 1$ となる．このような関数 $f(x, y) = 0$ で y（あるいは x）に値をもつ（多価）関数を陰関数という．

解 与式
$$\begin{cases} x^{\frac{3}{2}} = \cos^2\theta \\ y^{\frac{3}{2}} = \sin^2\theta \quad \left(0 \leqq \theta \leqq \frac{\pi}{2}\right) \end{cases}$$

辺々相加えて
$$x^{\frac{3}{2}} + y^{\frac{3}{2}} = 1 \quad (x \geqq 0,\ y \geqq 0) \quad \cdots ①$$

$y \geqq 0$ であるから，

$$y^{\frac{3}{2}} = 1 - x^{\frac{3}{2}} \geqq 0 \ (x \geqq 0)$$
$$\therefore \quad 0 \leqq x \leqq 1$$

(同様に $0 \leqq y \leqq 1$ である.)

①式両辺を x で微分して
$$\frac{3}{2} x^{\frac{1}{2}} + \frac{3}{2} y^{\frac{1}{2}} y' = 0$$
(ただし $0 < x < 1$ とする)
$$\therefore \quad x^{\frac{1}{2}} + y^{\frac{1}{2}} y' = 0 \quad (0 < x < 1)$$
$$\therefore \quad y' = -\sqrt{\frac{x}{y}} \left(= -\sqrt{\frac{x}{(1-x^{\frac{3}{2}})^{\frac{2}{3}}}} \right) < 0 \quad \cdots ②$$

さらに上式を x で微分して
$$y'' = -\frac{y - xy'}{2\sqrt{xy}\,y}$$
$$= -\frac{y + x\sqrt{x/y}}{2\sqrt{xy}\,y} < 0 \quad \cdots ③$$
$$(0 < x < 1, \ 0 < y < 1)$$

さらに
$$\left. \begin{array}{l} \lim_{x \to 1-0} y' = -\infty, \\ \lim_{x \to +0} y' = 0 \end{array} \right\} \quad \cdots ④$$

①〜④に基づいて増減表を作成し,曲線を描く.

x	0		1
y''		$-$	
y'	0	$-$	$-\infty$
y	1	↘	0

曲線 $x^{\frac{3}{2}} + y^{\frac{3}{2}} = 1$ の概形は右のようになる.

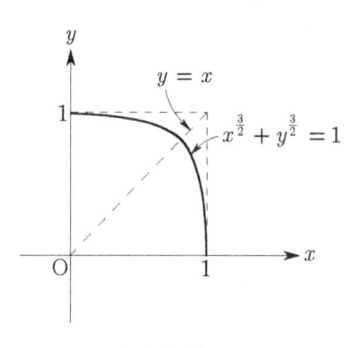

〈解答図〉

問題 10

関数 $f(x) = x^{\frac{1}{x}}$ $(x > 0)$ について次の問に答えよ．
(1) 関数 $f(x)$ の極値を求めよ．
(2) 不等式 $\log x < \sqrt{x}$ $(x > 0)$ を示せ．
(3) (2) の不等式を用いて極限値 $\lim_{x \to \infty} f(x)$ を求めよ．
(4) 極限値 $\lim_{x \to +0} f(x)$ を求めよ．
(5) $y = f(x)$ のグラフをかけ．
(6) (5) におけるグラフを利用して $a^b = b^a$ $(0 < a < b)$ を満足する整数の組 (a, b) をすべて求めよ． （東京理大 ◇）

▶ $f(x) = x^{\frac{1}{x}}$ の log をとって評価していく．(5) では $f''(x)$ はかなり複雑になりそうなので，そこまでは触れない方がよい

解 (1) $f(x) = x^{\frac{1}{x}}$ $(x > 0)$
$$\iff \log f(x) = \frac{\log x}{x}$$
上式両辺を x で微分して
$$\frac{f'(x)}{f(x)} = \frac{1 - \log x}{x^2}$$
$$\therefore \quad f'(x) = x^{\frac{1}{x}} \left(\frac{1 - \log x}{x^2} \right)$$
よって $f(x)$ の極値は
$$e^{\frac{1}{e}} \quad (x = e) \quad \cdots \text{(答)}$$

(2) $g(x) = \sqrt{x} - \log x$ とおく．
$$g'(x) = \frac{1}{2\sqrt{x}} - \frac{1}{x}$$
$$= \frac{x - 2\sqrt{x}}{2\sqrt{x} \, x}$$
$g'(x) = 0$ となるのは $x = 4$ である．この前後で $g(x)$ は減少の状態から増加の状態へ移るので $g(4)$ は極小値かつ最小値である．
$$g(4) = 2 - \log 4 > 0$$
$$\therefore \quad g(x) > 0 \quad \therefore \quad \log x < \sqrt{x} \quad \blacktriangleleft$$

(3) $x \to \infty$ とするので，$x > 1$ としておいてよい．

この下で(2)より
$$0 < \frac{\log x}{x} = \log f(x) < \frac{1}{\sqrt{x}}$$
はさみうちの原理により
$$\lim_{x \to \infty} \log f(x) = 0 = \log 1$$
$\log x$ は連続関数であるから，求める極限値は
$$\lim_{x \to \infty} f(x) = 1 \quad \cdots \text{(答)}$$

(4) $\lim_{x \to +0} \log f(x) = \lim_{x \to +0} \frac{\log x}{x} = -\infty$

よって
$$\lim_{x \to +0} f(x) = 0 \quad \cdots \text{(答)}$$

(5) (1), (3)と(4)よりグラフの様子は次のようになる.

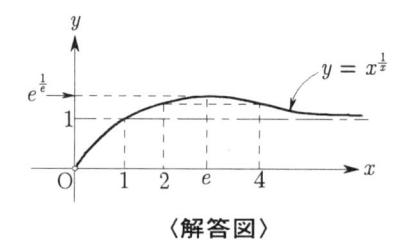

〈解答図〉

(6) $f(2) = f(4) = \sqrt{2}$ であることに留意しておく.

(5)のグラフより $a^{\frac{1}{a}} = b^{\frac{1}{b}}$ となる (a, b) は
$$(a, b) = (2, 4) \quad \cdots \text{(答)}$$

(付) (5)では，"$f''(x)$，従ってグラフの凹凸までは調べなくてもよい"と，試験問題に付記して頂きたいものだが，何せ冷たい時世故，受験生は自分で判断しなくてはならないことも少なくない.（律儀で優秀な受験生ほど $f''(x)$ を調べようと苦心して時間切れになり，不合格にされたりする世の制度は何と不合理なことか.）

本問における関数では，'グラフの特性が現れるように，それを描け'というのは，少々，無理なのである.

§1. 微分

必ずしも近似式を使わない近似値問題で，グラフの凹凸を利用するものを1題．

問題 11

e を自然対数の底とする．e^e に最も近い整数を求めよ．必要ならば次の近似値を用いよ．
$$e = 2.718, \ \log_e 2 = 0.693, \ \log_e 3 = 1.099,$$
$$\log_e 5 = 1.609$$

（北海道大）

▶ $e^e = e^{2.718}$ を与えられた対数値，従って指数値から近似不等式評価する：
$$3 \times 5 = e^{1.099+1.609} = e^{2.708} < e^{2.718}$$

これは，比較的，見やすい．もうひとつ $e^{2.718}$ を $15.\cdots$ か 16 で上からおさえ込まねばならない．その為に，$y = e^x$ のグラフを利用する．

解
$$e^{1.099} \times e^{1.609} = e^{2.708} < e^{2.718},$$
$$e^{2.718} < e^{2.772} = e^{4 \times 0.693}$$

ここで，与えられた近似値を用いると，
$$3 \times 5 < e^e < 2^4$$
$$\therefore \ 15 < e^e < 16$$

ところで $y = e^x$ は下に凸な単調増加関数であるから，図のように，$\dfrac{2.708 + 2.772}{2} = 2.74$ がとれて e^e が 15 に近いか 16 に近いかを調べることができる．

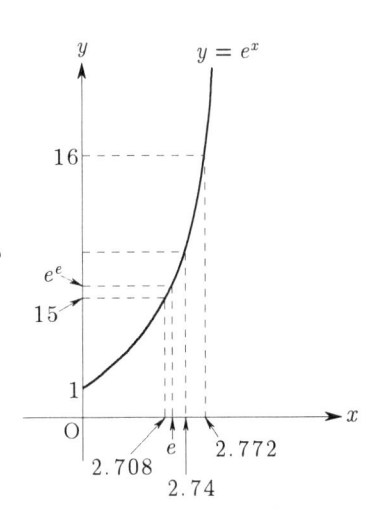

以上から求める整数値は
$$15 \quad \cdots（答）$$

・**基本事項 [8]**・

微分法の方程式と不等式への応用

　微分法は，関数の具体的象徴たるグラフを，その特性を捉えて，描く手段となり，それ故，方程式の実解の個数や方程式の近似解を求める為には，強力な武器となる．

　さらに，微分法によって，関数値の最大・最小が，極めてよく評価しやすいことから，それは不等式問題に対しても威力を発揮する．

　方程式 $f(x)=0$ の実数解の個数はグラフを基に，求めることができる．どのような関数に着眼するべきかは case by case である．例えば，"方程式 $\log x = ax$ （a は定数）の実数解の個数を求める"には，$y=f(x)=\log x - ax$ のグラフあるいは $y=f(x)=\log x$, $y=g(x)=ax$ のグラフを描いて解いてもよい．はたまた $y=f(x)=\dfrac{\log x}{x}$ と $y=g(x)=a$ のグラフを描いて解いてもよい．

　（単に方程式の解の問題ならば，2次導関数までは，通常，入用ではない．）

　次に不等式 $f(x) \geqq g(x)$ （$a \leqq x \leqq b$）が成り立つことを示す問題では，$F(x)=f(x)-g(x) \geqq 0$ （$a \leqq x \leqq b$）などを示すのだが，'$F(x)$ の最小値 $\geqq 0$' を示せばよい．同様に $G(x)=g(x)-f(x) \leqq 0$ （$a \leqq x \leqq b$）として，'$G(x)$ の最大値 $\leqq 0$' を示してもよい．（既に問題などでやっている．）

（例） $x \geqq 0$ で $e^{ax} \geqq bx$ （a, b は $0<a<b$ なる定数）となる a, b の満たすべき条件を求めよ．

・$f(x)=e^{ax}-bx$ として $f(x)$ の最小値が 0 以上になる条件を求める．結果は次の通り：
$$1 < \frac{b}{a} \leqq e \quad (a>0)$$

問題 12

a を正の実数とし，
$$f(x) = -x + \log(a+x) - \log(a-x)$$
とおく．ただし，対数は自然対数とする．x の方程式 $f(x)=0$ について，$-a < x < a$ の範囲にある異なる実数解の個数を求めよ．

(北海道大 ◇)

▶ "定数と関数を分離する" というのは 1 つの標語であるが，これを過信してはならない．これでやれば，迷路にはまることも多いからである．どのような路線を辿れば，計算において，袋小路にはまらないで解けるかということを見据えるのも力量次第．

本問の場合は，そのまま一直線に，$f'(x)$ を計算してもよいだろう．（あれこれ思索しては却って失敗するかもしれない．）算術計算に弱い筆者は，少しでも計算を楽にする為に，$y = \log(a+x) - \log(a-x)$ と $y = x$ なる関数を xy 座標平面に図示して解く．

解 $g(x) = \log(a+x) - \log(a-x)$ とおくと，
$$g'(x) = \frac{1}{a+x} + \frac{1}{a-x}$$
$$= \frac{2a}{(a+x)(a-x)} > 0 \quad (|x| < a)$$

よって $y = g(x)$ は単調増加連続関数である．さらに

$$g''(x) = \frac{4ax}{(a^2-x^2)^2} \begin{cases} > 0 & (0 < x < a) \\ = 0 & (x = 0) \\ < 0 & (-a < x < 0), \end{cases}$$

$$\lim_{x \to -a+0} g(x) = -\infty,$$
$$\lim_{x \to a-0} g(x) = \infty$$

であるから，$a(>0)$ の大きさに応じて，$y=x$ との相関は以下のような 2 通りの図で表される．

(ア)　　　　　$0 < a \leqq 2$ のとき（**図1参照**）

（$\dfrac{2}{a} \geqq 1$ のとき）

図1

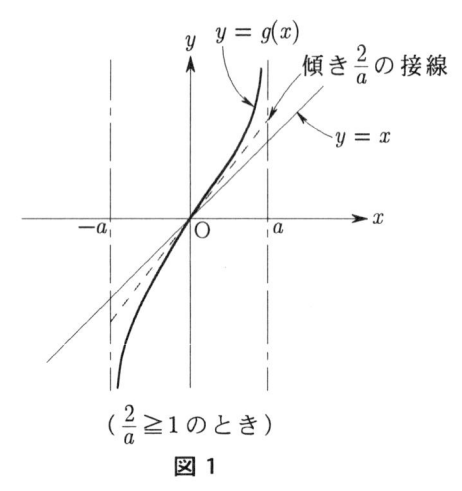

曲線 $y = g(x)$ と直線 $y = x$ は原点 O のみで交わる．

(イ)　　　　　$a > 2$ のとき（**図2参照**）

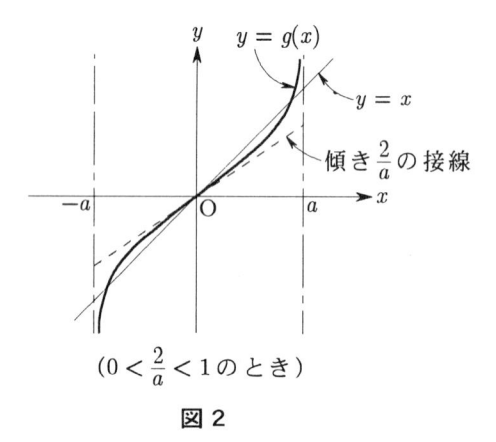

（$0 < \dfrac{2}{a} < 1$ のとき）

図2

曲線 $y = g(x)$ と直線 $y = x$ は相異なる3点で交わる．

　求める実数解の個数は

$$\begin{cases} 1\text{個} & (0 < a \leqq 2 \text{のとき}) \\ 3\text{個} & (a > 2 \text{のとき}) \end{cases}$$

…**(答)**

§1. 微分　　　　　　　　　　　　313

（付） 北大は，少し癖はあるが，概ね，順当な手段で解ける問題を出題してくれる．本問は，制限時間内でも，無理のない良問である．

ところで本問を解くには，
$$x = \log \frac{a+x}{a-x} \quad (|x|<a)$$
より
$$e^x = \frac{a+x}{a-x} = -1 - \frac{2a}{x-a} \quad (|x|<a)$$

として，$y = -1 - \frac{2a}{x-a}$ $(|x|<a)$ と $y=e^x$ のグラフを描いてもよいが，直観がすぐ追いつくかどうか．（少し，試してみる価値はありそうである．）

右図に $y=e^x$ のグラフを描いて，的確に，両曲線の交点の個数を求めれるかな？ しかも $\frac{2}{a}<1$ の場合のグラフもある．分数関数値と指数関数値の増加度の問題がつきまとい，ちょっと自信はもてないだろう．（こじつけたようなグラフは相成らぬ．）

このように，少し"スジ"が違うと，とんでもない目に遭いかねないので，要注意．

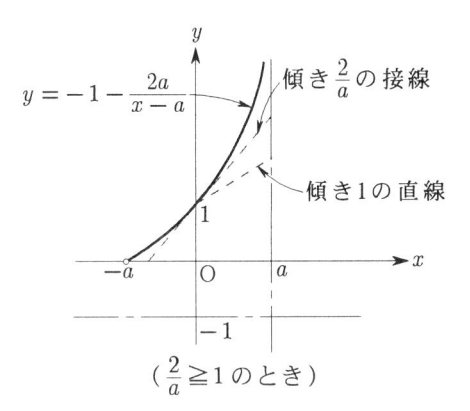

問題 13

$$f(x) = x^4 + x^3 + \frac{1}{2}x^2 + \frac{1}{6}x + \frac{1}{24},$$
$$g(x) = x^5 + x^4 + \frac{1}{2}x^3 + \frac{1}{6}x^2 + \frac{1}{24}x + \frac{1}{120}$$

とする．このとき，以下のことが成り立つことを示せ．
（1）任意の実数 x に対し，$f(x) > 0$ である．
（2）方程式 $g(x) = 0$ はただひとつの実数解 α をもち，$-1 < \alpha < 0$ となる．

(東京大)

▶ たとい見慣れた式の問題を出題しても，ただ解法の定型通りの問題には堕さない，必ずというくらい，あるセンスを要求してくるのが，東大入試数学の見事な点のひとつでもある．

闇雲にやれば，次のようになるだろう：
$$f'(x) = 4x^3 + 3x^2 + x + \frac{1}{6}$$

(**陰の声**：その後，どうするか？ 因数分解できるか？ うまくいかない？ では，もう1回微分してみるか？)
$$f''(x) = 12x^2 + 6x + 1$$

この $f''(x)$ はつねに正であるから，$f'(x)$ は単調増加の3次関数であり，そして $\lim_{x \to \pm\infty} f'(x) = \pm\infty$ であるから，$f'(x) = 0$ なる $x = x_0$ がある．ここで $f(x)$ は最小値をとるであろうから，…．(いかがかな？ 息は続きそうかね？ 単なる微分解法のフローチャートでは駄目か？)

$f(x)$ の各項の係数を何と見るか？ 出題者は，単に $f(x) > 0$ となるように，("でたらめな") 係数を付したのではあるまい．その各項の係数をよく捉え，その特徴が生きてくる関数はどんなものか？ (1) ができなければ，なおさら (2) はできない．

[解] （1）$f(x) = x^4 + x^3 + \frac{1}{2!}x^2 + \frac{1}{3!}x + \frac{1}{4!}$

$$= \begin{cases} \frac{1}{4!} (>0) & (x = 0) \\ x^4 \left(1 + \frac{1}{x} + \frac{1}{2!} \cdot \frac{1}{x^2} + \frac{1}{3!} \cdot \frac{1}{x^3} + \frac{1}{4!} \cdot \frac{1}{x^4}\right) & (x \ne 0) \end{cases}$$

§1. 微分

$t = \frac{1}{x}$ として
$$F(t) = 1 + t + \frac{1}{2!}t^2 + \frac{1}{3!}t^3 + \frac{1}{4!}t^4 \quad (t \neq 0)$$
とおくと,
$$F'(t) = 1 + t + \frac{1}{2!}t^2 + \frac{1}{3!}t^3,$$
$$F''(t) = 1 + t + \frac{1}{2}t^2$$

$F''(t)$ はつねに正であるから, $F'(t)$ は単調増加連続関数であり, そして $\lim_{t \to \pm\infty} F'(t) = \pm\infty$ (複号同順) であるから, $F'(t) = 0$ なる t が, ただ 1 つある. それを $t_0 \, (\neq 0)$ とする.

t	$-\infty$		t_0		∞
$F''(t)$		$+$	$+$	$+$	
$F'(t)$	$-\infty$	$-$	0	$+$	∞
$F(t)$	∞	↘	$F(t_0)$	↗	∞

この増減表 ($t = 0$ の点は除く) より $F(t)$ の最小値は
$$F(t_0) = 1 + t_0 + \frac{1}{2!}t_0^2 + \frac{1}{3!}t_0^3 + \frac{1}{4!}t_0^4$$
$$= F'(t_0) + \frac{1}{4!}t_0^4$$
$$= \frac{1}{4!}t_0^4 > 0 \quad (\because \; t_0 \neq 0 \, \text{より})$$

以上によって任意の実数 x に対し,
$$f(x) > 0 \quad \blacktriangleleft$$

(2) (1) と同様に
$$g(x) = x^5 + x^4 + \frac{1}{2!}x^3 + \frac{1}{3!}x^2 + \frac{1}{4!}x + \frac{1}{5!}$$
$$= \begin{cases} \frac{1}{5!} \, (> 0) & (x = 0) \\ x^5 \left(1 + \frac{1}{x} + \frac{1}{2!} \cdot \frac{1}{x^2} + \frac{1}{3!} \cdot \frac{1}{x^3} + \frac{1}{4!} \cdot \frac{1}{x^4} + \frac{1}{5!} \cdot \frac{1}{x^5}\right) & (x \neq 0) \end{cases}$$

$t = \frac{1}{x}$ として
$$G(t) = 1 + t + \frac{1}{2!}t^2 + \frac{1}{3!}t^3 + \frac{1}{4!}t^4 + \frac{1}{5!}t^5 \quad (t \neq 0)$$
とおくと,
$$G'(t) = 1 + t + \frac{1}{2!}t^2 + \frac{1}{3!}t^3 + \frac{1}{4!}t^4$$

$$= F(t) > 0 \quad (\because (1) により)$$

よって，$G(t)$ は単調増加連続関数であり，そして $\lim_{t \to \pm\infty} G(t) = \pm\infty$（複号同順）であるから，$G(t) = 0$ なる t が，ただ 1 つある．それを β とする．そこで $G(-1)$ を調べてみると，

$$G(-1) = 1 - 1 + \frac{1}{2} - \frac{1}{6} + \frac{1}{24} - \frac{1}{120} > 0$$

よって

$$\beta < -1$$

$\dfrac{1}{\beta} = \alpha$ としたものが $g(x) = 0$ の唯一解であり，かつ

$$-1 < \alpha < 0 \quad \blacktriangleleft$$

（付） 解きやすいように見えながらも，着眼が悪ければ，解けない．この点で，本問は京大入試数学のタイプであろう．（一概にタイプ別できる訳ではないが．）

なお，(1) での t_0 は負の値であることを付記しておく．

問題 14

曲線 $y = \cos x$ の $x = t$ $(0 < t < \frac{\pi}{2})$ における接線と x 軸，y 軸の囲む三角形の面積を $S(t)$ とする．

（1） t の関数として，$S(t)$ $(0 < t < \frac{\pi}{2})$ を求めよ．

（2） $S(t)$ はある 1 点 $t = t_0$ で最小値をとることを示せ．また，$\dfrac{\pi}{4} < t_0 < 1$ を示せ．

（3） $S(t_0) = 2t_0 \cos t_0$ を示せ．また，$S(t_0) > \dfrac{\sqrt{2}}{4}\pi$ を示せ．

（京都大 ◇）

▶ (1) は点を与える為の問題．(2) は $S'(t) = 0$ が正確には解けないことを暗示している．従って，多分に，ある方程式の実解に関する問題になっている．それ以降は，やってみなくては分からない．

解 （1） 曲線 $y = \cos x$ $(0 < x < \frac{\pi}{2})$ 上の点 $x = t$ での接線の方程式は

$$y - \cos t = -\sin t (x - t)$$

$$\therefore \quad y = (-\sin t)x + t\sin t + \cos t$$

よって求める三角形の面積は

$$S(t) = \frac{1}{2}\left(\frac{t\sin t + \cos t}{\sin t}\right)(t\sin t + \cos t)$$
$$= \frac{(t\sin t + \cos t)^2}{2\sin t} \quad \cdots(\text{答})$$

（2）（1）の結果より

$$S'(t) = \frac{\cos t(t\sin t + \cos t)(t\sin t - \cos t)}{2\sin^2 t}$$

$0 < t < \frac{\pi}{2}$ において $S'(t) = 0$ となるのは

$$t\sin t = \cos t \quad (0 < t < \frac{\pi}{2})$$

のときである．すなわち

$$t = \cot t \left(= \frac{\cos t}{\sin t}\right) \quad (0 < t < \frac{\pi}{2})$$

そこで $Y = \cot t$ と $Y = t$ のグラフを描いてみると右のようになる．
図より

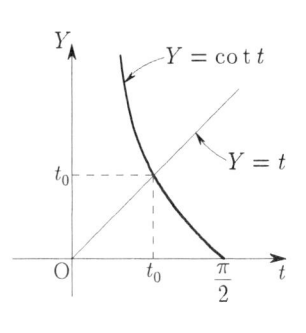

$$0 < t < t_0 \text{ では } S'(t) < 0,$$
$$t_0 < t < \frac{\pi}{2} \text{ では } S'(t) > 0$$

となる．よって $t = t_0$ で $S(t)$ は最小値をとる．◀

そして $\frac{\pi}{4} < t_0 < 1$ を示す．

もし $0 < t_0 \leqq \frac{\pi}{4}$ とすると，$\cot \frac{\pi}{4} = 1$ であるから，$Y = \cot t$ と $Y = t$ のグラフより $t_0 \geqq 1$ となる．これは $t_0 \leqq \frac{\pi}{4}(<1)$ に反する．よって $\frac{\pi}{4} < t_0$ であり，$Y = \cot \frac{\pi}{4} = 1$ であるから，グラフより

$$\frac{\pi}{4} < t_0 < 1 \quad \blacktriangleleft$$

（3）（1）の結果より

$$S(t_0) = \frac{(t_0 \sin t_0 + \cos t_0)^2}{2\sin t_0}$$

ここで $t_0 \sin t_0 = \cos t_0$ であるから，

$$S(t_0) = \frac{2\cos^2 t_0}{\sin t_0} = 2\cos t_0 \cdot \frac{\cos t_0}{\sin t_0}$$
$$= 2t_0 \cos t_0 \quad \blacktriangleleft$$

そして $S(t_0) > \dfrac{\sqrt{2}}{4}\pi$ を示す. $S(u) = 2u\cos u$ とし,
$$f(u) = S(u) - \dfrac{\sqrt{2}}{4}\pi \quad \left(\dfrac{\pi}{4} < u < 1\right)$$
とおくと,
$$f'(u) = S'(u)$$
$$= 2(\cos u - u \sin u)$$
$f'(u) = 0$ となるのは $u = t_0$ のときであり,
$$u < t_0 \text{ では } f'(u) > 0,$$
$$u > t_0 \text{ では } f'(u) < 0$$
となる. よって $u = t_0$ で $f(u)$ は最大値をとる. よって
$$f(t_0) > f\left(\dfrac{\pi}{4}\right)$$
$$= S\left(\dfrac{\pi}{4}\right) - \dfrac{\sqrt{2}}{4}\pi$$
$$= 0$$
$$\therefore \quad S(t_0) > \dfrac{\sqrt{2}}{4}\pi \quad \blacktriangleleft$$

(付) 念の為, 述べておく.「(2) では, 証明問題であるのに, グラフを用いてもよいのか？」などと思ってはならない. この際のグラフはなければなくて済む, 即ち, 望むならば, いつでもグラフを表沙汰にしなくても議論できるのである.（グラフを用いないと, その分, 翻訳の自明的説明を多く補充しなくてはならないので, 単に, 解答が長くなることを避けているだけのことである.）従って, 上の 解 でのグラフの利用は, "グラフに依らないと証明できない" というのではなく, 関数概念の具象的用途として解答作業中で補助的に使っているだけのことで, 示すべき事に, 抵触するものではないのである. 誤解のないように.

問題 15

次の問いに答えよ．

（1） $x>0$ のとき
$$e^x > \frac{x^2}{2}$$
が成り立つことを示せ．さらに，これを用いて $\lim_{x\to\infty} x^2 e^{-x^2} = 0$ を示せ．

（2） 曲線 $y = e^{-x^2}$ 上の点 $(t,\ e^{-t^2})$ における接線が点 (a, b) を通るとき，t, a, b が満たすべき関係式を求めよ．

（3） 点 $(1, b)$ から曲線 $y = e^{-x^2}$ に接線が4本引けるとき，b の範囲を求めよ．

(富山大 ◇)

▶ （1），（2）は，是非，自力で解いて頂きたい．（3）は t の方程式が相異なる4つの実数解をもつような b の範囲を求める．（グラフを利用するが，このような場合は粗いグラフを描いてよい．）本問は，曲線 $y = e^{-x^2}$ を描かせるべきものである．（出題側の責任．）

解 （1） $f(x) = e^x - \dfrac{x^2}{2}$ $(x > 0)$ とおくと，
$$f'(x) = e^x - x,$$
$$f''(x) = e^x - 1 > 0 \quad (x > 0)$$
よって $f'(x)$ は $x > 0$ で単調増加関数である．そして $f'(0) = 1$ であるから，
$$f'(x) > 0 \quad (x > 0)$$
さらに $f(0) = 1$ であるから，
$$f(x) > 0 \quad \therefore\ e^x > \frac{x^2}{2} \quad (x > 0) \blacktriangleleft$$
上式で x を x^2 とおき直すことにより
$$e^{x^2} > \frac{x^4}{2} \quad \therefore\ 0 < x^2 e^{-x^2} < \frac{2}{x^2}$$
はさみうちの原理により
$$\lim_{x\to\infty} x^2 e^{-x^2} = 0 \blacktriangleleft$$

（2） 曲線 $y = e^{-x^2}$ 上の点 $(t,\ e^{-t^2})$ での接線の方程式は
$$y - e^{-t^2} = -2t e^{-t^2}(x - t)$$

これが点 (a, b) を通るというから，
$$b - e^{-t^2} = -2te^{-t^2}(a-t)$$
$$\iff be^{t^2} = 2t^2 - 2at + 1 \quad \cdots \text{(答)}$$

（3） $a=1$ と（2）の結果より
$$be^{t^2} = 2t^2 - 2t + 1$$
$$\iff b = e^{-t^2}(2t^2 - 2t + 1)$$

これが t の方程式として相異なる 4 実数解をもつように b の範囲を定めればよい．
$$Y = g(t) = e^{-t^2}(2t^2 - 2t + 1)$$

とおいて，tY 座標平面上に曲線 $Y = g(t)$ の粗いグラフを描く．その準備をする：
$$g'(t) = -2te^{-t^2}(2t^2 - 2t + 1) + e^{-t^2}(4t - 2)$$
$$= -2e^{-t^2}(2t^3 - 2t^2 - t + 1)$$
$$= -2e^{-t^2}(t-1)(2t^2 - 1)$$
$$= -4e^{-t^2}\left(t + \frac{1}{\sqrt{2}}\right)\left(t - \frac{1}{\sqrt{2}}\right)(t-1)$$

そして（1）により
$$\lim_{t \to \pm\infty} g(t) = 0$$

以上から次の増減表を得る．

t	$-\infty$		$-\frac{1}{\sqrt{2}}$		$\frac{1}{\sqrt{2}}$		1		∞
$g'(t)$		$+$	0	$-$	0	$+$	0	$-$	
$g(t)$	0	↗	$\frac{2+\sqrt{2}}{\sqrt{e}}$	↘	$\frac{2-\sqrt{2}}{\sqrt{e}}$	↗	$\frac{1}{e}$	↘	0

そして曲線 $Y = g(t)$ の粗い様子を描き，直線 $Y = b$ との交点が 4 個あるような b の範囲を調べる．

よって求める b の範囲は
$$\frac{2-\sqrt{2}}{\sqrt{e}} < b < \frac{1}{e} \quad \cdots \text{(答)}$$

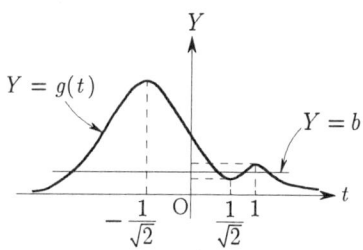

§1. 微分

問題 16

$0 < a < b$ のとき，次の不等式が成り立つことを示せ．
$$\sqrt{ab} < \frac{b-a}{\log b - \log a} < \frac{a+b}{2}$$
ただし，対数は自然対数とする． （岐阜大 ◇）

▶ まず，a か b のどちらか一方を定数とみなして解く．

解 まず $0 < a < b$ より
$$\log b - \log a = \log \frac{b}{a} > \log 1 = 0$$
であることに注意しておく．

（ア） 問題での不等式の右側の方を示す．
$$f(b) = \frac{a+b}{2}(\log b - \log a) - (b-a) \quad (b > a > 0)$$
とおいて $f(b) > 0$ を示す．
$$f'(b) = \frac{1}{2}(\log b - \log a) + \frac{a+b}{2b} - 1,$$
$$f''(b) = \frac{1}{2b} - \frac{a}{2b^2}$$
$$= \frac{b-a}{2b^2} > 0 \quad (b > a > 0)$$
よって $f'(b)$ は $b > a > 0$ で単調増加関数である．そして $f'(a) = 0$ であるから，
$$f'(b) > 0 \quad (b > a > 0)$$
さらに $f(a) = 0$ であるから，$0 < a < b$ なる任意の a に対して
$$f(b) > 0 \quad (b > a > 0)$$

（イ） 問題での不等式の左側の方を示す．
$$g(b) = b - a - \sqrt{ab}(\log b - \log a) \quad (b > a > 0)$$
とおいて $g(b) > 0$ を示す．
$$g'(b) = 1 - \frac{\sqrt{a}}{2\sqrt{b}}(\log b - \log a) - \frac{\sqrt{a}}{\sqrt{b}},$$
$$g''(b) = \frac{\sqrt{a}}{4b\sqrt{b}}(\log b - \log a) > 0 \quad (b > a > 0)$$
よって $g'(b)$ は $b > a > 0$ で単調増加関数である．そして $g'(a) = 0$ であるから，

$$g'(b) > 0 \quad (b > a > 0)$$
さらに $g(a) = 0$ であるから，$0 < a < b$ なる任意の a に対して
$$g(b) > 0 \quad (b > a > 0)$$
(ア)，(イ) の結論をまとめて
$$\sqrt{ab} < \frac{b-a}{\log b - \log a} < \frac{a+b}{2} \quad \blacktriangleleft$$

(付) 解 (ア) において ((イ) でもよいが)，例えば，"$f(a) = 0$ であるから"という所では，厳密には $\lim_{b \to a+0} f(b) = 0$ とするべきだが，解 でのように答えておいてよい．

問題 17

正の実数 a, b, p に対して，$A = (a+b)^p$ と $B = 2^{p-1}(a^p + b^p)$ の大小関係を調べよ． (東京工大 ◊)

▶ $A = a^p \left(1 + \frac{b}{a}\right)^p$, $B = 2^{p-1} a^p \left\{1 + \left(\frac{b}{a}\right)^p\right\}$

であるので，$\frac{b}{a} = t$ とおくと，
$$\frac{B}{A} = \frac{2^{p-1}(1+t^p)}{(1+t)^p} \quad (t > 0)$$
となる．従って $\frac{B}{A}$ が 1 以上か 1 以下になる場合を調べればよいことになる．これは，とりもなおさず，$2^{p-1}(1+t^p) - (1+t)^p$ が 0 以上か 0 以下になる場合を調べることになる．

解 $f(t) = 2^{p-1}(1+t^p) - (1+t)^p \quad (t > 0, \ p > 0)$
とおいて t で微分すると，
$$f'(t) = 2^{p-1} \cdot p t^{p-1} - p(1+t)^{p-1}$$
$$= p t^{p-1} \left\{ 2^{p-1} - \left(\frac{1+t}{t}\right)^{p-1} \right\}$$

・$p > 1$ のとき
$f'(t) = 0$ となるのは $t = 1$ のときである．
$$0 < t < 1 \text{ では } f'(t) < 0,$$
$$t > 1 \text{ では } f'(t) > 0$$

であるから，$f(t)$ は $t=1$ で最小値
$$f(1)=2^p-2^p=0$$
をとる．よって
$$f(t)\geqq 0 \quad (t>0,\ p>1)$$
すなわち
$$2^{p-1}\left\{1+\left(\frac{b}{a}\right)^p\right\}-\left(1+\frac{b}{a}\right)^p\geqq 0 \quad (p>1)$$
$$\therefore\quad A=(a+b)^p\leqq 2^{p-1}(a^p+b^p)=B \quad (p>1)$$
（等号の成立は $a=b$ のときである）

・$p=1$ のとき

$f(t)=0$ であるから，
$$A=B$$

・$0<p<1$ のとき
$$0<t<1 \text{ では } f'(t)>0,$$
$$t>1 \text{ では } f'(t)<0$$
であるから，$f(t)$ は $t=1$ で最大値
$$f(1)=0$$
をとる．よって
$$f(t)\leqq 0 \quad (t>0,\ 0<p<1)$$
すなわち
$$A\geqq B \quad (0<p<1)$$
（等号の成立は $a=b$ のときである）

以上をまとめて
$$\begin{cases} A\leqq B & (p>1,\ \text{等号成立は}\ a=b\ \text{のとき}) \\ A=B & (p=1) \\ A\geqq B & (0<p<1,\ \text{等号成立は}\ a=b\ \text{のとき}) \end{cases} \quad \cdots\text{(答)}$$

（付） 東工大の問題としては，比較的，型にはまった問題であるから，試験の成績は，まずまずであったろう．ただ，p の場合分けが，小石へのつまずきか？

2つの指数関数 a^x, b^x において，仮に，$(0<)a<b$ $(a\eqqcolon 1, b\eqqcolon 1)$ であれ

ば,
$$x<0 \text{ において } a^x > b^x,$$
$$x \geqq 0 \text{ において } a^x \leqq b^x$$
である．（勿論，$a>b(>0)$ であれば，上の不等号の向きは逆転する.)

補充問題

不等式 $x\cos x < \sin x < x$ $(0<x<\pi)$ を示し，これを用いて $f(x) = \dfrac{x-\sin x}{x^2}$ $(0<x<2\pi)$ のとき $\lim\limits_{x\to +0} f(x) = 0$ を示せ．また $f(x)$ の最大値を求めよ．ただし，定理「$\lim\limits_{x\to 0}\dfrac{h(x)}{g(x)} = \lim\limits_{x\to 0}\dfrac{h'(x)}{g'(x)}$ $(g(0)=0,\ h(0)=0)$」の使用はその証明をしなければ不可とする．

（答） 　　　最小値 $\dfrac{1}{\pi}$ 　　　　　　　　　　（岐阜薬大 ◇）

この補充問題を見て，どう思われたであろうか？出題者は，大学１年用微積分をいささかでも知っている人に対して，"本学入試では，理解せずに，単に，知っているだけの事を使ってはならない" という，応用力よりも基礎力を重視するその心得が反映している．出題者は，しばしば見かける有名な俗物ではなく，きっと，物事の道理をわきまえている偉い先生であろう！

極限値は次のようなはさみうちの原理ですぐ片付く：

$$0 < x - \sin x < x(1-\cos x) = \frac{x^3}{2}\cdot\frac{\left(\sin\frac{x}{2}\right)^2}{\left(\frac{x}{2}\right)^2}$$
$$\to 0 \quad (x \to +0)$$

なお，出題者が使用を禁止した定理は，ロピタルの定理といわれるものである．「使用禁止」の断りがなくとも，このような場でそれを使うべきでないことぐらいは常識であろう．

§1. 微分

微分法の不等式問題の最後に，コンピューター作動の数値的計算問題を1題提示しておく．

問題 18

2以上の整数 N に対して，N 次方程式 $x^N - 2 = 0$ の正の実数解を2分法で求める．最初の区間を $[a_1, b_1]$ で n 回目の区間を $[a_n, b_n]$ で表す．このとき，次の問いに答えよ．
ただし，自然対数の近似 $\log_e 2 = 0.69315$, $\log_e 10 = 2.30259$ を用いてよい．

（1） $h > 0$ に対して，次の不等式が成り立つことを示せ．
$$h - \frac{h^2}{2} < \log_e(1+h) < h$$
（2） $a_1 = 1$, $b_1 = 1 + \dfrac{1}{N}$ とするとき，求める実数解が $[a_1, b_1]$ に存在することを示せ．
（3） $N = 5$, $a_1 = 1$, $b_1 = 1.2$ とするとき，a_5 と b_5 を求めよ．
（4） $N = 5$, $a_1 = 1$, $b_1 = 1.2$ とするとき，$b_n - a_n < 10^{-7}$ となる最小の n を求めよ．

（電通大 ◇）

▶ （1），（2）までは，純粋に，微分法の問題である．（3）以降は，2等分区間縮小法による数値計算を（1），（2）を用いて解くもの．

解 （1） $\log(1+h) < h$ を示すことは省略する．$h - \dfrac{h^2}{2} < \log(1+h)$ を示す．（底 e は省略する．）

$f(h) = \log(1+h) - \left(h - \dfrac{h^2}{2}\right)$ $(h > 0)$ とおくと，
$$f'(h) = \frac{1}{1+h} - (1-h)$$
$$= \frac{h^2}{1+h} > 0 \ (h > 0)$$

よって $f(h)$ は $h > 0$ で単調増加関数であり，そして $f(0) = 0$ より
$$f(h) > 0$$
$$\therefore \quad h - \frac{h^2}{2} < \log(1+h) \quad \blacktriangleleft$$

（2） $g(x) = x^N - 2$ $(x > 0)$ とおくと，
$$g'(x) = Nx^{N-1} > 0 \ (x > 0) \ (N \geqq 2)$$
よって $g(x)$ は単調増加連続関数である．そして
$$g(a_1) = 1 - 2 < 0,$$
$$g(b_1) = \left(1 + \frac{1}{N}\right)^N - 2$$
$$= \sum_{k=0}^{N} {}_N C_k \left(\frac{1}{N}\right)^k - 2$$
$$= 1 + N \cdot \frac{1}{N} + \sum_{k=2}^{N} {}_N C_k \left(\frac{1}{N}\right)^k - 2$$
$$> 0 \ (N \geqq 2)$$

よって方程式 $x^N - 2 = 0$ は $(a_1, b_1) = \left(1, 1 + \dfrac{1}{N}\right)$ の間にただ1つの実数解をもつ．◀

（3） $N = 5$ のとき，$l(x) = 5\log x - \log 2$ とする．
$$l(a_1) = 5\log 1 - \log 2$$
$$= -\log 2 < 0,$$
$$l(b_1) = 5\log 1.2 - \log 2$$
$$= \log 1.2^5 - \log 2 > 0$$
$\dfrac{a_1 + b_1}{2} = 1.1$ である．
$$l(1.1) = 5\log 1.1 - \log 2$$
$$< 5 \times 0.1 - \log 2$$
$$(\because \ \log(1+h) < h \ \text{より})$$
$$= 0.5 - 0.69315 < 0$$
$$\therefore \quad a_2 = 1.1, \ b_2 = 1.2$$

以下同様にして
$$l(1.15) = 5\log 1.15 - \log 2$$
$$= 5\log(1 + 0.15) - \log 2$$
$$> 5\left(0.15 - \frac{0.15^2}{2}\right) - 0.69315$$
$$(\because \ h - \frac{h^2}{2} < \log(1+h) \ \text{より})$$

$$> 0$$
$$\therefore \quad a_3 = 1.1, \ b_3 = 1.15$$
$$l(1.125) = 5\log 1.125 - \log 2$$
$$= 5\log(1 + 0.125) - \log 2$$
$$< 5 \times 0.125 - 0.69315$$
$$< 0$$
$$\therefore \quad a_4 = 1.125, \ b_4 = 1.15$$
$$l(1.1375) = 5\log 1.1375 - \log 2$$
$$= 5\log(1 + 0.1375) - \log 2$$
$$< 5 \times 0.1375 - 0.69315$$
$$< 0$$
$$\therefore \quad a_5 = 1.1375, \ b_5 = 1.1500 \quad \cdots \textbf{(答)}$$

（4）規則性から直ちに
$$b_{n+1} - a_{n+1} = \frac{1}{2}(b_n - a_n)$$
$$= \left(\frac{1}{2}\right)^n (b_1 - a_1)$$
$$= \left(\frac{1}{2}\right)^n \times 0.2$$

よって
$$b_n - a_n = 0.2\left(\frac{1}{2}\right)^{n-1}$$
$$< 10^{-7}$$

というから，
$$\log 0.2 - (n-1)\log 2 < -7\log 10$$

よって
$$n > 2 + \frac{6\log 10}{\log 2}$$
$$= 2 + \frac{6 \times 2.30259}{0.69315}$$
$$= 21.9\cdots$$

求める最小の n は
$$n = 22 \quad \cdots \textbf{(答)}$$

（付 1）（2）は，（3）との関連からすれば，$g(x) = N\log x - \log 2$ として $g(x) = 0$ の解が (a_1, b_1) 内にあることを示した方がよりよいだろう：

そして
$$g'(x) = \frac{N}{x} > 0 \quad (x > 0)$$

$$g(a_1) = N\log 1 - \log 2 < 0,$$
$$g(b_1) = N\log\left(1 + \frac{1}{N}\right) - \log 2$$
$$> 1 - \frac{1}{2N} - \log 2$$
$$\left(\because h - \frac{h^2}{2} < \log(1+h) \text{ より}\right)$$
$$\geqq 1 - \frac{1}{4} - \log 2$$
$$(\because N \geqq 2 \text{ より})$$
$$= \log \frac{e^{\frac{3}{4}}}{2}$$

ここで
$$e^3 > 2.7^3 = 19.683 > 16 = 2^4$$
であるから,
$$g(b_1) > \log \frac{e^{\frac{3}{4}}}{2} > \log 1 = 0$$
よって方程式 $N\log x - \log 2 = 0$, 即ち, $x^N - 2 = 0$ の正の実数解は (a_1, b_1) 内にあることが示された.

(付2) 2分法は, ニュートンの方法より (非1次方程式の) 根への収束が遅いが簡便である. ニュートンの方法については, 次に補充問題を提示しておくので, 各自, 演習されよ.

補充問題

曲線 $y = x^3 - a \ (a > 1)$ 上の点 $(a, a^3 - a)$ における接線が x 軸と交わる点の x 座標を x_1 とする. 次に点 $(x_1, x_1^3 - a)$ における接線が x 軸と交わる点の x 座標を x_2 とする. さらに点 $(x_2, x_2^3 - a)$ における接線が x 軸と交わる点の x 座標を x_3 とする. この手順を繰り返して得られる数列 $\{x_n\} \ (n = 1, 2, 3, \cdots)$ に対して不等式
$$0 < x_{n+1} - \sqrt[3]{a} < \frac{2}{3}(x_n - \sqrt[3]{a}) \quad (n = 1, 2, 3, \cdots)$$
を示し, $\lim_{n \to \infty} x_n$ を求めよ.

(高知大 (改))

・ 基本事項 [9] ・
点の運動

xy 座標平面上で点 $P(x, y)$ が運動しているとする.
$$\vec{r} = (x, y)$$
で点 P の位置ベクトルとする. $\vec{r}$, 従って x, y は時刻 t によって決まる.

❶ **速度ベクトル**

速度：$\vec{v} = \dfrac{d\vec{r}}{dt} = \left(\dfrac{dx}{dt}, \dfrac{dy}{dt}\right)$

速さ：$|\vec{v}| = \left|\dfrac{d\vec{r}}{dt}\right| = \sqrt{\left(\dfrac{dx}{dt}\right)^2 + \left(\dfrac{dy}{dt}\right)^2}$

点 P が曲線 C を描いているとき, 位置 P においてベクトル $\dfrac{d\vec{r}}{dt}$ と分速度 $\dfrac{dx}{dt}$ のなす角を θ とすれば,

$$\tan\theta = \dfrac{\dfrac{dy}{dt}}{\dfrac{dx}{dt}}$$

である. これは

$$\tan\theta = \dfrac{dy}{dx}$$

と同じことである.（速度ベクトルは曲線 C の接線方向である.）

❷ **加速度ベクトル**

加速度：$\vec{a} = \dfrac{d\vec{v}}{dt} = \dfrac{d^2\vec{r}}{dt^2}$
$\qquad = \left(\dfrac{d^2x}{dt^2}, \dfrac{d^2y}{dt^2}\right)$

加速度の大きさ：$|\vec{a}| = \sqrt{\left(\dfrac{d^2x}{dt^2}\right)^2 + \left(\dfrac{d^2y}{dt^2}\right)^2}$

❸ **円運動における角速度**

点 P が半径 r の円軌道を描いているとする. 時刻 t における中心角が $\theta(\mathrm{rad})$ のとき, $\dfrac{d\theta}{dt}$ を角速度という. 図において, 定点 A から動点 P

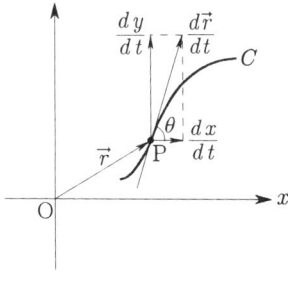

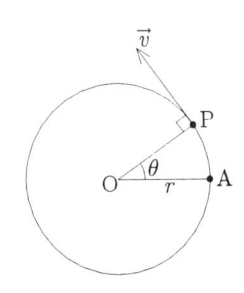

までの弧長は $r\theta$ であるから，円の接線方向の速度は
$$v = \frac{d(r\theta)}{dt} = r \cdot \frac{d\theta}{dt}$$
で表される．

（付記） $\frac{dx}{dt}, \frac{dy}{dt}$ などをそれぞれ，$\dot{x}, \dot{y}$ などとも表す．

問題 19

曲線 $y = \sin x \left(-\frac{\pi}{2} < x < \frac{\pi}{2}\right)$ 上の点 $P(x, \sin x)$ と x 軸上の点 $Q(q, 0)$ は長さ 1 の線分で結ばれ，$q \leqq x$ を満たしながら移動している．
（1）q を x で表せ．
（2）点 P が速さ 1 で右方向に動いているとき，点 Q の速さを x で表せ．とくに，点 P が原点を通る瞬間の点 Q の速さを求めよ．

（北海道大）

▶ 素直な問題なので，自力で完答されたい．

解 （1）題意より
$$(x-q)^2 + \sin^2 x = 1$$
$q \leqq x$ より
$$q = x - \sqrt{1 - \sin^2 x}$$
$$= x - \cos x \quad \left(\because -\frac{\pi}{2} < x < \frac{\pi}{2}\right)$$
$$\therefore \quad q = x - \cos x \quad \cdots \text{(答)}$$

（2）題意より
$$\sqrt{\left(\frac{dx}{dt}\right)^2 + \left(\frac{dy}{dt}\right)^2} = 1,$$
$$\frac{dy}{dt} = \frac{d\sin x}{dt} = \cos x \frac{dx}{dt}$$
上の両式より
$$(1 + \cos^2 x)\left(\frac{dx}{dt}\right)^2 = 1$$

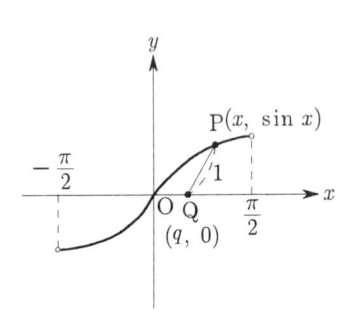

点 P は右方向へ移動しているから，速度の正の向きもそれに合わせて，
$$\frac{dx}{dt} = \frac{1}{\sqrt{1+\cos^2 x}}$$
よって（１）の結果より
$$\frac{dq}{dt} = \frac{dx}{dt} + \sin x \frac{dx}{dt}$$
$$= (1+\sin x)\frac{dx}{dt}$$
$$= \frac{1+\sin x}{\sqrt{1+\cos^2 x}} \quad \cdots \text{(答)}$$
点 P が原点を通る瞬間の点 Q の速さは，上の結果より（$x=0$ とおいて）
$$\frac{1}{\sqrt{2}} \quad \cdots \text{(答)}$$

問題 20

xy 座標平面で点 P は点 A(1, 0) を始点として，原点 O を中心とする半径 1 の円周上を正の向きに一定の速さで回転する．点 Q は動径 OP 上を原点 O から出発して一定の速さで P に向かって進み，点 P が円を 1 周して点 A にもどってきたときにちょうど点 P に到達するとする．このときの点 Q の軌跡を C，$\angle \mathrm{POA} = \theta$，そして C と線分 OQ とで囲まれる領域の面積を $S(\theta)$ とする．次の問いに答えよ．

（１）Q の座標を θ を用いて表せ．

（２）上の座標を Q(θ) とする．点 Q(π) における C の接線と y 軸との交点の座標を求めよ．

（３）$0 \leqq \theta_1 < \theta_2 \leqq 2\pi$ のとき
$$\frac{1}{2}\left(\frac{\theta_1}{2\pi}\right)^2 < \frac{S(\theta_2) - S(\theta_1)}{\theta_2 - \theta_1} < \frac{1}{2}\left(\frac{\theta_2}{2\pi}\right)^2$$
を示せ．

（４）$\dfrac{dS(\theta)}{d\theta}$ と $S(\theta)$ を求めよ．

（九州大 ♦）

▶ 等速円運動と等速直線運動の融合問題である．単位円周上の点 P の速さとは，その実，角速度の大きさのことである．（１）を解ける人は，大

体，全小問解けるのだが，…．(3)は，ある扇形の面積だと直観できなくてはならない．

解 点P，Qの速さを，図1でのように，それぞれ u, v とすると，「点Pが1周して点Aに戻ってきたときにちょうど点Qは点Pに到達する」ということより，Pの1周時間を T として

$$\begin{cases} uT = 2\pi \\ vT = 1 \end{cases} \quad \therefore \quad v = \frac{u}{2\pi} \quad \cdots ①$$

図1のように，中心角 θ のときの時刻を t とすると，

$$\stackrel{\frown}{AP} = \theta = ut \quad \cdots ②$$

(1) 点Qの座標を (x, y) とすると，①，②より

$$C : \begin{cases} x = vt\cos\theta = \dfrac{\theta}{2\pi}\cos\theta \\ y = vt\sin\theta = \dfrac{\theta}{2\pi}\sin\theta \end{cases} \quad \cdots \text{(答)}$$

図1

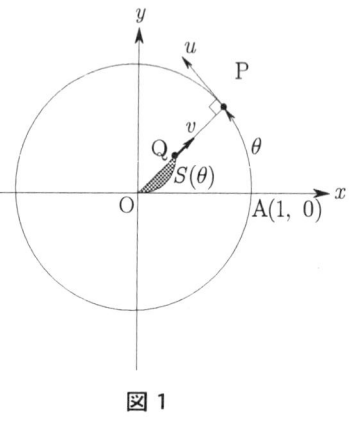

(2) (1)の結果より

$$\frac{dy}{dx} = \frac{\dfrac{dy}{d\theta}}{\dfrac{dx}{d\theta}} = \frac{\sin\theta + \theta\cos\theta}{\cos\theta - \theta\sin\theta}$$

よって，$\theta = \pi$ における C の接線の傾きは π である．そして $Q(\pi) = \left(-\dfrac{\pi}{2}, 0\right)$ であるから，その点での C の接線の方程式は

$$l : y = \pi\left(x + \frac{\pi}{2}\right)$$

よって l と y 軸の交点の座標は

$$\left(0, \frac{\pi^2}{2}\right) \quad \cdots \text{(答)}$$

(3) 図2を参照して解く．
(1)の結果より

$$OQ_1^2 = \left(\frac{\theta_1}{2\pi}\right)^2, \quad OQ_2^2 = \left(\frac{\theta_2}{2\pi}\right)^2$$

適当な扇形の面積と $S(\theta_2) - S(\theta_1)$ の大小比較により

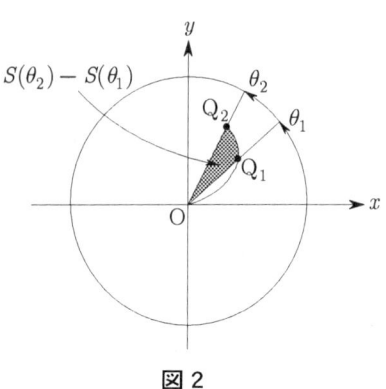

図2

$$\frac{1}{2}\overline{\mathrm{OQ}_1}^2(\theta_2-\theta_1) < S(\theta_2)-S(\theta_1) < \frac{1}{2}\overline{\mathrm{OQ}_2}^2(\theta_2-\theta_1)$$
$$\therefore \quad \frac{1}{2}\left(\frac{\theta_1}{2\pi}\right)^2 < \frac{S(\theta_2)-S(\theta_1)}{\theta_2-\theta_1} < \frac{1}{2}\left(\frac{\theta_2}{2\pi}\right)^2 \quad \blacktriangleleft$$

（4） $\theta_1=\theta$ として固定し，$\theta_2 \to \theta$ とする．この際，左微分係数を求めることになるが，右微分係数も同様に求めることはできる．
（3）により
$$\frac{dS(\theta)}{d\theta} = \frac{1}{2}\left(\frac{\theta}{2\pi}\right)^2 \quad \cdots \text{（答）}$$
θ を変数として上式より
$$S(\theta) = \frac{1}{24\pi^2}\theta^3 + c \quad (c \text{ は定数})$$
$S(0)=0$ であるから，$c=0$ である．
$$\therefore \quad S(\theta) = \frac{1}{24\pi^2}\theta^3 \quad \cdots \text{（答）}$$

（付） （4）で $S(\theta)=\dfrac{1}{24\pi^2}\theta^3+c$ における c は積分定数ではあるが，とり立てて積分といわなくても，目の子で，$\dfrac{dS(\theta)}{d\theta}$ の逆演算をして $S(\theta)$ を求め，その際，任意定数分の不定性が出てくると捉えればよい．

§2. 積分

　積分法の対象となるものは，曲線で囲まれた部分の面積・体積や曲線の長さ・道のりなどである．それらを求める為には，それ以前に不定積分・定積分の演算を行なえなくてはならない．入試で出題される積分は殆ど決まっているので，それらについて簡単に目を通してから，演習に入る．

基本事項 [1]
積分の公式

積分の基本公式（不定積分の定数は省略する）

❶ $\int x^a dx = \dfrac{x^{a+1}}{a+1}$ （a は実数，$a \neq -1$）

❷ $\int \dfrac{1}{x}\, dx = \log|x|$ （一般に $\int \dfrac{f'(x)}{f(x)}\, dx = \log|f(x)|$ である．）

❸ $\int e^x dx = e^x$

❹ $\int \sin x\, dx = -\cos x, \quad \int \cos x\, dx = \sin x$

❺ $\int \sec^2 x\, dx = \int \dfrac{1}{\cos^2 x}\, dx = \tan x,$
$\int \operatorname{cosec}^2 x\, dx = \int \dfrac{1}{\sin^2 x}\, dx = -\cot x$

基本事項 [2]
置換積分法と部分積分法

❶ **置換積分法**

積分において，$x = g(t)$ とおき直すことによって，$a \leqq x \leqq b$ と $\alpha \leqq t \leqq \beta$ が順序集合として 1 対 1 に対応するならば，x の連続関数 $f(x)$ の定積分は

$$\int_a^b f(x)\, dx = \int_\alpha^\beta f(g(t))\, \dfrac{dx}{dt}\, dt$$

と表される．

❷ **部分積分法**

$$\int_a^b f'(x) g(x)\, dx = \bigl[f(x) g(x)\bigr]_a^b - \int_a^b f(x) g'(x)\, dx$$

置換積分の仕方から分かるように，ただ $\frac{dx}{dt}$ を求めさえすればよい.

　置換積分法において，例えば，$x=\sin t$ とおいて，$dx=\cos t\,dt$ と表す日常的(？)処方は，現段階では，筆者は勧めたくはない．(技術的に，何ら，便利という訳でもないし，数学的には merit よりも demerit の方が大きい気がしてならない．) 使いたければ使ってよいが．(計算誤りさえなければ，どの道，結果は同じになるのだから．)

(例)
$$I = \int_{\frac{\pi}{3}}^{\frac{\pi}{2}} \frac{1}{\sin x}\,dx$$
$$= \int_{\frac{\pi}{3}}^{\frac{\pi}{2}} \frac{\sin x}{\sin^2 x}\,dx$$
$$= \int_{\frac{\pi}{3}}^{\frac{\pi}{2}} \frac{\sin x}{1-\cos^2 x}\,dx$$

$\cos x = t$ とおくと，
$$-\sin x \frac{dx}{dt} = 1$$
よって
$$I = -\int_{\frac{1}{2}}^{0} \frac{1}{1-t^2}\,dt$$
$$= -\frac{1}{2}\int_0^{\frac{1}{2}} \left(\frac{1}{t-1} - \frac{1}{t+1}\right) dt$$
$$= -\frac{1}{2}\left[\log\left|\frac{t-1}{t+1}\right|\right]_0^{\frac{1}{2}}$$
$$= \frac{1}{2}\log 3 = \log\sqrt{3}$$

($I = \int_0^{\frac{\pi}{6}} \frac{1}{\cos x}\,dx = \log\sqrt{3}$ も同様である．)

(例)
$$\int_1^2 \log\frac{1}{x}\,dx = -\int_1^2 x'\log x\,dx$$
$$= -\left[x\log x\right]_1^2 + \int_1^2 x(\log x)'\,dx$$
$$= \left[x - x\log x\right]_1^2 = 1 - 2\log 2$$

基本事項 [3]

微分積分の基本定理

〈定理〉

$F(x) = \int_a^x f(t)\,dt$ （a は定数）ならば，
$$F'(x) = f(x)$$
である．

それでは，まず積分の小品集から．とはいうものの，どれも1本筋は入っている．

問題 1

次の積分を計算せよ．

(1) $\displaystyle\int \frac{1}{x^2 + 2ax + b}dx$ （a, b は定数で $a^2 \geqq b$） （和歌山医大）

(2) $\displaystyle\int_0^1 \frac{1}{e^x(e^x+1)}dx$ （北海道大 ◆）

(3) $\displaystyle\int_0^\pi |\sin 3x + \sin 2x + \sin x|\,dx$ （関西学院大）

▶ (1) $x^2 + 2ax + b = 0$ が相異なる2実数解をもつか重解をもつかで場合分けが生じる．(2) 原出題では，$e^x = t$ と置かせての誘導形式になっているが，置換積分法にもち込まない方がスマートである．一気に部分々数に分けて積分できる．(3) 絶対値記号の中が正か負で場合分けするが，少々，煩わしいだろう．

解 (1) 求める積分を I とおく．

$$x^2 + 2ax + b = \begin{cases} (x+a)^2 & (a^2 = b \text{の場合}) \\ (x-\alpha)(x-\beta) & (a^2 > b \text{の場合}) \\ \quad \text{ここに } \alpha = -a - \sqrt{a^2-b}, \\ \quad \beta = -a + \sqrt{a^2+b} \end{cases}$$

・$a^2 = b$ のとき
$$I = \int \frac{1}{(x+a)^2} dx = -\frac{1}{x+a} + C$$

・$a^2 > b$ のとき
$$I = \frac{1}{\beta - \alpha} \int \left(\frac{1}{x-\beta} - \frac{1}{x-\alpha} \right) dx$$
$$= \frac{1}{\beta - \alpha} \log \left| \frac{x-\beta}{x-\alpha} \right| + C$$

よって
$$I = \begin{cases} -\dfrac{1}{x+a} + C \quad (a^2 = b \text{ の場合}) \\ \dfrac{1}{2\sqrt{a^2-b}} \log \left| \dfrac{x+a-\sqrt{a^2-b}}{x+a+\sqrt{a^2-b}} \right| + C \quad (a^2 > b \text{ の場合}) \end{cases} \cdots \text{(答)}$$
$$(C \text{ は積分定数})$$

（2）求める定積分値を I とおく．
$$I = \int_0^1 \left(\frac{1}{e^x} - \frac{1}{e^x + 1} \right) dx$$
$$= \int_0^1 e^{-x} dx - \int_0^1 \frac{e^{-x}}{1 + e^{-x}} dx$$
$$= \left[-e^{-x} + \log(1 + e^{-x}) \right]_0^1$$
$$= \log \frac{e+1}{2e} - \frac{1}{e} + 1 \quad \cdots \text{(答)}$$

（3） $f(x) = \sin 3x + \sin 2x + \sin x$ （とおく）

$f(x) = 2 \sin 2x \cos x + \sin 2x$

　　　　（和と積の変換公式を用いた）

$ = \sin 2x (2\cos x + 1)$

積分区間 $0 \leqq x \leqq \pi$ において $f(x) = 0$ を与えるのは $x = 0, \dfrac{\pi}{2}, \pi, \dfrac{2\pi}{3}$ である．そこで次のような正負の表を作る．

x	0		$\dfrac{\pi}{2}$		$\dfrac{2\pi}{3}$		π
$\sin 2x$	0	+	0	−	−	−	0
$2\cos x + 1$	+	+	+	+	0	−	−
$f(x)$	0	+	0	−	0	+	0

この表より（求める定積分値を I として）

$$I = \int_0^{\frac{\pi}{2}} f(x)\,dx - \int_{\frac{\pi}{2}}^{\frac{2\pi}{3}} f(x)\,dx + \int_{\frac{2\pi}{3}}^{\pi} f(x)\,dx$$

$$= \int_0^{\pi} f(x)\,dx - 2\int_{\frac{\pi}{2}}^{\frac{2\pi}{3}} f(x)\,dx$$

$$= -\left[\cos x + \frac{\cos 2x}{2} + \frac{\cos 3x}{3}\right]_0^{\pi} + 2\left[\cos x + \frac{\cos 2x}{2} + \frac{\cos 3x}{3}\right]_{\frac{\pi}{2}}^{\frac{2\pi}{3}}$$

$$= \frac{17}{6} \quad \cdots (答)$$

問題2

等式
$$\int_0^{\frac{\pi}{2}} (e^x \sin x + e^{\pi - x} \sin x)\,dx = \int_0^{\pi} e^x \sin x\,dx$$
を示せ.

(福島大・教 ◇)

▶ 非常に易しい問題であるが,受験生は苦手であろう.

'$\int_0^{\frac{\pi}{2}} e^{\pi - x} \sin x\,dx = \int_{\frac{\pi}{2}}^{\pi} e^x \sin x\,dx$ になるだろう' ぐらいの直観力はもち合わせて頂きたい.

解 $I = \int_0^{\frac{\pi}{2}} e^{\pi - x} \sin x\,dx$ において

$\pi - x = t$ とおくと,
$$-\frac{dx}{dt} = 1$$

よって
$$I = -\int_{\pi}^{\frac{\pi}{2}} e^t \sin(\pi - t)\,dt$$

$$= \int_{\frac{\pi}{2}}^{\pi} e^x \sin x\,dx$$

∴ 示すべき等式の左辺
$$= \int_0^{\frac{\pi}{2}} e^x \sin x\,dx + \int_{\frac{\pi}{2}}^{\pi} e^x \sin x\,dx$$

$$= \int_0^{\pi} e^x \sin x\,dx$$

$$= 右辺 \quad ◀$$

本問と同様の置き換えで解ける popular な問題を，1題補充しておく．

補充問題

次の等式を示し，その積分の値を求めよ．
$$\int_0^{\frac{\pi}{2}} \frac{\sin x}{\sin x + \cos x}\,dx = \int_0^{\frac{\pi}{2}} \frac{\cos x}{\sin x + \cos x}\,dx$$

（答） $\dfrac{\pi}{4}$

問題3

n を自然数とする．
$$I_n = \int_0^{\pi} x|\sin 2nx|\,dx$$
を求めよ．　　　　　　　　　　　　　　　　　　　　　（日本女子大（改））

▶ $2nx = t$ とでもおく．

解　I_n において $2nx = t$ とおくことにより
$$2n\frac{dx}{dt} = 1$$
よって
$$I_n = \int_0^{2n\pi} \left(\frac{1}{2n}\right)^2 t|\sin t|\,dt$$
$$= \left(\frac{1}{2n}\right)^2 \sum_{k=1}^{2n} \int_{(k-1)\pi}^{k\pi} t|\sin t|\,dt$$
ここで
$$|\sin t| = \begin{cases} \sin t & ((k-1)\pi \leq t \leq k\pi,\ k\text{ が奇数}) \\ -\sin t & ((k-1)\pi \leq t \leq k\pi,\ k\text{ が偶数}) \end{cases}$$
$$= (-1)^{k-1} \sin t$$
であるから，
$$I_n = \left(\frac{1}{2n}\right)^2 \sum_{k=1}^{2n} (-1)^{k-1} \int_{(k-1)\pi}^{k\pi} t\sin t\,dt$$
ここで

$$J_k = \int_{(k-1)\pi}^{k\pi} t\sin t\,dt \quad (\text{とおく})$$
$$= \int_{(k-1)\pi}^{k\pi} t(-\cos t)'\,dt$$
$$= -\bigl[t\cos t\bigr]_{(k-1)\pi}^{k\pi} + \int_{(k-1)\pi}^{k\pi} \cos t\,dt$$
$$= \bigl[-t\cos t + \sin t\bigr]_{(k-1)\pi}^{k\pi}$$
$$= -k\pi\cos k\pi + (k-1)\pi\cos(k-1)\pi$$
$$= -k\pi(-1)^k + (k-1)\pi(-1)^{k-1}$$
$$= \pi(-1)^{k-1}(2k-1)$$
$$\therefore\quad I_n = \left(\frac{1}{2n}\right)^2 \pi \sum_{k=1}^{2n}(2k-1)$$
$$= \left(\frac{1}{2n}\right)^2 \pi\{2n(2n+1) - 2n\}$$
$$= \pi \quad \cdots(\text{答})$$

問題4

関数 $f_n(x)\,(n=1,2,\cdots)$ を
$$f_1(x) = \cos x,$$
$$(n-1)f_n(x) = \cos x + n\int_0^{\frac{\pi}{2}} xf_{n-1}(t)\sin t\,dt$$
で定める. $n \geqq 2$ において $f_n(x)$ を求めよ. （関西大(改)）

▶ $\int_0^{\frac{\pi}{2}} f_{n-1}(t)\sin t\,dt$ は定数であるから, a_{n-1} とでもおいてみよ. できるだけ式を膨らませないよう式変形をしていくこと.

解
$$f_1(x) = \cos x \quad \cdots ①$$
$$(n-1)f_n(x) = \cos x + n\int_0^{\frac{\pi}{2}} xf_{n-1}(t)\sin t\,dt \quad \cdots ②$$
②において
$$\int_0^{\frac{\pi}{2}} f_{n-1}(t)\sin t\,dt = a_{n-1}\quad(\text{定数}) \quad \cdots ③$$
とおくと, ②は（$n \geqq 2$ において）
$$f_n(x) = \frac{1}{n-1}(\cos x + na_{n-1}x) \quad \cdots ②'$$

③の n を $n+1$ として，②′式の $f_n(x)$ を代入することにより

$$\frac{1}{n-1}\int_0^{\frac{\pi}{2}}(\cos t + na_{n-1}t)\sin t\,dt = a_n \quad \cdots ④$$

ここで

$$\int_0^{\frac{\pi}{2}} \cos t \sin t\,dt = \frac{1}{2}\int_0^{\frac{\pi}{2}} \sin 2t\,dt$$
$$= \frac{1}{4}\bigl[-\cos 2t\bigr]_0^{\frac{\pi}{2}}$$
$$= \frac{1}{2},$$
$$\int_0^{\frac{\pi}{2}} t\sin t\,dt = \int_0^{\frac{\pi}{2}} t(-\cos t)'\,dt$$
$$= \bigl[-t\cos t\bigr]_0^{\frac{\pi}{2}} + \int_0^{\frac{\pi}{2}} \cos t\,dt$$
$$= \bigl[-t\cos t + \sin t\bigr]_0^{\frac{\pi}{2}}$$
$$= 1$$

よって④は

$$\frac{1}{n-1}\left(\frac{1}{2} + na_{n-1}\right) = a_n$$
$$\Longleftrightarrow \frac{a_n}{n} = \frac{a_{n-1}}{n-1} + \frac{1}{2(n-1)n}$$
$$\Longleftrightarrow \frac{a_n}{n} = a_1 + \sum_{k=2}^n \frac{1}{2(k-1)k} \quad (n=2,\ 3,\ \cdots)$$
$$= a_1 + \frac{1}{2}\sum_{k=2}^n \left(\frac{1}{k-1} - \frac{1}{k}\right)$$
$$= a_1 + \frac{1}{2}\left(1 - \frac{1}{n}\right)$$

ここで，①，③より

$$a_1 = \int_0^{\frac{\pi}{2}} \cos t \sin t\,dt = \frac{1}{2}$$

であるから，

$$a_n = n - \frac{1}{2}$$

よって②′は

$$f_n(x) = \frac{1}{n-1}\left\{\cos x + n\left(n - \frac{3}{2}\right)x\right\} \quad (n \geqq 2) \quad \cdots \text{(答)}$$

問題 5

a, b, c を実数とする．
$$I = \int_0^\pi (a\sin x + b\sin 2x + c\sin 3x - x)^2 dx$$
とするとき，I の最小値を求めよ．　　　　　　　（九州大（改）♦）

▶ I の式において，$\int_0^\pi \sin kx \sin lx\, dx = 0$ となるような k, l ($k=1, 2, 3$; $l=1, 2, 3$) がある．

解 $\alpha_{k,l} = \int_0^\pi \sin kx \sin lx\, dx$ ($k=1, 2, 3$; $l=1, 2, 3$) において

$k = l$ のとき
$$\alpha_{k,k} = \int_0^\pi \sin^2 kx\, dx$$
$$= \frac{1}{2}\int_0^\pi (1 - \cos 2kx)\, dx$$
$$= \frac{1}{2}\left[x - \frac{1}{2k}\sin 2kx\right]_0^\pi$$
$$= \frac{1}{2}\pi$$

$k \neq l$ のとき
$$\alpha_{k,l} = -\frac{1}{2}\int_0^\pi \{\cos(k+l)x - \cos(k-l)x\}dx$$
$$= -\frac{1}{2}\left[-\frac{1}{k+l}\sin(k+l)x - \frac{1}{k-l}\sin(k-l)x\right]_0^\pi$$
$$= 0$$

$$\therefore \quad \alpha_{k,l} = \begin{cases} \dfrac{\pi}{2} & (k = l \text{ のとき}) \\ 0 & (k \neq l \text{ のとき}) \end{cases}$$

これより
$$I = \int_0^\pi (a^2 \sin^2 x + b^2 \sin^2 2x + c^2 \sin^2 3x + x^2)dx$$
$$\quad - 2\int_0^\pi x(a\sin x + b\sin 2x + c\sin 3x)dx$$
$$= a^2 \alpha_{1,1} + b^2 \alpha_{2,2} + c^2 \alpha_{3,3} + \frac{\pi^3}{3}$$
$$\quad - 2\int_0^\pi x(a\sin x + b\sin 2x + c\sin 3x)dx$$

ここで $k = 1, 2, 3$ として

$$\int_0^\pi x \sin kx = \int_0^\pi x\left(-\frac{1}{k}\right)(\cos kx)' dx$$
$$= -\frac{1}{k}\left[x\cos kx\right]_0^\pi + \frac{1}{k}\int_0^\pi \cos kx\, dx$$
$$= \frac{1}{k}\left[-x\cos kx + \frac{1}{k}\sin kx\right]_0^\pi$$
$$= \frac{\pi}{k}(-1)^{k+1}$$

よって
$$I = \frac{\pi}{2}(a^2 + b^2 + c^2) + \frac{\pi^3}{3}$$
$$-2\pi\left\{a\cdot(-1)^2 + b\cdot\frac{(-1)^3}{2} + c\cdot\frac{(-1)^4}{3}\right\}$$
$$= \frac{\pi}{2}\left(a^2 - 4a + b^2 + 2b + c^2 - \frac{4}{3}c\right) + \frac{\pi^3}{3}$$
$$= 2\pi\left\{(a-2)^2 + (b+1)^2 + \left(c - \frac{2}{3}\right)^2 - \frac{49}{9}\right\} + \frac{\pi^3}{3}$$

a, b, c は実数というから, I の最小値は

$$\begin{cases} \dfrac{\pi^3}{3} - \dfrac{49\pi}{18} \\ \left(a=2,\ b=-1,\ c=\dfrac{2}{3}\ \text{のとき}\right) \end{cases} \cdots\text{(答)}$$

問題5では, $\int_0^\pi \sin kx \sin lx\, dx\ (kl \neq 0)$ なる積分が現れたが, これに因んで次のような積分ではどうか?

補充問題

k, l, m は整数で, $klm \neq 0$ とする. 次の定積分の値を求めよ.
$$I = \int_0^\pi \sin kx \sin lx \sin mx\, dx$$

(答) $k+l+m$, $k-l-m$, $l-m-k$, $m-k-l$ のうちでどれも0でない場合

$$I = -\frac{1}{4}\left\{\frac{1-(-1)^{k+l+m}}{k+l+m} + \frac{1-(-1)^{k-l-m}}{k-l-m} + \frac{1-(-1)^{l-m-k}}{l-m-k} + \frac{1-(-1)^{m-k-l}}{m-k-l}\right\}$$

どれか3つが0でない場合

$I = 0$

(これら以外の場合はない)

この補充問題では, sine のところが cosine に代わっても, 同様の分類で済む.

・基本事項 [4]・

定積分の平均

〈定理〉積分の平均値の定理

x の関数 $f(x)$ が区間 $[a, b]$ で連続ならば，

$$\frac{\int_a^b f(x)\,dx}{b-a} = f(c), \quad a < c < b$$

なる c がある．

∵) $\int f(x)\,dx = F(x)$ とおくと，平均値の定理により

$$\frac{\int_a^b f(x)\,dx}{b-a} = \frac{F(b)-F(a)}{b-a} = F'(c), \quad a < c < b$$

なる c がある．よって

$$\frac{\int_a^b f(x)\,dx}{b-a} = f(c), \quad a < c < b$$

となる．q.e.d.

(付記) $\int_a^b f(x)\,dx = (b-a)f(c)$ とすれば，幾何的意味が明らかであろう．

(例) x の関数 $y = e^{-x^2}$ ($x \geqq 0$) でのグラフの概形は次のようである．$\int_0^{\frac{1}{2}} e^{-x^2}\,dx$ の値をグラフと以下の近似値を用いて見積もれ．

$e^{-\frac{1}{8}} = 0.88, \quad e^{-\frac{1}{4}} = 0.78,$

$e^{-\frac{1}{2}} = 0.60$

・積分の平均値の定理を用いて

$$\int_0^{\frac{1}{2}} e^{-x^2}\,dx = \left(\frac{1}{2} - 0\right)e^{-c^2} \quad \left(0 < c < \frac{1}{2}\right)$$

となる c がある．上式右辺は適当な短形板の面積であるから，グラフと与えられた近似値により

$$\frac{1}{2} \times e^{-c^2} \fallingdotseq \frac{1}{2} \times e^{-\frac{1}{8}} = 0.44$$

(少々，粗いが，まあよかろう．)

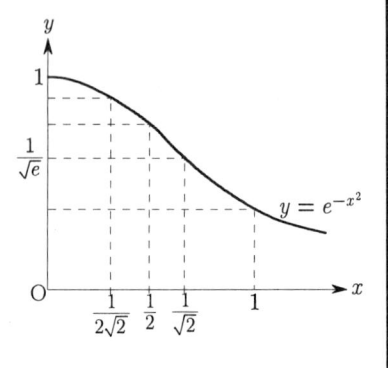

§2. 積分

以下では積分不等式問題のパレードを行う.

問題 6

(1) $0 \leqq \alpha < \beta \leqq \dfrac{\pi}{2}$ であるとき, 次の不等式を示せ.
$$\int_\alpha^\beta \sin x\, dx + \int_{\pi-\beta}^{\pi-\alpha} \sin x\, dx > (\beta - \alpha)(\sin \alpha + \sin(\pi - \beta))$$

(2) $\displaystyle\sum_{k=1}^{7} \sin \dfrac{k\pi}{8} < \dfrac{16}{\pi}$ を示せ. （京都大 ◊）

▶ (1)は直観的に $\displaystyle\int_{\pi-\beta}^{\pi-\alpha} \sin x\, dx = \int_\alpha^\beta \sin x\, dx$ であると気付くべきである（この着眼は問題 2 の場合と同様）. そうすると, 示すべき不等式は
$$\int_\alpha^\beta \sin x\, dx > \frac{1}{2}(\beta - \alpha)(\sin \alpha + \sin \beta) \ \left(0 \leqq \alpha < \beta \leqq \frac{\pi}{2}\right)$$
となり, 右辺がある台形の面積であることと, $\sin x$ が $0 \leqq x \leqq \pi$ で上に凸な関数であることより, この不等式は明らかとなる.（解答では地道に微分法を用いよ.）(2) $\displaystyle\sum_{k=1}^{7} \sin \frac{k\pi}{8} = \sum_{k=1}^{7} \sin \frac{2k\pi}{16}$ より正 16 角形問題であることが分かる. この図形の対称性より $\theta = \dfrac{\pi}{8}$ とおくと直ちに $\sin \theta = \sin 7\theta$, $\sin 2\theta = \sin 6\theta$, $\sin 3\theta = \sin 5\theta$ であり, 示すべき式は $\theta \displaystyle\sum_{k=1}^{7} \sin k\theta < 2$ となる. ここまでくれば,（1）をどう用いるかは容易に推定がつく.

解 (1) $I = \displaystyle\int_{\pi-\beta}^{\pi-\alpha} \sin x\, dx$ において
$\pi - x = t$ とおくと
$$I = -\int_\beta^\alpha \sin(\pi - t)\, dt = \int_\alpha^\beta \sin x\, dx$$
よって示すべき式は
$$2\int_\alpha^\beta \sin x\, dx > (\beta - \alpha)(\sin \alpha + \sin \beta)$$
そこで
$$f(\beta) = 2\int_\alpha^\beta \sin x\, dx - (\beta - \alpha)(\sin \alpha + \sin \beta)$$
とおいて β の関数とみると
$$f'(\beta) = \sin \beta - \sin \alpha - (\beta - \alpha)\cos \beta,$$

$$f''(\beta) = (\beta - \alpha)\sin\beta > 0 \quad \left(0 \leqq \alpha < \beta \leqq \frac{\pi}{2}\right)$$

$f'(\alpha) = 0$ より $f'(\beta) > 0$，また $f(\alpha) = 0$ より，任意の α $\left(0 \leqq \alpha < \beta \leqq \frac{\pi}{2}\right)$ に対して

$$f(\beta) > 0 \quad \left(0 \leqq \alpha < \beta \leqq \frac{\pi}{2}\right)$$

$$\therefore \quad 2\int_\alpha^\beta \sin x \, dx > (\beta - \alpha)(\sin\alpha + \sin\beta) \quad \blacktriangleleft$$

（2） $0 \leqq \alpha_k < \beta_k \leqq \frac{\pi}{2}$ において $\theta = \frac{\pi}{8}$，
$\alpha_k = k\theta$, $\beta_k = (k+1)\theta$ $(0 \leqq k \leqq 3)$ とおくと $\beta_k - \alpha_k = \theta$ であり，（1）により

$$\theta\{\sin k\theta + \sin(k+1)\theta\} < 2\int_{k\theta}^{(k+1)\theta} \sin x \, dx$$
$$= 2\{\cos k\theta - \cos(k+1)\theta\}$$

よって

$$\theta \sum_{k=0}^{3} \{\sin k\theta + \sin(k+1)\theta\} < 2\sum_{k=0}^{3} \{\cos k\theta - \cos(k+1)\theta\}$$
$$= 2(1 - \cos 4\theta) = 2 \quad \left(\because \ 4\theta = \frac{\pi}{2} \text{ より}\right)$$

$\sin\theta = \sin 7\theta$, $\sin 2\theta = \sin 6\theta$, $\sin 3\theta = \sin 5\theta$ に留意すると上式は

$$\theta \sum_{k=1}^{7} \sin k\theta < 2$$

$$\therefore \quad \sum_{k=1}^{7} \sin\frac{k\pi}{8} < \frac{16}{\pi} \quad \blacktriangleleft$$

（注）（1）では，不等式の図的解釈を問うているものではないので，「グラフから明らか．」としない方が無難である．（グラフは中心課題の解析に先行するべきものではなく追従するべきものである．）（2）では，（1）での不等式をグラフィックに解釈して使って解いてもよい．

問題 7

a は 1 より大きい定数とする．関数 $f(x)$ を
$$f(x) = \int_x^{ax} t^3 e^{-t} dt$$
とおく．
(1) $x > 0$ のとき $f(x) > 0$ であることを示せ．
(2) $x > 0$ のとき
$$x^3 e^{-x} \leqq \frac{C}{x^2}$$
であることを示せ．ただし，$C = \left(\dfrac{5}{e}\right)^5$ とする．
(3) $\displaystyle\lim_{x \to \infty} f(x) = 0$ を示せ．
(4) $x \geqq 0$ の範囲で $f(x)$ を最大にする x の値と最小にする x の値を求めよ．

(明治大 ◇)

▶ (1) 直観的に，当たりまえのことを示せというのだから，きちんと $f'(x)$ を調べて示す．(2) 微分法で片付く．(3) (1) より，そして (2) を用いて，はさみうちにする．

解 (1) $f(x) = \displaystyle\int_x^{ax} t^3 e^{-t} dt$ $(a > 1)$ より，$f(x)$ は微分可能関数であるから
$$f'(x) = a(ax)^3 e^{-ax} - x^3 e^{-x}$$
$$= x^3 (a^4 e^{-ax} - e^{-x})$$
$$= x^3 e^{-ax} (a^4 - e^{(a-1)x})$$

$x > 0$ で $f'(x) = 0$ となるのは $x = \dfrac{4 \log a}{a - 1}$ $(= \alpha$ とおく$)$ のときのみである．
(3) を借用すると，増減表は次のようになる：

x	0		α		∞
$f'(x)$	/	+	0	−	/
$f(x)$	0	↗	$f(\alpha)$	↘	$+0$

以上によって
$$f(x) > 0 \quad (x > 0) \quad \blacktriangleleft$$

(2) $g(x) = x^5 e^{-x}$ $(x > 0)$ とおくと，

$$g'(x) = (5-x)x^4 e^{-x}$$

$x > 0$ で $g'(x) = 0$ となるのは $x = 5$ のときである．

$$0 < x < 5 \text{ では } g'(x) > 0,$$
$$x > 5 \quad \text{では } g'(x) < 0$$

であるから，$x = 5$ で $g(x)$ $(x > 0)$ は最大値をとる．

$$\therefore \quad x^5 e^{-x} \leq \left(\frac{5}{e}\right)^5 \quad (x > 0)$$

$$\therefore \quad x^3 e^{-x} \leq \frac{C}{x^2}, \quad C = \left(\frac{5}{e}\right)^5 \quad (x > 0) \quad \blacktriangleleft$$

(3) (1)より，そして(2)を用いることによって，$x > 0$ では

$$0 < f(x) \leq \int_x^{ax} \frac{C}{t^2} dt \quad (C > 0)$$

$$= \left[-\frac{C}{t}\right]_x^{ax}$$

$$= C\left(\frac{1}{x} - \frac{1}{ax}\right)$$

$$= C \cdot \frac{a-1}{ax} \to 0 \quad (x \to \infty)$$

はさみうちの原理により

$$\lim_{x \to \infty} f(x) = 0 \quad \blacktriangleleft$$

(4) (1)での増減表より $f(x)$ を最大・最小にする x の値はそれぞれ

$$\frac{4 \log a}{a-1}, \quad 0 \quad \cdots \text{(答)}$$

(1)の別解 $\int t^3 e^{-t} dt = F(t)$ とおくと，

$$f(x) = F(ax) - F(x)$$

$$= \frac{F(ax) - F(x)}{ax - x}(ax - x)$$

$$= F'(c)(ax - x) \quad (x < c < ax)$$

($\because$ 平均値の定理により，このような x による c は存在する)

$$= c^3 e^{-c}(a-1)x > 0 \quad (\because a > 1, \ x > 0 \text{ より}) \quad \blacktriangleleft$$

(注1) (1)では，単純に，次のような解答をする人が多いかもしれない：

「$x > 0$ では ($a > 1$ より) $x < ax$，そして $x \leq t \leq ax$ では $t^3 e^{-t} > 0$ <u>であるから</u>，$f(x) = \int_x^{ax} t^3 e^{-t} dt > 0$ である．」

これは，全く明らかな仮定に言及しただけですぐ結論しているが，これでは証明問題に対するプロセスが何もない．（"示せ"という言葉は"証明せよ"と同義かそれに準ずる重さをもつ．）もし小問（1）を設けなかったならば，小問は（2）→（1）'，（3）→（2）'とずれて，この新しい小問（2）'での " $\lim_{x\to\infty} f(x) = 0$ " を示す為には，前述の「…であるから，」の部分を述べて，すぐ

$$0 < f(x) < \int_x^{ax} \frac{C}{t^2}\,dt = C\cdot\frac{a-1}{ax}$$

と，はさみ込んでO.K.だったのである．

（注2）（1）では別解の方が，文句なしだと思われるかな？（そうではない．）より厳密な有意性からすれば，$f(x)$は積分形式である以上に関数なのである．従って問題の中心課題は，'任意の正の数 x において関数 $f(x) > 0$ であることを示せ'となるのである．それだから，はっきりした証明が必要になるのである．（ここまでの認識は受験生には要求されない．）

　ともかくも，別解 ぐらいの解答であれば，申し分ない．ただし，この際，積分の平均値の定理を横流しして使用することは避ける．"被積分関数が $t^3 e^{-t}$ の場合で，積分の平均値の定理を証明するのだ"と読むこと．なお，受験生の場合，原則として，"（あまりにも）明らかなことを示せ（といって厳密には明らかでないことが多い）"という問題に対しては，"できるだけ厳密な証明で解答するべきだ"と思ってよろしい．本問（1）で予想される受験生の答案は次の4つに大別されるだろう：

（ⅰ）$f(x)$を具体的に求めてから$f'(x)$を計算する（実力不足の受験生）．

（ⅱ）$f(x)$の表式から直ちに$f'(x)$を計算する（最も正当な受験生で，この路線は，結構，多かったことであろう）．

（ⅲ）（積分の）平均値の定理を用いる（これに気付いた受験生はいたかな？）

（ⅳ）**（注1）**での「…であるから，….」のようにする．

（ⅰ）と（ⅱ）は正当な路線であるが，$x \to \infty$ での$f(x)$の振る舞いを知らなくてはならないので，途中で断念したであろう．（筆者のような解答はまずや

らないだろうし，受験生は，余程，苦しくなければ，まねをしない方がよい．別解の方で学ぶ．）高校数学内で最も原理的にさかのぼった $f'(x)$ の計算で正解に到れない出題はやはり拙い．（出題側の親切心（？）からの設問（1）はない方がよかった．そうすれば，何も困難は生じなかった．）

出題側はどんな"正解"を予期していたであろうか？（その真相はいかに？）

（付1）ここでの 解 のような場合，厳密には，設問体系外からの保証を要す．（しかし，受験生には，そこまでは要求されない．）

（付2）ロピタルの定理というものを使うと，(3)は $f(x)$ を求めるまでもなく（── 求める気もないが），直ちに $\lim_{x \to \infty} f(x) = 0$ は示せる．しかし，前にも述べたように，これは入試では証明なしで使われない．

問題8

（1）$f(x), g(x)$ を $a \leqq x \leqq b$ で連続な関数とする．このとき，すべての実数 t に対して
$$\int_a^b \{t|f(x)| + |g(x)|\}^2 dx \geqq 0$$
が成立することから，つぎの不等式を導け．
$$\int_a^b |f(x)g(x)|\,dx \leqq \sqrt{\int_a^b \{f(x)\}^2 dx} \sqrt{\int_a^b \{g(x)\}^2 dx}$$

（2）$f(x)$ は，$f(a) = f(b) = 0$ を満たし，かつ導関数 $f'(x)$ は $a \leqq x \leqq b$ で連続とする．このとき，次の不等式①，②を示せ．

① $|f(x)| \leqq \int_a^x |f'(t)|dt \quad (a \leqq x \leqq b)$

② $|f(x)| \leqq \int_x^b |f'(t)|dt$

（3）$f(x)$ は(2)の条件の他に $\int_a^b \{f'(t)\}^2 dt = 1$ を満たすとする．このとき，次の不等式を示せ．
$$|f(x)| \leqq \frac{\sqrt{b-a}}{2} \quad (a \leqq x \leqq b)$$

（早稲田大）

▶ 有名なコーシー・シュワルツの不等式の積分形の問題である．(1)は

t の2次絶対不等式の成立条件より O.K. (2) は $\left|\int_a^x f'(t)dt\right| \leq \int_a^x |f'(t)|dt$
(諸君は，グラフによらずにこの不等式を示せるかな？) などを使えばよさそうである．(3) は (1) と (2) を動員するのだが，$\dfrac{\sqrt{b-a}}{2}$ の $\dfrac{1}{2}$ がどこからでてくるのか予測できれば，まずまずの直観力である．

解 (1) $\int_a^b \{t|f(x)|+|g(x)|\}^2 dx \geq 0$ （t は実数）
より

$$\left(\int_a^b \{f(x)\}^2 dx\right)t^2 + 2\left(\int_a^b |f(x)g(x)|dx\right)t + \left(\int_a^b \{g(x)\}^2 dx\right) \geq 0$$

$\int_a^b \{f(x)\}^2 dx = 0$ のときは $a \leq x \leq b$ でつねに $f(x) = 0$ だから，上不等式はつねに成立している．そこで $\int_a^b \{f(x)\}^2 dx > 0$ とする．この下で，t の2次式の '判別式 ≤ 0' であるべきだから，

$$\left\{\int_a^b |f(x)g(x)|dx\right\}^2 - \int_a^b \{f(x)\}^2 dx \cdot \int_a^b \{g(x)\}^2 dx \leq 0$$

$a \leq b$ というから，そして $\int_a^b \{f(x)\}^2 dx = 0$ の場合も併せて

$$\int_a^b |f(x)g(x)|dx \leq \sqrt{\int_a^b \{f(x)\}^2 dx} \cdot \sqrt{\int_a^b \{g(x)\}^2 dx} \quad \blacktriangleleft$$

(2) ① $|f(x) - f(a)| = \left|\int_a^x f'(t)dt\right| \leq \int_a^x |f'(t)|dt$
$f(a) = 0$ というから，上式は

$$|f(x)| \leq \int_a^x |f'(t)|dt$$

そして②も同様である．$\blacktriangleleft$

(3) (1)で導かれた不等式にて $f(x)$ を $f'(x)$, $g(x) = 1$ とおくと，

$$\int_a^b |f'(x)|dx \leq \sqrt{b-a} \cdot \sqrt{\int_a^b |f'(x)|^2 dx}$$
$$= \sqrt{b-a} \quad \cdots \text{⑦}$$
$$\left(\because \int_a^b |f'(x)|^2 dx = 1 \text{ より}\right)$$

一方，(2)での①，②より

$$\int_a^b |f'(x)|dx = \int_a^x |f'(x)|dx + \int_x^b |f'(x)|dx$$
$$\geq 2|f(x)| \quad \cdots \text{④}$$

⑦，④より

$$f(x) \leqq \frac{\sqrt{b-a}}{2} \quad \blacktriangleleft$$

(注)(1)では $\int_a^b \{f(x)\}^2 dx = 0$ の場合に言及しないと拙い.(とはいうものの,筆者も,時には,気が緩んで $\int_a^b \{f(x)\}^2 dx = 0$ の場合を置き忘れていくことがある.)これは $t=0$ の場合とは別物であることに注意しておく.

次は近似不等式の問題である.

問題 9

$\int_0^\pi e^x \sin^2 x \, dx > 8$ であることを示せ.ただし $\pi = 3.14\cdots$ は円周率,$e = 2.71\cdots$ は自然対数の底である. (東京大 ◇)

▶ 積分は部分積分法で済むので,そこまでは東大の問題にはならない.不等式移行で成否が決まることは当然である.積分値がどのような値になるかで,どのように不等号を設定するかを考えねばならないのであるから,センスの差が現れやすい.

直観的に,e^π が現れるのは確実なので,その近似不等式をつくればよい.

解 $I = \int_0^\pi e^x \sin^2 x \, dx$ とおく.$\sin^2 x = \dfrac{1-\cos 2x}{2}$ であるから,

$$I = \frac{1}{2} \int_0^\pi e^x dx - \frac{1}{2} \int_0^\pi e^x \cos 2x \, dx$$

ここで $J = \int_0^\pi e^x \cos 2x \, dx$ とおく.

$$\begin{aligned} J &= \int_0^\pi (e^x)' \cos 2x \, dx \\ &= \left[e^x \cos 2x \right]_0^\pi + 2\int_0^\pi e^x \sin 2x \, dx \\ &= e^\pi - 1 + 2\int_0^\pi (e^x)' \sin 2x \, dx \\ &= e^\pi - 1 - 4\int_0^\pi e^x \cos 2x \, dx \\ &= e^\pi - 1 - 4J \end{aligned}$$

$$\therefore \quad J = \frac{e^\pi - 1}{5}$$

§2. 積分

$$\therefore \quad I = \frac{1}{2}\bigl[e^x\bigr]_0^\pi - \frac{1}{2}J$$
$$= \frac{2(e^\pi - 1)}{5}$$

ここで $y = f(x) = e^x$ とおいて，xy 座標平面内で，$x = 3$ における接線の方程式を求めると，

$$y = e^3(x-3) + e^3$$

となる（右図参照）．
$(e^x)'' = e^x > 0$ であるから，つねに $e^x \geqq e^3(x-3) + e^3$ である．
よって

$$e^\pi > e^3 + e^3(\pi - 3)$$
$$= e^3(\pi - 2)$$
$$> 2.7^3 \times (3.1 - 2)$$
$$> 21.6$$

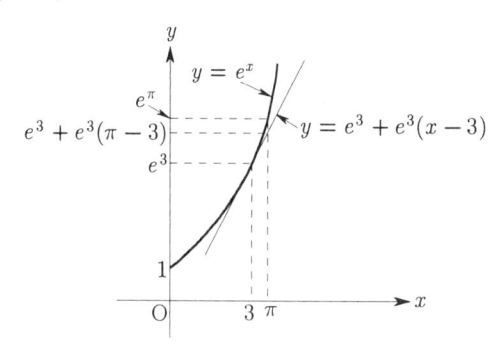

よって

$$I > \frac{2}{5}(21.6 - 1)$$
$$= 8.24$$
$$\therefore \quad \int_0^\pi e^x \sin^2 x \, dx > 8 \quad \blacktriangleleft$$

（付）本問が

$$\int_0^\pi e^x \sin^2 x \, dx > 8.5$$

としてあったら，解 での $e^\pi > 2.7^3 \times (3.1 - 2)$ は，もう少し精度を上げて，$e^\pi > 2.7^3 \times (3.14 - 2)$ とでもしなくてはならない．

そして，今度は，しばらく積分と極限の融合問題のパレード．

問題 10

極限値 $\displaystyle\lim_{n \to \infty} \int_0^{\frac{\pi}{2}} \frac{\sin^2 nx}{1+x} \, dx$ を求めよ． （東京工大 ◇）

▶ 目算で $\displaystyle\lim_{n \to \infty} \int_0^{\frac{\pi}{2}} \frac{\cos 2nx}{1+x} \, dx$ が現れることは明らかであろう．次に，

この極限値は"0らしい"と気付いたであろうか？（定積分を計算する前にすぐ気付くようならば，なかなかの直観力である．）

解 $I_n = \int_0^{\frac{\pi}{2}} \frac{\sin^2 nx}{1+x} dx$ とおく．

$$I_n = \frac{1}{2} \int_0^{\frac{\pi}{2}} \frac{1 - \cos 2nx}{1+x} dx$$
$$= \frac{1}{2} \Big[\log(1+x)\Big]_0^{\frac{\pi}{2}} - \frac{1}{2} \int_0^{\frac{\pi}{2}} \frac{\cos 2nx}{1+x} dx$$
$$= \frac{1}{2} \log\left(1 + \frac{\pi}{2}\right) - \frac{1}{2} J_n$$

ここに

$$J_n = \int_0^{\frac{\pi}{2}} \frac{\cos 2nx}{1+x} dx$$
$$= \frac{1}{2n} \int_0^{\frac{\pi}{2}} \frac{(\sin 2nx)'}{1+x} dx$$
$$= \frac{1}{2n} \int_0^{\frac{\pi}{2}} \frac{\sin 2nx}{(1+x)^2} dx$$

さて

$$\frac{|\sin 2nx|}{(1+x)^2} \leqq \frac{1}{(1+x)^2}$$

であるから，

$$|J_n| \leqq \frac{1}{2n} \int_0^{\frac{\pi}{2}} \frac{|\sin 2nx|}{(1+x)^2} dx$$
$$\leqq \frac{1}{2n} \int_0^{\frac{\pi}{2}} \frac{1}{(1+x)^2} dx$$
$$= \frac{1}{2n} \Big[-\frac{1}{1+x}\Big]_0^{\frac{\pi}{2}}$$
$$\to 0 \ (n \to \infty)$$

よって

$$\lim_{n \to \infty} I_n = \lim_{n \to \infty} \int_0^{\frac{\pi}{2}} \frac{\sin^2 nx}{1+x} dx$$
$$= \frac{1}{2} \log\left(1 + \frac{\pi}{2}\right) \quad \cdots \text{(答)}$$

問題 11

$n = 1, 2, 3, \cdots$ に対して
$$I(n) = \int_0^{\frac{\pi}{2}} \sin^n x\, dx$$
とおくとき，次の各問いに答えよ．

(1) 部分積分法を用いて，$I(n+2)$ と $I(n)$ の間の関係式を求めよ．
(2) $I(2m-1)I(2m)$ を求めよ．
(3) $k \geq n$ ならば，$I(k) \leq I(n)$ となることを示せ．
(4) $\displaystyle\lim_{n \to \infty} I(n) = 0$ であることを示せ．

(神戸大 ♦)

▶ (1), (2) はひたすら計算するのみ．(3), (4) は，はさみうちの原理だとすぐ気付くこと．

解 (1) $\displaystyle I(n+2) = \int_0^{\frac{\pi}{2}} (-\cos x)' \sin^{n+1} x\, dx$

$\displaystyle = \int_0^{\frac{\pi}{2}} \cos x (\sin^{n+1} x)'\, dx$

$\displaystyle = (n+1) \int_0^{\frac{\pi}{2}} \cos^2 x \sin^n x\, dx$

$\displaystyle = (n+1) \int_0^{\frac{\pi}{2}} (1 - \sin^2 x) \sin^n x\, dx$

$= (n+1) I(n) - (n+1) I(n+2)$

$\therefore \quad I(n+2) = \dfrac{n+1}{n+2} I(n)$ ⋯(答)

(2) (1) の結果で $n = 2m - 2$ とおくと，
$$I(2m) = \frac{2m-1}{2m} I(2m-2)$$
$n = 2m - 3$ $(m \geq 2)$ とおくと，
$$I(2m-1) = \frac{2m-2}{2m-1} I(2m-3)$$
よって
$$I(2m) I(2m-1)$$
$$= \frac{2m-2}{2m} I(2m-2) I(2m-3)$$

$$= \frac{2m-2}{2m} \cdot \frac{2m-4}{2m-2} I(2m-4)I(2m-5)$$
$$\vdots$$
$$= \frac{2m-2}{2m} \cdot \frac{2m-4}{2m-2} \cdots \cdot \frac{2}{4} I(2)I(1)$$

ここで

$$I(1) = \int_0^{\frac{\pi}{2}} \sin x\,dx = \left[-\cos x\right]_0^{\frac{\pi}{2}}$$
$$= 1,$$
$$I(2) = \int_0^{\frac{\pi}{2}} \sin^2 x\,dx$$
$$= \frac{1}{2}\int_0^{\frac{\pi}{2}} (1-\cos x)\,dx$$
$$= \frac{1}{2}\left[x - \frac{1}{2}\sin 2x\right]_0^{\frac{\pi}{2}}$$
$$= \frac{\pi}{4}$$

であるから,

$$I(2m)I(2m-1) = \frac{\pi}{4m} \quad \cdots\textbf{(答)}$$

(3) 積分区間 $0 < x < \frac{\pi}{2}$ において $0 < \sin x < 1$ であるから, $k \geqq n$ では

$$\sin^k x \leqq \sin^n x$$

(積分の平均値の定理によって)

$$\therefore \quad I(k) \leqq I(n) \quad \blacktriangleleft$$

(4) $2m > 2m-1$ であるから, (3)により

$$I(2m) \leqq I(2m-1)$$

よって

$$\{I(2m)\}^2 \leqq I(2m)I(2m-1) \leqq \{I(2m-1)\}^2$$

(2)の結果より

$$\{I(2m)\}^2 \leqq \frac{\pi}{4m} \leqq \{I(2m-1)\}^2 \quad \cdots ①$$

①式左側の不等式より

$$0 \leqq I(2m) \leqq \sqrt{\frac{\pi}{4m}}$$

はさみうちの原理により

$$\lim_{m\to\infty} I(2m) = 0 \quad \cdots ②$$

このことは,あとで用いる.

さらに①式右側の不等式および $I(2m-1) \leq I(2m-2)$ であることより
$$\sqrt{\frac{\pi}{4m}} \leq I(2m-1) \leq I(2m-2)$$
②とはさみうちの原理によって
$$\lim_{m \to \infty} I(2m-1) = 0 \quad \cdots ③$$
②, ③より
$$\lim_{n \to \infty} I(n) = 0 \quad \cdots \textbf{(答)}$$

(付)（3）の解答の仕方について少し．

仮定の仕方から, 出題者が試そうとしている要所は, '$k \geq n$ のとき $\sin^k x \leq \sin^n x$' を捉えれるか否かにウェイトがかかっているので, そこの根拠さえ明確に述べればよい.

問題 12

自然数 n に対して $F_n(x) = \int_0^x t^n e^{-t} dt$ とおく．

（1） $\displaystyle \lim_{n \to \infty} \frac{F_n(1)}{n!}$ の値を求めよ．

（2） $e = 1 + 1 + \dfrac{1}{2!} + \dfrac{1}{3!} + \dfrac{1}{4!} + \cdots$ を示せ．

（名市大・医（改）◇）

▶ あからさまにテイラー展開式を出題するわけにはゆかないので, 積分を経て無限級数へ移行させるという工夫を凝らしている.

（1）は $\{F_n(1)\}$ の漸化式を解くのではなく, はさみうちの論法による.

（2）は $\{F_n(1)\}$ の漸化式から一直線にいける.（右辺の収束性も同時に示されるはずである.）

解　（1） $F_n(1) = \displaystyle \int_0^1 t^n e^{-t} dt$

$0 < t < 1$ において $e^{-1} < e^{-t} < 1$, 従って
$$e^{-1} t^n < t^n e^{-t} < t^n$$
よって
$$e^{-1} \int_0^1 t^n dt < \int_0^1 t^n e^{-t} dt < \int_0^1 t^n dt$$

$$\therefore \quad \frac{e^{-1}}{n+1} < F_n(1) < \frac{1}{n+1}$$

はさみうちの原理により

$$\lim_{n \to \infty} \frac{F_n(1)}{n!} = 0 \quad \cdots \text{(答)}$$

(2) $F_n(1) = \int_0^1 t^n(-e^{-t})' dt$

$\qquad = -\left[t^n e^{-t}\right]_0^1 + n\int_0^1 t^{n-1} e^{-t} dt$

$\qquad = -e^{-1} + nF_{n-1}(1)$

$F_n(1) = a_n$ とおくと (読者は $\frac{F_n(1)}{n!} = a_n$ として演習),

$\quad a_n = n a_{n-1} - e^{-1}$

$\qquad = n(n-1) a_{n-2} - e^{-1}(1+n)$

$\qquad = n(n-1)(n-2) a_{n-3} - e^{-1}\{1 + n + n(n-1)\}$

$\qquad \vdots$

$\qquad = n! \, a_1 - e^{-1}\{1 + n + n(n-1) + \cdots + n \cdot (n-1) \cdots 4 \cdot 3\}$

ここで

$$a_1 = \int_0^1 t e^{-t} dt = -\int_0^1 t(e^{-t})' dt$$

$$= \left[-t e^{-t} - e^{-t}\right]_0^1 = 1 - 2e^{-1}$$

よって

$$\frac{a_n}{n!} = 1 - e^{-1}\left(2 + \frac{1}{2!} + \frac{1}{3!} + \cdots + \frac{1}{n!}\right)$$

そこで $n \to \infty$ とすると,$\lim_{n \to \infty} \frac{a_n}{n!} = \lim_{n \to \infty} \frac{F_n(1)}{n!} = 0$ ($\because$ (1)の結果より) であるから,

$$e = 1 + 1 + \frac{1}{2!} + \frac{1}{3!} + \cdots + \frac{1}{n!} + \cdots \quad \blacktriangleleft$$

問題 13

n が自然数のとき，1 から n までの自然数の積を $n!$ で表す．次の問いに答えよ．

（1） $x > 0$ のとき，不等式
$$2\sqrt{x} > \log x$$
を示せ．

（2） 極限 $\displaystyle\lim_{x \to \infty} \frac{\log x}{x} = 0$ および $\displaystyle\lim_{y \to 0} y \log |y| = 0$ を示せ．

（3） $a_k = \displaystyle\int_k^{k+1} \log x \, dx$ とおくとき，
$$a_{k-1} \leqq \log k \leqq a_k \quad (k = 2, 3, 4, \cdots)$$
を示せ．

（4） 対数を利用して極限値
$$\lim_{n \to \infty} \frac{(n!)^{\frac{1}{n}}}{n}$$
を求めよ．

（徳島大 ◇）

▶ 前半は微分の問題，後半は定積分と不等式およびそれを利用しての極限問題という設定である．各小設問が次の小設問の為のヒントになっているので，全体的に解きやすくはなっているが，(4)はすんなりといくかな？（"対数を利用して"とはどういうことなのか？"(1)〜(3)を，適宜，利用して"ということだろう．）

解　（1） $f(x) = 2\sqrt{x} - \log x$ とおくと，
$$f'(x) = \frac{1}{\sqrt{x}} - \frac{1}{x} = \frac{\sqrt{x}(\sqrt{x} - 1)}{x\sqrt{x}} \quad (x > 0)$$
$f'(x) = 0 \ (x > 0)$ となるのは $x = 1$ である．
$$0 < x < 1 \text{ では } f'(x) < 0,$$
$$x > 1 \quad \text{ では } f'(x) > 0$$
であるから，$f(x)$ は $x = 1$ で最小となり，$f(1) = 2 > 0$ である．
よって $f(x) > 0$ である．
$$\therefore \quad 2\sqrt{x} > \log x \quad \blacktriangleleft$$

（2）（1）の不等式により

$$0 < \frac{\log x}{x} < \frac{2}{\sqrt{x}} \quad (x > 0)$$

はさみうちの原理により
$$\lim_{x \to \infty} \frac{\log x}{x} = 0 \quad \blacktriangleleft$$

さらに $\frac{1}{x} = |y|$ とおくと，$x \to \infty$ のとき $y \to 0$ であり，そして
$$\frac{\log x}{x} = -|y| \log |y|$$
$$= \begin{cases} -y \log |y| & (y > 0) \\ +y \log |y| & (y < 0) \end{cases}$$
$$\therefore \lim_{y \to 0} y \log |y| = 0 \quad \blacktriangleleft$$

（3）$k \leqq x \leqq k+1$ $(k = 2, 3, \cdots)$ において $\log$ は増加関数であるから，
$$\log k \leqq \log x \leqq \log(k+1)$$

よって
$$\int_k^{k+1} \log k \, dx \leqq \int_k^{k+1} \log x \, dx \leqq \int_k^{k+1} \log(k+1) \, dx$$
$$\therefore \quad \log k \leqq a_k \leqq \log(k+1)$$
$$\therefore \quad a_{k-1} \leqq \log k \leqq a_k \quad (k = 2, 3, \cdots)$$

（4）$\int \log x \, dx = \int (x)' \log x \, dx$
$$= x \log x - x \quad \text{（積分定数は省略）}$$

これより（3）での左側の不等式において，各辺の和をとると，
$$\sum_{k=2}^n a_{k-1} = \sum_{k=2}^n \int_{k-1}^k \log x \, dx \quad (\because a_k \text{ の規約より})$$
$$= \int_1^n \log x \, dx$$
$$= n \log n - n + 1$$
$$\leqq \log(n!) \quad \cdots \text{①}$$

同様に（3）での右側の不等式において，各辺の和をとると，
$$\log(n!) \leqq \sum_{k=1}^n a_k$$
$$= \sum_{k=1}^n \int_k^{k+1} \log x \, dx$$
$$= (n+1) \log(n+1) - n \quad \cdots \text{②}$$

①, ②より
$$n\log n - n + 1 \leq \log(n!)$$
$$\leq (n+1)\log(n+1) - n$$
$$\leftrightarrow \log n - \frac{n-1}{n} \leq \frac{1}{n}\log(n!)$$
$$\leq \left(\frac{n+1}{n}\right)\log(n+1) - 1$$
$$\leftrightarrow -\frac{n-1}{n} \leq \frac{1}{n}\log(n!) - \log n$$
$$\leq \frac{n+1}{n}\log(n+1) - \log n - 1 \quad \cdots ③$$

ここで③の右辺における第1, 第2項は
$$\frac{n+1}{n}\log(n+1) - \log n = \log \frac{(n+1)^{\frac{n+1}{n}}}{n}$$
$$= \log\left\{n^{\frac{1}{n}}\left(1+\frac{1}{n}\right)^{\left(1+\frac{1}{n}\right)}\right\}$$
$$= \frac{\log n}{n} + \left(1+\frac{1}{n}\right)\log\left(1+\frac{1}{n}\right)$$
$$\to 0 \ (n \to \infty)$$
$$(\because (2) より)$$

③において, はさみうちの原理により
$$\lim_{n \to \infty} \log \frac{(n!)^{\frac{1}{n}}}{n} = -1$$
$$\therefore \lim_{n \to \infty} \frac{(n!)^{\frac{1}{n}}}{n} = \frac{1}{e} \quad \cdots (答)$$

(付) やはり, (4)は, 受験生には, 少し難しかったようである. (2)をどのように用いるか, 事前に見当をつけておかないと, まず解けないだろう.

本問での(1)は, 不等式 $e^x > \frac{x^2}{4} \ (x>0)$ において x を改めて $2\sqrt{x}$ とおき直したものである. そこで, ひとつ, 補充問題. 制限時間60分.

補充問題
不等式 $e^x > \frac{x^2}{4} \ (x>0)$ を示し, それから $\lim_{y \to 0}|y|^a \log|y|$ (a は任意の正の定数) の値を求めよ.
(答) 0

問題 14

(1) $0 \leqq t \leqq 1$ のとき
$$t \leqq e^t - 1 \leqq t + t^2$$
を示せ.

(2) $0 \leqq \theta \leqq \dfrac{\pi}{2}$ のとき
$$0 \leqq \int_0^\theta \sin^2 x\, dx \leqq \sin\theta \int_0^\theta \sin x\, dx$$
を示せ.

(3) $\displaystyle\lim_{\theta \to +0} \dfrac{1}{\theta^2} \int_0^\theta \sin x\, dx$ を求めよ.

(4) $\displaystyle\lim_{\theta \to +0} \dfrac{1}{\theta^2} \int_0^\theta \sin^2 x\, dx$ を求めよ.

(5) $\displaystyle\lim_{\theta \to +0} \dfrac{1}{\theta^2} \int_0^\theta (e^{\sin x} - 1)\, dx$ を求めよ.

(富山医薬大 ♦)

▶ (1)の左側の不等式を示すことは易しいだろう．右側の不等式は少しやりづらいかな？ あと(2),(3)だけは(1)と関連なく易しそうであるから，合格作戦としてはこれらを確実に解くことであろう．

解 (1) $f(t) = e^t - 1 - t$ $(0 \leqq t \leqq 1)$ とおく．
$$f'(t) = e^t - 1 \geqq 0 \ (0 \leqq t \leqq 1)$$
よって $f(t)$ は単調増加関数であり，しかも $f(0) = 0$ であるから，
$$f(t) \geqq 0 \quad \cdots ①$$

また，$g(t) = t^2 + t - (e^t - 1)$ $(0 \leqq t \leqq 1)$ とおく．
$$g'(t) = 2t + 1 - e^t,$$
$$= 2t - (e^t - 1)$$
ここで $h(t) = 2t - (e^t - 1)$ $(0 < t < 1)$ として $h(t) > 0$ $(0 < t < 1)$ を示す．(各自，演習．)

よって $g'(t) > 0$ $(0 < t < 1)$ であり，しかも $g(0) = 0$ であるから
$$g(t) \geqq 0 \quad \cdots ②$$

①，②より

§2. 積分

$$t \leqq e^t - 1 \leqq t + t^2 \quad \blacktriangleleft$$

（2） $0 \leqq x \leqq \theta \leqq \dfrac{\pi}{2}$ において $0 \leqq \sin x \leqq \sin \theta$ であるから，

$$0 \leqq \sin^2 x \leqq \sin \theta \sin x$$

（積分の平均値の定理によって，）

$$0 \leqq \int_0^\theta \sin^2 x\, dx \leqq \sin \theta \int_0^\theta \sin x\, dx \quad \blacktriangleleft$$

（3） $\displaystyle \lim_{\theta \to +0} \dfrac{1}{\theta^2} \int_0^\theta \sin x\, dx = \lim_{\theta \to +0} \dfrac{1 - \cos \theta}{\theta^2}$

$$= \lim_{\theta \to +0} \dfrac{2\sin^2 \dfrac{\theta}{2}}{\theta^2}$$

$$= \dfrac{1}{2} \lim_{\theta \to +0} \dfrac{\sin^2 \dfrac{\theta}{2}}{\left(\dfrac{\theta}{2}\right)^2}$$

$$= \dfrac{1}{2} \quad \cdots \text{(答)}$$

（4）（2）により

$$0 \leqq \dfrac{1}{\theta^2} \int_0^\theta \sin^2 x\, dx \leqq \sin \theta \cdot \dfrac{1}{\theta^2} \int_0^\theta \sin x\, dx$$

ここで（3）の結果より

$$\lim_{\theta \to +0} \sin \theta \cdot \dfrac{1}{\theta^2} \int_0^\theta \sin x\, dx$$

$$= 0 \times \dfrac{1}{2} = 0$$

よって，はさみうちの原理により

$$\lim_{\theta \to +0} \dfrac{1}{\theta^2} \int_0^\theta \sin^2 x\, dx$$

$$= 0 \quad \cdots \text{(答)}$$

（5）（1）での式で $t = \sin x$ とおく．

$$\sin x \leqq e^{\sin x} - 1 \leqq \sin x + \sin^2 x$$

よって

$$\int_0^\theta \sin x\, dx \leqq \int_0^\theta (e^{\sin x} - 1)\, dx$$

$$\leqq \int_0^\theta (\sin x + \sin^2 x)\, dx$$

上式の各辺を θ^2 で割る．そして

$$\lim_{\theta \to +0} \dfrac{1}{\theta^2} \int_0^\theta \sin x\, dx = \dfrac{1}{2} \quad (\because \text{（3）の結果より}),$$

$$\lim_{\theta \to +0} \left(\frac{1}{\theta^2} \int_0^\theta \sin x \, dx + \frac{1}{\theta^2} \int_0^\theta \sin^2 x \, dx \right)$$
$$= \frac{1}{2} + 0 \quad (\because (3), (4) \text{の結果より})$$
$$\therefore \quad \lim_{\theta \to +0} \frac{1}{\theta^2} \int_0^\theta (e^{\sin x} - 1) \, dx$$
$$= \frac{1}{2} \quad \cdots \text{(答)}$$

(付)（1）での後半の解答において
$$h(t) = 2t - (e^t - 1) > 0 \quad (0 \leqq t \leqq 1)$$
を示す際には，$Y = 2t$ と $Y = e^t - 1$ のグラフ（下図）を補助としても許容される．

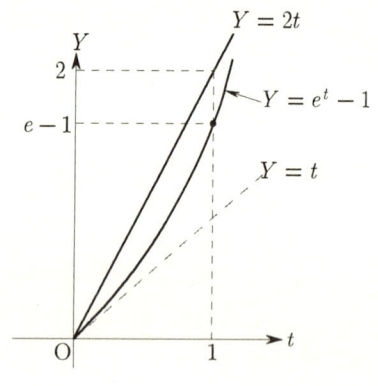

・基本事項 [5]・

面積・体積，曲線の長さ

❶ 面積

xy 座標平面における曲線 $y=f(x)$ と $y=g(x)$ ($f(x)$, $g(x)$ は 1 価関数とする) および $a \leqq x \leqq b$ の範囲内で囲まれた部分の面積 S は，$f(x) \geqq g(x)$ $(a \leqq x \leqq b)$ とすれば，

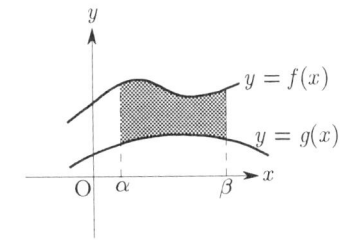

$$S = \int_a^b \{f(x) - g(x)\} dx$$

である．(ただし，$a < b$ とする)

(付記 1) 関数 $f(x)$ が 1 価であるとは 1 つの x に対して 1 つの $f(x)$ の値しかないということである．

(付記 2) 第 7 部にある極方程式の場合では $S = \dfrac{1}{2}\int_\alpha^\beta r^2 d\theta$ で面積は表される．(ただし，$\alpha < \beta$ とする.)

〈準公式〉 放物線 $y = ax^2 + bx + c$ が $x = \alpha, \beta$ ($\alpha < \beta$) で $y = 0$ となるとき，この放物線と x 軸で囲まれる部分の面積 S は

$$S = \frac{|a|}{6}(\beta - \alpha)^3$$

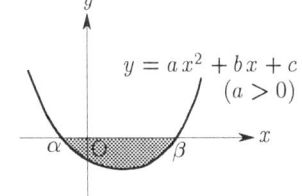

である．

(付記) 記述式の試験では，原則として，この導出過程を簡単に示してから用いること．

❷ 体積

❶の面積での条件と同じとして，2 曲線を x 軸の回りに回転してできる立体の体積 V は

$$V = \pi \int_a^b [\{f(x)\}^2 - \{g(x)\}^2] dx$$

である．
(一般に立体の断面が直線座標 x 軸と直交し，かつその断面積 S が x で決まり，$a \leqq x \leqq b$ のとき，その体積 V は

$$V = \int_a^b S(x) dx$$

で与えられる.)

❸ 曲線の長さ

xy 座標平面において，微分可能曲線 $y=f(x)$ の $a \leqq x \leqq b$ における長さ l は

$$l = \int_a^b \sqrt{1+\{f'(x)\}^2}\,dx$$

である．

もし曲線がパラメーター表示で

$$\begin{cases} x = f(t) \\ y = g(t) \end{cases}$$

と表されるならば，適当な実数 α, β を用いて

$$l = \int_\alpha^\beta \sqrt{\left(\frac{dx}{dt}\right)^2 + \left(\frac{dy}{dt}\right)^2}\,dt$$

で与えられる．

（付記）点の運動において，その道のりは，上式を用いて計算される．

（例）xyz 空間で x 軸を中心とする円柱の内部 $T_1: y^2+z^2 \leqq 1$ と，y 軸を中心とする円柱 $T_2: x^2+z^2 \leqq 1$ の共通部分を S とする．S の体積を求めよ．

（九州大・文系）

・求める体積は

$$8\int_0^1 (1-t^2)\,dt = \frac{16}{3}$$

である．

（例）曲線 $y = \log x$ （log は自然対数）の $a \leqq x \leqq b$ に対応する部分の長さを求めよ．

・求める長さを l とすると，

$$l = \int_a^b \sqrt{1+\left(\frac{1}{x}\right)^2}\,dx = \int_{\sqrt{1+a^2}}^{\sqrt{1+b^2}} \left(1 + \frac{1}{t^2-1}\right)dt$$

$$= \sqrt{1+b^2} - \sqrt{1+a^2} + \frac{1}{2}\log\left(\frac{\sqrt{1+b^2}-1}{\sqrt{1+b^2}+1} \cdot \frac{\sqrt{1+a^2}+1}{\sqrt{1+a^2}-1}\right)$$

となる．

§2. 積分

それでは問題演習に入る．

問題 15

a, b を正の定数，n を2以上の自然数とする．2つの曲線 $y = ax^n$ $(x \geqq 0)$, $x = by^n$ $(y \geqq 0)$ によって囲まれた図形の面積を求めよ．

（大阪大（文系）♦）

▶ 文系には少し難しい．理系に出題しても実力差はよく現れるだろう．図を描いてみて，いきなり2曲線の交点の座標を求めようとするようでは，力量不足である．明快な解答路線は外側の長方形の面積から余計な部分の面積を差し引くことである．

解 2曲線の交点の座標を (α, β) とすると，
$$\beta = a\alpha^n \quad \cdots ①$$
$$\alpha = b\beta^n \quad \cdots ②$$

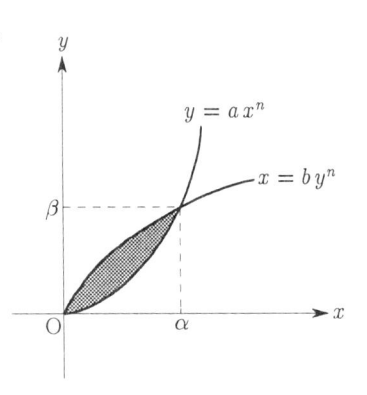

2曲線で囲まれた部分の面積を S とすると，
$$S = \alpha\beta - \left(\int_0^\alpha ax^n dx + \int_0^\beta by^n dy \right)$$
$$= \alpha\beta - \left(\frac{a}{n+1}[x^{n+1}]_0^\alpha + \frac{b}{n+1}[y^{n+1}]_0^\beta \right)$$
$$= \alpha\beta - \left(\frac{a\alpha^{n+1}}{n+1} + \frac{b\beta^{n+1}}{n+1} \right)$$
$$= \alpha\beta - \frac{2\alpha\beta}{n+1} \quad (\because ①, ②より)$$

そこで①，②式を辺々相掛けることにより
$$\alpha\beta = ab(\alpha\beta)^n$$
$$\therefore \quad \alpha\beta = \left(\frac{1}{ab} \right)^{\frac{1}{n-1}} \quad (n \geqq 2)$$

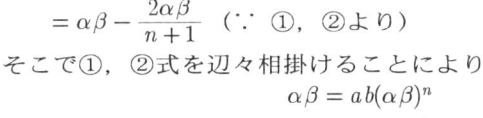

よって
$$S = \left(\frac{n-1}{n+1} \right) \left(\frac{1}{ab} \right)^{\frac{1}{n-1}} \quad \cdots \text{（答）}$$

問題 16

(1) 点 $(2, 0)$ を通って，3次曲線 $C : y = x^3 - 3x^2 + ax + 4 \ (a \neq 0)$ に引ける接線の数が 2 本であるとき，定数 a の値を求めよ．

(2) そのとき，2 本の接線の方程式を求めよ．

(3) さらに，2 本の接線と曲線 C で囲まれてできる図形の面積を求めよ．

（滋賀医大 ◇）

▶ (1) $x = t$ における C の接線の方程式は，t の方程式問題へと移行していく．(3) 積分計算を上手に行なうのみ．

解 (1) $x = t$ での C の接線の方程式は
$$l : y = (3t^2 - 6t + a)(x - t) + t^3 - 3t^2 + at + 4$$
$$= (3t^2 - 6t + a)x - 2t^3 + 3t^2 + 4$$

l は点 $(2, 0)$ を通るので
$$0 = -2t^3 + 9t^2 - 12t + 2a + 4 \quad \cdots ①$$

この方程式は，題意より，2 重解 $t = \alpha$ とそれと異なる実解 β をもつから，
$$0 = -2(t - \alpha)^2(t - \beta)$$
$$\iff 0 = -2\{t^3 - (2\alpha + \beta)t^2 + (\alpha^2 + 2\alpha\beta)t - \alpha^2\beta\} \quad \cdots ②$$

①，②に対して，解と係数の関係式が成立するから
$$\begin{cases} 2(2\alpha + \beta) = 9 & \cdots ③ \\ \alpha^2 + 2\alpha\beta = 6 & \cdots ④ \\ \alpha^2 \beta = a + 2 & \cdots ⑤ \end{cases}$$

③，④より未知数 α に対する 2 次方程式が得られる：
$$3\alpha^2 - 9\alpha + 6 = 0$$
$$\therefore \quad \alpha = 1, 2$$

問題の性質上，$\alpha = 2$ はあり得ないから，
$$\alpha = 1 \quad \therefore \quad \beta = \frac{5}{2}$$

これらを⑤に代入して

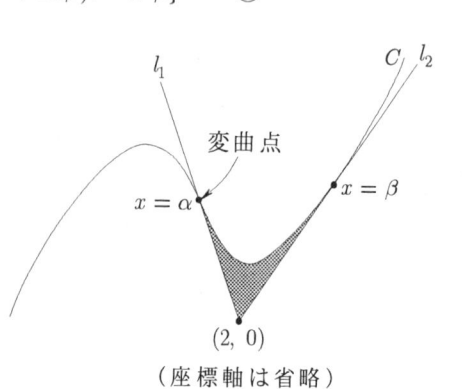

§2. 積分

$$a = \frac{1}{2} \quad \cdots（答）$$

（2） $t = \alpha = 1$ に対して
$$l_1 : y = -\frac{5}{2}x + 5 \quad \cdots（答）$$

$t = \beta = \frac{5}{2}$ に対して
$$l_2 : y = \frac{17}{4}x - \frac{17}{2} \quad \cdots（答）$$

（3） 曲線 C の方程式を $y = g(x)$ とすると，求める面積 S は
$$S = \int_\alpha^2 \left\{ g(x) - \left(-\frac{5}{2}x + 5 \right) \right\} dx + \int_2^\beta \left\{ g(x) - \left(\frac{17}{4}x - \frac{17}{2} \right) \right\} dx$$
$$= \int_1^2 (x-1)^3 dx + \int_2^{\frac{5}{2}} \left(x - \frac{5}{2} \right)^2 (x+2) dx$$
$$= \frac{1}{4}\left[(x-1)^4 \right]_1^2 + \frac{1}{4}\left[\left(x - \frac{5}{2} \right)^4 \right]_2^{\frac{5}{2}} + \frac{3}{2}\left[\left(x - \frac{5}{2} \right)^3 \right]_2^{\frac{5}{2}}$$
$$= \frac{1}{4} - \frac{1}{4} \times \frac{1}{16} + \frac{3}{2} \times \frac{1}{8}$$
$$= \frac{27}{64} \quad \cdots（答）$$

（注） 2次，3次曲線では接点の個数と接線の本数は一致するが，一般には一致するとは限らない．

問題 17

　a, m は自然数で a は定数とする．xy 平面上の点 (a, m) を頂点とし，原点と点 $(2a, 0)$ を通る放物線を考える．この放物線と x 軸で囲まれる領域の面積を S_m，この領域の内部および境界線上にある格子点の数を L_m とする．このとき，極限値 $\displaystyle\lim_{m \to \infty} \frac{L_m}{S_m}$ を求めよ．ただし xy 平面上の格子点とはその点の x 座標と y 座標がともに整数となる点のことである．

（京都大 ◇）

▶ 問題の放物線を直線 $x = k$ $(0 \leqq k \leqq 2a)$ で切ったとき，その直線上にど

れだけの格子点があるかを調べ，それから $\sum_{k}$ の計算に入る．

解 題意より xy 平面上での放物線は上に凸で，点 $(0, 0)$ と $(2a, 0)$ を通るから，
$$y = \alpha x(2a - x) \quad (\alpha \text{ は正の数})$$
の形をとる．$x = a$ のとき，$y = m$ というから，
$$m = \alpha a^2 \quad \therefore \quad \alpha = \frac{m}{a^2}$$
よって放物線の方程式は
$$y = \frac{m}{a^2} x(2a - x)$$

さて，$0 \leqq k \leqq 2a$ なる直線 $x = k$ （k は整数）と放物線との交点において，その交点の y 座標値を越えない最大の整数に 1 を加えた数が直線 $x = k$ 上の格子点の個数に他ならない．その個数を $l(k)$ と表すと，
$$l(k) = 1 + \left[\frac{m}{a^2} k(2a - k)\right] \quad ([\,\cdot\,] \text{ はガウス記号})$$
よって
$$L_m = 2\sum_{k=0}^{a} l(k) - (1 + m)$$
$$= 2(a + 1) + 2\sum_{k=1}^{a} \left[\frac{m}{a^2} k(2a - k)\right] - (1 + m)$$

ここで $\left[\frac{m}{a^2} k(2a - k)\right] = g(k)$ とおくと，
$$\sum_{k=1}^{a} \left\{\frac{m}{a^2} k(2a - k) - 1\right\} < \sum_{k=1}^{a} g(k) \leqq \sum_{k=1}^{a} \left\{\frac{m}{a^2} k(2a - k)\right\}$$
$$\longleftrightarrow \frac{m}{a^2} \left\{2a \cdot \frac{a(a+1)}{2} - \frac{a(a+1)(2a+1)}{6}\right\} - a < \sum_{k=1}^{a} g(k)$$
$$\leqq \frac{m}{a^2} \left\{2a \cdot \frac{a(a+1)}{2} - \frac{a(a+1)(2a+1)}{6}\right\}$$
$$\longleftrightarrow \frac{(a+1)(4a-1)}{3a} m - 2a < 2\sum_{k=1}^{a} g(k) \leqq \frac{(a+1)(4a-1)}{3a} m$$

よって
$$\frac{(a+1)(4a-1)}{3a} m - m + 1 < L_m$$
$$\leqq \frac{(a+1)(4a-1)}{3a} m - m + 2a + 1$$

一方，

§2. 積分

$$S_m = \frac{m}{a^2}\int_0^{2a} x(2a-x)\,dx$$
$$= \frac{m}{a^2}\left[ax^2 - \frac{x^3}{3}\right]_0^{2a}$$
$$= \frac{4am}{3}$$

よって，$\dfrac{L_m}{S_m}$ の表式とはさみうちの原理により

$$\lim_{m\to\infty}\frac{L_m}{S_m} = \frac{4a^2-1}{4a^2} \quad \cdots\text{(答)}$$

(付) この問題のレベルでは，$S_m = \dfrac{m}{6a^2}(2a-0)^3 = \dfrac{4am}{3}$ としてもよいだろう．

問題 18

xy 平面での図形
$$S = \{u, (2\sin u - 1)v) \mid 0 \leqq u \leqq \frac{\pi}{2},\ 0 \leqq v \leqq u\}$$
の面積を求めよ． (名古屋大)

▶ 図形 S の縁を与える曲線は $x=u,\ y=(2\sin u-1)v$ なる 2 パラメーターで決まる．あとは，領域に留意して計算する．

解 題意より，$0 \leqq u \leqq \dfrac{\pi}{2}$，$0 \leqq u \leqq v$ で

$$\begin{cases} x = u \\ y = (2\sin u - 1)v \end{cases} \quad \therefore\quad x \neq \frac{\pi}{6}\ \text{では}\ v = \frac{x}{2\sin x - 1}$$

となる．$0 \leqq x \leqq \dfrac{\pi}{2}$ において $0 \leqq v \leqq u$ を評価する．

$0 \leqq x < \dfrac{\pi}{6}$ では
  $2\sin x - 1 < 0$ であるから $x(2\sin x - 1) \leqq y \leqq 0$ …①

$\dfrac{\pi}{6} < x \leqq \dfrac{\pi}{2}$ では
  $2\sin x - 1 > 0$ であるから $0 \leqq y \leqq x(2\sin x - 1)$ …②

そこで曲線 $y = x(2\sin x - 1)$ $(0 \leqq x \leqq \dfrac{\pi}{2})$ を概略的に描いて，①と②を考慮したものが下図である．

求める面積を A とする．

$$A = \int_0^{\frac{\pi}{6}} x(1 - 2\sin x)dx$$
$$+ \int_{\frac{\pi}{6}}^{\frac{\pi}{2}} x(2\sin x - 1)dx$$

ここで
$$-\int_0^{\frac{\pi}{6}} x\sin x\,dx = \left[x\cos x - \sin x\right]_0^{\frac{\pi}{6}} = \frac{\sqrt{3}}{12}\pi - \frac{1}{2},$$
$$\int_{\frac{\pi}{6}}^{\frac{\pi}{2}} x\sin x\,dx = \left[-x\cos x + \sin x\right]_{\frac{\pi}{6}}^{\frac{\pi}{2}} = \frac{\sqrt{3}}{12}\pi + \frac{1}{2}$$

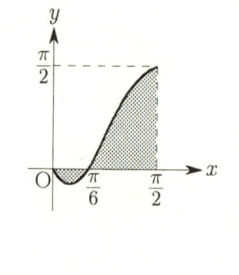

よって
$$A = \frac{\sqrt{3}}{6}\pi - 1 + \frac{1}{2}\left[x^2\right]_0^{\frac{\pi}{6}} + \frac{\sqrt{3}}{6}\pi + 1 - \frac{1}{2}\left[x^2\right]_{\frac{\pi}{6}}^{\frac{\pi}{2}}$$
$$= \left(\frac{\sqrt{3}}{3} - \frac{7}{72}\pi\right)\pi \quad \cdots \text{(答)}$$

（注）本問の場合，図形 S の特性を捉えて描くことは容易ではないので雰囲気だけのものでよい．

問題 19

a, b を正の数とする．曲線
$$y = a\sin bx \quad \left(0 \leqq x \leqq \frac{\pi}{2b}\right),$$
x 軸および直線 $x = \frac{\pi}{2b}$ で囲まれた部分を x 軸のまわりに 1 回転してできる立体の体積を V_1，y 軸のまわりに 1 回転してできる立体の体積を V_2 とする．$V_1 = V_2$ のとき，a, b の関係式を求めよ．ただし π は円周率である．
（名城大）

▶ 曲線を x 軸の回りに回転してできる体積 V_1 は易しい計算で済む．曲線を y 軸の回りに回転してできる立体の体積 V_2 も V_1 の場合と同じように力づくで計算できる．しかし，V_2 の方はもう少し上品な解答ができる．それは，丸木の体積を年輪柱側面の半径方向への積分で求めることである．

解 まず V_1 を求める．
$$V_1 = \pi\int_0^{\frac{\pi}{2b}} a^2\sin^2 bx\,dx$$
$$= \pi a^2 \int_0^{\frac{\pi}{2b}} \frac{1 - \cos 2bx}{2}dx$$

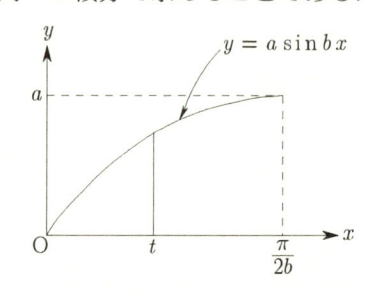

$$
\begin{aligned}
&= \frac{\pi a^2}{2}\left[x - \frac{1}{2b}\sin 2bx\right]_0^{\frac{\pi}{2b}} \\
&= \frac{\pi a^2}{2}\cdot\frac{\pi}{2b} \\
&= \frac{(\pi a)^2}{4b}
\end{aligned}
$$

次に V_2 を求める.

曲線 $y = a\sin bx$ を直線 $x = t$ で切ると，その y 座標は $a\sin bt$ である．線分 $x = t$ $(0 \leqq y \leqq a\sin bt)$ を y 軸の回りに回転してできる年輪柱側面の面積 $S(t)$ は

$$S(t) = 2\pi t \cdot a\sin bt$$

よって

$$
\begin{aligned}
V_2 &= \int_0^{\frac{\pi}{2b}} S(t)\,dt \\
&= 2\pi a\int_0^{\frac{\pi}{2b}} t\sin bt\,dt \\
&= 2\pi a\int_0^{\frac{\pi}{2b}} t\left(-\frac{1}{b}\right)(\cos bt)'dt \\
&= 2\pi a\left\{\left[-\frac{t}{b}\cos bt\right]_0^{\frac{\pi}{2b}} + \frac{1}{b}\int_0^{\frac{\pi}{2b}}\cos bt\,dt\right\} \\
&= 2\pi a\left[-\frac{t}{b}\cos bt + \frac{1}{b^2}\sin bt\right]_0^{\frac{\pi}{2b}} \\
&= \frac{2\pi a}{b^2}
\end{aligned}
$$

$V_1 = V_2$ より

$$\frac{(\pi a)^2}{4b} = \frac{2\pi a}{b^2}$$

$$\therefore \quad \pi ab = 8 \quad \cdots\text{(答)}$$

補充問題

xy 平面において，放物線 $y = x^2$ と直線 $y = x$ によって囲まれた図形を直線 $y = x$ のまわりに回転させてできる回転体の体積を求めよ． (慶応大)

(答) $\dfrac{\sqrt{2}}{60}\pi$

問題 20

パラメーター表示の曲線
$$\begin{cases} x = e^{-t}\cos t \\ y = e^{-t}\sin t \end{cases} \left(0 \leqq t \leqq \frac{\pi}{2}\right)$$
の長さを求めよ。

▶ この曲線はアルキメデスの螺線の一種で、"対数螺線"とよばれる。（アルキメデスの螺線については第7部参照。）本問は計算のみの問題。

解 求める長さを l とする。与式より
$$\frac{dx}{dt} = -e^{-t}(\cos t + \sin t),$$
$$\frac{dy}{dt} = e^{-t}(\cos t - \sin t),$$
$$\left(\frac{dx}{dt}\right)^2 = e^{-2t}(1 + \sin 2t),$$
$$\left(\frac{dy}{dt}\right)^2 = e^{-2t}(1 - \sin 2t).$$

よって
$$l = \int_0^{\frac{\pi}{2}} \sqrt{\left(\frac{dx}{dt}\right)^2 + \left(\frac{dy}{dt}\right)^2}\, dt$$
$$= \sqrt{2}\int_0^{\frac{\pi}{2}} e^{-t}\, dt$$
$$= \sqrt{2}\left[e^{-t}\right]_{\frac{\pi}{2}}^{0}$$
$$= \sqrt{2}\left(1 - e^{-\frac{\pi}{2}}\right) \quad \cdots \text{(答)}$$

(付) 曲線の粗い概形は次のようになる。

サイクロイド曲線などの長さは、三角関数の幾何的演習の部分を別として、本問と同様の計算で済むので、各自、教科書などで学習されたい。

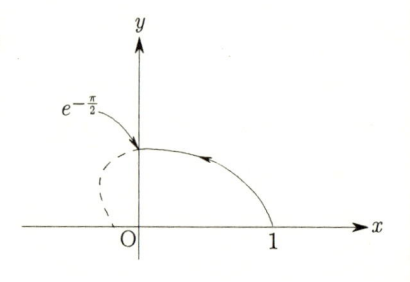

問題 21

地点 A を出発し，ちょうど中間の地点 B を経由して目的地点 C までを走破することにした．地点 A から地点 B までは出発 t 時間後の速度が $v_1 = |6t - 6|$ (km/時) で 3 時間かかり，地点 B から C までは，B 地点出発 t 時間後の速度 $v_2 = \dfrac{12}{5}(5 - 2t)$ (km/時) で走行したとする．

（1）AB 間の距離はいくらか．
（2）B から C までの所要時間はいくらか．
（3）A から C までの全体の平均速度はいくらか．
（4）AB 間で一度停止してから C までの間では平均速度はいくらか．

(明治大・文系（改）◇)

▶ （1）$\displaystyle\int_0^3 |6t - 6| dt$ の計算をするのみ．（2）$v_2 = 0$ となる時間を求めるのみ．（3）受験生には概念的に難しいだろう．これは積分の平均値

$$\dfrac{\displaystyle\int_a^b f(x)dx}{b - a}$$

のことで，いまの場合では

$$\dfrac{\displaystyle\int_0^{\frac{11}{2}} v\, dt}{\dfrac{11}{2} - 0} \quad (v \text{ は } 0 \leqq t \leqq \dfrac{11}{2} \text{ での } t \text{ の関数})$$

となる（$t = \dfrac{11}{2}$ は A を出発してから C に到るまでの所要時間である；点 C では停止すると仮定する．）（4）は（3）と同様に解ける．

解 全行程 (A → C) における tv 図は右のようになる．

（1）AB 間の距離は

$\displaystyle\int_0^3 |6t - 6| dt$
$= 6\displaystyle\int_0^1 (1 - t) dt + 6\displaystyle\int_1^3 (t - 1) dt$
$= 6\left[t - \dfrac{t^2}{2}\right]_0^1 + 6\left[\dfrac{t^2}{2} - t\right]_1^3$

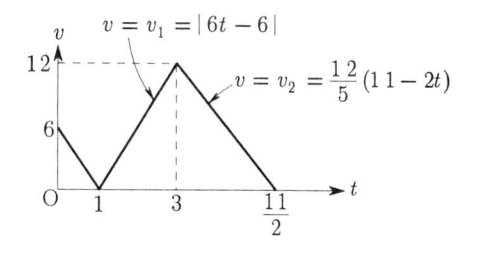

$$= 15 \text{ (km)} \quad \cdots \textbf{(答)}$$

（なお，tv 座標軸と $0 \leqq t \leqq 3$ までのグラフで囲まれた部分の面積を求めてもよい．その方がずっと速い．）

（2） B から C までの所要時間は
$$5 - 2t = 0 \quad (\text{点 C で停止すると仮定})$$
$$\therefore \quad \frac{5}{2} \text{ (時間)} \quad \cdots \textbf{(答)}$$

（3）（点 C に到ったとき，停止すると仮定して） AC 間の距離は tv 座標軸とグラフで囲まれた部分の面積である．それは
$$\frac{1}{2}\left(1 \times 6 + 2 \times 12 + \frac{5}{2} \times 12\right)$$
$$= 30$$
よって求める平均速度の大きさは
$$\frac{30}{11/2} = \frac{60}{11} \text{ (km/時)} \quad \cdots \textbf{(答)}$$

（4）（3）と同様に
$$\frac{\frac{1}{2} \times \left(\frac{11}{2} - 1\right) \times 12}{\frac{11}{2} - 1} = 6 \text{ (km/時)} \quad \cdots \textbf{(答)}$$

(付) 本問では"点 C に到ったとき，停止する"のかどうか不明である（$v_2 = \frac{12}{5}(5 - 2t) = 0$ になる前に点 C を走破したともみれる）．このような場合，自分がどのような立場で問題を解いたのか明示しなくてはならない．

（しかし，本問は，原出題がマークシート方式であるので，最も大切な考え方は，全然，評価されない．数学の答案の採点を，単に結果処理の為に，コンピューターという機械にやらせることは試験制度の堕落というものであろう．もう少し，若い人達の将来を真剣に考えるべきであるのだが，…．）

§2. 積分

・基本事項 [6] ・

区分求積法

xy 座標平面での連続曲線 $y=f(x)$ の区間 $a \leqq x \leqq b$ における面積 S を，その部分を微小長方形分割して，長方形の底辺の長さ $\Delta x = \dfrac{b-a}{n}$ （n は自然数）を 0 に近づけることによって求めるという代数解析的一手法を区分求積法とよび，次式で表される：

$$S = \lim_{n \to \infty} \frac{b-a}{n} \sum_{k=1}^{n} f\left(a + \frac{b-a}{n} k\right) = \int_a^b f(x)\,dx$$

（例）m を正の数とする．
$$\lim_{n \to \infty} \frac{1}{n} \sum_{k=1}^{2n} \left(1 + \frac{k}{n}\right)^m = \int_0^2 (1+x)^m\,dx = \frac{3^{m+1} - 1}{m+1}$$

問題 22

自然数 n に対して
$$x^{n(n+1)} = \left(1+\frac{1}{n}\right)\left(1+\frac{2}{n}\right)^2 \left(1+\frac{3}{n}\right)^3 \cdots \left(1+\frac{n}{n}\right)^n$$
となる正の数 x を a_n とおく．$\lim_{n \to \infty} a_n$ を求めよ．

（群馬大・医 ◇）

▶ 与式両辺の log をとって区分求積法へ．

解 与式は
$$n(n+1)\log x = \sum_{k=1}^{n} k \log\left(1 + \frac{k}{n}\right)$$
と表される．すなわち
$$\log x = \frac{1}{n(n+1)} \sum_{k=1}^{n} k \log\left(1 + \frac{k}{n}\right)$$
$$= \frac{n}{n+1} \cdot \frac{1}{n} \sum_{k=1}^{n} \frac{k}{n} \log\left(1 + \frac{k}{n}\right)$$

$x = a_n$ であるから，

$$\lim_{n\to\infty} \log a_n = \left(\lim_{n\to\infty} \frac{n}{n+1}\right)\left\{\lim_{n\to\infty} \frac{1}{n}\sum_{k=1}^{n} \frac{k}{n}\log\left(1+\frac{k}{n}\right)\right\}$$

$$= \int_0^1 x\log(1+x)\,dx$$

$$= \int_0^1 (1+x-1)\log(1+x)\,dx$$

$$= \int_0^1 (1+x)\log(1+x)\,dx - \int_0^1 \log(1+x)\,dx$$

ここで

$$\int_0^1 (1+x)\log(1+x)\,dx$$

$$= \frac{1}{2}\int_0^1 \{(1+x)^2\}'\log(1+x)\,dx$$

$$= \frac{1}{2}\left[(1+x)^2\log(1+x)\right]_0^1 - \frac{1}{2}\int_0^1 (1+x)\,dx$$

$$= \frac{1}{2}\times 4\log 2 - \frac{1}{4}\left[(1+x)^2\right]_0^1$$

$$= \log 4 - \frac{3}{4},$$

$$\int_0^1 \log(1+x)\,dx = \log 4 - 1$$

であるから,

$$\lim_{n\to\infty} \log a_n = \frac{1}{4}$$

$$\therefore\ \lim_{n\to\infty} a_n = e^{\frac{1}{4}} \quad \cdots\text{(答)}$$

(付) 厳密にいうと，上の極限は，$\log x$ の連続性に依拠しているのだが，$\boxed{\text{解}}$ でのように答えておいてよろしい．

§2. 積分   379

問題 23

n は正の整数とする．円 $x^2+y^2-2y=0$ の中心を C とおく．$k=0, 1, 2, \cdots, n$ に対して，点 $A_k\left(\dfrac{k}{n}, 0\right)$ をとり，$\alpha_k = \angle A_k CO$ とする．$\theta_k = \alpha_k - \alpha_{k-1} = \angle A_{k-1}CA_k$ $(k=1, 2, \cdots, n)$ と定めるとき，

(1) $\dfrac{1}{2}\displaystyle\sum_{k=1}^{n}\sin\theta_k < \dfrac{\pi}{8} < \dfrac{1}{2}\sum_{k=1}^{n}\tan\theta_k$
を示せ．

(2) $k=1, 2, \cdots, n$ に対して，次の2つの不等式を示せ．
$$\dfrac{1}{n}\cdot\dfrac{1}{1+\left(\dfrac{k}{n}\right)^2} < \sin\theta_k,$$
$$\tan\theta_k < \dfrac{1}{n}\cdot\dfrac{1}{1+\left(\dfrac{k-1}{n}\right)^2}$$

(3) 上の結果を用いて，$\displaystyle\int_0^1 \dfrac{1}{1+x^2}\,dx$ を求めよ．

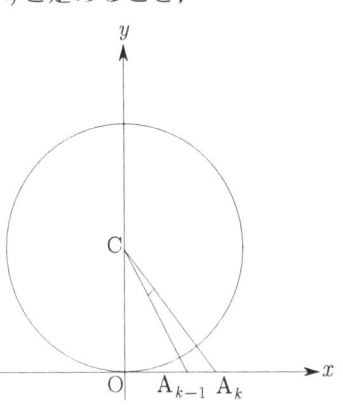

（京都府医大 ♦）

▶ なかなか工夫された素直な問題で，入試問題として申し分のない良問である．（1）は問題図と結論から扇形の面積などの大小比較だと洞察できれば，立派．（2）は，直接，（1）とは関係なさそうであり，$\theta_k = \alpha_k - \alpha_{k-1}$ なのだから，加法定理の利用となろう．（3）は（1）と（2）の不等式の利用というところか．

解 問題の図を誇張的に描いておく．

(1) 図において
$\triangle CB_{k-1}B_k < $ 扇形$CB_{k-1}B_k < \triangle CB_{k-1}D_k$
であるから，
$\dfrac{1}{2}\times 1^2 \times \sin\theta_k < \dfrac{1}{2}\times 1^2 \times \theta_k$
$< \dfrac{1}{2}\times 1^2 \times \tan\theta_k$

よって

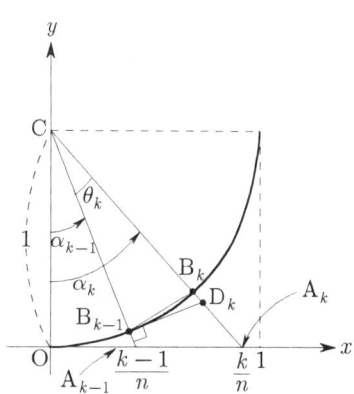

$$\frac{1}{2}\sum_{k=1}^{n}\sin\theta_k < \frac{1}{2}\sum_{k=1}^{n}\theta_k = \frac{1}{2}\times\frac{\pi}{4} < \frac{1}{2}\sum_{k=1}^{n}\tan\theta_k \quad \blacktriangleleft$$

（2） $\theta_k = \alpha_k - \alpha_{k-1}$ であるから，sine に関する加法定理により

$$\sin\theta_k = \sin\alpha_k \cos\alpha_{k-1} - \cos\alpha_k \sin\alpha_{k-1}$$

$$= \frac{\mathrm{OA}_k}{\mathrm{CA}_k}\cdot\frac{\mathrm{CO}}{\mathrm{CA}_{k-1}} - \frac{\mathrm{CO}}{\mathrm{CA}_k}\cdot\frac{\mathrm{OA}_{k-1}}{\mathrm{CA}_{k-1}}$$

$$= \frac{\frac{k}{n}}{\sqrt{1+\left(\frac{k}{n}\right)^2}}\cdot\frac{1}{\sqrt{1+\left(\frac{k-1}{n}\right)^2}} - \frac{1}{\sqrt{1+\left(\frac{k}{n}\right)^2}}\cdot\frac{\frac{k-1}{n}}{\sqrt{1+\left(\frac{k-1}{n}\right)^2}}$$

$$= \frac{\frac{1}{n}}{\sqrt{1+\left(\frac{k}{n}\right)^2}\cdot\sqrt{1+\left(\frac{k-1}{n}\right)^2}} > \frac{\frac{1}{n}}{\sqrt{1+\left(\frac{k}{n}\right)^2}^2} = \frac{1}{n}\cdot\frac{1}{1+\left(\frac{k}{n}\right)^2} \quad\cdots\text{①}$$

また tangent に関する加法定理により

$$\tan\theta_k = \frac{\tan\alpha_k - \tan\alpha_{k-1}}{1+\tan\alpha_k\cdot\tan\alpha_{k-1}}$$

$$= \frac{\frac{k}{n}-\frac{k-1}{n}}{1+\frac{k}{n}\cdot\frac{k-1}{n}}$$

$$= \frac{1}{n}\cdot\frac{1}{1+\frac{k}{n}\cdot\frac{k-1}{n}} < \frac{1}{n}\cdot\frac{1}{1+\left(\frac{k-1}{n}\right)^2} \quad\cdots\text{②}$$

以上の①，②が示すべき不等式である． ◀

（3）（1），（2）により

$$\sum_{k=1}^{n}\frac{1}{n}\cdot\frac{1}{1+\left(\frac{k}{n}\right)^2} < \sum_{k=1}^{n}\sin\theta_k$$

$$< \frac{\pi}{4}$$

$$< \sum_{k=1}^{n}\tan\theta_k$$

$$< \sum_{k=1}^{n}\frac{1}{n}\cdot\frac{1}{1+\left(\frac{k-1}{n}\right)^2}$$

$$= \sum_{k=0}^{n-1}\frac{1}{n}\cdot\frac{1}{1+\left(\frac{k}{n}\right)^2}$$

$n\to\infty$ とすると，区分求積法の定義より

§2. 積分

$$\int_0^1 \frac{1}{1+x^2}dx \leqq \frac{\pi}{4} \leqq \int_0^1 \frac{1}{1+x^2}dx$$
$$\therefore \quad \int_0^1 \frac{1}{1+x^2}dx = \frac{\pi}{4} \quad \cdots \text{(答)}$$

(付)（2）での $\sin\theta_k$ の不等式では正弦定理の利用も可．（各自，演習．）

問題 24

（1）極限値 $\displaystyle\lim_{n\to\infty}\sum_{k=n}^{mn}\frac{1}{k}$ を求めよ．（ただし，m は 2 以上のある自然数とする．）

（2）任意の正の数 a に対して $\displaystyle\lim_{n\to\infty}\sum_{k=n}^{mn}\frac{1}{a+k}$ は（1）と同じ極限値をもつことを示せ．

（東京工大（改）◇）

▶（1）を解けないようでは困る．区分求積法でも曲線 $y=\frac{1}{x}$ を描いても解けるから．（2）では，$\frac{1}{a+k}<\frac{1}{k}$ であり，そして $n\leqq k\leqq mn$ においては

$$\frac{1}{a+k}=\frac{n}{n(a+k)}=\frac{n}{na+nk}$$
$$\geqq \frac{n}{ka+nk}=\frac{n}{k(a+n)}$$

（因数 $\frac{1}{k}$ を引き出すのが狙い．）

となるから，はさみ込み

$$\frac{n}{k(a+n)}\leqq \frac{1}{a+k}<\frac{1}{k}$$

がつくれる．（解答には，このようなことをくどくどと記すには及ばない．）

解　（1）

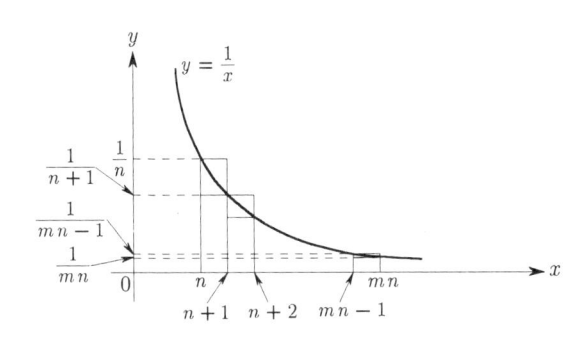

図より
$$\frac{1}{n+1} + \frac{1}{n+2} + \cdots + \frac{1}{mn} < \int_n^{mn} \frac{1}{x}\,dx < \frac{1}{n} + \frac{1}{n+1} + \cdots + \frac{1}{mn-1},$$
$$\int_n^{mn} \frac{1}{x}\,dx = \log(mn) - \log n = \log m$$

以上から
$$\frac{1}{mn} + \log m < \frac{1}{n} + \frac{1}{n+1} + \cdots + \frac{1}{mn} < \frac{1}{n} + \log m$$
$$\therefore \lim_{n\to\infty} \sum_{k=n}^{mn} \frac{1}{k} = \log m \quad \cdots \text{(答)}$$

(2) $\dfrac{n}{k(a+n)} \leqq \dfrac{1}{a+k}$ ($n \leqq k \leqq mn$) が成立するから,
$$\frac{n}{a+n} \sum_{k=n}^{mn} \frac{1}{k} \leqq \sum_{k=n}^{mn} \frac{1}{a+k} < \sum_{k=n}^{mn} \frac{1}{k}$$

(1)の結果,そしてはさみうちの原理により
$$\lim_{n\to\infty} \sum_{k=n}^{mn} \frac{1}{a+k} = \log m$$
(これは(1)の極限値と同じ値である)

よって題意は示された. ◀

(付) 本問(2)は,▶と 解 を見れば,「そうか.」と思うだろうが独力ではどうであったかな? 東工大らしい出題で,合否に大きく影響したところであろう.

なお,原出題は $m=2$ の場合になっている.この際,(1)は次のように解くのが速い:
$$\lim_{n\to\infty} \sum_{k=n}^{2n} \frac{1}{k}$$
$$= \lim_{n\to\infty} \left(\sum_{k=0}^{n-1} \frac{1}{n+k} + \frac{1}{2n} \right)$$
$$= \int_0^1 \frac{1}{1+x}\,dx = [\log(1+x)]_0^1$$
$$= \log 2 \quad \cdots \text{(答)}$$

それでは,本問にあるように,(1)を,一般の m の場合で,区分求積法を用いて,解いてみよ.(各自,演習.)

問題 25

n を正の整数，$\log$ を自然対数とする．

（1）次の不等式を証明せよ．
$$\frac{1}{n+1} < \log(n+1) - \log n < \frac{1}{n}$$

（2）$n \geq 2$ のとき次の不等式を証明せよ．
$$\log(n+1) < 1 + \frac{1}{2} + \frac{1}{3} + \cdots + \frac{1}{n} < 1 + \log n$$

（3）$x_1 = 1$, $x_n = \dfrac{x_{n-1}}{\sqrt{1 + \dfrac{x_{n-1}^2}{n}}}$ $(n \geq 2)$ によって数列 $\{x_n\}$ を定義する．

$y_n = \dfrac{1}{x_n^2}$ とおいて y_n と y_{n-1} の関係式を求めよ．

（4）$\displaystyle\lim_{n \to \infty} x_n^2 \log n$ を求めよ．

（滋賀医大 ◇）

▶ （1）は $\int \frac{1}{x} dx = \log x + C$ であるから，曲線 $y = \frac{1}{x}$ を想定すればよい．（2）は（1）を用いて Σ 計算するのみ．（3）は2乗すると，もう見えるだろう．（4）ははさみうちの原理を用いるようだから，（2）の利用ということであろう．（3）と（4）は斬新的なので，実力差は，はっきり現れたことであろう．

解 （1）$y = \frac{1}{x}$ $(x > 0)$ は単調減少関数であるから，$n \leq x \leq n+1$ において
$$\int_n^{n+1} \frac{1}{n+1} dx < \int_n^{n+1} \frac{1}{x} dx < \int_n^{n+1} \frac{1}{n} dx$$
$$\therefore \quad \frac{1}{n+1} < \log(n+1) - \log n < \frac{1}{n} \quad \blacktriangleleft$$

（2）（1）における左側の不等式により
$$\sum_{k=1}^{n-1} \frac{1}{k+1} < \sum_{k=1}^{n-1} \{\log(k+1) - \log k\}$$
$$\therefore \quad 1 + \frac{1}{2} + \cdots + \frac{1}{n} < 1 + \log n \quad \cdots ①$$
（1）における右側の不等式により
$$\sum_{k=1}^{n} \{\log(k+1) - \log k\} < \sum_{k=1}^{n} \frac{1}{k}$$

$$\therefore \quad \log(n+1) < 1 + \frac{1}{2} + \cdots + \frac{1}{n} \quad \cdots ②$$

①,②は示すべき不等式そのものである． ◄

(3) 与漸化式の両辺を2乗すると,
$$x_n^2 = \frac{x_{n-1}^2}{1 + \frac{x_{n-1}^2}{n}}$$

$\{x_n\}$ の作り方から，つねに $x_n \neq 0$ であり，$y_n = \frac{1}{x_n^2}$ より

$$\begin{cases} y_1 = 1 \\ y_n = y_{n-1} + \frac{1}{n} \ (n \geq 2) \end{cases} \quad \cdots \text{(答)}$$

(4) (3)の結果より
$$y_n = 1 + \frac{1}{2} + \cdots + \frac{1}{n}$$
$$= \frac{1}{x_n^2} \quad \cdots ③$$

よって(2)での不等式により
$$\log(n+1) < \frac{1}{x_n^2} < 1 + \log n$$

よって
$$1 - x_n^2 < x_n^2 \log n < x_n^2 \log(n+1) < 1 \quad \cdots ④$$

ところで，(2)での②式より $n \to \infty$ では $1 + \frac{1}{2} + \cdots + \frac{1}{n} \to \infty$ なので，(4)での③式より $\lim_{n \to \infty} x_n^2 = 0$ である．それ故，④式に対して，はさみうちの原理を用いて

$$\lim_{n \to \infty} x_n^2 \log n = 1 \quad \cdots \text{(答)}$$

いささか発展的ではあるが，簡単に微分方程式の初歩を指導しておく．

・・基本事項［7］・・
微分方程式

ある区間で微分可能な関数 $f(x)$ や $f'(x)$ に関する方程式を微分方程式という．

例えば，
$$f(0) = 1 \quad (初期条件という)$$
$$f'(x) = f(x) \ (-\infty < x < \infty)$$
は $f(x)$ の微分方程式である．この解は次のようにして求められる：

$f(x)$ は定数 0 ではないので，
$$\frac{f'(x)}{f(x)} = 1$$
よって
$$\int \frac{f'(x)}{f(x)} dx = \int dx$$
$$\longleftrightarrow \log|f(x)| = x + c_0 \quad (c_0 は積分定数)$$
$$\therefore \quad |f(x)| = e^{c_0 + x}$$
$$\therefore \quad f(x) = Ce^x \quad (C = \pm e^{c_0} とした)$$
$f(0) = 1 = C$ より
$$f(x) = e^x \quad (これが解である)$$

方程式が積分形で与えられる場合もある．
例えば，
$$f(x) = \int_0^x f(t)dt + 1$$
はその1例である．この際，右辺は微分可能であるから，左辺もそうであるので
$$f(0) = 1,$$
$$f'(x) = f(x)$$
となる．$f(x)$ は，勿論，上述の e^x である．

問題 26

第1象限内の曲線 $C : y = f(x)$ $(x > 1)$ は点 $A(\sqrt{2}, 1)$ を通り,かつ C 上の任意の点 $P(x, y)$ での接線が x 軸と交わる点を $Q(q, 0)$ とするとき,$qx = 1$ であるという.このとき,以下の問いに答えよ.

(1) $y = f(x)$ のみたす微分方程式を求めよ.
(2) (1) の微分方程式を解き,曲線 C を図示せよ.
(3) $\log |x + \sqrt{x^2 + a}|$ の導関数を求めよ.ただし,a は定数で $a \neq 0$ である.
(4) 不定積分 $I = \int \sqrt{x^2 + a}\, dx$ を部分積分法を用いて解け.
(5) 原点 O と点 A を結ぶ線分 OA,x 軸および曲線 C で囲まれる部分の面積 S を求めよ.

(同志社大 ♦)

▶ (3), (4) は (1), (2) と独立である.全体的に無理のない出題なので,実力さえあれば,完答は難しくないだろう.

解 (1) C 上の点 $(t, f(t))$ での接線の方程式は
$$y = f'(t)(x - t) + f(t)$$
$y = 0$ のとき $x = q$ というから,
$$q = \frac{tf'(t) - f(t)}{f'(t)}$$
$qt = 1$ ということより
$$\frac{1}{t} = \frac{tf'(t) - f(t)}{f'(t)}$$
求める微分方程式は
$$(1 - t^2)f'(t) = -tf(t)$$
$$\therefore \quad (1 - x^2)f'(x) = -xf(x) \quad \cdots \text{(答)}$$

(2) $f(x)$ は点 $A(\sqrt{2}, 1)$ を通るので,$f(x)$ は定数 0 ではない.$x > 1$ に注意して
$$\int \frac{f'(x)}{f(x)}\, dx = \int \frac{x}{x^2 - 1}\, dx$$

§2. 積分

$$\longleftrightarrow \log|f(x)| = \tfrac{1}{2}\log\{c_0(x^2-1)\}$$

（c_0 は積分定数）

$$\therefore \quad f(x) = C'\sqrt{x^2-1}$$

（C' は定数）

曲線は A$(\sqrt{2},\ 1)$ を通るから

$$1 = C'$$
$$\therefore \quad f(x) = \sqrt{x^2-1} \quad (x>1) \quad \cdots \text{(答)}$$

（図は（5）の所を参照．）

（3） $(\log|x+\sqrt{x^2+a}|)'$

$$= \frac{1+\dfrac{x}{\sqrt{x^2+a}}}{x+\sqrt{x^2+a}}$$

$$= \frac{1}{\sqrt{x^2+a}} \quad \cdots \text{(答)}$$

（4） $\displaystyle I = \int (x)'\sqrt{x^2+a}\,dx$

$$= x\sqrt{x^2+a} - \int \frac{x^2}{\sqrt{x^2+a}}\,dx$$

$$= x\sqrt{x^2+a} - \int \sqrt{x^2+a}\,dx + a\int \frac{1}{\sqrt{x^2+a}}dx$$

$$= x\sqrt{x^2+a} - I + a\log|x+\sqrt{x^2+a}| + c$$

（c は積分定数）

（ここで（3）の結果を用いた）

よって

$$I = \tfrac{1}{2}x\sqrt{x^2+a} + \tfrac{a}{2}\log|x+\sqrt{x^2+a}| + c \quad \cdots \text{(答)}$$

（5）（1）の結果より

$$C: y = \sqrt{x^2-1} \quad (x>1)$$

（これは（4）の被積分関数において $a=-1$ としたもの．）

一方，線分 OA の方程式は

$$\text{OA}: y = \frac{1}{\sqrt{2}}x$$

$1 < x \leqq \sqrt{2}$ における $\dfrac{1}{\sqrt{2}}x$ と $\sqrt{x^2-1}$ の大小を調べる：

$$\left(\frac{1}{\sqrt{2}}x\right)^2 - (x^2-1)$$
$$= 1 - \frac{x^2}{2} \geqq 0 \ (1 < x \leqq \sqrt{2})$$

よって求める面積は図の斜線部分である.

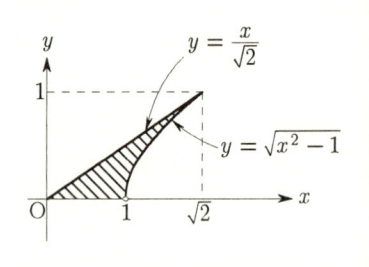

$$S = \frac{1}{2} \times \sqrt{2} \times 1 - \int_1^{\sqrt{2}} \sqrt{x^2-1}\,dx$$
$$= \frac{\sqrt{2}}{2} - \left[\frac{x}{2}\sqrt{x^2-1} - \frac{1}{2}\log|x+\sqrt{x^2-1}|\right]_1^{\sqrt{2}}$$
$$(\because (4) の結果を用いた)$$
$$= \frac{1}{2}\log(\sqrt{2}+1) \quad \cdots \textbf{(答)}$$

問題 27

半径が r の円筒形の容器 V が軸を垂直にして置かれており,V の上面からは水が流入し,V の底面からは水が流出しているとする.その流入速度は一定値 a であるが流出速度は V にたまった水の深さに比例(比例定数 b) しているものとする.

(1) 時刻 t における水の深さを $f(t)$ とするとき,t の関数 $f(t)$ はいかなる微分方程式を満たすか.

(2) $f(0)=0$ としたとき,水が V の上面からあふれださないためには,V の高さがどれぐらいあればよいか.

(九州大・工 ♦)

▶ 流入速度とは単位時間内に注ぎ込まれる水の量のことである.

解　(1) 流入速度は a, 流出速度は水深 $f(t)$ に比例し,その比例定数が b であるというから,時刻 t から $t+\Delta t$ の間での体積変化は

$$\pi r^2 \cdot \Delta f(t) = a\Delta t - bf(t)\Delta t$$

よって

$$\pi r^2 \frac{\Delta f(t)}{\Delta t} = a - bf(t)$$

$\Delta t \to 0$ とすると, $\Delta f(t) \to 0$ であるから,

§2. 積分

$$\pi r^2 \frac{df(t)}{dt} = a - bf(t) \quad \cdots \textbf{(答)}$$

（2） $f(t)$ は一定値ではないから，（1）の結果より

$$\pi r^2 \int \frac{f'(t)}{a - bf(t)} \, dt = \int dt$$

$$\longleftrightarrow -\frac{\pi r^2}{b} \log|a - bf(t)| = t + c_0$$

（c_0 は積分定数）

$$\longleftrightarrow a - bf(t) = Ce^{-\frac{b}{\pi r^2}t}$$

（C は定数）

$f(0) = 0$ より $C = a$

$$\therefore \quad f(t) = \frac{a}{b}\left(1 - e^{-\frac{b}{\pi r^2}t}\right)$$

$Y = f(t)$ のグラフを描いてみると右のようになる．よって V の高さ h は次の条件を満たせばよい：

$$h \geqq \frac{a}{b} \quad \cdots \textbf{(答)}$$

（付） 単純な自然現象には，このような簡単極まりない微分方程式に従うものが実に多い．

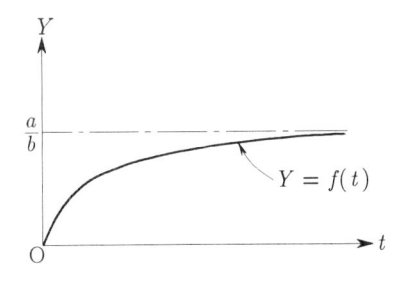

長らくお疲れ様．

第 7 部

初等幾何
および
図形と方程式

幾何は歴史的にも非常に古く，それだけに内容の豊富な世界である．この世界では，数学の全分野が結集され，さらに直観力が相当にものをいう．

入試で対象となる幾何は日常感覚的平面や空間内におかれた図形の考察である．その際，適当な数座標軸を設けることによって物事が見やすくなり，評価しやすくなることも多い．

さらに進んで，一方では微積分法の強大な威力を借りて，図形などの様々な変量やその曲線図形の性質などを調べることができる．他方では幾何的対象となった代数曲線の分類などもできる．とにかく，非常にバラエティーに富んだ分野である．

それでは，まずは，そのような幾何の序章の世界へと入って，いくつかの問題に当たってみよう．

§1. 初等幾何

この節での内容は古典幾何というより古代幾何とでもいうべきものである．（ユークリッド原本程度のものでもコンピュータープログラミングよりは格段難しい．）初等幾何の問題は，結構，複雑であり，著名な定理などを知っておかないとなかなか解けない．ここではよく使われる定理（中学生レベルのものも導入してある）などを駆け足的に復習し，それから問題に挑戦してみる．

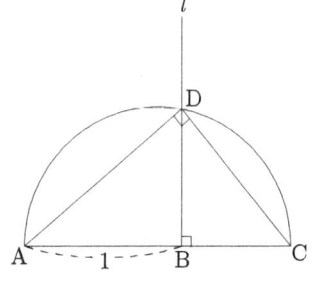

まずは平面幾何の内容から.

・基本事項 [1]・
作図

作図の公法（公準）
原則として，定木とコンパスしか，勿論，有限回しか使用できない.
㋐　任意の2点を通る直線が引ける.
㋑　任意の点を中心として，どんな半径の円も描ける.
　（上記の手法によって作図不能な問題で，ギリシャ時代の三大問題は有名である.）

それでは古くからある作図問題を2題ほど扱ってみる.

問題1

3点 A, B, C がこの順に一直線上に並んでいて，AB = 1 とする. B を通り直線 AC に直交する直線 l が与えられているとき，
$$BD^2 = BC$$
をみたす l 上の点 D を作図する方法をその理由とともに述べよ.

（熊本大 ◊）

▶　$BD^2 = BC$ とは $BC : BD = BD : 1$ のことであるから，相似直角三角形の比に帰着される.

解　　$BD^2 = BC$
　　　$\iff BC : BD = BD : 1$
すなわち，2つの直角三角形 △ABD（∠B = 90°）と △DBC（∠B = 90°）によってつくられる三角形 ACD が ∠CDA = 90° なる直角三角形 △ACD になるように点 D

はある．この点 D を作図するには，線分 $AC(= AB+BC)$ を直径とする円を描いてその円弧が l と交わる点を D ととればよい（上図参照）．

問題2

長さ 1, a, b の線分が与えられているとき，次の問いに答えよ．
(1) a^2 の長さをもつ線分を作図する方法を説明せよ．
(2) $\sqrt{b}$ の長さをもつ線分を作図する方法を説明せよ．
(3) $x^2 - 2ax - b = 0$ の正の解の長さをもつ線分を作図する方法を説明せよ．　　　　　　　　　　　（岩手大・教 ◊）

▶ (1) は前問と同様のものである．(2) は (1) を利用する．(3) は (2) を利用する．

解　(1) 長さ 1, a の線分が垂直になるように連結し，連結点を C，長さ 1, a の線分のそれぞれの端点を A, A' とする．線分 AC の延長線を（AC を含めて）l とし，l 上に中心をもち，そして 2 点 A, A' を通る円を描いてその円弧が（点 A 以外で）l と交わる点をとれば，点 C からその点までの距離が a^2 になる．

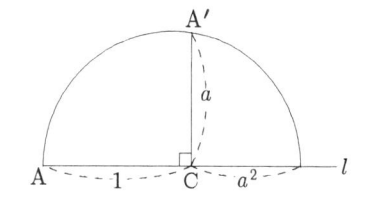

(2) (1) を利用すればよい．長さ 1, b の線分を水平にて連結し，その連結点を D，長さ 1, b の線分のそれぞれの端点を B, B' とする．そして点 D から線分 BB' に垂直な半直線 g を引く．それから BB' を直径とする円を描くと，その円と g の交点が決まる．点 D からその点までの距離が $\sqrt{b}$ を与える．

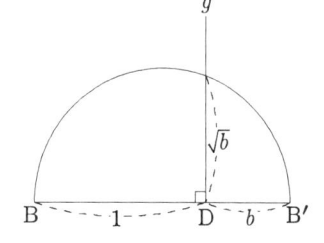

(3) まず問題の 2 次方程式の解は $x = a + \sqrt{a^2 + b}$ である．(2) より長さ $\sqrt{b}$ の線分を入手してあるので，

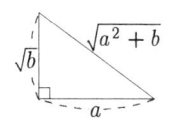

それと長さ a の線分を垂直に連結すれば，長さ $\sqrt{a^2+b}$ の線分を得る．そして $\sqrt{a^2+b}$ の線分に長さ a の線分を水平に連結すればよい．

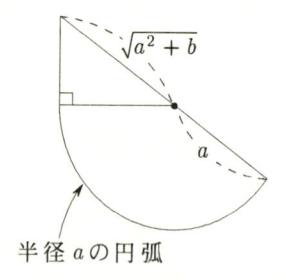

以下ではよく用いる初等幾何に関する諸定理をまとめておく．

・基本事項［２］・

三角形の平面幾何

❶ **メネラウスの定理**

　△ABC の辺 BC の延長点を D とし，点 D から辺 BC を通るように直線を引いたとき，それが辺 BC，AB と交わる点をそれぞれ E, F とすれば，
$$\frac{AD}{DC} \cdot \frac{CE}{EB} \cdot \frac{BF}{FA} = 1$$
である．（有向線分の長さの比とみて，右辺を -1 にする場合もある．）

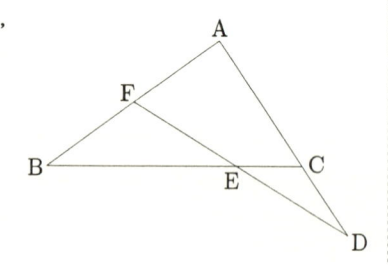

❷ **チェバの定理**

　△ABC とある点 P があって，AP, BP, CP またはそれらの延長線がそれぞれ辺 BC，CA，AB またはそれらの延長線と交わる点を D, E, F とすれば
$$\frac{BD}{DC} \cdot \frac{CE}{EA} \cdot \frac{AF}{FB} = 1$$
である．

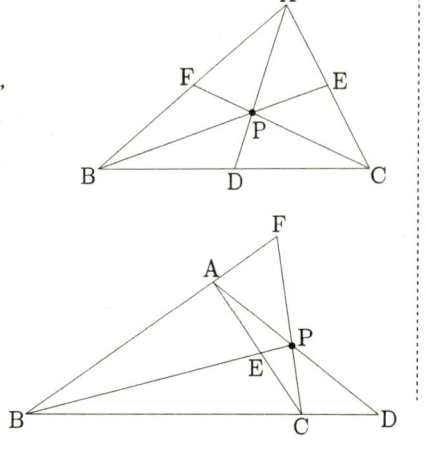

❸ パップスの定理

△ABC の辺 BC の中点を M とすれば，
$$AB^2 + AC^2 = 2(AM^2 + BM^2)$$
である．

（注意）パップスの定理の逆は成立しない．

・**基本事項［３］**・

円とその弦

❶ 接弦の定理

図のように△ABC が円に内接しているとき，点 A における円の接線と弦 AB のなす角 θ は△ABC の∠C に等しい．

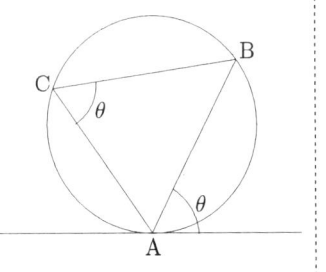

❷ 方べきの定理

図のように定円の 2 つの弦 AB, CD またはそれらの延長線の交点を P とすれば，
$$PA \cdot PB = PC \cdot PD$$
が成立する．

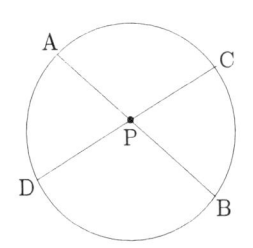

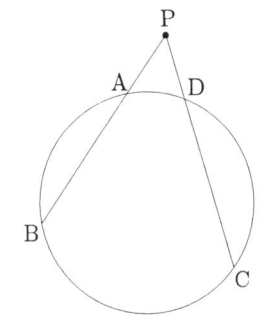

〈❷の系〉

図のように定円（半径 r）の弦 AB の延長線と円周上の点 C での接線との交点を P とすれば，
$$PA \cdot PB = PO^2 - r^2 = PC^2$$
が成立する．

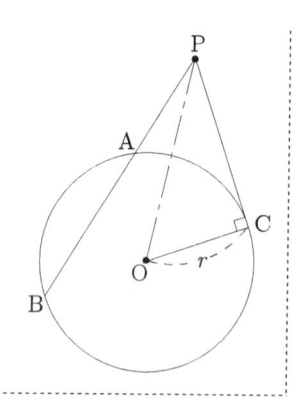

これらの定理の証明を示すことは，少々，進んだ中学生にもできるので，ここではやらない．

問題 3

△ABC とその内部の点 P に対し，直線 AP と直線 BC との交点を D とし，直線 BP と直線 AC との交点を E とする．点 D が線分 BC を 1:2 に内分し，
$$\frac{\triangle ABC}{\triangle ABP} = \frac{11}{3}$$
であるとき，$\dfrac{CE}{EA}$ の値を求めよ． （信州大 ◇）

▶ メネラウス，チェバの定理を使うか面積比を"フル"に評価するかだろう．

解 1　図において線分 CP の延長線が辺 AB と交わる点を F とする．

仮定より
$$\frac{\triangle ABC}{\triangle ABP} = \frac{CF}{PF} = \frac{11}{3} \quad (CF = CP + PF)$$

よって
$$1 + \frac{CP}{PF} = \frac{11}{3} \quad \therefore \quad \frac{CP}{PF} = \frac{8}{3} \quad \cdots ①$$

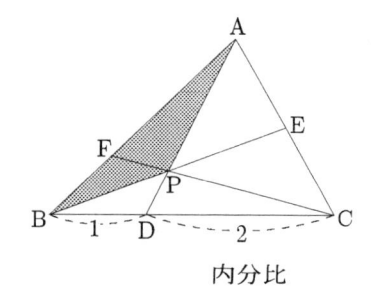

内分比

§1. 初等幾何

メネラウスの定理により
$$\frac{\mathrm{BA}}{\mathrm{AF}} \cdot \frac{\mathrm{FP}}{\mathrm{PC}} \cdot \frac{\mathrm{CD}}{\mathrm{DB}} = \frac{\mathrm{BA}}{\mathrm{AF}} \times \frac{3}{8} \times 2 \quad (\because \text{①より})$$
$$= 1$$
$$\therefore \quad \frac{\mathrm{BA}}{\mathrm{AF}} = 1 + \frac{\mathrm{BF}}{\mathrm{AF}} = \frac{4}{3} \qquad \therefore \quad \frac{\mathrm{AF}}{\mathrm{FB}} = 3$$

チェバの定理により
$$\frac{\mathrm{AF}}{\mathrm{FB}} \cdot \frac{\mathrm{BD}}{\mathrm{DC}} \cdot \frac{\mathrm{CE}}{\mathrm{EA}} = 3 \times \frac{1}{2} \times \frac{\mathrm{CE}}{\mathrm{EA}} = 1$$
$$\therefore \quad \frac{\mathrm{CE}}{\mathrm{EA}} = \frac{2}{3} \quad \cdots \text{(答)}$$

解2　(**解1** での図を借用する．)
$$\triangle \mathrm{ABC} = \triangle \mathrm{PAB} + \triangle \mathrm{PBC} + \triangle \mathrm{PCA}$$
$$= \triangle \mathrm{PAB}\left(1 + \frac{\triangle \mathrm{PBC}}{\triangle \mathrm{PAB}} + \frac{\triangle \mathrm{PCA}}{\triangle \mathrm{PAB}}\right)$$
$$= \triangle \mathrm{PAB}\left(1 + \frac{\mathrm{CE}}{\mathrm{EA}} + \frac{\mathrm{DC}}{\mathrm{BD}}\right)$$

仮定より
$$\frac{\triangle \mathrm{ABC}}{\triangle \mathrm{PAB}} = \frac{11}{3} = \left(1 + \frac{\mathrm{CE}}{\mathrm{EA}} + 2\right)$$
$$\therefore \quad \frac{\mathrm{CE}}{\mathrm{EA}} = \frac{2}{3} \quad \cdots \text{(答)}$$

(付) 本問はベクトルを用いても解ける．少し遠回りになるだろうが，**解1** よりは楽である．$\dfrac{\mathrm{FC}}{\mathrm{FP}} = \dfrac{11}{3}$，$\dfrac{\mathrm{BD}}{\mathrm{DC}} = 2$ をうまく利用する．

問題 4

図のような四角形 ABCD において，直線 AB と直線 CD の交点 E，直線 BC と直線 AD の交点 F，直線 BD と直線 EF の交点 R，直線 RC と直線 AB の交点 G が与えられたとする．

(1) $\dfrac{BG}{GE} = \dfrac{BA}{AE}$ が成り立つことを示せ．

(2) G が AE の中点で，$\dfrac{AD}{DF} = 2$ であるとき，AB $= a$, CD $= b$ とおく．次の条件をみたす x, y, z の値を求めよ．

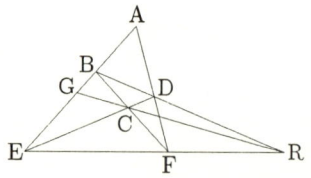

(ア) EB $= xa$　　(イ) EC $= yb$
(ウ) 四角形 ABCD が円に内接するとき，$a = zb$　　(九州大 ◇)

▶ チェバ，メネラウスの定理を"フル"回転させる．

解　(1) △BER と点 C に着眼してチェバの定理を用いる：
$$\frac{BG}{GE} \cdot \frac{EF}{FR} \cdot \frac{RD}{DB} = 1 \quad \cdots ①$$

△EFA と△ERB に着眼してメネラウスの定理を用いる：
$$\frac{EA}{AB} \cdot \frac{BD}{DR} \cdot \frac{RF}{FE} = 1 \quad \cdots ②$$

①，②を辺々相かけて
$$\frac{EA}{AB} \cdot \frac{BG}{GE} = 1$$

（これが示すべき式に他ならない）◀

(2) 右の図をもとにして解く．

(ア) (1)より
$$BG = \frac{GE}{AE} a = \frac{1}{2} a$$

（∵ AG = GE より）

よって
$$AG = GE = \frac{3}{2} a$$

よって
$$xa = EB = EG + GB$$
$$= \frac{3}{2} a + \frac{1}{2} a$$
$$= 2a$$

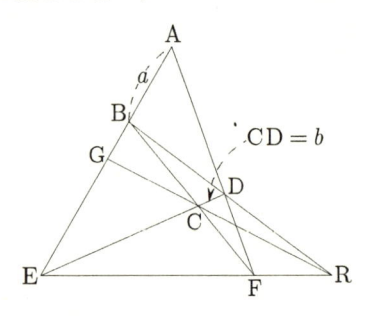

AG = GE, $\dfrac{AD}{DF} = 2$

∴ $x = 2$ …(答)

(イ) △AED と △ABF に着眼してメネラウスの定理を用いる：

$$\frac{\mathrm{AF}}{\mathrm{FD}} \cdot \frac{\mathrm{DC}}{\mathrm{CE}} \cdot \frac{\mathrm{EB}}{\mathrm{BA}} = 3 \times \frac{b}{\mathrm{CE}} \times \frac{2a}{a}$$

$$(\because \frac{\mathrm{AD}}{\mathrm{DF}} = 2 \text{ と (ア) より})$$

$$= 1$$

∴ $yb = \mathrm{CE} = 6b$

∴ $y = 6$ …(答)

(ウ) 図において方べきの定理により

$$\mathrm{EB} \cdot \mathrm{EA} = \mathrm{EC} \cdot \mathrm{ED}$$

が成立するから

$$2a \cdot 3a = 6b \cdot 7b$$

∴ $zb = a = \sqrt{7}\,b$

∴ $z = \sqrt{7}$ …(答)

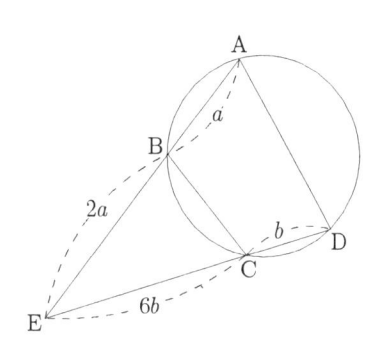

補充問題

3辺の長さが $\mathrm{BC} = 2a$, $\mathrm{CA} = 2b$, $\mathrm{AB} = 2c$ であるような鋭角三角形 △ABC の 3 辺 CB, CA, AB の中点をそれぞれ L, M, N とする．線分 LM, MN, NL に沿って三角形を折り曲げ，四面体をつくる．その際，線分 BL と CL, CM と AM, AN と BN はそれぞれ同一視されて，長さが a, b, c の辺になるものとする．

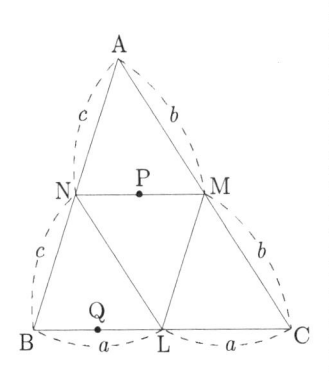

(1) 線分 MN, BL の中点をそれぞれ P, Q とする．四面体を組み立てたとき，空間内の線分 PQ の長さを求めよ．

(2) この四面体の体積を a, b, c を用いて表せ． (東京大 ◊)

(答) (1) $\frac{1}{2}\sqrt{2(b^2 + c^2 - a^2)}$ (Hint. パップスの定理を使う.)

(2) $\frac{1}{12}\sqrt{2(b^2+c^2-a^2)(c^2+a^2-b^2)(a^2+b^2-c^2)}$

問題 5

定点 O を中心とする半径 r の円 C と，円 C の外に定点 P がある．点 P を通る直線が円 C と 2 点 A, B で交わり，さらに A, B における接線が点 Q で交わっているものとする．点 Q から直線 OP に下した垂線の足を H とする．以下のことを示せ．

(1) 点 H は中心 O とは異なる．
(2) 5 点 Q, A, H, O, B は同一円周上にある．
(3) $PH \cdot PO = PO^2 - r^2$ が成り立つ．
(4) 直線 QH 上の円 C の外にあるどの点から円 C に 2 本の接線を引いても，その接点 R, S を通る直線は必ず点 P を通る．

(鹿児島大・工（改）◇)

▶ 全体的にやや難しいかもしれない．(1) は図形的に明らかであるだけに，それをきちんと示すことは易しくはないだろう．(2), (3) までは何とか解いて頂きたい．

解 (1) 点 P からの直線 l が点 O を通るときは，点 Q は存在しないから，その直線 l は O を通ってはならない．それ故，図 1 のような例があるが，点 H は点 O と決して一致しないことは次のように示される：円 C の中心 O は △QBA の傍心であるから，$\angle QBO = \angle QAO = 90°$，従って $\angle BOQ = \angle QOA \neq 90°$ である．よって QH ∦ QO であるから，点 H は点 O と決して一致しない．◀

図 1

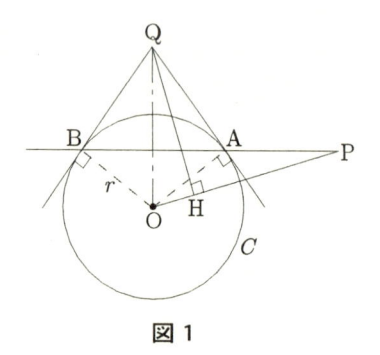

(2) まず $\angle QBO = \angle OAQ = 90°$ であるから，4 点 Q, B, O, A は線分 QO を直径とする円 C' の周上にある．さらに $\angle OHQ = 90°$ であるから，点 H もその円周上にある．よって 5 点 Q, A, H, O, B は OQ を直径とする同一円周上にある．◀

（3）（2）で述べた円 C' を描いた様子が**図2**である．

方べきの定理により
$$PH \cdot PO = PA \cdot PB$$
さらに**図1**において，方べきの定理により
$$PA \cdot PB = PO^2 - r^2$$
よって
$$PH \cdot PO = PO^2 - r^2 \quad \blacktriangleleft$$

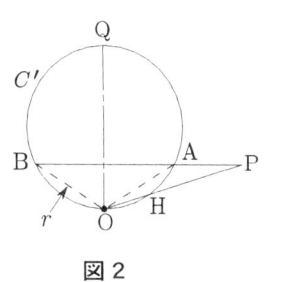

（4）直線 QH 上で題意に沿うように点 Q を点 H に近づけてみると，点 A, B も円 C 上で移動する；それらの位置を $A', B' (A' \fallingdotseq A, B' \fallingdotseq B)$ とする．（点 H は不動である．）点 P もそれに応じて直線 OP 上で P' になったとすると，実は，この P' は P に一致する．このことを示せばよい：

（3）より
$$PH \cdot PO = PO^2 - r,$$
$$P'H \cdot P'O = P'O^2 - r^2$$
両辺を辺々相引くことにより
$$PH \cdot PO - P'H \cdot P'O = PO^2 - P'O^2$$
$P'H = P'O - HO$ であるから，上式は
$$PH \cdot PO + P'O \cdot HO - PO^2 = 0$$
$$\longleftrightarrow (PH - PO) \cdot PO + P'O \cdot HO = 0$$
$PO - PH = OH$ であるから，上式は
$$(P'O - PO) \cdot HO = 0$$
$HO \fallingdotseq 0$ であるから，
$$P'O = PO$$
よって $P' = P$ である． $\blacktriangleleft$

（付）（4）は難問であるから，自力で解けなくても悲観には及ばない．

この辺りで正五角形の問題を１つ．

問題6

１辺の長さが１の正五角形において，5本の対角線を引いたときにできる小さな正五角形の１辺の長さを求めよ．

(熊本大 ◊)

▶ 正五角形問題は易しいようでいて易しくない．それを反映してか，解答の仕方も様々である．いずれにしても闇雲にやると，まず迷路にはまるので，よく見据えて解く．

解 まず図のように点 A, B, C, H_1, H_2, D, H_3 をとる．そして正五角形の１つの内角を 3θ として，$H_2 D = x$ とおく．図において $\triangle ADH_2 \backsim \triangle CDH_3$ であるから，

$$DH_2 : H_2 A = DH_3 : H_3 C$$

すなわち

$$x : \sin\theta = \frac{1}{2} - x : \sin 2\theta$$

sine に関する倍角・半角の公式を用いることによって

$$2\cos\theta = \frac{1}{2x} - 1 \quad \cdots \text{①}$$

さらに $BH_2 = BH_3 + CH_1$ であるから，

$$\cos\theta = \cos 2\theta + \frac{1}{2}$$

cosine に関する倍角・半角の公式を用いて

$$4\cos^2\theta - 2\cos\theta - 1 = 0 \quad \cdots \text{②}$$

①の $\cos\theta$ を②に代入して整理する：

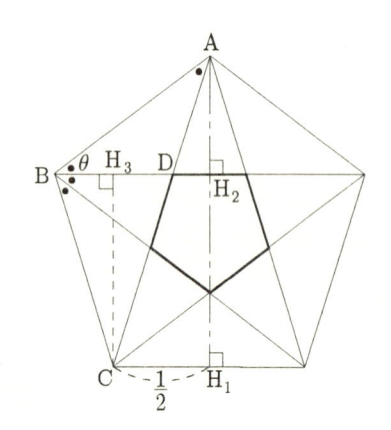

§1. 初等幾何

$$4x^2 - 6x + 1 = 0 \quad \left(x < \frac{1}{2}\right)$$
$$\therefore \quad x = \frac{3-\sqrt{5}}{4}$$

よって求める1辺の長さは
$$2x = \frac{3-\sqrt{5}}{2} \quad \cdots \text{(答)}$$

（付） $5\theta = 180°$ であることを使えば，$\cos\theta$ の範囲は大体決まるので，②の段階で $\cos\theta$ の値は決まり，①より x が求まる．

最後に立体図形に関する内容を少し扱っておく．

・ **基本事項 [4]** ・

点と平面

三垂線の定理

平面 α 上にない点 A から α に下した垂線の足を H，α 上にあって点 H を通らない直線を l とする．H から l に下した垂線の足を B とすれば，AB は l に垂直である．

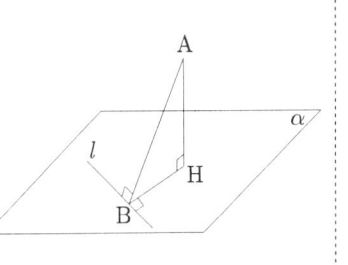

問題 7

半径 r の球面に内接する正四面体の一辺の長さを求めよ．

▶ まず正四面体だけとり出して三垂線の定理によって2面のなす角を評価してみる．

解 一辺の長さ a の正四面体をとり，図1のように点 A，B，C，D をとる．

頂点 A から底面三角形に下ろした垂線の足を G (これは底面三角形の重

心である）とし，線分 BG の延長線が辺 CD と交わる点を M とする．三垂線の定理によって
$$\mathrm{AM} \perp \mathrm{CD}$$
である．まず $\cos\angle\mathrm{AMG}$ を評価する：
$$\mathrm{AM} = \mathrm{BM} = a\sin 60° = \frac{\sqrt{3}}{2}a,$$
$$\mathrm{GM} = \frac{1}{3}\mathrm{BM} = \frac{\sqrt{3}}{6}a$$
よって
$$\cos\angle\mathrm{AMG} = \frac{1}{3}$$
$$\therefore \quad \cos\angle\mathrm{MAG} = \frac{2\sqrt{2}}{3}$$

図 1

そこで図 2 において
$$r\cos\angle\mathrm{OBG} = \frac{2\sqrt{2}}{3}r$$
$$= \mathrm{BG}$$
$$= \frac{2}{3}\mathrm{BM}$$
$$= \frac{\sqrt{3}}{3}a$$
$$\therefore \quad a = \frac{2\sqrt{6}}{3}r \quad \cdots\text{(答)}$$

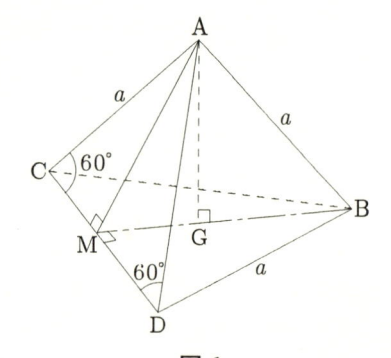

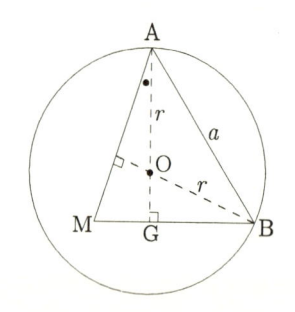

図中での・印の角は図 1 での $\angle\mathrm{MAG}$ に等しい．

図 2

（付） ついでに，この四面体の体積は $\frac{\sqrt{2}}{12}a^3 = \frac{8\sqrt{3}}{27}r^3$ であることを付記しておこう．

問題 8

図のような立方体 ABCDEFGH の対角線 FC に頂点 A から垂線を下ろし、その足を K とする.

いま $\angle FAK = \alpha$, $\angle KAB = \beta$, $\angle BFC = \gamma$ とするならば、次の値はいくらか.

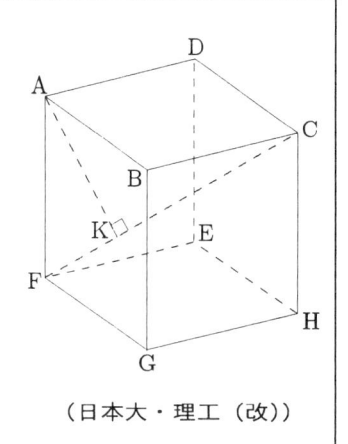

(1) $\sin\alpha$　(2) $\cos\beta$　(3) $\cos\gamma$

（日本大・理工（改））

▶ すぐ解けるのは (3) であり、次に (1) である．(2) はやや難しいかもしれない．(1) を使うことは間違いなさそうであるが、….

解　(1) 図のように平面 AFC をとらえると、$\triangle$AFK $\sim$ $\triangle$CFA であるから、
$$\alpha = \angle FCA$$
ここで CA $= \sqrt{2}$, FC $= \sqrt{\sqrt{2}^2 + 1^2} = \sqrt{3}$ であるから、
$$\sin\alpha = \frac{FA}{FC} = \frac{1}{\sqrt{3}} \quad \cdots \text{(答)}$$

(2) 図のように点 B から対角線 FC に下ろした垂線の足を H' とすると、
FH' $= $ BF$\cos\alpha = \frac{2}{\sqrt{3}}$ であるから
$$KH' = FH' - FK \quad (FK = \sin\alpha)$$
$$= \frac{2}{\sqrt{3}} - \frac{1}{\sqrt{3}} = \frac{1}{\sqrt{3}}$$

そして H'B $=$ BF$\sin\alpha = \sqrt{\frac{2}{3}}$ であるから、

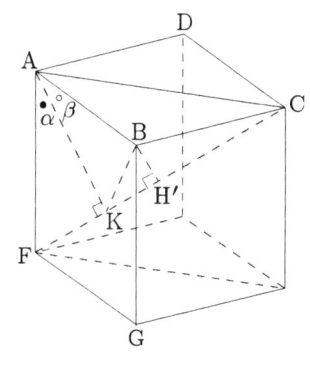

一辺の長さ 1 の立方体

$$BK = \sqrt{KH'^2 + H'B^2}$$
$$= \sqrt{\frac{1}{3} + \frac{2}{3}} = 1$$

$AK = \cos\alpha = \sqrt{\frac{2}{3}}$ であるから，余弦定理によって

$$\cos\beta = \frac{AB^2 + AK^2 - BK^2}{2AB \cdot AK}$$

$$= \frac{1 + \frac{2}{3} - 1}{2 \times 1 \times \sqrt{\frac{2}{3}}}$$

$$= \frac{1}{\sqrt{6}} \quad \cdots \text{(答)}$$

(3) $\quad \cos\gamma = \dfrac{BF}{FC} = \dfrac{\sqrt{2}}{\sqrt{3}}$

$$= \frac{\sqrt{6}}{3} \quad \cdots \text{(答)}$$

(付) (2)はやはり少し難しかったようである．まず頂点 B から線分 FC に垂線を下ろすことに気付かないと，どうにもならないだろう．

§2. 図形と方程式

　解析幾何的手法は，元来，デカルトによるもので，多くの初等幾何的問題に適用される．ここでは xy 座標平面上での図形と方程式の基本事項の説明と問題を扱う．内容的には直線，円の方程式，簡単な2次曲線の方程式，そして簡単な軌跡である．この節は基本事項が，それ程、易しい訳ではないので，その内容説明の方にもウェイトをかける．特に直線に関する内容ではベクトルの威力を借用すれば，すぐ説明できることも多いが，計算力強化の為にここではそれを避けることにする．

§2. 図形と方程式

・基本事項 [1]・

直線の方程式

a, b, c を実数とし a と b は共に 0 になることはないとする（以下の基本事項においてもこれらのことは満たされているものとして，いちいち断らないことにする）．一般に直線の方程式は次の形で表される：
$$ax + by + c = 0$$
この特殊形を以下に与える：

㋐　$y = mx + b\,;\,x = ny + c$

㋑　$y - y_1 = m(x - x_1)$

　　（これは 1 点 (x_1, y_1) を通り，傾き m の直線を表す．）

㋒　$y - y_1 = \dfrac{y_2 - y_1}{x_2 - x_1}(x - x_1)$

　　（これは 2 点 (x_1, y_1), $(x_2, y_2)\,(x_1 \neq x_2)$ を通る直線を表す．）

㋓　$\dfrac{x}{a} + \dfrac{y}{b} = 1$

（注意） $y = mx + b$, $x = ny + c$ の形ではそれぞれ y 軸, x 軸に平行な直線を表せない．また，$\dfrac{x}{a} + \dfrac{y}{b} = 1$ の形では座標軸に平行な直線を表せない．

問題 1

xy 座標平面上の直線 l に原点 O から垂線を下ろし，それが x 軸となす角を θ，その垂線の長さを $d(\geqq 0)$ とすると，直線 l の方程式は
$$l : x\cos\theta + y\sin\theta = d$$
の形で表されることを示せ．

▶　ここでは 2 通りの解答を示しておく．　解1　はオーソドックスなもの，　解2　は少し工夫したものである．

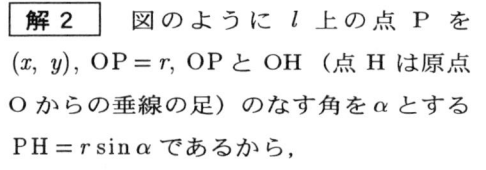

解1 図のように l 上の点 P を (x, y), OP $= r$, OP と OH（点 H は原点 O からの垂線の足）のなす角を α とする.

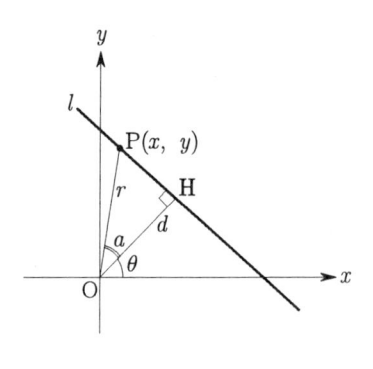

図より直ちに

$$x = r\cos(\theta + \alpha)$$
$$= r\cos\theta\cos\alpha - r\sin\theta\sin\alpha \quad \cdots ①$$
$$y = r\sin(\theta + \alpha)$$
$$= r\sin\theta\cos\alpha + r\cos\theta\sin\alpha \quad \cdots ②$$

①$\times \cos\theta +$ ②$\times \sin\theta$ によって

$$x\cos\theta + y\sin\theta = r\cos\alpha = d \quad \blacktriangleleft$$

解2 図のように l 上の点 P を (x, y), OP $= r$, OP と OH（点 H は原点 O からの垂線の足）のなす角を α とする PH $= r\sin\alpha$ であるから,

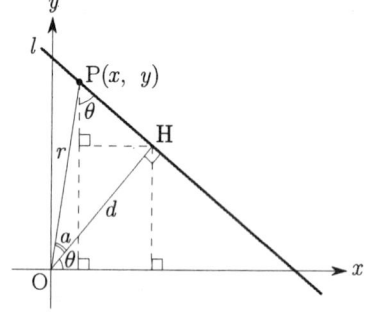

$$x + r\sin\alpha\sin\theta = d\cos\theta \quad \cdots ①$$
$$y - r\sin\alpha\cos\theta = d\sin\theta \quad \cdots ②$$

①$\times \cos\theta +$ ②$\times \sin\theta$ によって

$$x\cos\theta + y\sin\theta = d \quad \blacktriangleleft$$

(付) この直線の方程式はヘッセの標準形とよばれる.

・ 基本事項 [2] ・
2直線の配置

❶ 2直線の状況
$$l : ax + by + c = 0 \quad ((a, b) \neq (0, 0))$$
$$l' : a'x + b'y + c' = 0 \quad ((a', b') \neq (0, 0))$$

2直線 l, l' において
- l と l' が同一直線 $\rightleftarrows$ $a : a' = b : b' = c : c'$
- l と l' が同一のものでなく, 平行 $\rightleftarrows$ $a : a' = b : b'$ かつ
$$\{a : a' \neq c : c' \text{ または } b : b' \neq c : c'\}$$
- l と l' が垂直 $\rightleftarrows$ $aa' + bb' = 0$

❷ 2直線の交点を通る直線

❶での l と l' が交点をもつとき, 適当な実数 k があって, その交点を通る直線の方程式は
$$L : k(ax + by + c) + a'x + b'y + c' = 0$$
または
$$L' : ax + by + c + k(a'x + b'y + c') = 0$$
と表される.

(注意) ❷において, l と l' が交点をもつ場合, L は l を, L' は l' を表すことはできない.

(例) 2直線 $x + y - 2 = 0$ と $2x - y - 1 = 0$ の交点を通り, 直線 $3x - 2y + 1 = 0$ に平行, 垂直な直線の方程式はそれぞれ $3x - 2y - 1 = 0$, $2x + 3y - 5 = 0$ である.

問題 2

xy 座標平面上に直線
$$l : x - 2y + 3 + k(x - y - 1) = 0$$
がある．以下の問いに答えよ．

(1) l は k にどのような値を与えても，ある定点を通る．その定点を求めよ．

(2) 点 P, Q を P(1, 3), Q(5, 1) とするとき，線分 PQ と l が交わるような k の値の範囲を求めよ．

(3) (2)での線分 PQ 上の点で l との交点となり得ない点の座標を求めよ．

(慶応大・文系(改))

▶ (1)は初歩的だから，解けなくてはならない．(2)はちょっと難しいか？ l の傾きを動かして解こうなどとするのは無謀である．((2)は(3)と関連している．) l を挟んで点 P, Q が反対側にあるということは，'点 P, Q の x, y 座標値を l の表式に代入した 2 つの積が 0 以下' ということである．(3)は，l は直線 $x - y - 1 = 0$ を表し得ないということに留意する．

解 (1) l の表式より
$$\begin{cases} x - 2y + 3 = 0 \\ x - y - 1 = 0 \end{cases}$$
でなくてはならない（逆は当たりまえ）．これを解いて，求める定点の座標は
$$(x, y) = (5, 4) \quad \cdots \text{(答)}$$

(2) 線分 PQ の方程式は
$$\mathrm{PQ} : y - 1 = \frac{1-3}{5-1}(x - 5) \quad (1 \leqq x \leqq 5)$$
すなわち
$$\mathrm{PQ} : x + 2y - 7 = 0 \quad (1 \leqq x \leqq 5)$$
そこで l が PQ と交わるような様子を図に描いてみる．

題意は点 P, Q が l を挟んで反対側にあるということと同じことだから，
$$\{1-2\times 3+3+k(1-3-1)\}$$
$$\cdot\{5-2\times 1+3+k(5-1-1)\}\leqq 0$$
すなわち
$$(3k+2)(3k+6)\geqq 0$$
$$\therefore \quad k\leqq -2, \ k\geqq -\frac{2}{3} \quad \cdots \textbf{(答)}$$

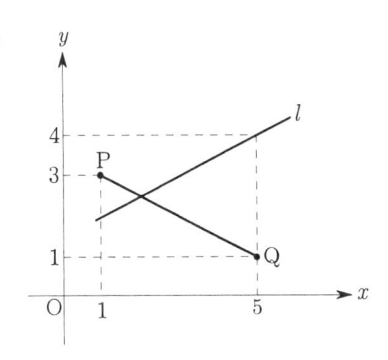

（3）いまの場合，l は直線 $x-y-1=0$ にはなり得ないから，直線 $x-y-1=0$ と PQ の交点は l と PQ の交点にはなり得ない．$x-y-1=0$ と $\mathrm{PQ}: x+2y-7=0$ の交点について
$$\begin{cases} x-y-1=0 \\ x+2y-7=0 \end{cases}$$
これを解いて，求める点の座標は
$$(x, \ y)=(3, \ 2) \quad \cdots \textbf{(答)}$$

---------------- 基本事項 [3] ----------------
点と直線の距離

点と直線の距離の公式

直線 $l: ax+by+c=0$ $((a,b) \neq (0,0))$ 上にない点 $A(x_0, y_0)$ と l との（最短）距離 d は

$$d = \frac{|ax_0 + by_0 + c|}{\sqrt{a^2+b^2}}$$

で表される．

∵) まず $a \neq 0$ かつ $b \neq 0$ としておく．距離というものは平行移動で変わらないものだから，点 A を原点 O まで平行移動し，それに合わせて l も初めの l と平行に移動させる．それを l' とする．

$$l': ax + by + ax_0 + by_0 + c = 0$$

$ax_0 + by_0 + c = c'$ として

$$l': ax + by + c' = 0$$

と原点 O との距離を求めることになる．原点 O から l' に下ろした垂線の足を $H(\alpha, \beta)$ としておく．

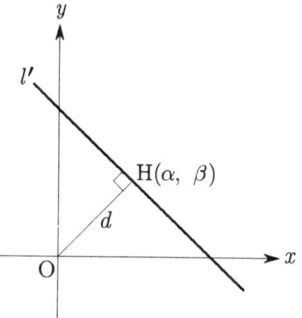

直線としての OH の方程式は

$$\beta x - \alpha y = 0$$

これが l' と直交する条件は（**基本事項 [2]** にあるように）

$$a\beta - b\alpha = 0 \quad \cdots ①$$

点 $H(\alpha, \beta)$ は l' 上にあるから，

$$a\alpha + b\beta + c' = 0 \quad \cdots ②$$

① $\times a +$ ② $\times b$ によって

$$\beta = \frac{-bc'}{a^2+b^2} \quad \therefore \quad \alpha = \frac{-ac'}{a^2+b^2}$$

よって

$$d = \sqrt{\alpha^2 + \beta^2} = \frac{|c'|}{\sqrt{a^2+b^2}}$$
$$= \frac{|ax_0 + by_0 + c|}{\sqrt{a^2+b^2}}$$

これには a か b の一方だけが 0 の場合も含まれている.　**q.e.d.**

（注意）ある点からある直線への距離といっても様々な場合があるが，数学では，特に断らない限りは最短距離を表す．

この公式を示すことは，上でみたように，易しくはないが，応用問題となれば，易しくなる．分かってしまったその公式を操るだけのことであるから（応用とはつねにそうしたものである）．1つの例を挙げてみる：2つの平行な直線 $ax - y + b = 0, ax - y + c = 0 \ (a \neq 0)$ 間の距離は（右の図参照）$\dfrac{|-b+c|}{\sqrt{a^2+(-1)^2}} = \dfrac{|b-c|}{\sqrt{a^2+1}}$ となる．

事はついでであるから，点と平面の距離の公式まで提示しておこう．
'平面 $\pi : ax + by + cz + d = 0, \ (a, b, c) \neq (0, 0, 0)$' 上にない点 $\mathrm{A}(x_0, y_0, z_0)$ と π との距離 d は
$$d = \frac{|ax_0 + by_0 + cz_0 + d|}{\sqrt{a^2 + b^2 + c^2}}$$
で表される'（これを示すのは，ベクトルでなすべきである．）

基本事項 [4]

直線と円

直線と円の相関

$$l : ax + by + c = 0 \quad ((a, b) \neq (0, 0))$$
$$C : (x - x_0)^2 + (y - y_0)^2 = r^2 \quad (r > 0)$$

k を実数として

$$(x - x_0)^2 + (y - y_0)^2 - r^2 + k(ax + by + c) = 0$$

これは

$$x^2 + y^2 - \alpha x - \beta y + \gamma = 0$$

の形に表せる．すなわち

$$\left(x - \frac{\alpha}{2}\right)^2 + \left(y - \frac{\beta}{2}\right)^2 = \frac{\alpha^2 + \beta^2 - 4\gamma}{4}$$

の形となる．

⑦ $\dfrac{\alpha^2 + \beta^2 - 4\gamma}{4} > 0$ のとき，円を表す．

④ $\dfrac{\alpha^2 + \beta^2 - 4\gamma}{4} = 0$ のとき，1 点を表す．

⑨ $\dfrac{\alpha^2 + \beta^2 - 4\gamma}{4} < 0$ のとき，何も表さない．（虚円とよぶことがある．）

（付記）特に大切なことは直線が円と接する場合である．この場合，l と C の y を等置して x の 2 次方程式にして判別式を調べるのは手間がかかる．（一般に 2 次曲線の計算は煩わしい．）そこで，点と直線の距離の公式を用いることが多い．

問題3

座標平面上に原点を中心とする半径 3 の円と，点 A(2, 0) が与えられている．A を通る直線を引き，この円によって切り取られる線分の長さを円の直径の $\frac{3}{4}$ 倍になるようにするとき，この直線の傾きを求めよ．

(武蔵工大)

▶ 円の方程式 $x^2+y^2=3$ とその割線の方程式 $y=m(x-2)$ を連立させて 2 解を α, β とし，解と係数の関係，そして三平方の定理，…と力づくで解いてもいけるが，点と直線の距離の公式を用いた方が，かなり速いだろう．

解 点 A(2, 0) を通る直線を l とし，原点 O から l に下ろした垂線の足を H とする．

$$l : mx - y - 2m = 0 \quad (m \text{ は実数})$$

と表せるから

$$\mathrm{OH} = \frac{2|m|}{\sqrt{m^2+1}}$$

題意と三平方の定理により

$$3^2 - \left(\frac{2|m|}{\sqrt{m^2+1}}\right)^2 = \left(\frac{1}{2} \times \frac{3}{4} \times 6\right)^2$$

これを整理すると，

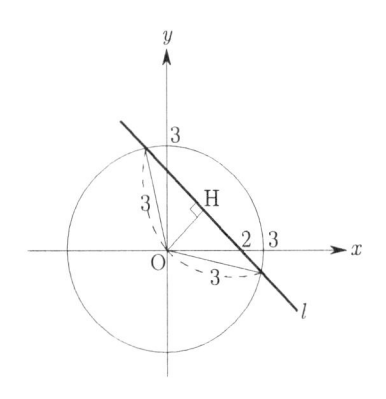

$$m^2 = 63$$

$$\therefore \quad m = \pm 3\sqrt{7} \quad \cdots \text{(答)}$$

問題 4

xy 座標平面上での円の方程式 $C: (x-x_0)^2+(y-y_0)^2=r^2$ $(r>0)$ 上の点 (x_1, y_1) における接線の方程式を求めよ．

▶ 公式導出の問題である．ここでは，微分法に依らないで導いてみられたい．

解 円を原点 O まで平行移動した方程式は
$$C': x^2+y^2=r^2$$
である．まず C' 上の点 $H(r\cos\theta, r\sin\theta)$ における接線の方程式 l' を求める．$\theta \neq 0, \pi$ として
$$l': y - r\sin\theta = -\frac{\cos\theta}{\sin\theta}(x - r\cos\theta)$$
すなわち
$$l': x\cos\theta + y\sin\theta - r = 0$$
求める接線の方程式 l は l' を x, y 方向へそれぞれ x_0, y_0 だけ平行移動したものだから
$$l: (x-x_0)\cos\theta + (y-y_0)\sin\theta - r = 0$$
（これには $\theta = 0, \pi$ のときの方程式も含まれている）
ここで
$$\begin{cases} x_1 - x_0 = r\cos\theta \\ y_1 - y_0 = r\sin\theta \end{cases}$$
であるから，求めるべき l は
$$l: (x_1-x_0)(x-x_0) + (y_1-y_0)(y-y_0) = r^2 \quad \cdots \textbf{(答)}$$

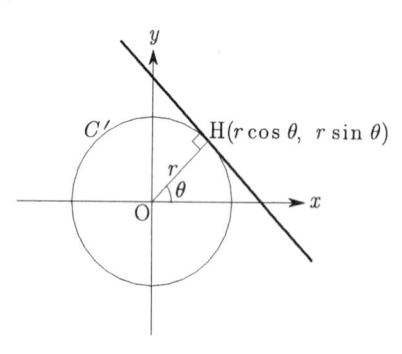

問題 5

円 $x^2+y^2=25$ と直線 $x+2y-10=0$ の2つの交点を P, Q とする．このとき，P と Q を通るどんな円も定数 k をうまく定めれば，方程式
$$x^2+y^2-25-k(x+2y-10)=0$$
で表されることを示せ． (埼玉大・理数 ◇)

▶ 具体的数は与えてはいるが，要するに，公式導出問題である．多分に受験生の基本的弱点を突いたであろう．

解 $x^2+y^2-25=0$ …①
  $x+2y-10=0$ …②

①，②はどちらも点 $(x, y)=(0, 5), (4, 3)$ を通ることに留意しておく．これらの2交点を通る円の方程式を
$$(x-a)^2+(y-b)^2=r^2 \quad (r>0)$$
とすれば，この式は
$$x^2+y^2-2ax-2by+a^2+b^2-r^2$$
$$=0 \ (r>0) \quad \cdots ③$$
さて，①−②×k の表式は
$$x^2+y^2-25-k(x+2y-10)=0$$
すなわち
$$x^2+y^2-kx-2ky-25+10k=0 \quad \cdots ④$$
円③は点 $(0, 5)$ を通るので，
$$25-10b+a^2+b^2-r^2=0$$
よって③は
$$x^2+y^2-2ax-2by+10b-25=0 \quad \cdots ③'$$
円③′は点 $(4, 3)$ を通るので，
$$-8a+4b=0 \qquad \therefore \quad b=2a$$
よって③′は

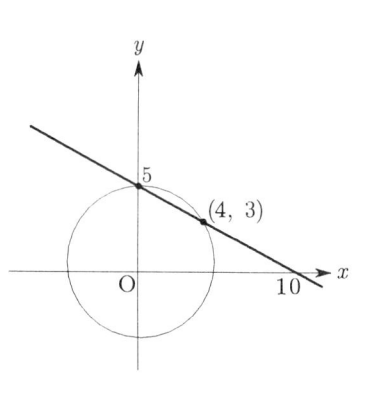

$$x^2+y^2-2ax-4ay+20a-25=0 \quad \cdots ③''$$

④と③''が同じ式を表す為には
$$k=2a(=b)$$
と定めればよい．よって
$$x^2+y^2-25-k(x+2y-10)=0$$
なる k がある．◂

・基本事項［５］・

円と円の配置

円と円の相関
$$C: x^2+y^2+ax+by+c=0$$
$$C': x^2+y^2+a'x+b'y+c'=0$$

ただし，C と C' はどちらも円を表すものとする．

基本事項［４］ と同様の議論ができるが，これらをまっ向から扱うのは計算量の膨大さで参ってしまいそうである．

特に大切なことは２円 C, C' が外接，内接する場合である．C, C' それぞれの中心を Z, Z' そして半径を r, r' とする．２中心間距離 d は次のようになる．

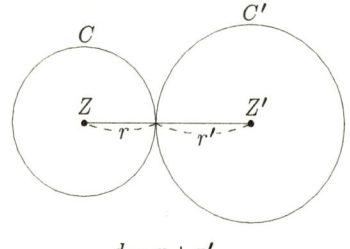

⑦ ２円が外接する場合　　　⑦ ２円が内接する場合

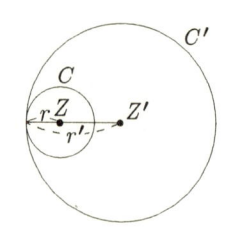

$$d=r+r' \qquad\qquad d=r'\sim r$$
（大きい方の値から小さい方の値を引く）

§2. 図形と方程式   419

問題6

円 $C_1: x^2+y^2-6ax+2ay+20a-10=0$ と円 $C_2: x^2+y^2=4$ がある．
（1）円 C_1 は定数 a がどんな値をとっても定点を通ることを示せ．
（2）円 C_1 が円 C_2 に接するように a の値を定めよ．

（芝浦工大（改））

▶ （1）は大丈夫だろう？ （2）は**基本事項［5］**を用いる．

解 （1）最初に与えられた円の方程式は
$$C_1: x^2+y^2-10-2a(3x-y-10)=0$$
となるので，この円は次の連立方程式を満たす (x,y) の点を a によらず通る：
$$\begin{cases} x^2+y^2-10=0 \\ 3x-y-10=0 \end{cases}$$
すなわち
$$(x,y)=(3,-1) \quad \cdots \text{(答)}$$

（2）問題の2円が接する様子を誇張的に図示してみる：

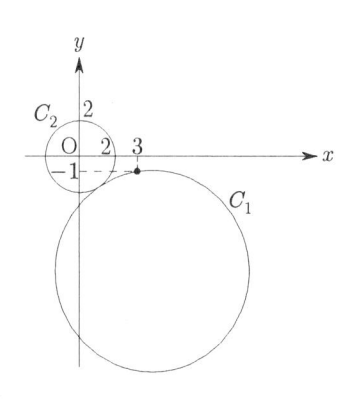

2円が外接する場合

図1

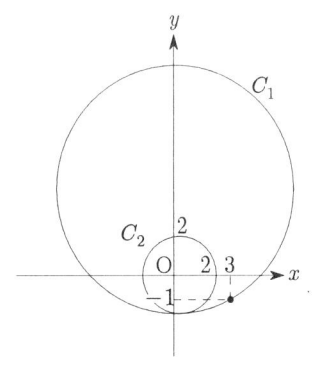

2円が内接する場合

図2

さて，C_1 の方程式は
$$(x-3a)^2+(y+a)^2=10a^2-20a+10$$
$$=10(a-1)^2$$
従って C_1 の半径 r は
$$r=\sqrt{10}\,|a-1|$$
2円が外接，内接する条件は，中心間距離が $\sqrt{(3a)^2+a^2}=\sqrt{10}\,|a|$ であるから，
$$\sqrt{10}\,|a|=\sqrt{10}\,|a-1|\pm 2$$
$a\geqq 1$ とすると，上式は $0=-\sqrt{10}\pm 2$ を与えるから，不適であり，$a\leqq 0$ とすると，$0=\sqrt{10}\pm 2$ を与えるから，不適である．よって $0<a<1$ である．
従って a の方程式は
$$\sqrt{10}\,a=-\sqrt{10}\,a+\sqrt{10}\pm 2\quad (0<a<1)$$
$$\therefore\quad a=\frac{\sqrt{10}\pm 2}{2\sqrt{10}}$$
$$=\frac{5\pm\sqrt{10}}{10}\quad \cdots\text{(答)}$$

§2. 図形と方程式   421

・基本事項 [6]・

2 次曲線

❶ 放物線の方程式
$$y = ax^2 + bx + c \quad (a \neq 0)$$

❷ 楕円の方程式
$$\frac{x^2}{a^2} + \frac{y^2}{b^2} = 1 \quad (a > 0,\ b > 0)$$

❸ 双曲線の方程式
$$\frac{x^2}{a^2} - \frac{y^2}{b^2} = 1 \quad (a > 0,\ b > 0)$$

（これらについては§3で詳述される.）

なお，これらが不等式になって，ある領域を与えることについては，教科書で調べておかれたい．

問題 7

楕円 $\dfrac{x^2}{25} + \dfrac{y^2}{10} = 1$ において，点 $(1,\ 2)$ を通り，その点で 2 等分される弦の方程式を求めよ． (高知大)

▶ 弦の方程式を $y = m(x-1) + 2$ として楕円の方程式に代入し，2 次方程式へと帰着させるのが順当であろう．

解 対象となる弦の方程式を
$$l : y = m(x-1) + 2$$
とする．ここに l は問題の性質上，y 軸と平行になることはない．この y を楕円の方程式に代入して整理すると，
$$(2 + 5m^2)x^2 + 10(2 - m)mx$$
$$+ 5(m^2 - 4m - 6) = 0$$
この方程式の 2 解を $\alpha,\ \beta$ とすると，解と係数の関係により

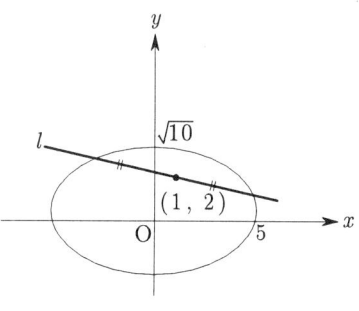

$$\alpha+\beta = \frac{10(m-2)m}{5m^2+2}$$

一方，題意より

$$\frac{\alpha+\beta}{2} = 1$$

よって

$$\frac{10(m-2)m}{5m^2+2} = 2 \qquad \therefore \quad m = -\frac{1}{5}$$

$$\therefore \quad l: x+5y-11 = 0 \quad \cdots \text{(答)}$$

（付） 神経質な人は「この解答は数学的に不十分ではないか？ 2次方程式が2実数解をもつ条件，つまり，'判別式＞0'から m の範囲を求めておいて，求まった $m = -\frac{1}{5}$ がその範囲内にあることが確認されなくてはならない．さもなくば，$m = -\frac{1}{5}$ と唯一に定まっても，その値が m の範囲外にあるかもしれない．（もしそういうことがあれば，"解なし"と答えねばならない．）従って，いずれにせよ，'判別式＞0'を課しておかねばならない．」と，思うかもしれない．

これでは，いやはや，鋭いというよりも反対に頭の硬い人だといわれかねない．'判別式＞0'は，本問の場合，不要なのである．それは"結果が $m = -\frac{1}{5}$ と唯一に定まるから，'判別式＞0'の条件があろうがなかろうがどうでもよい"というのではない．本問の場合，x の2次方程式が2実数解をもつということは始めから保証済みだからである．（そうではないかね？）

§2. 図形と方程式

問題8

曲線 $y=|x^2-4|$ と直線 $y=ax+1-3a$ との共有点の個数を b とする．このとき b を a の関数 $f(a)$ と考え，そのグラフを描け．

(武蔵工大)

▶ 直線は $y=a(x-3)+1$ と表せるで，それは点 $(3,1)$ を通ることになる．あとは傾き a を変えていくのみだが，…．

解 直線 $l: y=a(x-3)+1$ は a によらず定点 $(3,1)$ を通る．そこで図のように l の傾きを変化させて曲線 $C: y=|x^2-4|$ との交点の個数を調べる．l が C と接する場合は図のように①〜④のタイプに分かれるので，それらを分析していく．

①のタイプ：
$x \geq 2$ において C と l が接するので，
$$x^2-4 = ax-3a+1 \quad (x \geq 2)$$
$$\iff x^2-ax+3a-5=0 \quad (x \geq 2)$$
これが重解をもつ条件は
$$\begin{cases} 対称軸: \dfrac{a}{2} \geq 2 \\ 判別式: a^2-4(3a-5) \\ \qquad\qquad = (a-2)(a-10)=0 \end{cases}$$
$$\therefore \quad a=10$$

②のタイプ：
l が点 $(2, 0)$ を通るときだから，
$$0 = 2a-3a+1$$
$$\therefore \quad a=1$$

③のタイプ：
l が点 $(-2, 0)$ を通るときだから，
$$0 = -2a-3a+1$$
$$\therefore \quad a=\dfrac{1}{5}$$

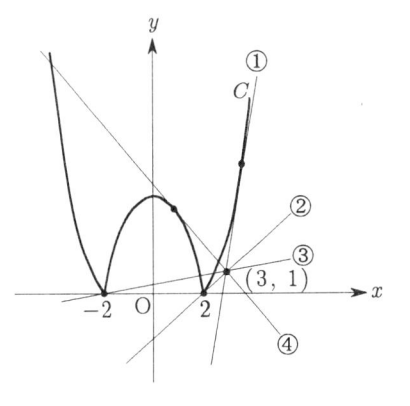

④のタイプ：

$0 < x < 2$ において C と l が接するので，
$$4 - x^2 = ax - 3a + 1 \quad (0 < x < 2)$$
$$\longleftrightarrow x^2 + ax - 3a - 3 = 0 \quad (0 < x < 2)$$

これが重解をもつ条件は
$$\begin{cases} 対称軸 : 0 < -\dfrac{a}{2} < 2 \\ 判別式 : a^2 + 4(3a + 3) = 0 \end{cases}$$
$$\therefore \quad a = -6 + 2\sqrt{6}$$

以上により C と l の共有点の個数は

$$b = \begin{cases} 2 & (a > 10) \\ 1 & (a = 10) \\ 0 & (1 < a < 10) \\ 1 & (a = 1) \\ 2 & \left(\dfrac{1}{5} < a < 1\right) \\ 3 & \left(a = \dfrac{1}{5}\right) \\ 4 & \left(-6 + 2\sqrt{6} < a < \dfrac{1}{5}\right) \\ 3 & (a = -6 + 2\sqrt{6}) \\ 2 & (a < -6 + 2\sqrt{6}) \end{cases} \quad \cdots \text{(答)}$$

$b = f(a)$ のグラフは次の通り：

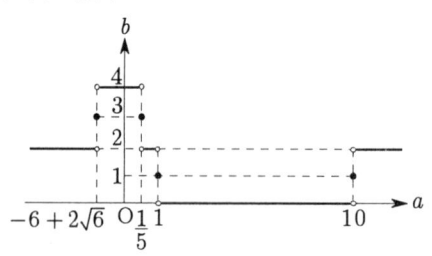

（•印は含まれる；○印は含まれない）

〈解答図〉

§2. 図形と方程式

問題 9

$a > 0$ として，x, y が 4 つの不等式 $x \geqq 0$, $y \geqq 0$, $2x + 3y \leqq 12$, $ax + \left(4 - \dfrac{3}{2}a\right)y \leqq 8$ を同時に満たしているとする．このとき $x + y$ の最大値 $f(a)$ を求めよ． (東京工大 ◊)

▶ 領域 $x \geqq 0$, $y \geqq 0$, $2x + 3y \leqq 12$, $ax + \left(4 - \dfrac{3}{2}a\right)y \leqq 8$ を図示するのだが，a の分類のスジが悪いと迷宮入りとなる．直線 $l : ax + \left(4 - \dfrac{3}{2}a\right)y = 8$ は a によらず定点 $(3, 2)$ を通り，x 切片が $\dfrac{8}{a}$ $(a > 0)$ であることは明らかなのだが，$ax + \left(4 - \dfrac{3}{2}a\right)y \leqq 8$ の領域を図示することはひとまず後回しにして，見やすい数式の $x + y = k$ (とおく) が下図のように見やすい定点 $(3, 2)$ または $(6, 0)$ を通る場合の様子を描いてみる．そうすると自然に直線 l の x 切片 $\dfrac{8}{a}$ $(a > 0)$ が $0 < \dfrac{8}{a} \leqq 5$, $5 < \dfrac{8}{a} < 6$, $6 \leqq \dfrac{8}{a}$ の場合で k の最大値を評価すればよいことが浮き上がるのである．(力のない受験生がよくやるように，「$4 - \dfrac{3}{2}a > 0$ のとき $y \leqq -\dfrac{a}{4 - \dfrac{3}{2}a}x + \dfrac{8}{4 - \dfrac{3}{2}a}$ だから…」などとするのは最も拙劣である．)

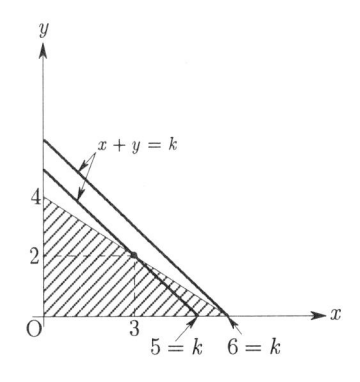

(領域は $x \geqq 0$, $y \geqq 0$, $2x + 3y \leqq 12$ を表す)

[解] 直線 $l : ax + \left(4 - \dfrac{3}{2}a\right)y = 8$

$\Longleftrightarrow l : a\left(x - \dfrac{3}{2}y\right) + 4y - 8 = 0$

なので l は a によらず定点 $(3, 2)$ を通り，$a > 0$ より x 切片 $\dfrac{8}{a}$ である．そこで領域 $x \geqq 0$, $y \geqq 0$, $2x + 3y \leqq 12$ と $ax + \left(4 - \dfrac{3}{2}a\right)y \leqq 8$ との共通部分を以下の図では霞状で表す．

(ア) $0 < \dfrac{8}{a} \leqq 5$（つまり $a \geqq \dfrac{8}{5}$）のとき

図 1 より直線 $x + y = k$ の最大値は
$$k = 5$$

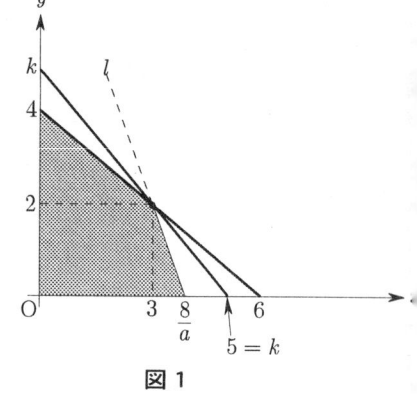

図 1

(イ) $5 < \dfrac{8}{a} < 6$

（つまり $\dfrac{4}{3} < a < \dfrac{8}{5}$）のとき

図 2 より k の最大値は
$$k = \dfrac{8}{a}$$

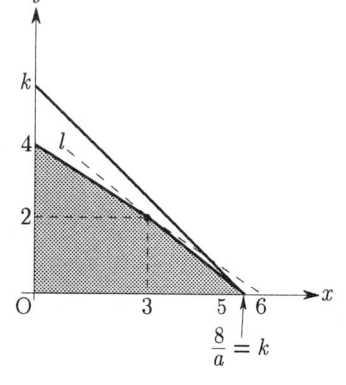

図 2

§2. 図形と方程式　　　　　　　　　　　　　　　　427

（ウ） $\frac{8}{a} \geqq 6$ （つまり $0 < a \leqq \frac{4}{3}$ ）のとき

図3より k の最大値は
$$k = 6$$

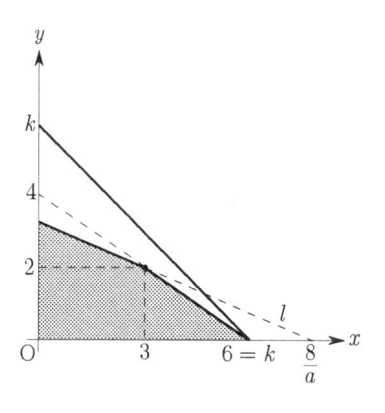

図3

以上（ア）〜（ウ）から

k の最大値 $f(a) = \begin{cases} 6 & \left(0 < a \leqq \dfrac{4}{3}\right) \\ \dfrac{8}{a} & \left(\dfrac{4}{3} < a < \dfrac{8}{5}\right) \\ 5 & \left(a \geqq \dfrac{8}{5}\right) \end{cases}$　…（答）

（付） このような問題は，線型計画問題などとよばれ，名前だけは大層なものであるが，何ということはない，$x+y$ という2変数1次関数の限定領域内での最大・最小問題に過ぎない．さらに砕くと，直線グラフと領域の問題というだけのことである．

本問の場合，領域は多角形板であったが，問題によっては，領域は円板であったり，放物板であったりする．また，$x+y$ の代わりに x^2+y となったりすることもあり，このようなときは，仰々しく，非線型計画問題などとよばれている．

問題 10

1辺の長さが1であるような三角形を考える．他の2辺の長さを x, y として次の問いに答えよ．

(1) 点 (x, y) のとり得る範囲を xy 平面に図示せよ．
(2) 三角形が二等辺三角形になるような点 (x, y) の範囲を xy 平面に図示せよ．
(3) 三角形が直角三角形になるような点 (x, y) の範囲を xy 平面に図示せよ．

(龍谷大)

▶ (1)は三角不等式を評価する．(2), (3)はノーヒントで考えて頂きたい．

解 (1) まず $x > 0, y > 0$ は明らか．
次に三角形の形成条件は
$$|x-y| < 1 < x+y$$
よって〈解答図1〉を得る．

(2) 題意は(1)での条件の他に
$$x=1, \ y=1, \ x=y$$
のうち少なくとも1つを満たすことである．よって〈解答図2〉を得る．

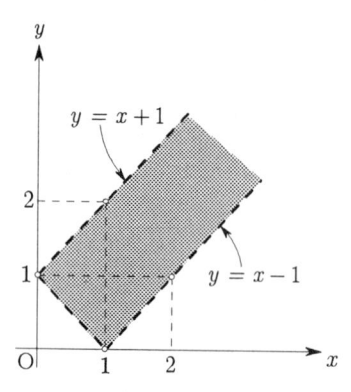

霞状部分が求める範囲
（境界と○印は除かれる）
〈解答図1〉

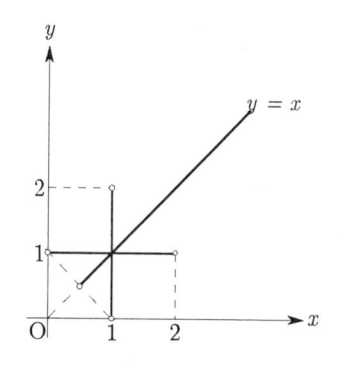

実線の部分が求める範囲
（○印は除かれる）
〈解答図2〉

§2. 図形と方程式

（3）題意は(1)での条件の他に
$$x^2+y^2=1,\ 1^2+x^2=y^2,$$
$$1^2+y^2=x^2$$
のうち少なくとも1つを満たすことである．

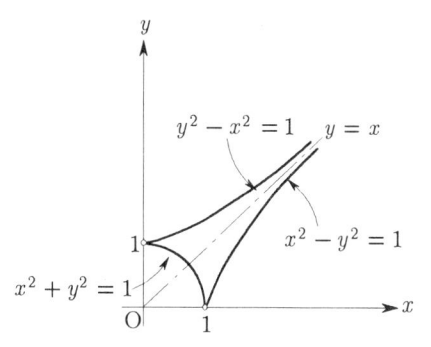

実線の部分が求める領域
（○印は除かれる）
〈解答図3〉

ここでの問題10に関連した補充問題を1つ．

補充問題

三辺の長さが a,b,c である三角形 T を考える．$a\geqq b\geqq c$ のとき3辺の長さが $\frac{a}{2},b,c$ である三角形が存在するならば，T は「変形可能」ということにする．

（1）$1>x>y$ とする．3辺の長さが $1,x,y$ である三角形が存在し，かつその三角形が「変形可能」となる (x,y) の範囲を座標平面に図示せよ．

（2）$1>x>y>\frac{1}{2}$ とする．3辺の長さが $1,x,y$ である三角形は何度でも「変形可能」なことを示せ．つまり，この三角形は「変形可能」であり，変形して得られた三角形もまた「変形可能」であり…となっていることを示せ．

（早稲田大 ◇）

（答）（1）

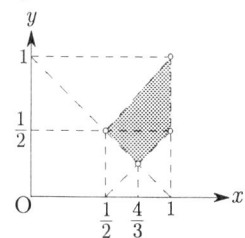

（2）$1>x>y>\frac{1}{2}$ ならば，$x>y>\frac{1}{2}$ なる三角形 T_0 が存在する．さらに $\frac{x}{2},y,\frac{1}{2}$ において $y>\frac{1}{2}>\frac{x}{2}$ なる三角形 T_1 が存在する．そして $\frac{y}{2},\frac{1}{2},\frac{x}{2}$ において $\frac{1}{2}>\frac{x}{2}>\frac{y}{2}$ なる三角形 T_2 が存在する．$T\infty T_2$ である．

図中の霞状部分が求める範囲（○印と境界は除かれる）

この補充問題を自力で解けなかった人は，問題10の解答をすぐ見たであろう！（解答をすぐ見ると力がつかない．）

・**基本事項 [7]**・

動点の軌跡の1例

アポロニウスの円

平面上で2定点 A，B からの距離の比が $m:n$ （ただし，$m > n > 0$ とする）であるような点 P の軌跡は，線分 AB を $m:n$ に内分する点を C，$m:n$ に外分する点を D とすれば CD を直径とする円である．

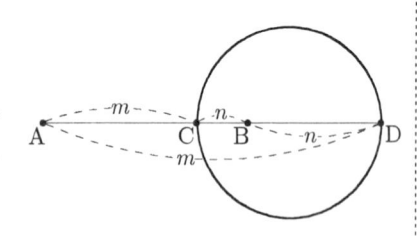

∵）xy 座標軸を導入し，点 A を原点 O に一致させ，線分 AB は x 軸上にあるものとしておいてよい．
点 B の座標を $(x_0, 0)$ $(x_0 > 0)$ としておく．

$$OP^2 = x^2 + y^2,$$
$$BP^2 = (x - x_0)^2 + y^2$$

OP : BP $= m : n$ というから，

$$n^2(x^2 + y^2) = m^2\{(x - x_0)^2 + y^2\}$$

これを $m > n > 0$ の下で整理すると，

$$\left(x - \frac{m^2}{m^2 - n^2} x_0\right)^2 + y^2 = \left(\frac{mnx_0}{m^2 - n^2}\right)^2$$

そこで $y = 0$ とおいて

$$x = \frac{m}{m+n} x_0, \quad \frac{m}{m-n} x_0$$

これは点 $\left(\frac{m}{m+n} x_0, 0\right)$, $\left(\frac{m}{m-n} x_0, 0\right)$ をそれぞれ点 C, D とすれば，C, D は線分 AB を $m:n$ にそれぞれ内，外分する点であることを意味している．そして xy 座標軸をとり払えばよいのである．**q.e.d.**

§2. 図形と方程式　　431

以下に点の軌跡が円になる基本問題を1題挙げておく．

問題 11

直線 g 上に定点 A をとる．長さ2の線分 PQ の中点を M とする．点 P が直線 g 上を動き，AM=PM=1を満たすとき，点 M と点 Q の軌跡を求めよ．
(岩手大・教◇)

▶ (点 M に蝶番を設置したおもちゃの問題．)

点 M が点 A を中心とした半径1の円を描くことは，角のパラメーター θ をもち出すまでもなく，明らか．点 Q の軌跡は，点 P の動きに点 M の動きが従属し，その M の動きに応じて (Q の軌跡が) 決まるというものである．さらに AM=1 でもあるから，点 M は P=A の下で点 A を中心とした半径1の円も描くので，点 Q は半径2の円も描く．

解　図のように直線 g を x 軸と一致させ，定点 A を xy 座標軸の原点 O に一致させておく．

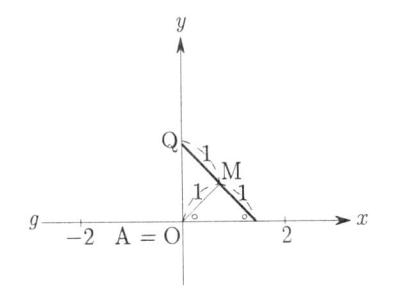

まず点 P が区間 $-2 \leqq x \leqq 2$ の間を動くから，

　　点 M は点 A を中心とした
　　半径1の円を描く　…(答)

次に点 Q は点 M の動きに応じて y 軸上を $-2 \leqq y \leqq 2$ の範囲で動き，さらに AM=1 でもあるから，点 P が点 A に固定されている下で点 M は点 A を中心とした半径1の円を描き，よって点 Q は点 A を中心とした半径2の円を描く．

　　点 Q は，g によって垂直2等分
　　される長さ4の線分と点 A を中
　　心とした半径2の円を描く　…(答)

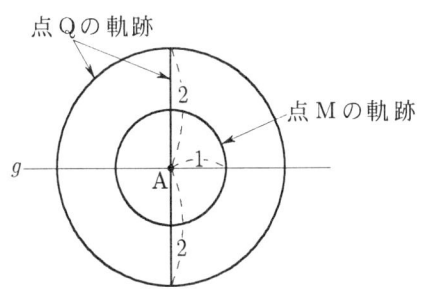

(付) 参考図を右に与えておく．

§3. 2次曲線と極方程式

2次曲線の方程式や図形の極方程式は，歴史的に古いものであるだけに，内容が豊富な分野である．(大学入試から大学初年級までの内容に限れば，)一般に計算が，単純ながら，非常に煩雑になるものが多く，気が滅入りそうになる．例えば，楕円の媒介変数表示ですらも $x = a\cos\theta$, $y = b\sin\theta$ 以外にもいくつもあるし，極座標表示でも $r = \dfrac{l}{1+e\cos\theta}$ 以外にもあり，知識も計算量も多く要求されてくる．これらに接線やら面積やらが混合されてくると，それだけで一冊の本の分量になるし，益々，多くの知識の総動員が要求されて，数学的には，学ぶにはあまり楽しくないものである．(暗記ものが増すと，思考型受験生には途端に苦痛となる．)

入試問題では，古来，命題として知られているものをそのまま流用して出題しているものが多い．記憶型受験生には，これら多くの命題や知識の stock がないと不安を感じるという向きも多いだろう．しかし，この分野は，つっ込めば，切がない．

「問題を網羅して頂きたい．」などと，思ってはならない．そんなことは不可能だし，数学的意味において健康によろしくない．ある程度の知識をもって，それを多方面に使いこなすことが数学の力量というものである．(英語や社会などは，何だかんだともっともらしく理屈をつけても，結局，100 の質問に答えるには，該当する 100 (以上) の知識がないと，いくら考えても答えれるものでないが，数学の問題はよく考えることさえできれば解答できる．) 従って，ここでは最少限の問題数で留めておく．

大切なことは分量よりも確かさであろう．

・基本事項［1］・
2次曲線

❶ 放物線

 1定点 F と1直線 l からの距離が等しい点 P の軌跡を放物線という．F をその焦点，l をその準線という．
 （適当な）座標平面での放物線の方程式の標準形は次式で与えられる：
$$y^2 = 4px \quad (p \neq 0)$$
焦点の座標は F : $(p, 0)$，準線の方程式は $l : x = -p$ である．

❷ 楕円

 異なる2定点 F, F′ からの距離の和が一定であるような点 P の軌跡を楕円という．F, F′ をその焦点という．

 座標平面での楕円の方程式の標準形は次式で与えられる：
$$\frac{x^2}{a^2} + \frac{y^2}{b^2} = 1 \quad (a \geqq b > 0 \text{ としておく})$$
焦点の座標は F : $(c, 0)$, F′ : $(-c, 0)$（ただし $c = \sqrt{a^2 - b^2}$ とする）で与えられ，離心率 $e = \frac{c}{a}$ $(0 \leqq e < 1)$ という記号を用いれば，F : $(ae, 0)$, F′ : $(-ae, 0)$ となる．

（付記1） $a > b > 0$ のとき，$2a$ を長軸，$2b$ を短軸（併せて主軸）という．
（付記2） 1定点 F（焦点）と1直線 l（準線）からの距離の割り算比が 1 より小さい一定値であるような点 P の軌跡も楕円である．（こちらの定義が，本当は，便利である．）このような比は，P から l に下ろした垂線の足を H とすると，$\frac{PF}{PH} = e$（離心率）で与えられる．
（付記3） 楕円の焦点の1つを無限遠方に引き離したものが放物線であるともみなせる．

❸ 双曲線

 異なる2定点 F, F′ からの距離の差が一定であるような点 P の軌跡を双曲線という．F, F′ をその焦点という．

座標平面での双曲線の方程式の標準形は次式で与えられる：
$$\frac{x^2}{a^2} - \frac{y^2}{b^2} = 1 \quad (a > 0, \ b > 0)$$
焦点の座標は $\mathrm{F}:(c, 0)$, $\mathrm{F}':(-c, 0)$ （ただし $c = \sqrt{a^2 + b^2}$ とする）で与えられ，離心率 $e = \frac{c}{a}$ ($e > 1$) という記号を用いれば，$\mathrm{F}:(ae, 0)$, $\mathrm{F}':(-ae, 0)$, となる．

（付記1） 双曲線には漸近線が存在する．それらの方程式は $\frac{x}{a} \pm \frac{y}{b} = 0$ である．

（付記2） 1定点 F（焦点）と 1 直線 l（準線）からの距離の割り算比が 1 より大きい一定値であるような点 P の軌跡も双曲線である．このような比は，P から l に下ろした垂直の足を H とすると，$\frac{\mathrm{PF}}{\mathrm{PH}} = e$（離心率）で与えられる．

・基本事項 [2]・
2次曲線と接線

❶ 放物線の接線の方程式

　座標平面上での放物線：$y^2 = 4px \ (p \neq 0)$ 上の点 (x_0, y_0) における接線の方程式は次式で与えられる：
$$y_0 y = 2p(x + x_0)$$

❷ 楕円の接線の方程式

　座標平面上での楕円：$\frac{x^2}{a^2} + \frac{y^2}{b^2} = 1$ 上の点 (x_0, y_0) における接線の方程式は次式で与えられる：
$$\frac{x_0 x}{a^2} + \frac{y_0 y}{b^2} = 1$$

❸ 双曲線の接線の方程式

　座標平面上での双曲線：$\frac{x^2}{a^2} - \frac{y^2}{a^2} = 1$ 上の点 (x_0, y_0) における接線の方程式は次式で与えられる：
$$\frac{x_0 x}{a^2} - \frac{y_0 y}{b^2} = 1$$

§3. 2次曲線と極方程式　　　　　　　　　　　　　　　　　435

これらの接線の方程式の導出は，2次方程式の'判別式＝0'からできることではあるが，計算は煩雑である．2次曲線の割線の接線極限，従って微分法に依るのがよい．

（付記1） 楕円の2つの直交するような接線の交点の軌跡は円になる．（これは2次方程式問題として解けばよい．）同様に双曲線の場合も（$a^2 > b^2$ ならば，）軌跡は円になる．（ただし漸近線との交点は除かれる）．

（付記2） 傾き m_1, m_2 の2接線（どちらも個別に定点を通るとする）において，$m_1 m_2 = k\ (\neq 0)$ であるような2直線の交点の軌跡は楕円または双曲線になる．

問題1

点$(1, 0)$とy軸との距離の比が$1 : r\ (r > 0)$である点$\mathrm{P}(x, y)$の軌跡の方程式，および軌跡とx軸との交点を求め，その軌跡の表す図形の概形を描け．　　　　　　　　　　　　　　　（大分大・工◇）

▶ ただの計算問題だが，計算過程は少し煩わしい．

解　図に基づいて解く．
$$\mathrm{PH} = |x|,\quad \mathrm{PA} = \sqrt{(x-1)^2 + y^2}$$
であるから，題意より
$$|x| : \sqrt{(x-1)^2 + y^2} = r : 1$$
$$\Longleftrightarrow r\sqrt{(x-1)^2 + y^2} = |x|$$
$$\Longleftrightarrow (r^2-1)x^2 - 2r^2 x + r^2 y^2 + r^2 = 0$$

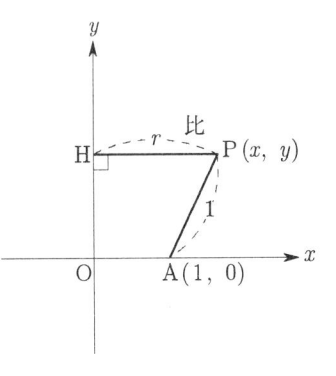

（ア） $r = 1$ のとき
$$y^2 = 2x - 1$$

（イ） $0 < r < 1$ のとき
$$(1-r^2)\left(x + \frac{r^2}{1-r^2}\right)^2 - r^2 y^2 = \frac{r^2}{1-r^2}$$

（ウ） $r > 1$ のとき

$$(r^2-1)\left(x-\frac{r^2}{r^2-1}\right)^2 + r^2y^2 = \frac{r^2}{r^2-1}$$

よって

(ア) $r=1$ のとき
 $y^2 = 2x-1$ (放物線) …**(答)**

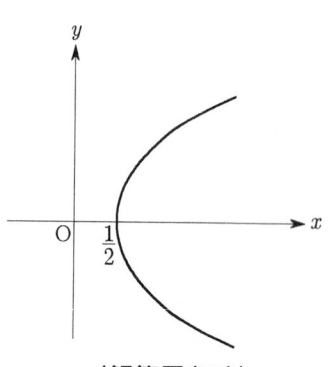

〈解答図(ア)〉

(イ) $0<r<1$ のとき
$$\begin{cases} \dfrac{(1-r^2)^2}{r^2}\left(x+\dfrac{r^2}{1-r^2}\right)^2 - (1-r^2)y^2 = 1 \\ (双曲線) \end{cases}$$
 …**(答)**

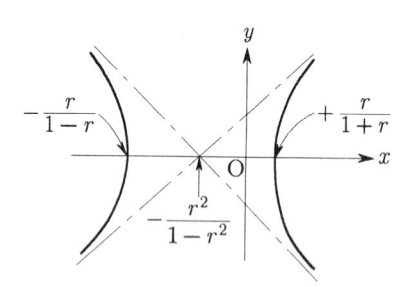

漸近式の方程式は

$$\frac{(1-r^2)x+r^2}{r} \pm \sqrt{1-r^2}\, y = 0$$

である

〈解答図(イ)〉

(ウ) $r>1$ のとき
$$\begin{cases} \dfrac{(r^2-1)^2}{r^2}\left(x-\dfrac{r^2}{r^2-1}\right)^2 + (r^2-1)y^2 \\ \qquad\qquad\qquad\qquad = 1 \\ (楕円) \end{cases}$$
 …**(答)**

〈解答図(ウ)〉

§3. 2次曲線と極方程式

問題 2

座標平面上に次のような3つの集合がある.
$$A = \left\{(x, y) \,\middle|\, \frac{x^2}{4} + \frac{y^2}{3} = 1 \text{ の周上で } y \geq 0\right\}$$
$$B = \left\{(x, y) \,|\, (x-1)^2 + y^2 = 1 \text{ の周上で } y \leq 0\right\}$$
$$C = \left\{(x, y) \,|\, (x+1)^2 + y^2 = 1 \text{ の周上で } y \leq 0\right\}$$

このとき,集合 A,B,C 上の各動点 P,Q,R に対し,線分 PQ と PR の長さの和の最大値を求めよ.

(東京工大 (改))

▶ 3点 P,Q,R の座標を設定しようなどとすると,殆ど収拾がつかなくなるだろう.線分 PQ,PR の各々の最大値を求めようとする人もいるかもしれないが,それは "elegant" ではない.

"PQ+PR の最大値をもとめよ" だから,和そのものを上手に評価するのである.

解 楕円 A の2つの焦点を図のように F,F' とすれば,F $=(1, 0)$,F' $=(-1, 0)$ である.

図において,三角不等式により
$$\text{PQ} \leq \text{QF} + \text{FP},$$
$$\text{PR} \leq \text{PF'} + \text{F'R}$$

であるから,
$$\text{PQ} + \text{PR} \leq \text{FP} + \text{PF'} + \text{QF} + \text{F'R}$$
$$= 2 \times 2 + 1 + 1$$

(∵ 楕円の定義を用いた)

$$= 6 \quad \cdots \text{(答)}$$

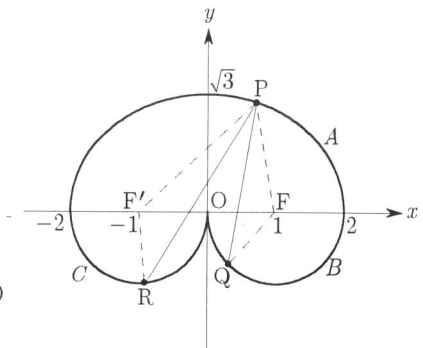

問題3

xy 座標平面において，2直線 $y = 2(x+2)$, $y = -2(x+2)$ を漸近線とし，原点を通る双曲線の方程式は（(1)　　）である．また，この双曲線の1つの焦点を $F(c, 0)$ $(c > 0)$ とすると，$c =$（(2)　　）である．

(鹿児島大 ◊)

▶ この問題での双曲線は1つの標準形を x 軸方向へ -2 だけ平行移動したものである．

解　（1）問題での漸近線をもち，原点を通る双曲線の方程式は
$$\frac{(x+2)^2}{a^2} - \frac{y^2}{b^2} = 1 \quad (a > 0, b > 0)$$
の形を，少なくとも，とる．この曲線は原点を通るというから，
$$a^2 = 2^2 \quad (a > 0) \qquad \therefore \quad a = 2$$
よって漸近線の方程式は
$$\frac{x+2}{2} \pm \frac{y}{b} = 0 \quad (b > 0)$$
与えられた漸近線の方程式は
$$\frac{x+2}{2} \pm \frac{y}{4} = 0$$
$$\therefore \quad b = 4$$
求める双曲線の方程式は
$$\frac{(x+2)^2}{2^2} - \frac{y^2}{4^2} = 1 \quad \cdots \text{(答)}$$

（2）標準形 $\dfrac{x^2}{2^2} - \dfrac{y^2}{4^2} = 1$ の焦点は $(\sqrt{2^2 + 4^2}, 0) = (2\sqrt{5}, 0)$ であるから，問題での双曲線の焦点は $(c, 0) = (2\sqrt{2} - 2, 0)$ である．

$$\therefore \quad c = 2\sqrt{2} - 2 \quad \cdots \text{(答)}$$

§3. 2次曲線と極方程式   439

双曲線においては必ずしも $\frac{x^2}{a^2} - \frac{y^2}{b^2} = 1$ の形式をとるとは限らない．そのような問題を1つ．

問題4

a, b, c, d は次の条件を満たす定数とする．
$$2a - b = 1, \quad 2c - d = -1,$$
$$ad - bc = -1, \quad c \neq 0$$
次の双曲線を H とする．
$$H : y = \frac{b + dx}{a + cx}$$
(1) 双曲線 H は点 $(1, 2)$ を通ることを示せ．
(2) 直線 $x + y = 3$ と双曲線 H は接することを示せ．

(京都府医大 ◇)

▶ 漸近線が x, y 軸に平行な双曲線の問題である．(1)は，いわば，連立方程式のような問題であるので確保したい．(2)は，直線 $x + y = 3$ が点 $(1, 2)$ を通ることに気付けば，すんなりといくが，….

解　　$2a - b = 1$　　…①
　　　　$2c - d = -1$　　…②
　　　　$ad - bc = -1$　　…③
　　　　$c \neq 0$

(1) H の式において $x = 1$ とおくと，
$$y = \frac{b + d}{a + c}$$
ここで，もし $a + c = 0$ であるとすると，①より
$$2c + b = -1$$
これと②より③は
$$-1 = (-c)(2c + 1) + (2c + 1)c = 0$$
となって矛盾が生じる．よって
$$a + c \neq 0$$
(これは $x = 1$ が漸近線にならないことを意味している．)

さて，①+②より
$$2(a+c)-(b+d)=0$$
$$\therefore \quad y = \frac{b+d}{a+c} = 2$$

以上によって H は点 $(1, 2)$ を通ることが示された．◀

（2）直線 $x+y=3$ は点 $(1, 2)$ を通るので，点 $(1, 2)$ での H の接線がそれと一致することを確かめればよい．
$$H : y = \frac{b+dx}{a+cx}$$
$$y' = -\frac{1}{(a+cx)^2} \quad (\because ③より)．$$

よって H 上の点 $(1, 2)$ での接線の方程式は
$$l : y-2 = -\frac{1}{(a+c)^2}(x-1)$$

ここで，①×c+②×$(-a)$ より
$$a+c = ad-bc = 1 \quad (\because ③より)$$

よって
$$l : x+y = 3 \quad ◀$$

ここでの問題 4 に関連して，双曲線の補充問題を 1 つ．

補充問題
曲線 $y = \dfrac{1}{x-[x]}$ の概形を描け．ここに $[x]$ は実数 x を越えない最大の整数を表す．
（答）

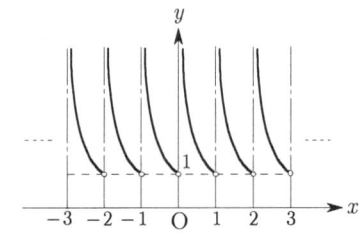

（○印は除かれる）

（このような問題では，$x-[x]$ を $2x-[2x]$, $3x-[3x]$, … といくらでも変えれるが，単なる数値換えに過ぎず，つまらない．）

§3. 2次曲線と極方程式

―― 基本事項 [3] ――

曲線の媒介変数表示

平面においてある曲線 C が
$$C : \begin{cases} x = f(t) \\ y = g(t) \end{cases} (t は適当な範囲)$$
と媒介変数 t によって表された場合の曲線を媒介変数表示された曲線という．

(例) 楕円 : $\dfrac{x^2}{a^2} + \dfrac{y^2}{b^2} = 1 \ (a > b > 0)$ においては
$$\begin{cases} x = a\cos\theta \\ y = b\sin\theta \end{cases} (0 \leqq \theta < 2\pi)$$
と，媒介変数 θ を用いて表される．(これは楕円の外接円を考えてみればよい.)

(例) 曲線 $a^2 y^2 = 4x^2(a^2 - x^2)$ (a は正の定数) を，適当に，三角関数を用いてパラメーター表示してみよ．

・$x = a\sin\theta \ (0 \leqq \theta < 2\pi)$ とおくと，$y = a\sin 2\theta$ となる．

$$\therefore \begin{cases} x = a\sin\theta \\ y = a\sin 2\theta \end{cases} (0 \leqq \theta < 2\pi)$$

(右図はこの曲線の概形である.)

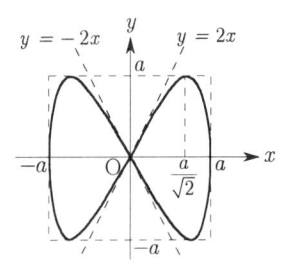

・**基本事項 [4]**・

極座標と極方程式

平面上の始点 O と始線 Ox において，動径 r とそれが Ox となす角 θ によって座標 (r, θ) を設定したものを極座標という．

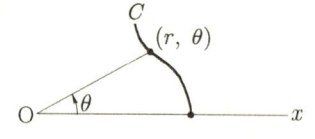

この座標を用いて曲線 C を表したものを極方程式という．以下に代表的な極方程式を列挙しておく．

❶ 直線（図 1 参照）

❷ 円（図 2 参照）

図 1

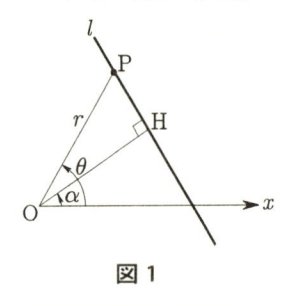

OH $= p$ とする．
$l : r\cos(\theta - \alpha) = p$

図 2

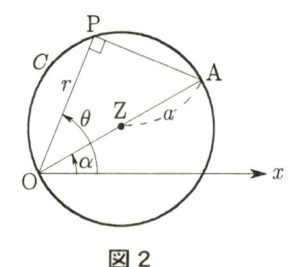

半径を a とする．
$C : r = 2a\cos(\theta - \alpha)$

❸ 放物線（図 3 参照）

焦点の x 座標を $p(>0)$ とする．
$$C : r = \frac{2p}{1 - \cos\theta}$$
（これは $y^2 = 4px$ から求められる）

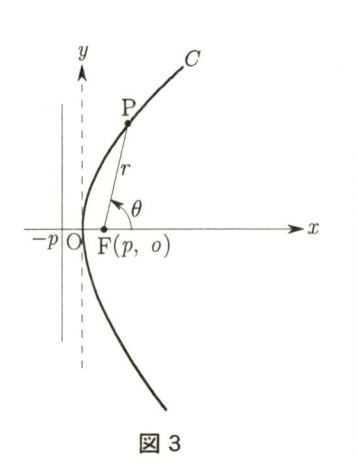

図 3

§3. 2次曲線と極方程式

❹ 楕円（図4参照）

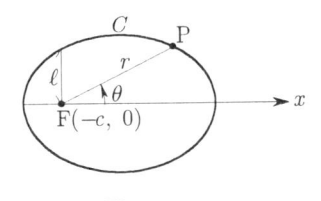

図4

焦点の x 座標を $-c\,(<0)$ とする.
$$C: r = \frac{\ell}{1 - e\cos\theta}$$
（e は離心率で $0 < e < 1$, ℓ は正の定数で半通径といわれる）

❺ 双曲線（図5参照）

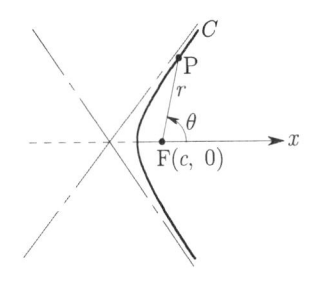

図5

$$C: r = \frac{\ell}{1 - e\cos\theta}$$
（e は離心率で $e > 1$, ℓ は正の定数で半通径といわれる）

（付記）❺で $r < 0$ も許容すれば，双曲線の左半分も得られる.

一般に極方程式から曲線をできるだけ正確に描くことは煩わしい（コンピューターグラフィックスはこのようなときには役立つ）．概形を描く為に要することは，**（ア）** θ の変化に対する r の増減の様子，**（イ）** xy 直交座標での表示，**（ウ）** $\theta \to -\theta$, $\theta \to \theta \pm \pi$ などの変換による対称性を調べるなどである.

なお，極方程式によっては，$r < 0$ となる場合もある．この場合は，(r, θ) の点は $(-r, \theta \pm \pi)$ と同一の点とみなす.

以下に代表的例を提示しておくので，"フムフム"と眺めていないで，必ず，自分で描いて確かめておくこと．

（例）アルキメデスの螺線

$$r = a\theta \quad (a は正の定数)$$

$r = f(\theta)$ と表すと，$f(-\theta) = -f(\theta)$ であるから，$r < 0$ も許すと曲線は始点 O を通り，Ox 軸に垂直な直線（すなわち，図の y 軸）に関して対称である．

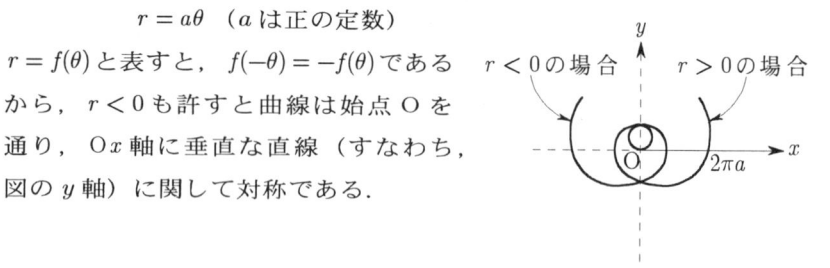

（例）カーディオイド

$$r = a(1 + \cos\theta) \quad (a は正の定数)$$

これを xy 直交座標表示に直すと，$x^2 + y^2 = a(\sqrt{x^2 + y^2} + x)$ となるが，これで図示する気にはなれまい．$r = f(\theta)$ と表すと，$f(-\theta) = f(\theta)$ であるから，曲線は始線に関して対称である．

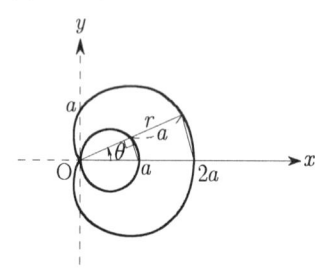

この曲線の囲む面積は $\dfrac{3}{2}\pi a^2$ である．

§3. 2次曲線と極方程式　　　　　　　　　　　　　　445

問題5

点Pの極座標(r, θ)が次の極方程式を満たす．
$$r = 2\cos\theta + 2\sin\theta$$
ここで，極方程式においては，rが負である極座標の点も考える．すなわち，$r > 0$のとき，極座標$(-r, \theta)$は$(r, \theta+\pi)$と同じ点を表すものとする．次の問いに答えよ．

(1) θが$\dfrac{\pi}{2} \leqq \theta \leqq \pi$の範囲を動くとき，点Pの軌跡を求め，図示せよ．

(2) θが$\dfrac{\pi}{2} \leqq \theta \leqq \pi$の範囲を動くとき，$|r|$の最小値$r_1$とそれを与える$\theta_1$および$|r|$の最大値$r_2$とそれを与える$\theta_2$を求めよ．

(3) θが$\dfrac{3\pi}{4} \leqq \theta \leqq \pi$の範囲を動くとき，Pが描く図形の長さを求めよ．

(名古屋大・工◇)

▶ 基本的問題であるから，自力で完答されよ．

解　問題の極方程式は，$\dfrac{\pi}{2} \leqq \theta \leqq \pi$にて
$$r = 2\sqrt{2}\cos\left(\theta - \dfrac{\pi}{4}\right) \quad \cdots ①$$
である．

(1) $\dfrac{\pi}{2} \leqq \theta \leqq \pi$より，$\theta - \dfrac{\pi}{4} = \theta'$とおくと，①は
$$r = 2\sqrt{2}\cos\theta' \quad \left(\dfrac{\pi}{4} \leqq \theta' \leqq \dfrac{3}{4}\pi\right)$$

よって右図の実線部分が求める点Pの軌跡である．

(2) (1)での〈解答図〉より
$$\begin{cases} r_1 = 0 \quad \left(\theta_1 = \dfrac{3\pi}{4}\right) \\ r_2 = 2 \quad \left(\theta_2 = \dfrac{\pi}{2}, \pi\right) \end{cases} \quad \cdots (答)$$

(3) 求める図形の長さは〈解答図〉での円弧$\stackrel{\frown}{\text{OA}}$の部分のものであるから
$$\dfrac{\sqrt{2}\pi}{2} \quad \cdots (答)$$

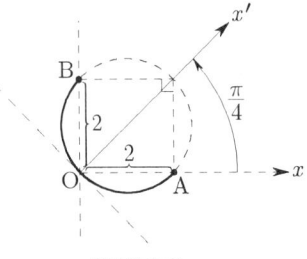

〈解答図〉

問題6

(1) 直交座標において，点 $A(\sqrt{3}, 0)$ と準線 $x = \dfrac{4}{\sqrt{3}}$ からの距離の比が $\sqrt{3} : 2$ である点 $P(x, y)$ の軌跡を求めよ．

(2) (1)における A を極，x 軸の正の部分の半直線 AX とのなす角 θ を偏角とする極座標を定める．このとき，P の軌跡を $r = f(\theta)$ の形の極方程式で求めよ．

(3) A を通る任意の直線と(1)で求めた曲線との交点を R，Q とする．このとき

$$\frac{1}{RA} + \frac{1}{QA}$$

は一定であることを示せ． （帯広畜産大 ◊）

▶ (1)は容易であろう．(2)は $x = r\cos\theta + c$ （c は $c > 0$ で1つの焦点の x 座標），$y = r\sin\theta$ とおいて，一所懸命，計算してもよいが，楕円の性質の"原点"に戻った方がより速い．(3)は，極方程式なくしては，ちょっとやり切れないだろう．（弦は1焦点を通る．）

解 (1) 図のように点 P から準線 l に下ろした垂線の足を H とする． $AP : PH = \sqrt{3} : 2$ というから

$$4\{(x - \sqrt{3})^2 + y^2\} = 3\left|\dfrac{4}{\sqrt{3}} - x\right|^2 \quad \left(x < \dfrac{4}{\sqrt{3}}\right)$$

$$\therefore \quad \dfrac{x^2}{4} + y^2 = 1 \quad (楕円) \quad \cdots (答)$$

(2) 点 A は(1)での楕円の焦点の1つである．もう1つの焦点を A' とすると，

$$A : (\sqrt{3}, 0)$$
$$A' : (-\sqrt{3}, 0)$$

点 P の軌跡が，長軸の長さが4の楕円であることは既知であるから，

$$PA + PA' = 2 \times 2$$

すなわち

$$r + \mathrm{PA'} = 4$$

余弦定理によると，
$$\begin{aligned}(\mathrm{PA'})^2 &= (4-r)^2 \\ &= (\mathrm{AA'})^2 + (\mathrm{AP})^2 \\ &\quad - 2(\mathrm{AA'})(\mathrm{AP})\cos(\pi - \theta) \\ &= (2\sqrt{3})^2 + r^2 + 2\times 2\sqrt{3}\, r\cos\theta\end{aligned}$$
$$\therefore\quad r = \frac{1}{2+\sqrt{3}\,\cos\theta}\quad \cdots\text{(答)}$$

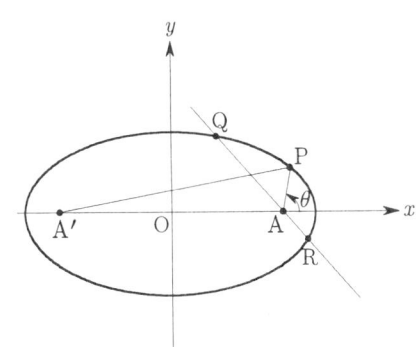

（3）点 Q の偏角を θ' とすると，点 R のそれは $\theta' + \pi$ であるから，
$$\mathrm{QA} : r_\mathrm{Q} = \frac{1}{2+\sqrt{3}\,\cos\theta'},$$
$$\mathrm{RA} : r_\mathrm{R} = \frac{1}{2-\sqrt{3}\,\cos\theta'}$$
よって
$$\begin{aligned}\frac{1}{\mathrm{RA}} + \frac{1}{\mathrm{QA}} &= (2-\sqrt{3}\,\cos\theta') + (2+\sqrt{3}\,\cos\theta') \\ &= 4\quad (一定)\quad \blacktriangleleft\end{aligned}$$

（付） 長半径 a の楕円（標準形とする）の２つの焦点の x 座標 $\pm c$ $(c>0)$ は離心率 e と長半径 a を用いて $c=ae$ で定められている．このことによって楕円上の任意の点 $\mathrm{P}(x, y)$ と２焦点 $\mathrm{F}, \mathrm{F'}$ の間には $\mathrm{PF}=a-ex$，$\mathrm{PF'}=a+ex$ なる関係があり，それらの線分は点 P での楕円の接線と等角をなす．このようにして，一般に，２次曲線と直線の間には様々な関係式が導かれるのである．

第8部
順列と組合せ および 確率と統計

　順列・組合せまでは正確な場合の数を求めるものである．しかし，確率は，通常，そうでない．これは場合の数を数えるという手段を使ってはいるが，与える情報は，物事の当てにならない，その目安である．

　しかし，その目安の捉え方は，超ミクロの世界の現象を別として，人間そのものの能力的無力さに起因している．

　表と裏の目の出方が同様に確からしい硬貨を投げて，表か裏の出る確率が $\frac{1}{2}$ というのは，実際は，多数回試行して，統計をとったら，どちらの目も，大体，同数回，現れるという経験的観測事実に基づいている．

　硬貨を投げるとき，その硬貨が手から離れる物理的初期状態も，その後，どのような運動が起こるかも自然の側は分かっているのである．ただ人間の側が，完全には，その一連の運動方程式を把握できないだけのことである．硬貨投げでの確率というものは，カオスとよばれる外部不確定的効果などの入った統計的数値表現である．このようなものは，厳密な意味での確率論の概念ではないと考えられる．（経験的確率を数学的確率にすり替えているからである．）

　しかし，もし，のっぺらで表も裏もない，ただし，仮想的に１の目，２の目と名付けておいた均質・対称的硬貨があるとしよう．これを均質・一様かつ水平な板の上に何の偏りもなく投じたならば，どうなるか？ 確率 $\frac{1}{2}$ でどちらか一方だけの目が出ると思われるか？ それはどちらの目も出ない．さらに因果的運動の法則が成立しないならば，厳密な意味での数学的確率論はそのような世界で展開されていくものである．

§1. 順列と組合せ

　順列と組合せは場合の数を数えるゲームである．ただ，物を並べたり，組み合わせたりすることなのだが，これが並々ならないようである．易しい問題を，何とか，解いているうちはよいが，段々，難しくなってくると解けなくなるのは，場合分けが複雑になったり，題意が捉えれなくなったのではなく，根本的内容の理解不足に因る．それ故，基本事項を上すべりに眺めるのではなく，その底にあるそれらの本質をよく認識しておいて頂きたい．

・基本事項 [1]・

順列と組合せ

　区別できる n 個の物から r 個とって並べる仕方は
$$n(n-1)(n-2)\cdots\{n-(r-1)\}$$
$$= {}_n\mathrm{P}_r \quad (通り)$$

である．このような n 個の物を全て円順列でならべる仕方は $(n-1)!$ (通り) である．(ただし，外景の多様性は度外視するのが常である．)

　n 個の物から r 個とる組合せの仕方は
$$\frac{{}_n\mathrm{P}_r}{r!} = {}_n\mathrm{C}_r \quad (通り)$$

である．

　(付記) n 個の物があって，そのうち p 個は（見かけ上）同じ物，q 個はそれとは別の同じ物，r 個はさらにそれらとは別の同じ物であるとき，これら n 個の並べ方は
$$\frac{n!}{p!\,q!\,r!} \quad (通り)$$

である．

（例）図のような正三角形を3つの三角形に等分した板がある．この板を4色で塗り分ける仕方を求めよ．ただし，隣りあう区域は異なる色で塗るものとする． 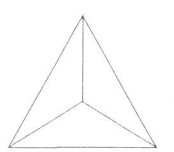
・4色から3色とり出す仕方は $_4C_3 = 4$ 通り．円順列と同じ要領で塗り分ければよいから，求める場合の数は
$$4 \times 2! = 8 \text{ (通り)}$$
である．

（例）マスの個数が $m \times n$ の方眼紙がある．ただし，$m \geqq 2$, $n \geqq 2$ とする．このような方眼紙にある長方形の個数を求めよ．（正方形は長方形とみなす．）

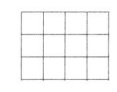

4×3 マスの方眼紙
例

・方眼紙上の長方形は平行な4本の直線で決まる．まず方眼紙の $n+1$ 本の横軸から2本の横軸のとり方は $_{n+1}C_2$ 通りある．次に方眼紙の $m+1$ 本の縦軸から2本の縦軸のとり方は $_{m+1}C_2$ 通りある．よって求める長方形の個数は
$$_{m+1}C_2 \cdot {_{n+1}C_2} \text{ (個)}.$$

（例）区別のつかない n 個 $(n \geqq 3)$ のボールを3人に，どの人も少なくとも1個はもらうものとして，分け与える仕方は何通りか．
・n 個のボールを1列に並べて，3つに区分けして，第1組を1人目に，第2組を2人目に，第3組を3人目に分け与える仕方を求める：
$$_{n-1}C_2 = \frac{(n-1)(n-2)}{2} \text{ (通り)}$$

問題 1

図のような街路があり，点 A_1 を出発し街路上を動く点 P がある．

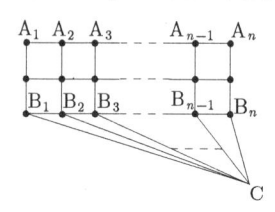

```
A₁  A₂  A₃        Aₙ₋₁ Aₙ
 •───•───•── … ──•───•
 │   │   │       │   │
 •───•───•── … ──•───•
 B₁  B₂  B₃       Bₙ₋₁ Bₙ
                        C
```

(1) 点 P が右方，下方または斜め下方のみを動くとき，点 C に到達する方法は何通りあるか．

(2) 点 P が (1) の動きに加えて真上にも動けるとき，点 C に到達する方法は何通りあるか．ただし，同じところは，2度と通らないものとする．

（千葉大（改）♦）

▶ (1) は基本的だが，(2) は少し難しいだろう．"上下に動ける"ということにあまり強く捕われ過ぎると繁雑な解答路線になり，制限時間内では，まず解けないのでは？ もう少し事象をよく分析してみると，'点 A_n, B_n に到れば，点 C には一意に到る'ということになる．されば，これをもう少し緩めて使えないか？ (1) と (2) ではルールが異なってくるので，独立した問題として解いてよいだろう．

解 (1) 右に 1 区画，下に 1 区画だけ移動する事をそれぞれ E, F とする．点 A_1 から C に到達する方法の数は，点 A_1 から B_k $(1 \leq k \leq n)$ に到る方法の数の和と同じである．点 A_1 から B_k に到るその方法は，E が $k-1$ 回，F が 2 回の順列分であるから，$\dfrac{(k+1)k}{2}$ 通りある．よって求める方法の数は

$$\frac{1}{2}\sum_{k=1}^{n}(k+1)k = \frac{1}{2}\left\{\frac{1}{6}n(n+1)(2n+1) + \frac{1}{2}n(n+1)\right\}$$
$$= \frac{1}{6}n(n+1)(n+2) \quad \cdots \text{(答)}$$

(2) 問題図から長方形 $A_1B_1B_kA_k$ $(1 \leq k \leq n)$ の部分を抜き取り，それから次の図のように点 $D_1, D_2, \cdots, D_k$ をとる．

§1. 順列と組合せ

A_1 を出発して点 A_k, D_k, B_k のどれかに到達する（このとき点 C へ到る路(みち)は一意に決まる）場合の数を a_k とすると，その次に点 A_{k+1}, D_{k+1}, B_{k+1} のどれかに到達する場合の数 a_{k+1} は直ちに

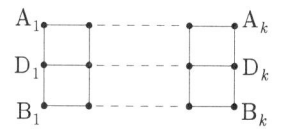

$$a_{k+1} = 3a_k \quad (a_1 = 1)$$

よって求める方法の数は

$$\sum_{k=1}^{n} a_k = \frac{1-3^n}{1-3} = \frac{1}{2}(3^n - 1) \quad \cdots \text{(答)}$$

（付）小問(2)は，着眼が悪いと，全く解けないか，あるいは解けたとしても，大分，複雑で遠回りさせられるだろう．出題者は，それなりのセンスを問うているのが伺える．

454　第8部　順列と組合せ および 確率と統計

―――――・ 基本事項 [2] ・―――――

重複順列

　異なる n 個の物から同一の物を何回もとることを許して r 個とって並べる順列の総数は

$$n^r \text{ (通り)}$$

である．（これを記号 ${}_n\Pi_r$ で表すことも多いが，なければなくて済む記号である．）勿論，$n < r$ でもよい．

（解説）$\boxed{1}, \boxed{2}, \cdots, \boxed{n}$ の番号札を r 人（$n < r$ かもしれない；r 人の人を $A_1, A_2, \cdots, A_r$ とする）の人に，番号札の重複を許して 1 枚ずつ配布する場合を想定してみる．A_1 さんには $\boxed{1} \sim \boxed{n}$ の番号札がくる可能性があり，この場合の数は n 通りである．A_2 さん，$\cdots$，A_n さんにも同様であるから，結局，重複順列の総数は n^r 通りとなる．

問題 2

　8 個の異なる品物を A，B，C 3 人に分ける方法について，次の問いに答えよ．
（1）A に 3 個，B に 2 個，C に 3 個分ける方法は何通りか．
（2）品物を 1 個ももらえない人がいてもよいとすれば，分け方は何通りか．
（3）A，B，C がいずれも，少なくとも 1 個の品物をもらう分け方は何通りか．

（滋賀大 ◇）

▶　（1）は単なる組合せ．（2）は単なる重複順列．（3）は少し難しいかな？（2）の結果を使う．A，B，C 3 人のうち，2 人が品物をもらえない場合の数は ${}_3C_2 = 3$ 通りある．1 人が品物をもらえない場合の数は ${}_3C_1(2^8 - 2)$ 通りある．ここに $2^8 - 2$ は 2 人が 8 個の品物をどちらも，少な

くとも，1個もらえる場合の数である．これらを(2)の結果から引くとよい．

解 （1）8個の品物からAに3個与える方法は $_8C_3$ 通り，残り5個の品物からBに2個与える方法は $_5C_2$ 通りある．よって求める方法の数は

$$_8C_3 \times _5C_2 = \frac{8 \cdot 7 \cdot 6}{3 \cdot 2} \times \frac{5 \cdot 4}{2}$$
$$= 560 \text{ （通り）} \cdots \textbf{(答)}$$

（2）8個の品物のうち，ある1個の品物はA，B，C3人の誰かに与えられるので，その方法は3通り．残り7個の品物の各々についても同様である．よって求める方法数は

$$3^8 = 6561 \text{ （通り）} \cdots \textbf{(答)}$$

（3）まずA，B，C3人のうち誰か1人が品物を1個ももらえない場合，2人が8個の品物をどちらも少なくとも1個はもらうことになり，その方法の数は $2^8 - 2$ 通りである．従ってこの場合の方法数は $3 \times (2^8 - 2)$ 通りである．

次にA，B，C3人のうち2人が品物を1個ももらえない場合，1人が8個の品物を1人占めすることになる．従ってこの場合の方法数は $_3C_2 = 3$ 通りである．

よって求める方法数は

$$3^8 - 3 \times (2^8 - 2) - 3$$
$$= 5796 \text{ （通り）} \cdots \textbf{(答)}$$

・基本事項 [3] ・
2 項展開と多項展開の公式

n を 0 以上の整数とする.

❶ $(a+b)^n = \sum_{k=0}^{n} \dfrac{n!}{k!(n-k)!} a^k b^{n-k}$

❷ $(a+b+c)^n = \sum_{r=0}^{n} \left\{ \sum_{k=0}^{n-r} \dfrac{n!}{r!k!(n-r-k)!} a^r b^k c^{n-r-k} \right\}$

問題 3

(1) $(1+x+y)^{10}$ の展開式における $x^2 y$ の係数を求めよ.　（埼玉大 ◇）

(2) 式 $\left(a+b+\dfrac{1}{a}+\dfrac{1}{b} \right)^7$ を展開したときの ab^2 の係数を求めよ.

（関西学院大）

▶ (1)は問題ないだろう．(2)は式をよく見ると，$a+b+\dfrac{1}{a}+\dfrac{1}{b} = a+b+\dfrac{a+b}{ab} = (a+b)\left(1+\dfrac{1}{ab}\right)$ となるので，何ということはない．2 項展開の積の問題である．

解　(1) $x+y=X$ とおくと

$$(1+x+y)^{10} = (1+X)^{10}$$

$$= \sum_{k=0}^{10} {}_{10}\mathrm{C}_k X^k$$

$$= \sum_{k=0}^{10} {}_{10}\mathrm{C}_k \left(\sum_{r=0}^{k} {}_k\mathrm{C}_r x^r y^{k-r} \right)$$

$x^2 y$ の項を拾い上げると

$$r=2, \ k-r=1$$

$$\therefore \quad r=2, \ k=3$$

よって求める係数は

$${}_{10}\mathrm{C}_3 \times {}_3\mathrm{C}_2 = 120 \times 3 = 360 \quad \cdots \text{(答)}$$

（2）
$$a+b+\frac{1}{a}+\frac{1}{b}$$
$$=(a+b)\left(1+\frac{1}{ab}\right)$$

であるから

$$与式=(a+b)^7\left(1+\frac{1}{ab}\right)^7$$
$$=\left(\sum_{k=0}^{7}{}_7\mathrm{C}_k a^k b^{7-k}\right)\cdot\left\{\sum_{r=0}^{7}{}_7\mathrm{C}_r\left(\frac{1}{ab}\right)^r\right\}$$

ここで

$$a^k b^{7-k}\cdot\left(\frac{1}{ab}\right)^r = a^{k-r}b^{7-k-r}$$

であるから，ab^2 の項を拾い上げると

$$k-r=1,\ \ 7-k-r=2$$
$$\therefore\ \ r=2,\ k=3$$

よって求める係数は

$$_7\mathrm{C}_3\times{}_7\mathrm{C}_2 = 735\quad\cdots\text{(答)}$$

(付) （1）は公式❷を用いて次のように解ける：
$x^2 y = 1^7 x^2 y$ とみて，求める係数は
$$\frac{10!}{7!\,2!}=360.$$

ついでに（2）を公式❶で，上の 解 とは別に解いておく．
$a+\dfrac{1}{a}=A,\ b+\dfrac{1}{b}=B$ とおくと

$$与式=(A+B)^7$$
$$=\sum_{r=0}^{7}{}_7\mathrm{C}_r A^r B^{7-r}$$
$$=\sum_{r=0}^{7}{}_7\mathrm{C}_r\left(\sum_{s=0}^{r}{}_r\mathrm{C}_s a^{2s-r}\right)\cdot\left(\sum_{t=0}^{7-r}{}_{7-r}\mathrm{C}_t b^{t-(7-r)}\right)$$

ab^2 の項を拾い上げる：
$$2s-r=1,\ \ 2t+r-7=2$$
$$(0\leqq s\leqq r,\ 0\leqq t\leqq 7-r,\ 0\leqq r\leqq 7)$$

これより

$$(r,\ s,\ t)=(5,\ 3,\ 2),\ (3,\ 2,\ 3),\ (1,\ 1,\ 4)$$

よって求める係数は

$$_7C_5 \times {}_5C_3 \times {}_2C_2 + {}_7C_3 \times {}_3C_2 \times {}_4C_3 + {}_7C_1 \times {}_1C_1 \times {}_6C_4$$
$$= 210 + 420 + 105 = 735.$$

着眼点が前の解答より悪い為に，煩わしい不定方程式を解かねばならないという手間がかかっている．

・基本事項 [4]・

2項係数に関する準公式

❶ $\quad {}_nC_1 + 2{}_nC_2 + 3{}_nC_3 + \cdots + n{}_nC_n = n \cdot 2^{n-1}$

❷ $\quad {}_nC_0^2 + {}_nC_1^2 + {}_nC_2^2 + \cdots + {}_nC_n^2 = {}_{2n}C_n$

（注意）入試では，これらは公式として用いてはならない．使うときは，必ず，その公式の成立を示すこと．

∵) ❶ $\quad$ 左辺 $= \displaystyle\sum_{k=1}^{n} k{}_nC_k$

ここで
$$k{}_nC_k = k \cdot \frac{n!}{k!(n-k)!}$$
$$= \frac{n \cdot (n-1)!}{(k-1)!\{(n-1)-(k-1)\}!}$$
$$= n{}_{n-1}C_{k-1} \quad (k \geq 1)$$

であるから，
$$\sum_{k=1}^{n} k{}_nC_k = n\sum_{k=1}^{n} {}_{n-1}C_{k-1}$$
$$= n \cdot 2^{n-1} = 右辺 \quad \text{q.e.d.}$$

❷ $\quad (1+x)^n(1+x)^n = (1+x)^{2n}$

において
$$左辺 = ({}_nC_0 + {}_nC_1 x + \cdots + {}_nC_n x^n) \cdot ({}_nC_0 + {}_nC_1 x + \cdots + {}_nC_n x^n)$$
$$= \cdots + ({}_nC_0 \cdot {}_nC_n + {}_nC_1 \cdot {}_nC_{n-1} + \cdots + {}_nC_n \cdot {}_nC_0)x^n + \cdots\cdots,$$
$$右辺 = {}_{2n}C_0 + {}_{2n}C_1 x + \cdots + {}_{2n}C_n x^n + \cdots + {}_{2n}C_{2n} x^{2n}$$

x^n の係数比較と ${}_nC_k = {}_nC_{n-k}$ によって
$$_nC_0^2 + {}_nC_1^2 + \cdots + {}_nC_n^2 = {}_{2n}C_n \quad \text{q.e.d.}$$

問題 4

次の等式を示せ．ただし n は 0 以上の整数とする．
$$\sum_{k=0}^{n} k^2 {}_n\mathrm{C}_k = n(n+1)2^{n-2}$$

▶ 上で述べたような路線でもいけるが，微分法を用いることも多いので，ここでは，いささか発展的ではあるが，それでやってみる．

解
$$(1+x)^n = \sum_{k=0}^{n} {}_n\mathrm{C}_k x^k$$

x で両辺を微分して
$$n(1+x)^{n-1} = 1 \cdot {}_n\mathrm{C}_1 + 2 \cdot {}_n\mathrm{C}_2 x + \cdots + n \cdot {}_n\mathrm{C}_n x^{n-1} \quad (n \geq 1)$$

上式に x をかけて，さらに x で微分して
$$n(n-1)x(1+x)^{n-2} + n(1+x)^{n-1}$$
$$= {}_n\mathrm{C}_1 + 2^2 \cdot {}_n\mathrm{C}_2 x + \cdots + n^2 \cdot {}_n\mathrm{C}_n x^{n-1} \quad (n \geq 2)$$

$x=1$ とおいて
$$n(n+1)2^{n-2} = \sum_{k=0}^{n} k^2 {}_n\mathrm{C}_k \quad (n \geq 0 \text{ としてもよい．}) \quad \blacktriangleleft$$

問題 5

n を 6 以上の整数とする．凸 n 角形の頂点を結んでできる三角形のうちで，その n 角形と一辺も共有しないものはいくつできるか．

▶ n 個の頂点から 3 個の頂点をとれば，三角形ができてその個数は ${}_n\mathrm{C}_3$ (個) である．そのうち一辺，二辺を共有する三角形の個数分を引くとよい．（よくある問題だが，大切である．）

解 凸 n 角形の頂点を結んでできる三角形の個数は ${}_n\mathrm{C}_3$ (個) である．それらの中で，まず一辺のみを共有するものの個数を求める．

ある一辺のみを共有してできる三角形はその辺の両隣の二辺と組まない

ものであり，それ故そのような三角形は $n-4$ 個ある．上述のように共有する一辺の個数は n 個であるから，全体で，一辺のみを共有する三角形は $(n-4)n$ 個あることになる．

次に二辺を共有するものの個数は凸 n 角形の頂点の個数，すなわち，n 個ある．

よって求める三角形の個数は
$$\frac{n(n-1)(n-2)}{6} - (n-4)n - n$$
$$= \frac{1}{6}n(n-4)(n-5) \quad \cdots \text{(答)}$$

問題6

自然数 q を $q = a_m \cdot 2^m + a_{m-1} \cdot 2^{m-1} + \cdots + a_1 \cdot 2 + a_0$（$m$ は 0 以上の整数，a_i は 0 または 1）という形で表したとき，a_i のうちで 1 であるものの個数を $l(q)$ と表すことにする．たとえば，$11 = 1 \cdot 2^3 + 0 \cdot 2^2 + 1 \cdot 2 + 1$ であるから $l(11) = 3$，また，$16 = 2^4$ であるから $l(16) = 1$ である．

以下の問に答えよ．ただし，n は自然数とする．

(1) $l(15)$，$l(2^n - 1)$ をそれぞれ求めよ．
(2) 0 以上の整数 r に対して，$l(2^r q) = l(q)$ が成り立つことを示せ．
(3) $l(q) = 2$ のとき，$l(q^2)$ の値を求めよ．
(4) k を 1 以上 n 以下の整数とする．$l(q) = k$ を満たす q で，$1 \leq q \leq 2^n - 1$ の範囲にあるものの個数を求めよ．
(5) $N = 2^n$ とし，$b_n = \sum_{q=1}^{N} l(q)$ とおく．b_n を n の式で表せ．

(広島市大 ◇)

▶ 整数の2進数展開問題である．(1)は易しい．(2)は帰納法でいけるだろう，(3)はどうかな？ (4)は $k = 1, 2, \cdots$ と調べていく．(5)は(4)を利用．

§1. 順列と組合せ

本問は関数 l の意味をよく捉えていけないと，まず解けない．

解 （1）
$$15 = 16 - 1 = 2^4 - 1$$
$$= 2^3 + 2^2 + 2 + 1$$
$$\therefore \quad l(15) = 4 \quad \cdots \text{(答)}$$
$$2^n - 1 = 2^{n-1} + \cdots + 2 + 1$$
$$\therefore \quad l(2^n - 1) = n \quad \cdots \text{(答)}$$

（2）r について，帰納法で示す．

$r = 0$ のとき
$$l(2^0 q) = l(q) \quad (\text{確かに成立している})$$

$r = N$ のとき
$$l(2^N q) = l(q)$$

の成立を仮定すると，
$$l(2^{N+1} q) = l(2^N (2q)) = l(2q)$$
$$= l(q) \quad (\because \text{元の } q \text{ を 2 倍しても係数 1 の個数は変わらない})$$

よって 0 以上の任意の整数 r に対して $l(2^r q) = l(q)$ は成立する．◀

（3）q の 2 進数展開式において 1 を係数にもつ項は 2^m と 2^{m-i} $(1 \leqq i \leqq m)$ と仮定してもよい：
$$q = 2^m + 2^{m-i}$$

このとき
$$q^2 = 2^{2m} + 2^{2m-i+1} + 2^{2m-2i}$$

ここで $0 \leqq i - 1 < 2i$ であるから，
$$l(q^2) = \begin{cases} 2 & (i = 1 \text{ のとき}) \\ 3 & (2 < i \leqq m \text{ のとき}) \end{cases} \quad \cdots \text{(答)}$$

（4）$1 \leqq q \leqq 2^n - 1 = 2^{n-1} + 2^{n-2} + \cdots + 2 + 1$

であるから，$l(q) = k$ $(1 \leqq k \leqq n)$ を満たす q の個数は以下のように求まる：

$k = 1$ のとき

q は $2^{n-1}, 2^{n-2}, \cdots, 2, 1$ のどれか 1 つをとるのでその方法は ${}_n C_1$ 通り．

$k = 2$ のとき

q は $2^{n-1}, 2^{n-2}, \cdots, 2, 1$ から 2 つとって和をとる方法数だけあって，それは

$_nC_2$ 通り．

一般の k $(1 \leqq k \leqq n)$ においても全く同様であるから，求める個数は

$$_nC_k \quad (個) \quad \cdots (答)$$

(5)
$$b_n = \sum_{q=1}^{2^n} l(q)$$

$$= l(1) + l(2) + \cdots + l(2^n - 1) + l(2^n)$$

ここで $l(2^n) = 1$ である．さらに（4）より

$$1 \leqq q \leqq 2^n - 1$$

のとき，$l(q) = k$ $(1 \leqq k \leqq n)$ となる q の個数は $_nC_k$ 個であるから

$$b_n = \sum_{k=1}^{n} k \cdot {}_nC_k + 1$$

ここで

$$k \cdot {}_nC_k = k \cdot \frac{n!}{k!(n-k)!}$$

$$= \frac{n \cdot (n-1)!}{(k-1)!\{(n-1)-(k-1)\}!}$$

$$= n \cdot {}_{n-1}C_{k-1} \quad (k \geqq 1)$$

であるから，

$$b_n = n \sum_{k=1}^{n} {}_{n-1}C_{k-1} + 1$$

$$= n \sum_{k=0}^{n-1} {}_{n-1}C_k + 1$$

$$= n \cdot 2^{n-1} + 1 \quad \cdots (答)$$

基本事項 [5]

重複組合せ

n 個の物から，同一の物を何回もとることを許して r 個とる組合せの総数は

$$_{n+r-1}C_r \quad (通り)$$

である．これを，通常，記号 $_nH_r$ で表す．勿論，$r < n$ でもよい

（解説） n 枚の札 $\boxed{1}$, $\boxed{2}$, $\cdots$, $\boxed{n}$ から重複を許して r 枚とった全ての場合において，それらを字引き式に並べた総数を評価する．字引き式並べ代えの最後の場合である "$\boxed{n}$, $\boxed{n}$, $\cdots$, $\boxed{n}$（$\boxed{n}$ が r 枚）" のとき，それらを r 枚の区別された札 "$\boxed{n}$, $\boxed{n+1}$, $\cdots$, $\boxed{n+r-1}$" とみなすことによって，重複組み合せの総数は $n+r-1$ 枚の札から r 枚の札をとる組合せの総数に等しい．

例を挙げてみる．

$a_1, a_2, \cdots, a_m$ についての n 次の同次多項式，$(a_1 + a_2 + \cdots + a_m)^n$（$n$ は自然数）においてその展開式は，係数を省略して，$\sum a_1^{x_1} a_2^{x_2} \cdots a_m^{x_m}$（$\sum$ は $x_1 + x_2 + \cdots + x_m = n$（$x_k$ は 0 以上の整数；$k = 1, 2, \cdots, m$）を満たすような $(x_1, x_2, \cdots, x_m)$ の組合せの総数分だけ和をとる）のようになるので，その項数は $a_1, a_2, \cdots, a_m$ の m 文字から重複を許して n 個とる組合せの総数に等しい．その総数は $_mH_n = {}_{m+n-1}C_n$ 個となる．

少し難しかったかな？ もう少し簡単な例で次の問題に関連付くものを挙げてみる．

2 つの数字 1, 2 がある．これらから重複を許して 3 つとったものを a_1, a_2, a_3 としたとき，$a_1 \leqq a_2 \leqq a_3$ となる場合の数を求めてみる．これは次のように（字引き式に）並べてみる：

$$(a_1, a_2, a_3) = (1, 1, 1), (1, 1, 2), (1, 2, 2), (2, 2, 2)$$

そうすると，2 つの数字から重複を許して 3 つとる組合せの総数は $_2H_3 = {}_4C_3 = 4$ 通りあるということになる．（今度は分かりやす過ぎたかな？）

問題 7

各項が 1, 2, 3 のどれかであるような項数 4 の数列 (a_1, a_2, a_3, a_4) の全体を S とする．このとき

（1）S に属する数列は ⬚ 個 ある．

（2）S に属する数列 (a_1, a_2, a_3, a_4) で条件 $a_1 \leqq a_2 \leqq a_3 \leqq a_4$ を満足するものは ⬚ 個 ある．

（3）S に属する数列で 1, 2, 3 のすべてが現れるものは ⬚ 個 ある．

（4）S に属する数列でその項の和が 10 であるものは ⬚ 個 ある．

（東京大・1 次）

▶（本問は昔々の足切りを目的とした東大・理類の 1 次試験であり，そのうちでもかなり素直な方であったろう．これを 10 分以内で片付けれなくてはならないようである．昔々の東大のレベルが，推定できるだろう．）（1）は重複順列の問題．（2）は重複組合せの問題．（3）は順列の問題，（4）は不定方程式の問題だが，単純に公式に当てはめるような問題ではない．

解　（1）1, 2, 3 から重複を許して 4 つとって並べる順列の総数だから，
$$3^4 = 81 \quad \cdots （答）$$

（2）1, 2, 3 から重複を許して 4 つとる組合せの総数だから，
$$_3H_4 = {}_6C_4 = 15 \quad \cdots （答）$$

（3）$(1, 1, 2, 3), (1, 2, 2, 3), (1, 2, 3, 3)$ の順列の総数だから，
$$3 \times \frac{4!}{2!} = 36 \quad \cdots （答）$$

（4）$a_k - 1 = a'_k \ (k = 1, 2, 3, 4)$ とおくと，題意は
$$a'_1 + a'_2 + a'_3 + a'_4 = 6$$
$$(0 \leqq a'_k \leqq 2)$$

この不定方程式を満たす解の個数は $(0, 2, 2, 2), (1, 1, 2, 2)$ の順列の総数分あるから，
$$\frac{4!}{3!} + \frac{4!}{2!2!} = 10 \quad \cdots （答）$$

問題8

正の整数 n に対して $N(n) = \{1, 2, \cdots, n\}$ とする.以下では m, n は正の整数とする.

（1） $N(n)$ から $N(m)$ への写像の総数を求めよ.

（2） $n < m$ のとき，$N(n)$ から $N(m)$ への1対1写像の総数を求めよ.

（3） $N(m+1)$ から $N(m)$ への上への写像の総数を求めよ.

（4） $m \geqq 2$ のとき，$N(m+2)$ から $N(m)$ への上への写像の総数を求めよ.

(京都府医大 ♦)

▶ 写像については教科書に載ってあるはずなので，一応，大丈夫だろうとみなす.（1）は重複順列，（2）は順列を理解していれば，易しい.（3）は難しいという人が多いのでは？ いくつかの解答路線はある.ここでは（2）に帰着させる解答で教示しておく.

解 （1） $k \in N(n)$ を $N(m)$ の全ての数に対応させる仕方は m 通りある.$1 \leqq k \leqq n$ であるから，求める写像の総数は

$$m^n \text{ （通り）} \cdots \textbf{(答)}$$

（2） m 個の数から n 個の数をとる順列であるから，

$$_m P_n = m(m-1) \cdots (m-n+1) \text{ （通り）} \cdots \textbf{(答)}$$

（3） $N(m+1)$ の全ての項が $N(m)$ の全ての数に写されることになるが，$N(m+1)$ のある2つの数は $N(m)$ の1つの数に写されることになる.このような2つの数のとり方は $_{m+1}C_2$ 通りある.そこでこのような2数を1つの数とみなして，$N(m+1) = N'(m)$ とすると，問題は $N'(m)$ から $N(m)$ への1対1写像に帰着する.よって求める写像の総数は

$$_{m+1}C_2 \cdot m! = \frac{(m+1)m \cdot m!}{2}$$
$$= \frac{m(m+1)!}{2} \text{ （通り）} \cdots \textbf{(答)}$$

（4） 略.（各自，演習.）

$$\frac{1}{24} m(3m+1)(m+2)! \text{ （通り）} \cdots \textbf{(答)}$$

（付）ここの出題は基本問題と，標準的だが，適度にセンスを要する問題がバランスよく出題される．従って実力の度合いがきれいなガウス分布（？）で現れるだろう．

§2. 確率

　確率というものを，我々は，気付かぬうちに使っている．諸君はこういうことがあろう．夕食時にお母さんが帰ってこないで，いつもより大分遅く戻って来たとしよう．「こんな遅くまで何してんだよ．俺，腹ペコだよ．ハハー，さてはスーパーで他のおばさんと井戸端会議でもしてきたな？」十中八九，90％の確率でそうだと推定するだろう．これは条件付き確率の例である．日常，使っていながら数学の問題になると，「これいかに？」となる訳である．それは物事の見方を感覚的あいまいさをもって述べる言語と異なって，数の公理の上に成り立つ数学では鋭く"ピシッ"と決めねばならないということに起因している．どうも人間は，自己都合よろしき詭弁には得意だが，物事を正確に，鋭く見抜くことには苦手のようである．しかし，殊に，数学はそれを要求するのであるからには，それなりの苦労と鍛錬を諸君にして頂かなければならない．

　　　　　　　　　　　　基本事項 [1]

確率

　1つの標本空間（全事象）の部分集合を事象 E という．事象 E の確率を $P(E)$ で表すと，
$$0 \leq P(E) \leq 1$$
である．（勿論，全事象の確率は 1 であり，空事象の確率は 0 である．）

　事象 E が起こらないことを $\widetilde{E}$ で表すと，
$$P(\widetilde{E}) = 1 - P(E)$$
である．$\widetilde{E}$ を E の余事象という．（$\rightarrow E$，$\bar{E}$ と表すことも多いが，筆者は $\bar{E}$ を，必要なくば，使わない．）

　事象 A または B が起こることを $A \cup B$，A かつ B が起こることを $A \cap B$ で表す．このとき，場合の数での個数の定理と同様に次式が成り立つ：
$$P(A \cup B) = P(A) + P(B) - P(A \cap B)$$
（事象 A，B，C の場合でも同様の式が成り立つことは述べるまでもないだろう．）

　$A \cap B = \phi$（空事象）であるならば，A と B は排反であるといわれ，
$$P(A \cap B) = 0$$
である．また A と B が互いに独立であるならば，
$$P(A \cap B) = P(A) \cdot P(B)$$
が成り立つ．独立でないならば，従属であるといわれる．

　事象 A のもとで事象 B が起こることを条件付きであるという．このような確率は $P_A(B)$ または $P(B|A)$ で表されるのが通常であり，
$$P_A(B) = \frac{P(A \cap B)}{P(A)},$$
$$P(A) = P(A \cap B) + P(A \cap \widetilde{B})$$
で与えられる．

　それでは，当分，演習が続くので覚悟されよ．

(**例**) 正六角形の頂点から無作為に 3 つの頂点をとったとき，それが二等辺三角形を形成する確率を求めよ．

・二辺共有の二等辺三角形は 6 個，一辺も共有しない正三角形は 2 個ある．6 頂点から 3 頂点とる場合の数は $_6C_3 = 20$ 通りある．求める確率は $\dfrac{6+2}{20} = \dfrac{2}{5}$ である．

問題 1

赤い豆 n 個と白い豆 n 個をよく混ぜて 2 つの袋 A, B にそれぞれ n 個ずつ入れる．このとき，次の問いに答えよ．

(1) $0 \leq k \leq n$ となる k に対して，A の袋に赤い豆が k 個入る確率を求めよ．

(2) 等式
$$\sum_{k=0}^{n}({}_nC_k)^2 = \frac{(2n)!}{(n!)^2}$$
が成り立つことを示せ． (琉球大 ♦)

▶ §1 での**基本事項** [4] の②を，確率の方から，導出させるおもしろい問題．(1)，(2) 共に易しいので完答されたい．

解 (1) 袋 A に赤い豆が k 個入ることは白い豆が $n-k$ 個入ることを意味する．ところで，$2n$ 個の豆を 2 つの組 A, B に分ける仕方は $_{2n}C_n$ 通りある．

よって求める確率 p_k は
$$p_k = \frac{{}_nC_k \cdot {}_nC_{n-k}}{{}_{2n}C_n} = \frac{({}_nC_k)^2}{{}_{2n}C_n} \quad \cdots (\text{答})$$

(2) $\sum_{k=0}^{n} p_k = 1$ であるから
$$\sum_{k=0}^{n} \frac{({}_nC_k)^2}{{}_{2n}C_n} = 1$$
$$\therefore \quad \sum_{k=0}^{n}({}_nC_k)^2 = {}_{2n}C_n = \frac{(2n)!}{(n!)^2} \quad \blacktriangleleft$$

問題 2

1から9までの数字が1つずつ記してあるカードが、それぞれ1枚ずつ、合計9枚ある。これらを3枚ずつの3つのグループに無作為に分け、それぞれのグループから最も小さい数の記されたカードを取り出す。

次の問に答えよ。
(1) 取り出された3枚の中に4が記されたカードが含まれている確率を求めよ。
(2) 取り出された3枚のカードに記された数字の中で4が最大である確率を求めよ。　　　　　　　　　　　　　　　　　　　　　　　（九州大）

▶ 易しいようでも意外とつまずく受験生が多いのでは？ 場合の数を取りこぼしなく丹念に調べるだけのことだが、….

解 （1）3つの組を下図のようにA, B, Cとする。

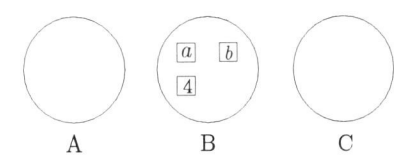

$\boxed{4}$のカードがどの組に属するかは3通り。仮に$\boxed{4}$が上図のようにB組に属したとすると、B組中のカード$\boxed{a}$, $\boxed{b}$の可能な場合の数は5, …, 9から2枚取る組み合せで${}_5C_2$通り。全事象の場合の数は${}_9C_3 \times {}_6C_3$通り。よって求める確率は

$$\frac{3 \times {}_5C_2 \times {}_6C_3}{{}_9C_3 \times {}_6C_3} = \frac{3 \times 5 \times 2}{3 \times 4 \times 7} = \frac{5}{14} \quad \cdots \text{(答)}$$

（2）（1）と同様に$\boxed{4}$はとりあえずB組に属させておく。題意によると$\boxed{1}$, $\boxed{2}$, $\boxed{3}$を2組A, Cに分けなくてはならない。（1例として次の図参照）

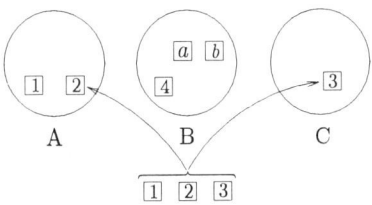

この場合 $\boxed{1}$, $\boxed{2}$ のセットが C 組にくる場合もある．更に，C 組に残りのカード 3 枚から 2 枚とる組合せは ${}_3C_2$ 通り．

よって，上述の限定を外して，求める確率は

$$2 \times \frac{3 \times {}_5C_2 \times {}_3C_2 \times {}_3C_2}{{}_9C_3 \times {}_6C_3} = \frac{3 \times 5 \times 4 \times 3 \times 3}{3 \times 4 \times 7 \times 5 \times 4}$$

$$= \frac{9}{28} \quad \cdots \text{(答)}$$

問題 3

$2n$ 個の白玉と n 個の赤玉をでたらめに並べる．このとき，次の問に答えよ．

（1）直線上に並べるときに赤玉どうしが隣り合わない確率を求めよ．

（2）円周上に並べるときに赤玉どうしが隣り合わない確率を求めよ．

(神戸大 ◇)

▶ （1）1 個の白玉の両隣に 1 つずつ箱があるとしてみよ．（2）も同様であるが，円順列の要領で解くことになる．((2) は，玉が 2 種類で，しかも円順列ということでやや難か？)

解　（1）1 個の白玉の両隣に 1 つずつ箱があるとすると，白玉は $2n$ 個あることより全部で $2n+1$ 個の箱があることになる．箱は全て識別可能なものとしておく．（1 つの箱には 1 個の赤玉しか入れないことにする．）これら $2n+1$ 個の箱の中に n 個の赤玉を配置する仕方 e は

$$e = {}_{2n+1}C_n = \frac{(2n+1)!}{n!(n+1)!} \quad \text{(通り)}$$

白玉 $2n$ 個，赤玉 n 個の配列の仕方 N は

$$N = \frac{(3n)!}{(2n)!n!} \quad \text{(通り)}$$

よって求める確率は

$$\frac{e}{N} = \frac{(2n)!(2n+1)!}{(3n)!(n+1)!} \quad \cdots \text{(答)}$$

（2）（1）と同様に，この場合は，$2n$ 個の箱があることになる．玉は全て識別可能なものとしておく．それらの箱に n 個の玉を配置する仕方 e' は

§2. 確率

$$e' = {}_{2n}P_n \cdot (2n-1)!$$
$$= \frac{(2n)!(2n-1)!}{n!} \quad (\text{通り})$$

$3n$ 個の玉の円順列の総数 N' は

$$N' = (3n-1)! \quad (\text{通り})$$

よって求める確率は

$$\frac{e'}{N'} = \frac{(2n)!(2n-1)!}{n!(3n-1)!} \quad \cdots (\text{答})$$

第1部からここまで勉強してこられた読者も，だんだん疲れてきたことであろう．少しリラックスの為に，以下の叙述を読まれたい：

何年前かは定かではないが，ある大学で，専門家の研究会があった．昼休み時間中に，そこの図書室に入ったら，市販のある数学専門雑誌が置いてあったので，ソファーに腰かけて"パラパラ"とページをめくって見た．どういう訳か，その月の特集(?)は，これもはっきり定かではないが，"数学者や物理学者が幽霊というものをどれだけ信じるか？"という」変わった趣旨であった．ゆっくり読んでいる時間はなかったので，"サッ"と流し読みしたら，数学者は平均的に確率 $\frac{1}{2}$ ぐらいでその存在を信じる；物理学者は殆ど信じないという結果だったようである．物理学者が，それを信じないのは，大体，分かる．さて，そこで1つの物語を想定してみよう：

その雑誌のアンケートに，幽霊など信じないと回答した物理学者が，深夜，車で帰宅中，人気(ひとけ)の殆どない通りに来た時，白い着物で髪の長い女性が，車の前を"スーッ"と横切ったとしよう．この時，その物理学者は，途端に，「幽霊なんて馬鹿げた事.(確率1％以下．)しかし，こんな夜更けに，何で女性1人があんな姿で…？」と思った．更に車を走らせて，とある墓地の近くに来たら，再び先程と同じような女性が車の前を"スーッ"と横切った．途端に，青ざめた物理学者は，「そんな馬鹿な！しかし，これは！(確率99％以上.)」と，戦(おのの)いた．これは人間の心情的確率とでもいうべきものである．

その女性(?)だけを考察の対象にすれば，その女性が幽霊か否かは，確率50％であろうか？それ以外に，周囲の状況が考察の対象に入ってくると，その確率は更新されてくる．これでは確率論にならない．

筆者は，物事を心情確率論的には考えたくない方なので，上述のようなアンケートは，少々，無意味に思った．

問題 4

半径 1 の円に内接する正十角形の頂点を 1 つずつ選んでいく．まず，10 個の頂点から勝手に 1 つの頂点を選び，それを P_1 とする．次に残りの 9 個の頂点から勝手に 1 つの頂点を選び，それを P_2 とする．以下これを繰り返して，頂点 P_3, P_4 を選ぶ．

(1) 線分 P_1P_2 が円の直径になる確率を求めよ．
(2) $\triangle P_1P_2P_3$ が直角三角形である確率を求めよ．
(3) P_1, P_2, P_3, P_4 の中の 3 頂点を結んで得られる三角形の中に少なくとも 1 つは直角三角形が得られる確率を求めよ．　　　(千葉大)

▶ (1), (2) は簡単な場合の数の問題であるから，正解して頂きたい．(3) は余事象の場合の数を調べる．

解 (1) 線分 P_1P_2 が直径になるような 2 点 P_1, P_2 のとり方は $\dfrac{10}{2!}=5$ 通りある．全事象の場合の数は $_{10}C_2$ 通りある．
求める確率は
$$\frac{5}{_{10}C_2}=\frac{1}{9} \quad \cdots (\textbf{答})$$

(2) $\triangle P_1P_2P_3$ が直角三角形になるということは，1 つの直径が定まって，あとはその直径の端点以外から円周上の 1 つの点が定まることである．これらの場合の数は $5\times(4\times 2)$ 通りある．全事象の場合の数は $_{10}C_3$ 通りある．
求める確率は
$$\frac{5\times(4\times 2)}{_{10}C_3}=\frac{1}{3} \quad \cdots (\textbf{答})$$

(3) 題意における，少なくとも 1 つの直角三角形が得られるという事象を E とする．その余事象 $\tilde{E}$ は，選ばれた 4 点 P_1, P_2, P_3, P_4 のどの 2 点も直径を与えないということである．事象 $\tilde{E}$ の場合の数は次のようにして求められる．((2) での図を参照していく)：

点 P_1 のとり方は 10 通り，P_2 のとり方は P_1 と中心 O に関するその対称点を除いて 8 通り，P_3 のとり方は P_1, P_2 と中心 O に関するそれらの対称点を除いて 6 通り，同様にして，P_4 のとり方は 4 通りある．これら取り出された 4 点 P_1, P_2, P_3, P_4 の順列（または 4 点の名付け方）は対象とする事象には問われないから，対象とする場合の数は $\dfrac{10\times 8\times 6\times 4}{4!}$ 通りある．

10 個の点から 4 点の選び方は $_{10}C_4$ 通りある．

$$\therefore \quad P(\widetilde{E}) = \frac{80}{_{10}C_4} = \frac{8}{21}$$

よって求める確率は

$$P(E) = 1 - P(\widetilde{E}) = \frac{13}{21} \quad \cdots\text{(答)}$$

問題 5

癌の検査の正確さが 98％ だとする．つまり，癌にかかっている人がこの検査を受けた場合に，陽性と出る確率が 98％ であり，癌にかかっていない人が受けた場合には 98％ の確率で陰性と出る．さらに，実際に癌にかかっている人の割合は 0.5％ 程度だとする．ある人が，この検査を受けたところ，結果は陽性であった．この人が癌にかかっている確率は何パーセントか． （自治医大・1 次）

▶ 条件付き確率の基本問題．

解 事象 A を癌にかかっているということ，事象 B を検査が陽性と出ることとする．求める条件付き確率を $P_B(A)$ で表すと，

$$P_B(A) = \frac{P(A\cap B)}{P(B)}$$

である．ここに

$$P(B) = P(A\cap B) + P(\widetilde{A}\cap B) \quad (\widetilde{A} \text{ は } A \text{ の余事象})$$

問題の数値より

$$P(B) = \frac{0.5}{100}\times\frac{98}{100} + \frac{99.5}{100}\times\frac{2}{100}$$

よって

$$P_B(A) = \frac{0.5 \times 98}{0.5 \times 98 + 99.5 \times 2}$$

$$= \frac{1}{1 + \frac{199}{49}}$$

$$= \frac{49}{248} = 0.1975$$

∴ $P_B(A) = 19.8\%$ …**(答)**

問題 6

3つのタイプからなる合計 10 枚の同じ形状のカードがある．第 1 のタイプは 3 枚で両面が黒，第 2 のタイプは 3 枚で両面が白，第 3 のタイプは 4 枚で片面が白で他面が黒である．これらのカードの中から 1 枚を無作為に取り出すとき，次の問いに答えよ．

（1）上面が白であったとき，下面が黒である確率を求めよ．

（2）下面のカードの色を言い当てるゲームをするとき，答えとして

　（ア）上面と同じ色を答える

　（イ）上面と異なる色を答える

　（ウ）上面の色と無関係に平等な確率で白または黒と答える

場合を考える．それぞれの場合に答えが当たる確率を求めよ．

（九州大 ◆）

▶ カードのタイプを図示してみる：

　　第1タイプ　　第2タイプ　　第3タイプ
　　（3枚）　　　（3枚）　　　（4枚）

（1）取り出した 1 枚のカードの上面が白の場合は，第 2 タイプのカードにおいては二面の分があるから 2×3 通り，第 3 タイプのカードにおいては片面だけの 4 通りある．

（2）（ア）カードの下面を，上面と同じ色と答えて，それが当たるという

§2. 確率   475

ことは，カードの上下面の色が一致していることと同じことである．

解　（1）取り出された1枚のカードの上面が白であったというから，この場合のカードは第2または第3タイプのカードである．それ故，上面が白である場合の数は $2\times 3+4=10$ 通りあり，そのうち4通り分は，同時に下面が黒である．
よって求める確率は
$$\frac{4}{10}=\frac{2}{5} \quad \cdots (答)$$

（2）（ア）取り出された1枚のカードの下面が上面と同じであるのは，第1または第2タイプのカードのときである．求める確率は
$$\frac{6}{10}=\frac{3}{5} \quad \cdots (答)$$

（イ）この場合のカードは第3タイプのカードである．求める確率は
$$\frac{4}{10}=\frac{2}{5} \quad \cdots (答)$$

（ウ）取り出された1枚のカードの上面と同じ色を答える確率は $\frac{1}{2}$ であり，そしてそう答えたことが当たる確率は(ア)の結果 $\frac{3}{5}$ である．同様に，上面と異なる色を答える確率は $\frac{1}{2}$ であり，そしてそう答えたことが当たる確率は(イ)の結果 $\frac{2}{5}$ である．（前者と後者の事象は，勿論，排反である．）
求める確率は
$$\frac{1}{2}\left(\frac{2}{5}+\frac{3}{5}\right)=\frac{1}{2} \quad \cdots (答)$$

（付）（1）を条件付き確率として解くなら，次のようになる：
$$\frac{\dfrac{4}{10}\times\dfrac{1}{2}}{\dfrac{3}{10}+\dfrac{4}{10}\times\dfrac{1}{2}}=\frac{2}{5}$$

問題7

図のような円周上の4点 A, B, C, D の上を次の規則で反時計まわりに動く点 Q を考える．さいころを振って偶数の目が出れば出た目の数だけ順次隣の点に移動させ，奇数の目が出れば移動させない．また，Q は最初 A 上にあるものとする．さいころを n 回振った後で Q が C 上にある確率を a_n とおくとき，次の問いに答えよ．

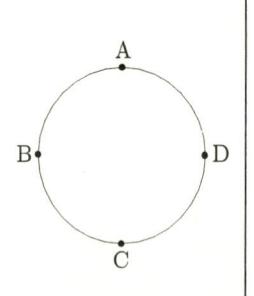

（1） a_1, a_2 を求めよ．
（2） a_{n+1} と a_n との間に成り立つ関係式を求めよ．
（3） a_n を n の式で表せ．

（広島大 ♦）

▶ 動点 Q は点 B, D にはこれないことに注意．（1）での a_1 を求めるのは易しいが，a_2 を求めるのは少し難しい．これは（2），（3）とは直接，関係なさそうである．

解 （1） a_1 はさいころを振って 2 または 6 の目が出る確率であるから，
$$a_1 = \frac{2}{6} = \frac{1}{3}$$

次に a_2 を求める．これには次のような場合がある：

（ア） 1回目に奇数の目が出て，2回目に 2 または 6 の目が出る．
（イ） 1回目に 2 の目が出て，2回目に奇数の目が出るか 4 の目が出る．
（ウ） 1回目に 4 の目が出て，2回目に 2 または 6 の目が出る．
（エ） 1回目に 6 の目が出て，2回目に奇数の目か 4 の目が出る．

（ア）〜（エ）の場合の確率を求めて和をとるとよい：
$$\frac{1}{2} \times \frac{1}{3} + \frac{1}{6} \times \left(\frac{1}{2} + \frac{1}{6}\right) + \frac{1}{6} \times \frac{1}{3} + \frac{1}{6} \times \left(\frac{1}{2} + \frac{1}{6}\right)$$
$$= \frac{4}{9} \quad \cdots （答）$$

（2） n 回目終了時には，動点 Q は点 A または C にある．（その各々の確率は $1 - a_n$, a_n である．）点 A から C へ移るには 2 または 6 の目が出ればよく，点 C に留まるには奇数または 4 の目が出ればよい．よって

$$a_{n+1} = \frac{1}{3}(1-a_n) + \left(\frac{1}{2} + \frac{1}{6}\right)a_n$$
$$\therefore \quad a_{n+1} = \frac{1}{3}a_n + \frac{1}{3} \quad \cdots \text{(答)}$$

(3) (2)の結果より
$$a_{n+1} - \frac{1}{2} = \frac{1}{3}\left(a_n - \frac{1}{2}\right)$$

$a_1 = \frac{1}{3}$ であるから,
$$a_{n+1} - \frac{1}{2} = -\frac{1}{2}\left(\frac{1}{3}\right)^{n+1}$$
$$\therefore \quad a_n = \frac{1}{2}\left\{1 - \left(\frac{1}{3}\right)^n\right\} \quad \cdots \text{(答)}$$

問題 8

図のように3個の箱 A, B, C があり, 1匹のネズミが1秒ごとに1つの箱からとなりの箱に移動を試みるものとする.

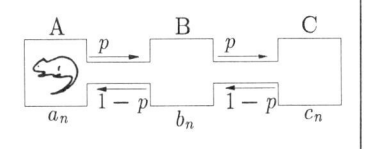

その移動の方向と確率は図に示した通りである. すなわちネズミが

箱 A にいるときは, 確率 p で箱 B に移り,

箱 B にいるときは, 確率 p で箱 C に移るか, または確率 $1-p$ で箱 A に移り,

箱 C にいるときは, 確率 $1-p$ で箱 B に移る.

n 秒後にネズミが箱 A, B, C にいる確率をそれぞれ a_n, b_n, c_n とする. ただし $n=0$ のとき, ネズミは箱 A にいるものとする. また, $0 < p < 1$ とする.

(1) a_n, b_n, c_n を $a_{n-1}, b_{n-1}, c_{n-1}$ および p を用いて表せ.

(2) $a_{n+1} + \alpha a_n + \beta a_{n-1} = \gamma \ (n=1, 2, 3, \cdots)$ とするとき, α, β, γ を p の式で表せ.

(3) $p = \frac{1}{2}$ のとき, 自然数 m に対して a_{2m} を求めよ.

(千葉大 ♦)

▶ ネズミの行動は，ある時刻から1秒後に，特定の
　　　1つの箱に入ってくる，
　　　1つの箱に留まる，
　　　1つの箱から出ていく
の3つしかないので，これらの確率に留意しながら解いていく．

解　（1）まず a_n ($n \geq 1$) を評価する．
ネズミが箱 A から出ていく確率は p だから，A にいて A に留まる確率は $1-p$ である．さらに B にいて A に入ってくる確率は $1-p$ である．よって，n 秒後にネズミが A にいる確率は
$$a_n = (1-p)(a_{n-1} + b_{n-1}) \ (n \geq 1) \quad \cdots \text{(答)}$$

次に b_n を評価する．
ネズミが箱 B から出ていく確率は $p + (1-p) = 1$ であるから，B にいて B に留まる確率は 0 である．さらに A, C にいて B に入ってくる確率はそれぞれ $p, 1-p$ である．よって，n 後にネズミが B にいる確率は
$$b_n = p a_{n-1} + (1-p) c_{n-1} \ (n \geq 1) \quad \cdots \text{(答)}$$

最後に c_n を評価する．
これまでと同様の考察によって，n 秒後にネズミが C にいる確率は
$$c_n = p(b_{n-1} + c_{n-1}) \ (n \geq 1) \quad \cdots \text{(答)}$$

（2）まず次の式に留意する．
$$a_n + b_n + c_n = 1 \ (n \geq 0) \quad \cdots ①$$
このことと（1）の結果より
$$a_{n+1} = (1-p)(a_n + b_n)$$
$$= (1-p)(1 - c_n) \quad \cdots ②$$
再び①と（1）の結果より
$$c_n = p(b_{n-1} + c_{n-1})$$
$$= p(1 - a_{n-1}) \quad \cdots ③$$
②，③より c_n を消去する：
$$a_{n+1} = (1-p)\{1 - p(1 - a_{n-1})\}$$
$$\iff a_{n+1} - (1-p) p a_{n-1} = (1-p)^2 \quad \cdots ④$$

よって小問(2)の $\alpha,\ \beta,\ \gamma$ は次のようにとればよい.
$$\alpha = 0,\quad \beta = -(1-p)p,\quad \gamma = (1-p)^2 \quad \cdots\text{(答)}$$

(3) $n = 2m+1,\ p = \dfrac{1}{2}$ を④に代入し
$$a_{2m} - \frac{1}{4}a_{2(m-1)} = \frac{1}{4}$$

$a_{2m} = \alpha_m$ とおくと
$$\alpha_m - \frac{1}{4}\alpha_{m-1} = \frac{1}{4}$$
$$\Longleftrightarrow \alpha_m - \frac{1}{3} = \frac{1}{4}\left(\alpha_{m-1} - \frac{1}{3}\right)$$

$\alpha_0 = a_0 = 1$ であるから,
$$\alpha_m = \frac{1}{3} + \left(\frac{1}{4}\right)^m\left(1 - \frac{1}{3}\right)$$
$$\therefore\quad a_{2m} = \frac{1}{3} + \frac{2}{3}\left(\frac{1}{4}\right)^m \quad \cdots\text{(答)}$$

問題9

事象 $A,\ B$ およびそれらの余事象 $\bar{A},\ \bar{B}$ に関する確率について,
$$P(A) = \frac{1}{2},\quad P(B) = \frac{2}{3},$$
$$P(A \cap \bar{B}) + P(\bar{A} \cap B) = \frac{1}{4}$$

となっているとき,次の確率を既約分数で表せ.ただし記号 $P_E(F)$ は,事象 E が起こったという条件の下で事象 F が起こる条件つき確率を表す.

(1) $P(A \cap B)$ (2) $P(\bar{A} \cap B)$
(3) $P_B(A)$ (4) $P_{\bar{A}}(B)$

(東京理大♦)

▶ ヴェン図を利用するのがよい.

解 (1) 明らかに $(A \cap \bar{B}) \cap (\bar{A} \cap B) = \phi$ (空事象) であるから
$$P((A \cap \bar{B}) \cap (\bar{A} \cap B)) = 0$$
よって
$$P((A \cap \bar{B}) \cup (\bar{A} \cap B))$$

$$= P(A \cap \bar{B}) + P(\bar{A} \cap B) \quad \cdots ①$$

ヴェン図によると，$(A \cap \bar{B}) \cup (\bar{A} \cap B)$ は右のようになる．

従って①は

$$P(A) + P(B) - 2P(A \cap B)$$
$$= P(A \cap \bar{B}) + P(\bar{A} \cap B) \quad \cdots ②$$

となる．②に与えられた数値を代入して

$$P(A \cap B) = \frac{1}{2}\left(\frac{1}{2} + \frac{2}{3} - \frac{1}{4}\right)$$
$$= \frac{11}{24} \quad \cdots (答)$$

（2）$\bar{A} \cap B$ のヴェン図は右のようになる．
よって

$$P(\bar{A} \cap B) = P(B) - P(A \cap B)$$
$$= \frac{2}{3} - \frac{11}{24} \quad (\because (1)の結果より)$$
$$= \frac{5}{24} \quad \cdots (答)$$

（3）$P_B(A) = \dfrac{P(B \cap A)}{P(B)} = \dfrac{\frac{11}{24}}{\frac{2}{3}}$

$$= \frac{11}{16} \quad \cdots (答)$$

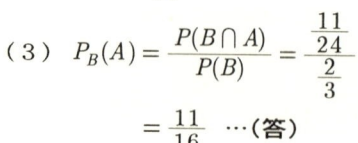

（4）$P_{\bar{A}}(B) = \dfrac{P(\bar{A} \cap B)}{P(\bar{A})} = \dfrac{\frac{5}{24}}{1 - \frac{1}{2}}$

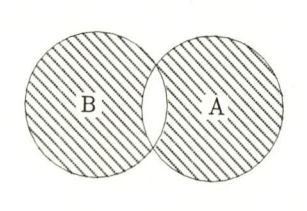

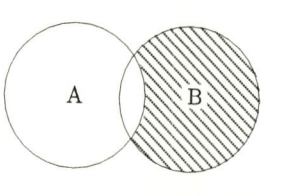

$$= \frac{5}{12} \quad \cdots (答)$$

§3. 確率分布

　確率分布は確率変数を規約することによって決まる．この際，問題になるのは期待値や分散である．期待値というものは，通常，現実にその値をとるものではない．例えば，表裏の出方が同様に確からしい1枚の硬貨を1回だけ無作為に投げたとき，表が出たら 100 円，裏がでたら 0 円もらえるものとする場合，そのもらえる期待金額は $100 \times \frac{1}{2} + 0 \times \frac{1}{2} = 50$ 円となるが，現実には，もらえる金額は１００円か０円の二者択一な訳である．このように，期待値というものは，その値が得られるというのではなく，確率変数値の，いわば，平均化された情報を提供するものである．

　また分散，従って標準偏差というものは，(少し分かりづらいかもしれないが，) 確率変数には，ばらつきがあるにも拘らず，その期待値が 0 になるということがしばしば生じる．このようなとき，その難点を克服し，かつそのばらつきの度合いを利用して現実に還元できるような数量（これが標準偏差）を得ることができる．

　例えば，物理を勉強している人は，交流における実効値電流などというものをご存じであろう．電流 $I = I_0 \sin \frac{2\pi t}{T}$（$I_0$ は最大瞬間電流，T は周期）の実効値 I_e は，簡単極まりない計算によって，$I_e = \sqrt{\frac{1}{T} \int_0^T I^2 dt} = \frac{I_0}{\sqrt{2}}$，と与えられるのは，連続確率変数の場合における標準偏差の例だったのである（ここまでは分かってはいなかったろう？）．高校物理でも，単純な微積分が生きてくるのは，この辺りなのである．物理を学習していない人には申し訳ない例ではあったが，しかし，そのような人とて，電気器具などに，"交流 10A" などと標示してあるのを見ておられるであろう．これは実効値電流のことなのである（知らずに，"10A" と言っていたのでは？）．

　このように確率分布というものは人間にとって理解しやすい様々の"平均的量"の情報を与えてくれるものなのである．

それでは，まずは基本事項から．

基本事項 [1]

確率分布

全事象が n 個の事象 $A_1, A_2, \cdots, A_n$ に分かれているとする．各 A_k ($1 \leqq k \leqq n$) に対して x_k なる観測量に値をとる偶然量を X で表し，確率変数という．それに応じて確率分布 $P(X)$ が決まる．$P(X = x_k) = p_k$ と表すことにする．

確率分布において大切な量が，期待値，分散などである．以下に，よく用いる公式等を列挙しておく．

❶ 期待値

$$m = E(X) = \sum_{k=1}^{n} x_k p_k, \quad \sum_{k=1}^{n} p_k = 1$$

確率変数 X が確率 1 で一定値 c をとるならば，

$$E(c) = c$$

である．

❷ 分散

$$V(X) = \sum_{k=1}^{n} (x_k - m)^2 p_k$$
$$= E(X^2) - \{E(X)\}^2$$

❸ 標準偏差

$$\sigma(X) = \sqrt{V(X)}$$

〈公式〉

X, Y を確率変数，a を実定数とする．

㋐ $E(aX) = aE(X)$

㋑ $E(X + Y) = E(X) + E(Y)$

㋒ $V(aX) = a^2 V(X)$

さらに X と Y が独立であるならば，次式が成り立つ：

§3. 確率分布

㋓ $E(XY) = E(X)E(Y)$
㋔ $V(X+Y) = V(X) + V(Y)$

㋐, ㋑, ㋒は定義式から, 殆ど明らかなので, ㋓と㋔のみを示しておく.

∵) ㋓について
$X = x_i$, $y = y_j$ $(i = 1, 2, \cdots, m\,;\, j = 1, 2, \cdots, n)$ とし, X と Y がそれらの値をとるということにおいて, 互いに独立であるならば, その各々の確率を p_i, q_j として

$$E(XY) = \sum_{i,j} x_i y_j p_i q_j \quad \left(\sum_{i=1}^{m} p_i = \sum_{j=1}^{n} q_j = 1\right)$$
$$= \left(\sum_i x_i p_i\right) \cdot \left(\sum_j y_j q_j\right)$$
$$= E(X)E(Y) \quad \textbf{q.e.d.}$$

㋔について
$$V(X+Y) = E((X+Y)^2) - \{E(X+Y)\}^2$$
$$= E(X^2) + 2E(XY) + E(Y^2)$$
$$\quad - \{E(X)\}^2 - 2E(X)E(Y) - \{E(Y)\}^2$$

X と Y は独立というから, ㋓が成り立ち, それ故
$$V(X+Y) = V(X) + V(Y) \quad \textbf{q.e.d.}$$

(例) 2個のサイコロを同時に1回振ったとき, 出た目の和の期待値と分散はそれぞれ $7, \dfrac{35}{6}$ である. (各自, 演習.)

問題 1

4個の豆電球 A, B, C, D を図のように配線した．それぞれの電球は，正常である確率が $p\ (0<p<1)$，切れている確率が $1-p$ であり，電球が正常であるかどうかは互いに独立である．スイッチを入れたときに点燈する電球の数を X で表すとき，次の問いに答えよ．

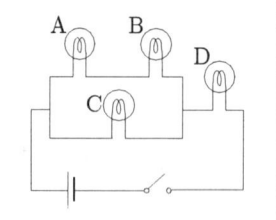

(1) $X=k$ となる確率を p_k とするとき，$p_4,\ p_3,\ p_2,\ p_1,\ p_0$ を求めよ．
(2) X の期待値を求めよ．
(3) 電球 D が点燈しなかったという条件のもとで，電球 C が切れている確率を求めよ．

(お茶の水大 ♦)

▶ (1) p_4 が最も易しく，p_0 が少し難しいか？ (2) (1)が全て正解できないとどうにもならない．(こういうときは，再び(1)に誤りがないか，充分，検討する．) (3) (2)とは独立しているが，(1)が何らかの形で使われる条件付き確率．

解　(1) $X=4$:
$$p_4 = p^4 \quad \cdots\text{(答)}$$

$X=3$: 豆電球 A, B, D が正常で，C が切れているときである．
$$\therefore\ p_3 = p^3(1-p) \quad \cdots\text{(答)}$$

$X=2$: 豆電球 C, D が正常で，A か B の少なくとも一方が切れているときである．
$$\therefore\ p_2 = p^2(1-p^2) \quad \cdots\text{(答)}$$

$X=1$: 1個の豆電球だけが点燈することはない．
$$\therefore\ p_1 = 0 \quad \cdots\text{(答)}$$

$X=0$: 豆電球 D が正常か切れているかで場合分けが生じる．D が切れているときはどの豆電球も点燈しない．D が正常であるときは，C が切れて

いて，かつ A か B の少なくとも一方が切れているときにどの豆電球も点燈しない．

$$\therefore \quad p_0 = (1-p) + p \cdot (1-p) \cdot (1-p^2)$$
$$= 1 - p^2 - p^3 + p^4 \quad \cdots \text{(答)}$$

（２） $p_0 + p_1 + p_2 + p_3 + p_4 = 1$ であるから，X の期待値は

$$1p_1 + 2p_2 + 3p_3 + 4p_4$$
$$= 2p^2 + 3p^3 - p^4 \quad \cdots \text{(答)}$$

（３）事象 E, F を次で定める：E は電球 C が切れている．F は電球 D が点燈しない．

求める条件付き確率を $P_F(E)$ で表すと

$$P_F(E) = \frac{P(E \cap F)}{P(F)}$$

ここで，$P(F) = P(X=0) = p_0$ であり，$P(E \cap F)$ は C が切れている条件下で A, B, C の少なくとも 1 つが切れている確率であるから，

$$P(E \cap F) = (1-p) \cdot (1-p^3)$$

である．

$$\therefore \quad P_F(E) = \frac{(1-p)(1-p^3)}{(1-p)\{1 + p(1-p^2)\}}$$
$$= \frac{1-p^3}{1 + p(1-p^2)} \quad \cdots \text{(答)}$$

(**付**) 小問（１）での p_0 を求める別解．

余事象を考えて

$$p_0 = 1 - (p_1 + p_2 + p_3 + p_4)$$
$$= 1 - p^2 - p^3 + p^4.$$

問題 2

1からnまでの正の整数を1つずつ記入したカードn枚の中から，でたらめに同時に2枚のカードを引き抜く．
(1) 引き抜かれた2枚のカードに記された数が共に偶数である確率を求めよ．ただし，nは偶数とする．
(2) 引き抜かれた2枚のカードに記された数の和が偶数である確率を求めよ．ただし，nは奇数とする．
(3) 引き抜かれた2枚のカードに記された数の和の期待値を求めよ．

(京都府医大 ◊)

▶ (1)は易しい．(2)は，引き抜かれた2枚のカードの番号x, yの和が偶数になるのは，共に偶数，共に奇数の場合しかないので，これらの場合の数を求めれば O.K. (3)は少し難しい．2枚のカードの番号和$x+y$のとり得る全ての数を洩れなくかつ重複なしに評価する．

解 (1) 1, 2, …, n (nは偶数) の番号のカードから引き抜かれた2枚のカードの番号が共に偶数の場合の数は${}_{\frac{n}{2}}C_2$通りで，全事象の場合の数は${}_nC_2$通りである．よって求める確率は

$$\frac{{}_{\frac{n}{2}}C_2}{{}_nC_2} = \frac{n-2}{4(n-1)} \quad \cdots (答)$$

(2) 1, 2, …, n (nは奇数) の番号のカードから引き抜かれた2枚のカードの番号x, yの和が偶数になるのは

$$(x, y) = (偶数, 偶数), (奇数, 奇数)$$

の場合であり，この順に場合の数は${}_{\frac{n-1}{2}}C_2$, ${}_{\frac{n+1}{2}}C_2$である．よって求める確率は

$$\frac{{}_{\frac{n-1}{2}}C_2 + {}_{\frac{n+1}{2}}C_2}{{}_nC_2} = \frac{n-1}{2n} \quad \cdots (答)$$

(3) 1, 2, …, nの番号のカードから引き抜かれた2枚のカードの番号をx, yとすると，求める期待値は

$$\sum_{y=2}^{n}\left\{\sum_{x=1}^{y-1}(x+y)\right\}\cdot\frac{1}{{}_n\mathrm{C}_2}=\frac{3}{2}\sum_{y=1}^{n}y(y-1)\cdot\frac{1}{{}_n\mathrm{C}_2}$$
$$=n+1 \quad \cdots(\text{答})$$

（注）（3）では，"$x=X$, $y=Y$ で確率変数を定めると，
$$E(X+Y)=E(X)+E(Y)$$
ここで $E(X)=E(Y)=\dfrac{1+2+\cdots+n}{n}=\dfrac{n+1}{2}$ であるから，
$$E(X+Y)=2E(X)=n+1$$
である."このようにやる人もいるかもしれないが，カード2枚の同時抽出であるから，これだけの解答ではよくない．

問題 3

1つのサイコロを n 回投げて，出た目の最大値を X_n とする．
(1) 自然数 $k(1\leqq k\leqq 6)$ に対し，$X_n\leqq k$ となる確率 $p_n(k)$ を n, k を用いて表せ．
(2) X_n の期待値を a_n とするとき，無限級数 $\displaystyle\sum_{n=1}^{\infty}(6-a_n)$ の和を求めよ．

（京都工繊大 ♦）

▶ 独立試行の問題である．（1）は易しいが，（2）はどうかな？（2）では $k=1$, $k\geqq 2$ の場合分けが生じる．

解 （1）各回に出た目が k 以下という確率であるから
$$p_n(k)=\left(\frac{k}{6}\right)^n \quad \cdots(\text{答})$$

（2）$k=1$ のとき
$$P(X_n=1)=\left(\frac{1}{6}\right)^n$$

$2\leqq k\leqq 6$ のとき
$$P(X_n=k)=p_n(k)-p_n(k-1)$$
$$=\left(\frac{k}{6}\right)^n-\left(\frac{k-1}{6}\right)^n$$

以上をまとめて

$$P(X_n = k) = \left(\frac{k}{6}\right)^n - \left(\frac{k-1}{6}\right)^n \quad (1 \leq k \leq 6)$$

よって

$$a_n = \sum_{k=1}^{6} k \left\{ \left(\frac{k}{6}\right)^n - \left(\frac{k-1}{6}\right)^n \right\}$$

$$= 6 - \left\{ \left(\frac{1}{6}\right)^n + \left(\frac{2}{6}\right)^n + \cdots + \left(\frac{5}{6}\right)^n \right\}$$

それ故

$$\sum_{n=1}^{\infty} (6 - a_n) = \sum_{n=1}^{\infty} \left\{ \left(\frac{1}{6}\right)^n + \left(\frac{2}{6}\right)^n + \cdots + \left(\frac{5}{6}\right)^n \right\}$$

$$= \frac{\frac{1}{6}}{1 - \frac{1}{6}} + \frac{\frac{2}{6}}{1 - \frac{2}{6}} + \cdots + \frac{\frac{5}{6}}{1 - \frac{5}{6}}$$

$$= \frac{1}{5} + \frac{1}{2} + 1 + 2 + 5$$

$$= \frac{87}{10} \quad \cdots (答)$$

問題4

3から7まで番号の記された5枚のカードの中から，2枚のカードを復元抽出で選び出す．1番目のカードの数字を10の位，2番目のカードの数字を1の位として得られる数を表す確率変数を X とする．
（1）X の期待値 m と標準偏差 σ を求めよ．
（2）$|X - m| \leq \sigma$ となる確率を求めよ． （千葉大 ♦）

▶ （1）3から7までの数字を使って2桁の数をつくると，次のようになる：

$$\begin{array}{ccccc} 33 & 34 & 35 & 36 & 37 \\ 43 & 44 & 45 & 46 & 47 \\ 53 & 54 & 55 & 56 & 57 \\ 63 & 64 & 65 & 66 & 67 \\ 73 & 74 & 75 & 76 & 77 \end{array}$$

この数表より X の期待値 m は55(メディアン)であると判明する．勿論，これでは解答にはならない．X は1の位，10の位の確率変数に分解される．

（2）単なる計算．

解　（1）10 の位の数，1 の位の数を表す確率変数をそれぞれ A, B で表すと
$$X = 10A + B$$
$$(3 \leq A \leq 7, \ 3 \leq B \leq 7)$$

よって X の期待値は
$$E(X) = 10E(A) + E(B)$$
A と B は対称であるから，
$$E(A) = E(B) = \frac{3+4+5+6+7}{5} = 5$$
$$\therefore \quad m = E(X) = 10 \times 5 + 5$$
$$= 55 \quad \cdots \text{(答)}$$

次に X の分散 $V(X)$, 従って標準偏差 σ を求める．$X = 10A + B$ において，A と B は独立であるから
$$V(X) = 10^2 V(A) + V(B)$$
ここで
$$V(A) = V(B) = E(A^2) - \{E(A)\}^2$$
$$= \frac{3^2 + 4^2 + 5^2 + 6^2 + 7^2}{5} - 5^2$$
$$= 27 - 25 = 2$$
$$\therefore \quad V(X) = 202$$
$$\therefore \quad \sigma = \sqrt{202} \quad \cdots \text{(答)}$$

（2）$|X - m| \leq \sigma$ より
$$55 - \sqrt{202} \leq X \leq 55 + \sqrt{202}$$
よって（読者は，ポケットコンピューターを使用しないこと）
$$55 - 14.21\cdots \leq X \leq 55 + 14.21\cdots$$
$$\therefore \quad 41 \leq X \leq 69$$
これを満たす X は 43〜47, 53〜57, 63〜67 の合計 15 個である．3 から 7 でつくられる 2 桁の数は全部で 25 個ある．
求める確率は
$$\frac{15}{25} = \frac{3}{5} \quad \cdots \text{(答)}$$

基本事項 [2]

1回の試行で，ある事象 A が起こる確率を p とする．この試行を独立に n 回繰り返すうちに，事象 A の起こる回数を確率変数 X とした場合，その分布を2項分布という．$X = k$ $(0 \leq k \leq n)$ である確率は ${}_n C_k p^k (1-p)^{n-k}$ である．この分布での期待値，分散は次式で与えられる：

㋐ $E(X) = np$
㋑ $V(X) = np(1-p)$

2項分布は，通常，$B(n, p)$ と表される．

（これまでの内容をよく理解できていれば，㋐，㋑を示すことは容易なはずである．）

ひとつ公式導出の入試問題をやっておく．

問題 5

次の問いに答えよ．

（1）整数 m, n は $m < n$ であり，確率変数 X の値 x は $m \leq x \leq n$ を満たす整数値であるとする．また $f(x)$ は確率変数 X の値 x に対する確率を表す．関数 $F(t) = \sum_{k=m}^{n} t^k f(k)$ に対し，$F'(1)$ は確率変数 X の平均値であることを示せ．ただし，$F'(t) = \dfrac{dF(t)}{dt}$ である．

（2）2項分布 $f(x) = {}_n C_x p^x q^{n-x}$ $(p + q = 1)$ の平均値は np であることを示せ．

（山形大・教 ♦）

▶ 確率分布，2項分布の期待値の公式導出問題．（2）は（1）を用いなくてはならない．このような問題では，先入観は可能な限り捨てて考えること．

解 （1） $F(t) = t^m f(m) + t^{m+1} f(m+1) + \cdots + t^n f(n)$

よって
$$F'(t) = mt^{m-1} f(m) + (m+1)t^m f(m+1) + \cdots + nt^{n-1} f(n)$$
$$\therefore \quad F'(1) = \sum_{x=m}^{n} xf(x) = E(X) \quad \blacktriangleleft$$

（2）確率変数 X は2項分布に従うから，$0 \leqq X \leqq n$ とする．（1）での $f(x)$ を $_nC_x p^x q^{n-x}$ として

$$F(t) = \sum_{k=0}^{n} t^k f(k)$$
$$= \sum_{k=0}^{n} t^k \cdot {}_nC_k p^k (1-p)^{n-k}$$
$$= \sum_{k=0}^{n} {}_nC_k (tp)^k (1-p)^{n-k}$$
$$= \{tp + (1-p)\}^n$$

（1）の結果により
$$F'(1) = n\{p + (1-p)\}^{n-1} \cdot p$$
$$= np$$

よって2項分布での X の期待値は
$$E(X) = np \quad \blacktriangleleft$$

問題6

木製の立方体の表面に着色した後，n^3 個 $(n \geqq 3)$ の立方体に等分し，よく混ぜる．そこから任意に取り出した1個の立方体の着色面の数を X とし，X の期待値を m，分散を σ^2 とする．
（1）確率 $P(X=k)$ を求めよ．ただし，$k = 0, 1, 2, 3$ とする．
（2）m と σ^2 を求めよ． （東京理大（改）◆）

▶ 問題文を読んで，これが2項分布の問題であることを直観できたら，大したものである．それは2項分布をよく理解している証拠である．

解 （1）図を参照して解く．

$k = 3$ である小立方体の個数：
　8個（大立方体の8隅）

$k = 2$ である小立方体の個数：
　$12(n-2)$（大立方体の12辺上）

$k = 1$ である小立方体の個数：
　$6(n-2)^2$（大立方体の6面上）

$k = 0$ である小立方体の個数：

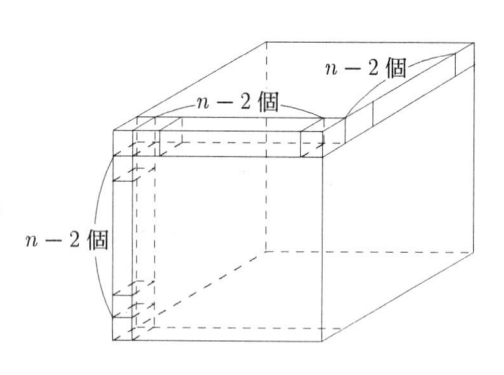

$$n^3 - \{8 + 12(n-2) + 6(n-2)^2\}$$
$$= n^3 - 6n^2 + 12n - 8$$
$$= (n-2)^3$$

よって求める確率は

$$\left.\begin{array}{l} P(X=0) = \dfrac{(n-2)^3}{n^3} \\[6pt] P(X=1) = \dfrac{6(n-2)^2}{n^3} \\[6pt] P(X=2) = \dfrac{12(n-2)}{n^3} \\[6pt] P(X=3) = \dfrac{8}{n^3} \end{array}\right\} \cdots\text{(答)}$$

（2）（1）の結果を少し整理する：

$$P(X=0) = \left(1 - \frac{2}{n}\right)^3,$$

$$P(X=1) = 3 \cdot \frac{2}{n}\left(1 - \frac{2}{n}\right)^2 = {}_3C_1 \frac{2}{n}\left(1 - \frac{2}{n}\right)^2,$$

$$P(X=2) = 3 \cdot \left(\frac{2}{n}\right)^2\left(1 - \frac{2}{n}\right) = {}_3C_2 \left(\frac{2}{n}\right)^2\left(1 - \frac{2}{n}\right),$$

$$P(X=3) = \left(\frac{2}{n}\right)^3$$

従って X は2項分布 $B\left(3, \dfrac{2}{n}\right)$ に従うから，

$$m = 3 \cdot \frac{2}{n} = \frac{6}{n} \quad \cdots\text{(答)}$$

$$\sigma^2 = 3 \cdot \frac{2}{n}\left(1 - \frac{2}{n}\right) = \frac{6(n-2)}{n^2} \quad \cdots\text{(答)}$$

§3. 確率分布

(付) 本問は，事前には，2項分布の問題には見えなかったであろう．

解 (2)では$P(X=k)$を少し整理したが，これは自然な変形であるのだが，できたかな？ この変形をしないでやると，2項分布の公式を使わないで解くことになり，mは大したことはないが，σ^2の方は

$$\sigma^2 = \left(1 - \frac{6}{n}\right)^2 \cdot \frac{6(n-2)^2}{n^3} + \left(2 - \frac{6}{n}\right)^2 \cdot \frac{12(n-2)}{n^3} + \left(3 - \frac{6}{n}\right)^2 \cdot \frac{8}{n^3}$$

となり，試験時間内では，これをまとめることは断念せざるを得ないだろう．しかも原出題にはもう少し小問があって，煩雑な計算が入っている．

問題 7

平面上に，平行線を縦にk本，横にℓ本引くと，平面は$(k+1)(\ell+1)$個の部分に分割される．このことを用いて，次の問いに答えよ．

(1) 表の出る確率がp（ただし，$0<p<1$）であるようなコインを投げて，表が出たら平行線を縦に2本，裏が出たら横に1本引くことにする．なお，すでに引かれた直線と重なるものは引かないこととする．この作業を4回繰り返した後で，平行線が縦に4本，横に2本引かれている確率を求めよ．

(2) (1)の時点，すなわちコインを4回投げた後で，平面が分割された部分の個数の期待値を求めよ．

(3) 上の期待値を最大にするpの値と，そのときの最大値を求めよ．

（九州大 ♦）

▶ 2項分布の総合力を問う問題．問題が複合的になっているので，前後関係を見失わないように．

解 (1) コインの表が2回，裏が2回出るという独立試行の確率であるから，

$$_4\mathrm{C}_2 p^2(1-p)^2 = 6p^2(1-p)^2 \quad \cdots \text{(答)}$$

(2) コインを4回投げたうち，表が現れる回数を確率変数Xで表すと，Xは2項分布$B(4, p)$に従う．

コイン投げ 4 回の試行のうちで表が r 回$(0 \leq r \leq 4)$ 出たとすると，縦の線は $2r$ 本引かれて，そして裏は $4-r$ 回出たことになるので，横の線は $4-r$ 本引かれることになる．よって平面分割された部分の個数は $(2r+1)\{(4-r)+1\} = -2r^2 + 9r + 5$ となる．$r = X$ なので，求める期待値を m とすると

$$m = E(-2X^2 + 9X + 5)$$
$$= -2E(X^2) + 9E(X) + 5$$

さて，X は 2 項分布 $B(4, p)$ に従うのだから
$$E(X) = 4p,$$
$$V(X) = 4p(1-p) = E(X^2) - \{E(X)\}^2$$
$$= E(X^2) - (4p)^2$$
$\therefore \quad E(X^2) = 12p^2 + 4p$
$\therefore \quad m = -2(12p^2 + 4p) + 9 \times 4p + 5$
$$= -24p^2 + 28p + 5 \quad \cdots \text{(答)}$$

（3） $\quad m = -24\left(p - \dfrac{7}{12}\right)^2 + \dfrac{79}{6}$

よって m は

最大値 $\dfrac{79}{6}$ （$p = \dfrac{7}{12}$ のとき）$\cdots$**(答)**

第9部
難問解明

難問は本書での第1部，第5部及び第6部の内容に集中しやすい．
　一般に難問とよばれるものは次のように分類されるであろう：
（Ⅰ）単に既成の解法というものを当てはめようとしてもうまくいかない
　　問題：
　　（A）表式は易しそうだが，概念的に難解で，論理的に何をどう答え
　　　　ればよいか分かりにくい問題．
　　（B）表式が何を語っているのか理解困難であるか，目標が判然と把
　　　　握できにくい問題．
　　（C）目新しいか漠然として取りつく島なしという感じの問題．
（Ⅱ）全体的に重さを感じさせ，とても並の力量では全うできそうにない
　　問題．
（Ⅲ）ちょっとやそっとではまず気付かな奇抜な計算技巧的トリックを作
　　為的に仕掛けた問題．
　このうち（Ⅲ）を除けば，少し骨のある入試問題としては妥当であろう．
筆者としては，最も望ましいのは（Ⅰ）の（A）と（B），次に（Ⅰ）の
（C），そして（Ⅱ）というところで，やはり，上の記述順である．（（Ⅰ）
は，入試出題者が本格的にそのセンスを注ぎ込んだ場合に生じてくる．）
　その主旨に沿った入試問題をここではとり挙げようというものである．（各問での▶の下の所にその問題が，上述のどの分類に入るか，一応の目安を与えた．）
　ここで少し述べておかねばならない．難問を解くのが得意だなどといえる人など，人間の能力の漸近型有限性から，いるはずがない．かなりの力量をもった人にとっても，大学入試での数学難問はやはり応えるのである．ただ，何とか問題をなし済す底力と根気で立ち向かっているだけのことである．

問題 1

次の問いに答えよ。ただし i は虚数単位とする。

(1) 2次方程式
$$x^2 + (3+2i)x + 1 + ki = 0$$
が少なくとも1個の実数解をもつように実数 k の値を定めよ。

(2) 2次方程式
$$x^2 + (p+qi)x + q + pi = 0$$
が少なくとも1個の実数解をもつように実数 p, q（ただし $p > 0$, $q > 0$）の満たすべき条件式を求めよ。

（東京医歯大（改）◇）

▶ 複素数係数2次方程式の問題を1つ。（勿論，グラフは描けない．）(1)，(2) 共に2次方程式が1つの実数解をもつならば，その恒等式において，'虚数部=0' でなくてはならない．この際，方程式が複素数係数故，逆は正しくとも，その正当さは，全然，自明ではないので，それをきちんと示す．（つまり，例えば(1)では求まった k の値に対して，元の方程式が実数解をもつことを示す．）この意味において(1)，(2)共に，それ程，単純ではなく，緻密さが要求されている．ただ結果を求めただけでは正解にならないので注意．

分類（II）

解 (1) 与式 $\Longleftrightarrow x^2 + 3x + 1 + (2x+k)i = 0$

この方程式が1つの実数解 α をもつならば，$\alpha = -\dfrac{k}{2}$ であり，かつ

$$\left(-\frac{k}{2}\right)^2 - \frac{3}{2}k + 1 = 0 \Longleftrightarrow k^2 - 6k + 4 = 0$$

$$\therefore \quad k = 3 \pm \sqrt{5}$$

逆にこのとき，元の方程式は
$$x^2 + 3x + 1 + (2x + 3 \pm \sqrt{5})i = 0$$

となり，2つの実数解
$$x = \frac{-3 \mp \sqrt{5}}{2} \quad (\text{上の方程式と複号同順})$$
を与える．よって求める実数 k の値は
$$k = 3 \pm \sqrt{5} \quad \cdots \text{(答)}$$

（2）　　与式 $\Longleftrightarrow x^2 + px + q + (qx + p)i = 0$

この方程式が1つの実数解 α をもつならば，
$\alpha = -\dfrac{p}{q}$ であり，かつ
$$\left(-\frac{p}{q}\right)^2 + p\left(-\frac{p}{q}\right) + q = 0 \quad (p > 0, \ q > 0)$$
これを整理すると，
$$(1-q)p^2 + q^3 = 0 \quad (p > 0, \ q > 0)$$
$q = 1$ とすると上式は $q = 0$ を与えるので，$q \neq 1$ であり，
$$p^2 = \frac{q^3}{q-1}$$
$p^2 > 0 \ (p > 0)$ より $q > 1 \ (q > 0)$ である．

逆にこれらの下で2次方程式
$$x^2 + px + q + (qx + p)i = 0$$
が少なくとも1つの実数解をもつことを示す．まず2次方程式 $x^2 + px + q = 0$ の判別式をみると，
$$D = p^2 - 4q = \frac{q^3}{q-1} - 4q$$
$$= \frac{q(q-2)^2}{q-1} \geqq 0 \quad (\because \ q > 1 \text{ より})$$
よって $x^2 + px + q = 0$ は実数解をもつ．この解
$$x = \frac{-p \pm \sqrt{p^2 - 4q}}{2}$$
を $qx + p$ に代入して $p^2 = \dfrac{q^3}{q-1} \ (p > 0)$ を用いると，
$$qx + p = \frac{-pq \pm q\sqrt{p^2 - 4q}}{2} + p$$
$$= \frac{1}{2}\left(-q\sqrt{\frac{q^3}{q-1}} \pm \sqrt{\frac{q^3(q-2)^2}{q-1}} + 2\sqrt{\frac{q^3}{q-1}}\right)$$

$$= \frac{1}{2}\left\{(2-q)\sqrt{\frac{q^3}{q-1}} \pm \sqrt{\frac{q^3(q-2)^2}{q-1}}\right\}$$

$$= \frac{1}{2}\{(2-q) \pm |q-2|\}p$$

$$=\begin{cases} 1<q\leqq 2 \text{のときは複号のうちで} \\ \quad -\text{符号をとれば}0\text{になる} \\ q>2 \text{のときは複号のうちで} \\ \quad +\text{符号をとれば}0\text{になる} \end{cases}$$

よって，2次方程式
$$x^2 + px + q + (qx+p)i$$
$$= x^2 + (p+qi)x + q + pi = 0$$

は少なくとも1つの実数解をもつ．

以上から求める条件は
$$p^2 = \frac{q^3}{q-1} \;(q>1) \quad \cdots \text{(答)}$$

(付) (2)において逆の成立を示すことは，結構，難しい．試験する側はこのことを考慮していたのだろうか？ というのは，原出題では (p を q で表させてからさらに) p^2+q^2 の最小値を求めさせているからである：ここの試験は，本問程度の問題が3題／90分で，課せられているようである．とすれば，本問を30分以内で片付けなくてはならないのだが，p^2+q^2 の最小値まで求めねばならないとすると，30分では，まず，無理というものである．かの逆の成立を示さなくてもよいならば，単純な計算のみだから，大体30分で片付くだろう．

499

問題 2

$f(x)$, $g(x)$ を 2 次関数とし，2 つの放物線 $F: y = f(x)$, $G: y = g(x)$ を考える．ただし F は下に凸で原点 O を頂点とし，G は上に凸でその頂点 A は O と異なるものとする．G 上の点 P を直線 OA 上にはないようにとる．点 O を通り直線 AP に平行な直線と F との交点のうち，O 以外の点を Q とする．さらに，直線 OA と直線 PQ の交点を R とする．
このとき，線分の長さの比 $\dfrac{\mathrm{AR}}{\mathrm{OR}}$ は点 P のとり方に関係なく一定であることを示せ．

(大阪大)

▶ 直線 OA の方程式は簡単な形であるが，直線 PQ の方は煩わしい形であり，それらの連立方程式を解いて交点 R 座標を求めていくのは何となく億劫である．下手すれば，計算の密林にはまりそうな問題であるので，少しでも見通しよく解いていかねばならない．

ここではベクトルを用いてみる．それでも多少の計算量は覚悟しておかねばならない．ベクトルの始点は原点 O でも点 P でも計算量はあまり変わらないだろう．

分類 (II)

解 問題の様子を図示してみる．
$F: y = \alpha x^2 \ (\alpha > 0)$
$G: y = -\beta(x-a)^2 + b \ (\beta > 0)$

とする．A $\neq$ O, Q $\neq$ O より
$(a, b) \neq (0, 0)$,
$(X, \alpha X^2) \neq (0, 0)$

さて，G 上の点 A 以外の任意の点を $\mathrm{P}(x, y)$ とし，点 R は線分 AO を図のように $t : 1-t \ (0 < t < 1)$ に内分する点とする．

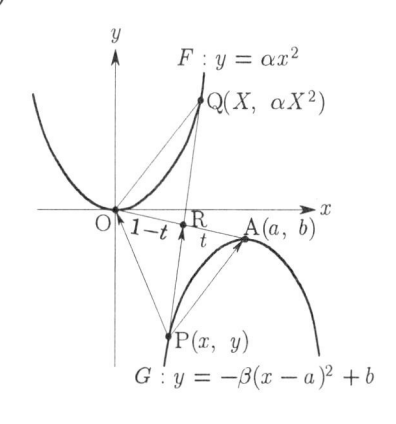

この比が x, X によらず一定であることを示せばよい：

$$P(x,\ b - \beta(x-a)^2)$$

より

$$\overrightarrow{PR} = t\overrightarrow{PO} + (1-t)\overrightarrow{PA} = \begin{pmatrix} a(1-t) - x \\ \beta(x-a)^2 - bt \end{pmatrix}$$

一方，題意より $\overrightarrow{PA} \parallel \overrightarrow{OQ} = \begin{pmatrix} X \\ \alpha X^2 \end{pmatrix}$ というから，

$$\begin{pmatrix} a-x \\ \beta(x-a)^2 \end{pmatrix} \cdot \begin{pmatrix} -\alpha X \\ 1 \end{pmatrix} = \alpha X(x-a) + \beta(x-a)^2 = 0$$

$x \neq a$ より上式は

$$\alpha X + \beta(x-a) = 0 \quad \cdots ①$$

さて，$\overrightarrow{PQ} = \lambda \overrightarrow{PR}$ ($\lambda > 1$) なる λ があるから，

$$\begin{pmatrix} X - x \\ \alpha X^2 + \beta(x-a)^2 - b \end{pmatrix} = \lambda \begin{pmatrix} a(1-t) - x \\ \beta(x-a)^2 - bt \end{pmatrix}$$

これに①の x を代入して整理すると，

$$\begin{pmatrix} \left(1 + \dfrac{\alpha}{\beta}\right)X - a \\ \alpha\left(1 + \dfrac{\alpha}{\beta}\right)X^2 - b \end{pmatrix} = \lambda \begin{pmatrix} \dfrac{\alpha}{\beta} X - at \\ \dfrac{\alpha^2}{\beta} X^2 - bt \end{pmatrix}$$

$$\Longleftrightarrow \begin{cases} \dfrac{1}{\beta}(\beta + \alpha - \lambda\alpha)X = a(1-\lambda t) & \cdots ② \\ \dfrac{\alpha}{\beta}(\beta + \alpha - \lambda\alpha)X^2 = b(1-\lambda t) & \cdots ③ \end{cases}$$

(ア) $\lambda = 1 + \dfrac{\beta}{\alpha}$ のとき

②の左辺は X によらず 0 であり，題意より $a,\ b$ の少なくとも 1 つは 0 でないから，

$$\lambda = \dfrac{1}{t} \quad \therefore\quad t = \dfrac{\alpha}{\alpha + \beta}\ (\alpha > 0,\ \beta > 0)$$

(確かに $0 < t < 1$ である)

(イ) $\lambda \neq 1 + \dfrac{\beta}{\alpha}$ のとき

$X \neq 0$ であるから，$a(1-\lambda t) \neq 0$ かつ $b(1-\lambda t) \neq 0$ であり，③÷②より

$$\alpha X = \dfrac{b}{a} \quad \therefore\quad X = \dfrac{b}{\alpha a}$$

このときは①より x も一定であり，

$$\overrightarrow{\mathrm{OQ}} = \frac{b}{\alpha a^2}\begin{pmatrix}a\\b\end{pmatrix} /\!/ \overrightarrow{\mathrm{OA}}$$

であるから，3点 Q，A，P は同一直線上にあり，不適となる．

よって(ア)の場合が一意的となり，題意は示された． ◀

(付1) 筆者はこれを解いた始め，(イ)の場合での結論を勘違いした："X も x も一定であるから $\frac{\mathrm{AR}}{\mathrm{OR}}$ も一定である"と結論してしまったのである．(何か奇妙だなと思いつつも．)

(付2) 本問はデザルグ（G.Desargues. 1600's の数学者）流の幾何を折衷させた円錐曲線論に由来するものである．

ついでに，有名なデザルグの定理を紹介しておく．

〈定理〉デザルグ

同一平面上の2つの△ABC と △A′B′C′ があって，両者の対応頂点を結ぶ3本の直線が1点で交われば，対応辺（を延長した直線）の交点は同一直線上にある．

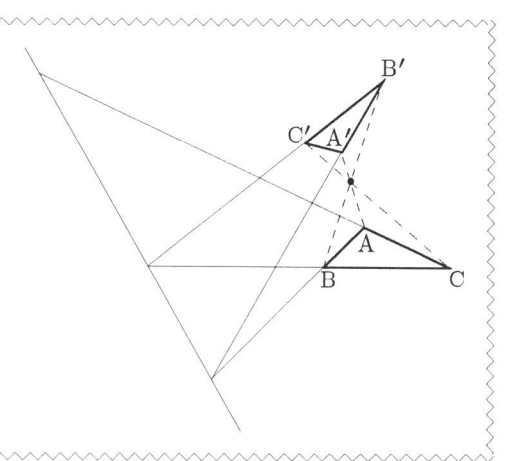

これは初等幾何的にも，あるいはベクトルを用いても示せるが，このまま入試に出題されることは，まず，ないのでやらない．

問題 3

自然数 n に対して，x^n を x^2+ax+b で割った余りを $r_n x + s_n$ とする．次の 2 条件 (イ)，(ロ) を考える．

(イ) $x^2+ax+b = (x-\alpha)(x-\beta)$, $\alpha > \beta > 0$ と表せる．

(ロ) すべての自然数 n に対して $r_n < r_{n+1}$ が成り立つ．

(1) (イ), (ロ) がみたされるとき，すべての自然数 n に対して
$$\beta - 1 < \left(\frac{\alpha}{\beta}\right)^n (\alpha - 1)$$
が成り立つことを示せ．

(2) 実数 a, b がどのような範囲にあるとき，(イ), (ロ) がみたされるか．必要十分条件を求め，点 (a, b) の存在する範囲を求めよ．

(京都大 ♦)

▶ (1) は易しそうであるが，(2) は易しそうではない．条件 (イ) の分析は問題ないだろうが，(ロ) は…？

分類 (Ⅰ) の (A)

解 (1) 題意と (イ) より
$$x^n = (x^2+ax+b)q_n(x) + r_n x + s_n$$
$$= (x-\alpha)(x-\beta)q_n(x) + r_n x + s_n$$
と表せる．$q_n(x)$ は適当な整式である．

$x = \alpha$ とおくと，
$$\alpha^n = \alpha r_n + s_n$$

$x = \beta$ とおくと，
$$\beta^n = \beta r_n + s_n$$

上式を辺々相引いて
$$\alpha^n - \beta^n = (\alpha - \beta) r_n$$

よって
$$\alpha^{n+1} - \beta^{n+1} = (\alpha - \beta) r_{n+1}$$

これらと(ロ)より
$$\frac{\alpha^n - \beta^n}{\alpha - \beta} < \frac{\alpha^{n+1} - \beta^{n+1}}{\alpha - \beta} \quad (\alpha > \beta > 0)$$
よって
$$\beta^{n+1} - \beta^n < \alpha^{n+1} - \alpha^n \quad (\alpha > \beta > 0)$$
$$\therefore \quad \beta - 1 < \left(\frac{\alpha}{\beta}\right)^n (\alpha - 1) \quad \blacktriangleleft$$

（2）まず(イ)が満たされる条件を求める(図1参照)．これは2次方程式 $x^2 + ax + b = 0$ の2解が α, β $(\alpha > \beta > 0)$ であるということに他ならない．
$f(x) = x^2 + ax + b$ とおいて
$$\begin{cases} \text{対称軸} : -\frac{a}{2} > 0 \\ \text{判別式} : a^2 - 4b > 0 \\ f(0) = b > 0 \end{cases}$$

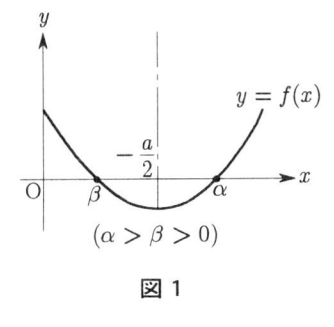

図1

これらをまとめると，
$$0 < b < \frac{a^2}{4} \quad (a < 0) \quad \cdots ①$$

次に(イ)の下で(ロ)が満たされる条件を求める．
$$r_n = \frac{\alpha^n - \beta^n}{\alpha - \beta}, \quad r_{n+1} = \frac{\alpha^{n+1} - \beta^{n+1}}{\alpha - \beta} \quad (\alpha > \beta > 0)$$
であるから，
 $\alpha > \beta > 0$ の下で，任意の自然数 n に対して
$$\begin{aligned}
&r_n < r_{n+1} \\
&\longleftrightarrow \beta - 1 < \left(\frac{\alpha}{\beta}\right)^n (\alpha - 1) \\
&\longleftrightarrow \beta - 1 < \frac{\alpha}{\beta}(\alpha - 1) \text{ かつ } \alpha \geqq 1
\end{aligned}$$
  （∵ もし $\alpha < 1$ とすると，充分大きな n をとったとき，$\beta > 0$ が満たされなくなる）
$$\begin{aligned}
&\longleftrightarrow \alpha + \beta > 1 \text{ かつ } \alpha \geqq 1 \\
&\longleftrightarrow \alpha \geqq 1
\end{aligned}$$
よって
$$\{\alpha \geqq 1 > \beta > 0 \text{ または } \alpha > \beta \geqq 1\}$$

ここで { · } の中を調べる．(これらと(イ)の条件①が同時に成り立つ条件を求めればよい．) 図2,3を参照して

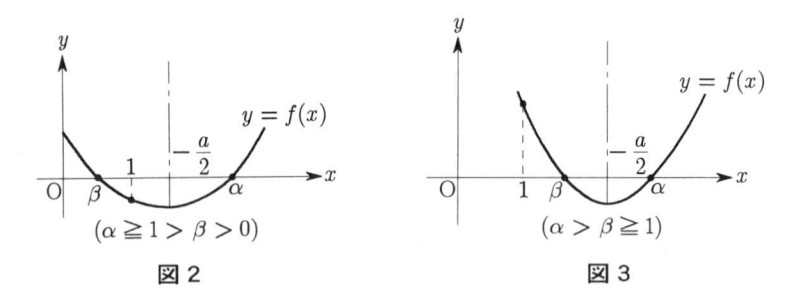

図2 ($\alpha \geqq 1 > \beta > 0$)

図3 ($\alpha > \beta \geqq 1$)

$$f(1) = 1 + a + b \leqq 0 \quad \cdots ②$$
または
$$\begin{cases} 対称軸: -\dfrac{a}{2} > 1 \\ かつ \\ f(1) = 1 + a + b \geqq 0 \end{cases} \quad \cdots ③$$

求める条件は①と {②または③} より

$$\begin{cases} a + b + 1 \leqq 0, \ b > 0 \quad (-2 < a < -1) \\ または \\ 0 < b < \dfrac{a^2}{4} \quad (a < -2) \end{cases}$$

これらを図示すると次のようになる．

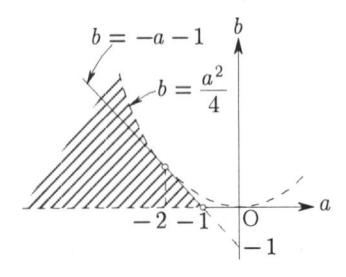

(斜線の領域内において点線と○印は除かれて，実線は含まれる)

〈解答図〉

（付）〈解答図〉を描いてから条件式をまとめるという手もある．なお，(2)では闇雲に，"ガチャガチャ"，解こうとすると，まず，迷宮入りとなるだろう．

本問は，完全に高校数学の範囲内だけでの材料を使って問作されているが，それだけに出題者のセンスのよさが伺える．

問題 4

n, m, l を自然数として，次の問いに答えよ．
(1) x^n を x^2-1 で割った商 $A_n(x)$ と余り $B_n(x)$ を求めよ．
(2) x^{2m} を x^4-1 で割った商 $E_m(x)$ と余り $F_m(x)$ を求めよ．
(3) x^{4l} を $(x^2-1)(x^2+1)$ で割った余り $G_l(x)$ を求めよ．

（東京理大 ♦）

▶ (1) n の偶奇で場合分けが生じる．(2) x^2 を X とおくと，(1)の問題に帰着する．(3) $(x^2-1)^2(x^2+1)=(x^2-1)(x^4-1)$ であるから(1)，(2)が使える．とはいうものの，そうすんなりといくかな？

分類（Ⅱ）

解 (1) $B_n(x)=a_n x+b_n$ とおけるから
$$x^n=(x^2-1)A_n(x)+a_n x+b_n$$
$x=\pm 1$ とおくことにより
$$1=a_n+b_n, \quad (-1)^n=-a_n+b_n$$
$$\therefore \quad a_n=\frac{1-(-1)^n}{2}, \quad b_n=\frac{1+(-1)^n}{2}$$

・n が偶奇のとき
$$x^n=(x^2-1)A_n(x)+1$$
$n=2k$ （k は自然数）とおけるから上式は
$$(x^2-1)A_{2k}(x)=x^{2k}-1$$
$$=(x^2-1)\{x^{2(k-1)}+x^{2(k-2)}+\cdots+x^2+1\}$$

$$= (x^2-1)\sum_{r=0}^{k-1}(x^2)^r$$

∴ n が偶数のとき　$A_n(x) = \sum_{r=0}^{\frac{n}{2}-1} x^{2r}$

・n が奇数のとき

$$x^n = (x^2-1)A_n(x) + x$$

$n = 2k-1$ （k は自然数）とおけるから，上式は

$$(x^2-1)A_{2k-1} = x^{2k-1} - x$$
$$= x(x^{2k-2}-1)$$
$$= x\{(x^2)^{k-1} - 1\}$$
$$= x(x^2-1)\{x^{2(k-2)} + x^{2(k-3)} + \cdots + x^2 + 1\}$$
$$= x(x^2-1)\sum_{r=0}^{k-2}(x^2)^r \quad (k \geqq 2)$$

∴ $\begin{cases} n \text{ が } 3 \text{ 以上の奇数のとき} \\ \quad A_n(x) = x\sum_{r=0}^{\frac{n+1}{2}-2} x^{2r} \\ n \text{ が } 1 \text{ のとき}\quad A_n(x) = 0 \end{cases}$

以上をまとめて

$\begin{cases} n \text{ が偶数のとき} \\ \quad A_n(x) = \sum_{r=0}^{\frac{n-2}{2}} x^{2r}, \quad B_n(x) = 1 \\ n \text{ が奇数のとき} \\ \quad A_1(x) = 0, \quad B_1(x) = x \\ \quad A_n(x) = x\sum_{r=0}^{\frac{n-3}{2}} x^{2r}, \quad B_n(x) = x \\ \quad (n \text{ は } 3 \text{ 以上の奇数}) \end{cases}$　…**(答)**

（2）$x^2 = X$ とおくことにより X^m を $X-1$ で割ることになるから，(1)の問題に帰着する．

$$\begin{cases} m \text{ が偶数のとき} \\ \quad E_m(x) = \sum_{r=0}^{\frac{m-2}{2}} (x^2)^{2r}, \ \ F_m(x) = 1 \\ m \text{ が奇数のとき} \\ \quad E_1(x) = 0, \ \ F_1(x) = x^2 \\ \quad E_m(x) = x^2 \sum_{r=0}^{\frac{m-3}{2}} (x^2)^{2r}, \ \ F_m(x) = x^2 \\ \quad (m \text{ は3以上の奇数}) \end{cases} \quad \cdots \text{(答)}$$

(3) $(x^2-1)^2(x^2+1) = (x^2-1)(x^4-1)$ に留意しておく．
(2)での m を $m = 2l$ とおくことにより
$$E_{2l}(x) = \sum_{r=0}^{l-1} (x^2)^{2r}, \ \ F_{2l}(x) = 1$$
であるから，
$$x^{4l} = (x^4-1)\{(x^2)^{2(l-1)} + (x^2)^{(l-2)} + \cdots + (x^2)^2 + 1\} + 1$$
$$= (x^4-1)\{x^{4(l-1)} + x^{4(l-2)} + \cdots + x^4 + 1\} + 1$$
(1)より上式 { } 内の各項は
$$x^{4(l-1)} = (x^2-1)A_{4(l-1)}(x) + 1,$$
$$x^{4(l-2)} = (x^2-1)A_{4(l-2)}(x) + 1,$$
$$\vdots$$
$$x^4 = (x^2-1)A_4(x) + 1$$
よって
$$x^{4l} = (x^4-1)\{(x^2-1)(A_{4(l-1)}(x) + A_{4(l-2)}(x) + \cdots + A_4(x)) + l\} + 1$$
$$= (x^4-1)(x^2-1)(A_{4(l-1)}(x) + \cdots + A_4(x)) + l(x^4-1) + 1$$
$$\therefore \ \ G_l(x) = lx^4 - l + 1 \quad \cdots \text{(答)}$$

問題5

a, b を正の整数とし，$f(x) = x^4 - 2(a+b)x^2 + (a-b)^2$ とする．

(1) $f(x) = 0$ の解は $\pm(\sqrt{a} + \sqrt{b})$，$\pm(\sqrt{a} - \sqrt{b})$ で表されることを示せ．

(2) $f(x)$ が1次以上の整数係数多項式の積に分解されるための必要十分条件は a, b, ab のどれかが平方数であることである．このことを示せ．ここで，整数 c が平方数であるとは，ある整数 d を用いて $c = d^2$ と表せることである．

(東京女子大 ♦)

▶ (1)は単なる2次方程式問題に帰着するが，(2)は易しくない．代数に関するいくつかの命題が絡んできて，かつ緻密さが要求されていて完答はなかなか難しい．

分類（Ⅰ）の（A）

解 (1) $x^2 = t$ とおくことにより

$$f(x) = 0 \iff t^2 - 2(a+b)t + (a-b)^2 = 0$$

これより

$$t = a + b \pm 2\sqrt{ab}$$

$a > 0, b > 0$ というから

$$t = (\sqrt{a} \pm \sqrt{b})^2$$

$$\therefore \quad x = \pm(\sqrt{a} \pm \sqrt{b})$$

（複号はあらゆる場合をとる）◀

(2) $\sqrt{a} + \sqrt{b} = A$，$\sqrt{a} - \sqrt{b} = B$ とおく．(1)より

$$f(x) = (x-A)(x+A)(x-B)(x+B)$$

と表せる．

十分性は次のように示される．a が平方数であるとすると，ある正の整数を用いて $a = d^2$ と表せるから

$$A = d + \sqrt{b}, \quad B = d - \sqrt{b}$$

よって $A + B = 2d\ (=\text{整数})$，$AB = d^2 - b\ (=\text{整数})$ で $f(x)$ はある2次の整数

係数多項式の積で表される．（あるいは；b が平方数でも同様である．また，ab が平方数であるとすれば，A^2 と B^2 は整数であるから，$f(x)$ はある 2 次の整数係数多項式の積で表される．a と b が平方数であれば，当然，$f(x)$ は 1 次の整数係数多項式の積で表される．）

次に必要性を示す．
$f(x)$ が 1 次以上の整数係数多項式の積に分解される型は次のようになる．（以後，整数係数多項式という用語は，とり立てて必要なくば，省略する．）

    （ア）4 つの 1 次式の積

    （イ）2 つの 1 次式と 1 つの 2 次式の積

    （ウ）1 つの 1 次式と 1 つの 3 次式の積

    （エ）2 つの 2 次式の積

（ア），（イ）の場合は，直ちに（エ）の場合に到る．本問では（ウ）の場合は（エ）の場合に帰着するが，これは明らかではないので示す：（本問の場合，その 3 次式は実数係数可約である．）

A が整数であるとして，$f(x) = (x-A)\cdot(3 次式)$ の形のとき，
$$f(x) = (x^2 - A^2)(x^2 - B^2)$$

ここで $A^2 = a + b + 2\sqrt{ab}$ は整数であるから，ab は平方数であり，従って $B^2 = a + b - 2\sqrt{ab}$ も整数となる．（B が整数であるとしても同様で，$a = b$ の場合はあるが，A^2 も整数である．）

以上によって，結局，（エ）の場合から演繹すればよいことになる．（エ）の場合において各 2 次式の 1 次の項の係数と定数項は，'係数 $= 0$' の場合と符号を除いて $A \pm B$, A^2, B^2（ただし AB はつねに整数であるから除いておく）のどれかであり，それらの少なくとも 1 つが整数，従って a, b または ab のどれかは平方数である．

よって題意は示された．◀

（付）（2）では十分性の箇所で'（あるいは；$\cdots$）'と付け述べてあるが，これはなくてもよい．ただ，それがないと，"ピン"とこないという人の為に付しただけのこと．

なお，必要性の箇所で '$A^2 = a + b + 2\sqrt{ab}$ は整数であるから，ab は平方数である' において，ab が平方数であることを示すのが，よりよいのだが，本論の中では，補助命題として述べるだけでよい．

問題 6

x についての方程式
$$a_0 x^n + a_1 x^{n-1} + \cdots + a_{n-1} x + a_n = 0$$
において，n は 2 以上の整数で，係数 $a_0, a_1, \cdots, a_{n-1}, a_n$ もすべて整数とする．もし a_0, a_n および $a_0 + a_1 + \cdots + a_{n-1} + a_n$ がいずれも奇数であるならば，上の方程式は有理数の解をもち得ないことを証明せよ．

（神戸大）

▶ これは昔々の問題．初等代数学の基本的命題の 1 つである．背理法の一手である．$x = \dfrac{p}{q}$ （p, q は互いに素な整数）を方程式の解として代入し，q^n を両辺にかけて分母を払う（この式を（∗）とする）：
$$a_0 p^n + a_1 q p^{n-1} + \cdots + a_n q^n = 0 \quad \cdots (*)$$
という所までは何の問題もない．問題はここからである．（∗）は問題の仮定から矛盾しているはずであるが，どこが矛盾しているのか，それを捜さなくてはならない．この際，（∗）のみをいくら睨んでいても解答への何のアプローチもない．問題の仮定，"a_0, a_n が奇数ということを用いよ" というのだから，（∗）での左辺の値の偶奇の問題であるはず．p と q は 2 つとも偶数ということはないから，一方が偶数であるとしてみる．これで 1 つの矛盾は生じるだろう．残るは p と q は 2 つとも奇数の場合ということになるが，それで（∗）のどこが矛盾しているのか？

全ての a_k（k は $0 \leqq k \leqq n$ なる整数）が奇数ならば，そして n が偶数ならば，すぐ矛盾が生じるが，"そこまで強い条件は要らぬ" と出題者は主張している．

仮定 $a_0 + a_1 + \cdots + a_n$ が奇数ということから，（∗）の左辺は奇数になるは

ずである．とすれば，右辺の 0 にこだわらず左辺をとり挙げて，それが奇数であることを示せばよいということになる．では，どうしてそれを示すか？（ただひたすら解法などというものを覚えても，本問のような'生きた自然の問題'には通用しないということがお分かり頂けるであろう．しかも，このような問題はいくらでもある．となれば，….）

分類（I）の(A)

解　もし問題の方程式が有理数の解 $x = \dfrac{p}{q}$（p と q は互いに素な整数）をもつならば，

$$a_0\left(\frac{p}{q}\right)^n + a_1\left(\frac{p}{q}\right)^{n-1} + \cdots + a_{n-1}\left(\frac{p}{q}\right) + a_n = 0$$
$$\Longleftrightarrow a_0 p^n + a_1 q p^{n-1} + \cdots + a_{n-1} q^{n-1} p + a_n q^n = 0 \quad \cdots (*)$$

p か q の一方が偶数であるとすると，a_0, a_n は奇数というから，

$$\text{偶数} + \text{奇数} = 0$$

となって矛盾する．p と q のどちらも奇数であるとすると，$(*)$ の左辺は奇数になることを示そう．次式において

$$a_0 p^n + a_1 p^{n-1} q + \cdots + a_{n-1} p q^{n-1} + a_n q^n$$
$$+ (a_0 + a_1 + \cdots + a_{n-1} + a_n)$$
$$= a_0(p^n + 1) + a_1(p^{n-1} q + 1) + \cdots + a_n(q^n + 1)$$

の各項は偶数である．$a_0 + a_1 + \cdots + a_n$ は奇数というから

$$a_0 p^n + a_1 p^{n-1} q + \cdots + a_n q^n$$

は奇数である．

$(*)$ はいずれにしても矛盾である．

よって題意は示された．◀

問題 7

x の多項式 $f(x)$ があり，任意の実数 a に対して，$f(x) - f(a)$ がつねに $x^3 - a^3$ で割り切れるとする．このとき，ある多項式 $g(x)$ によって，$f(x) = g(x^3)$ と表されることを示せ． （大阪大）

▶ これもかなりの難問である．解答への糸口は，$a=1$ の場合，$x^3 - 1 = (x-1) \cdot (x^2 + x + 1)$ となるので，立方根 ω が一役買っていると看破することである．

$a=1$ に限らなくとも ω は絡んでいる．$x^3 - a^3$ を複素数係数の範囲で因数分解してみよ．

分類（I）の（A）

解 仮定より
$$f(x) - f(a) = (x^3 - a^3) q(x)$$
($q(x)$ は商)
$$= (x-a)(x^2 + ax + a^2) q(x)$$
$$= (x-a)(x-a\omega)(x-a\omega^2) q(x)$$

ここに ω は 1 でない立方根とする．よって
$$f(a\omega) - f(a) = f(a\omega^2) - f(a)$$
$$= 0$$

a は任意の実数というから，a を記号 x に変えて
$$f(\omega x) - f(x) = f(\omega^2 x) - f(x)$$
$$= 0$$

これより $f(x)$ の各項 $a_k x^k$（k は 0 以上の整数）のうち $a_{3m+1} x^{3m+1}, a_{3m+2} x^{3m+2}$（$m$ は 0 以上の任意の整数）の項の係数，つまり a_{3m+1}, a_{3m+2} が 0 であることを示せばよい．上式 $f(\omega x) - f(x) = 0$ において 0 であることが要請される部分：

$$a_{3m+1}(\omega x)^{3m+1} - a_{3m+1} x^{3m+1}$$
$$= a_{3m+1}(\omega^{3m+1} - 1) x^{3m+1}$$
$$= a_{3m+1}(\omega - 1) x^{3m+1}$$
$$= 0$$

であるべきだから，$a_{3m+1}=0$．同様にして $a_{3m+2}=0$．よって $f(x)=g(x^3)$ の形となる．◀

問題 8

2 以上の自然数 k に対して
$$f_k(x) = x^k - kx + (k-1)$$
とおく．このとき，次のことを証明せよ．

(1) n 次多項式 $g(x)$ が $(x-1)^2$ で割り切れるためには，$g(x)$ が定数 $a_1, a_2, \cdots, a_n$ を用いて
$$g(x) = \sum_{k=2}^{n} a_k f_k(x)$$
の形に表されることが必要十分である．

(2) n 次多項式 $g(x)$ が $(x-1)^3$ で割り切れるためには，$g(x)$ が関係式
$$\sum_{k=2}^{n} \frac{k(k-1)}{2} a_k = 0$$
をみたす定数 $a_2, a_3, \cdots, a_n$ を用いて
$$g(x) = \sum_{k=2}^{n} a_k f_k(x)$$
の形に表されることが必要十分である． (東京大)

▶ 本問は，難問の中でも格別に数学的品性と価値が高く，"数学の心"（というには大げさだが，）がみえない人には超難問となろう．

(1) まず x の多項式 $f_k(x)$ から $x-1$ を引き出してみる：
$f_k(x) = \{(x-1)+1\}^k - k(x-1) - 1$ となり，第 1 項では 2 項展開が想定され，直ちに $f_k(x)$ の $x-1$ の 1 次の項と定数項は相殺されて，$x-1$ の 2 次以上から k 次以下の項が残る．ここまで単なる式変形だが，その後をどうするか？

(2) $\displaystyle\sum_{k=2}^{n} \frac{k(k-1)}{2} a_k = \sum_{k=2}^{n} {}_k\mathrm{C}_2 a_k$ が見え透いているので，2 項展開を使う．とはいうものの，きちんとした数学の心得に沿って解答できるかな？

分類 (I) の (B)

解 （1） $f_k(x) = \{(x-1)+1\}^k - k(x-1) - 1$
$$= \sum_{r=0}^{k} {}_k\mathrm{C}_r (x-1)^r - k(x-1) - 1$$
$$= \sum_{r=2}^{k} {}_k\mathrm{C}_r (x-1)^r$$

さて $(x-1)^2$ で割り切れる任意の n 次多項式 $g(x)$ は，適当な係数 $b_2, b_3, \cdots, b_n$ および $x-1$ に関して $n-2$ 次以下の多項式 $p(x)$ を用いて
$$g(x) = \sum_{k=2}^{n} b_k f_k(x) + (x-1)^2 p(x)$$
の形式で表される．

まず，$f_k(x)$ には任意定数が含まれていないことに留意しておく．そこで，$(x-1)^2 p(x)$ が x の l 次多項式（l は $2 \leqq l \leqq n$ なる整数）であるとすると，その 1 次の項の係数に適当な 2 項係数定数を合理的に乗じて，それから $f_l(x)$ と同じ整式を作れる．相殺項は低次項に繰り入れて，逐次，$f_{l-1}(x), f_{l-2}(x), \cdots, f_2(x)$ を作り，$(x-1)^2 p(x)$ をそれらの 1 次結合で表すことがつねにできる．

それ故，$n-1$ 個の係数 $a_2, a_3, \cdots, a_n$ を適当にとることによって
$$g(x) = \sum_{k=2}^{n} a_k f_k(x)$$
と表される．◀

（2）（1）での
$$f_k(x) = \sum_{r=2}^{k} {}_k\mathrm{C}_r (x-1)^r$$
より
$$\sum_{k=2}^{n} a_k f_k(x) = \sum_{k=2}^{n} a_k \left\{ \sum_{r=2}^{k} {}_k\mathrm{C}_r (x-1)^r \right\}$$
$$= \underline{\sum_{k=2}^{n} a_k \cdot {}_k\mathrm{C}_2 (x-1)^2} + \sum_{k=3}^{n} a_k \left\{ \sum_{r=3}^{k} {}_k\mathrm{C}_r (x-1)^r \right\}$$

（勿論，右辺第 2 項においては $n \geqq 3$ である）

よって ～～ の項において '$(x-1)^2$ の係数 $= 0$' ならば，そして $g(x) = \sum_{k=2}^{n} a_k f_k(x)$ であるならば，$g(x)$ は $(x-1)^3$ で割り切れる．逆に $g(x)$ が

$(x-1)^3$ で割り切れる為には，$g(x)$ が $(x-1)^2$ で割り切れることが必要で，それ故，（１）より $g(x) = \sum_{k=2}^{n} a_k f_k(x)$ でなくてはならなく，かつ ～～ の項において '$(x-1)^2$ の係数 $= 0$' でなくてはならない．

以上で題意は示された．◀

(付) （１）では，勿論，$g(x) = (x-1)^2 p(x)$ として 解 と同様の展開をしても同じことである．なお，本問は因数定理等を用いても解ける．

さて，ここでは直観的論理展開をやってみせた訳だが，論理を階段式のものと思い込んでいる多くの人にとっては，上の 解 には"ギョッ"とされたかもしれない．数学は高度になればなるほど，直観と論理が不即不離になってくる．即ち，漸近自由的思考力とでもいうべきものが要求されてくるのである．これが数学に対する自然の'構え'というものである．

問題 9

関数 $f(x) = 4^x - (p+2)2^{x+1} + 4p + q + 4$ は区間 $[1, \log_2 5 - 1]$ において $0 \leq f(x) \leq 1$ をみたしているとする．
（１）(p, q) が存在する範囲を座標平面上に図示せよ．
（２）方程式 $f(x) = 0$ が実数解をもつように p, q が動くとき $p - 2q$ の最小値と最大値を求めよ． (東京医歯大 ◇)

▶ （１）は力づくで押しきればよいが，（２）はそうはいかない．（２）は（１）で求めた条件を付帯条件として，さらに方程式 $f(x) = 0$ が実数解をもつ条件，つまり $f(x) = 0$ は 2^x の２次方程式になるので，'判別式 ≥ 0' が入ってきて，（１）で求めた領域より小さい領域になるはずである．

分類（Ⅱ）

解 （１） $f(x) = 2^{2x} - 2(p+2)2^x + 4p + q + 4$

$2^x = t$，上式を $g(t)$ とおくと，
$$g(t) = t^2 - 2(p+2)t + 4p + q + 4 \quad (t > 0)$$
ところで

516　第9部　難問解明

$$1 \leq x \leq \log_2 5 - 1$$
$$\leftrightarrow 2 \leq 2^x \leq 2^{\log_2 5 - 1} = 2^{\log_2 \frac{5}{2}} = \frac{5}{2}$$
$$\therefore \quad 2 \leq t \leq \frac{5}{2}$$

そして $\left[1,\ \log_2 \frac{5}{2} - 1\right]$ で $0 \leq f(x) \leq 1$ というから,

$$0 \leq g(t) = \{t - (p+2)\}^2 + q - p^2 \leq 1$$
$$\left(2 \leq t \leq \frac{5}{2}\right)$$

対称軸 $t = p + 2$ で場合分けをする.

(ア) $p + 2 < 2$, つまり, $p < 0$ のとき
　　　　　　　　　　　（図1参照）

$g(2) \geq 0$ かつ $g\left(\dfrac{5}{2}\right) \leq 1$

$\leftrightarrow q \geq 0$ かつ $-p + q - \dfrac{3}{4} \leq 0$

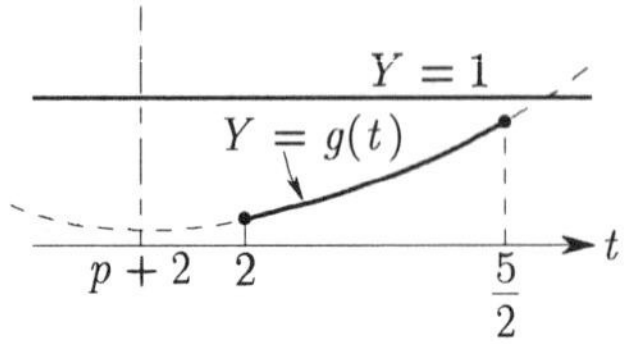

図1　$p + 2 < 2$ のとき
（Y軸は省略：以下同）

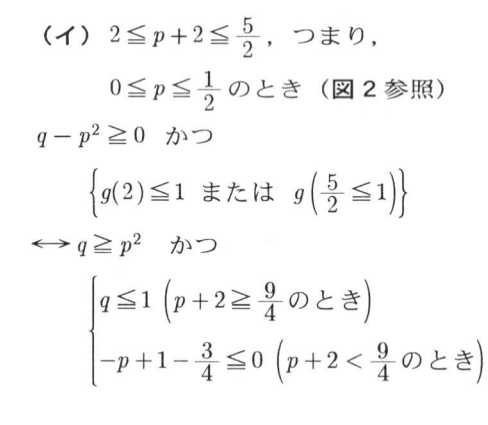

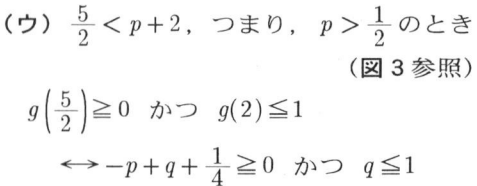

(イ) $2 \leq p + 2 \leq \dfrac{5}{2}$, つまり,

$0 \leq p \leq \dfrac{1}{2}$ のとき（図2参照）

$q - p^2 \geq 0$ かつ

$\left\{g(2) \leq 1 \text{ または } g\left(\dfrac{5}{2} \leq 1\right)\right\}$

$\leftrightarrow q \geq p^2$ かつ

$\begin{cases} q \leq 1 \ \left(p + 2 \geq \dfrac{9}{4} \text{ のとき}\right) \\ -p + 1 - \dfrac{3}{4} \leq 0 \ \left(p + 2 < \dfrac{9}{4} \text{ のとき}\right) \end{cases}$

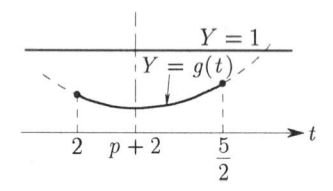

図2　$2 \leq p + 2 \leq \dfrac{5}{2}$ のとき

(ウ) $\dfrac{5}{2} < p + 2$, つまり, $p > \dfrac{1}{2}$ のとき
　　　　　　　　　　　（図3参照）

$g\left(\dfrac{5}{2}\right) \geq 0$ かつ $g(2) \leq 1$

$\leftrightarrow -p + q + \dfrac{1}{4} \geq 0$ かつ $q \leq 1$

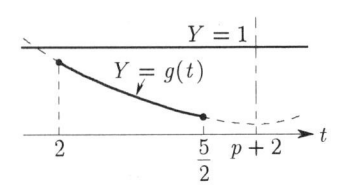

図3　$\dfrac{5}{2} < p + 2$ のとき

(ア), (イ), (ウ)の場合を図示すると次のようになる：

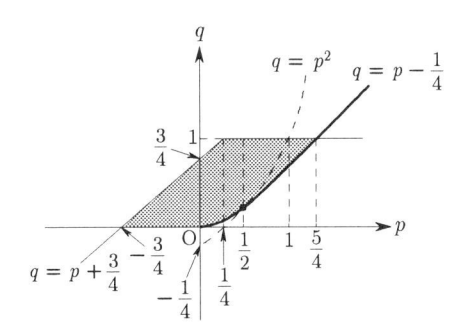

霞状部分が求める領域（境界は含まれる）

〈解答図〉

（2）まず $2 \leqq t \leqq \frac{5}{2}$ にて $0 \leqq g(t) \leqq 1$ という付帯条件下で，方程式 $g(t) = 0$ が実数解をもつ条件を求め，その領域を図示する．対象となる条件は

(ア), (イ), (ウ)の場合

かつ $g(t)$ の判別式：$p^2 - q \geqq 0$

これを図示すると右のようになる．

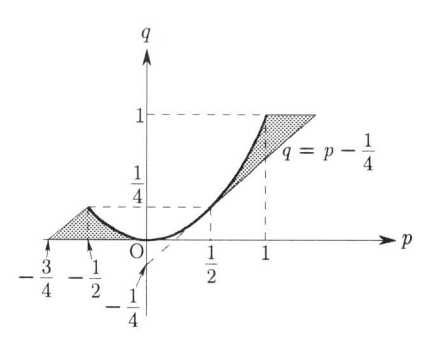

次に $l : p - 2q = k$ とおいて上の領域内で k を動かす．

l が $(p, q) = \left(-\frac{1}{2}, \frac{1}{4}\right)$, $(1, 1)$ を通るとき，

$$k = -1$$

となる．また，l が $0 \leqq p \leqq \frac{1}{2}$ にて放物線 $q = p^2$ に接するとき，つまり，p の方程式 $p^2 = \frac{p}{2} - \frac{k}{2}$ が重解をもつとき，

$$k = \frac{1}{8}$$

となる．(接点は $(p, q) = \left(\frac{1}{4}, \frac{1}{16}\right)$ である)．

よって $p - 2q$ は

$$\begin{cases} \text{最小値 } -1 \ ((p, q) = \left(-\frac{1}{2}, \frac{1}{4}\right), \ (1, 1) \text{のとき}) \\ \text{最大値 } \frac{1}{8} \ ((p, q) = \left(\frac{1}{4}, \frac{1}{16}\right) \text{のとき}) \end{cases}$$ …(答)

問題 10

$\tan 50° \tan(90° - x) = \tan 80° \tan(50° - x)$ の解を求めよ．

(お茶の水大・理 ◊)

▶ 一見，奇妙な方程式でどこからどうすればよいのやら？ tangent の加法定理では動きがとれそうにない．$\tan x = \frac{\sin x}{\cos x}$ の形にして分母を払っていけば，何とかなるだろう．本問は公式を総動員する応用問題のようだから，そのつもりで．

分類（Ⅱ）

[解] $\tan(90° - x) = \frac{\sin(90° - x)}{\cos(90° - x)} = \frac{\cos x}{\sin x}$

であるから，

与方程式 $\iff \frac{\sin 50°}{\cos 50°} \cdot \frac{\cos x}{\sin x} = \frac{\sin 80°}{\cos 80°} \cdot \frac{\sin(50° - x)}{\cos(50° - x)}$

$\iff \begin{cases} \sin 50° \cos 80° \cos x \cos(50° - x) \\ \quad = \sin 80° \cos 50° \sin x \sin(50° - x) \quad \text{…①} \\ (x \not\equiv n \times 180°, \ 50° - x \not\equiv 90° + n \times 180°; \ n \text{は整数}) \quad \text{…②} \end{cases}$

①において，加法定理により

$\cos 80° = \cos(30° + 50°)$

$\qquad = \frac{\sqrt{3}}{2} \cos 50° - \frac{1}{2} \sin 50°,$

$\sin 80° = \sin(30° + 50°)$

$\qquad = \frac{1}{2} \cos 50° + \frac{\sqrt{3}}{2} \sin 50°$

であるから，①は
$$(\sqrt{3}\sin 50°\cos 50° - \sin^2 50°)\cos x\cos(50°-x)$$
$$= (\cos^2 50° + \sqrt{3}\sin 50°\cos 50°)\sin x\sin(50°-x)$$
$$\iff \sqrt{3}\sin 50°\cos 50°\cos\{x+(50°-x)\}$$
$$= \sin^2 50°\cos x\cos(50°-x) + \cos^2 50°\sin x\sin(50°-x)$$

（∵ 加法定理を用いた）

$$\iff \sqrt{3}\sin 50°\cos^2 50°$$
$$= \sin^2 50°\cdot\frac{1}{2}[\cos\{x+(50°-x)\}+\cos\{x-(50°-x)\}]$$
$$+ \cos^2 50°\cdot\frac{1}{2}[-\cos\{x+(50°-x)\}+\cos\{x-(50°-x)\}]$$

（∵ 和と積の変換公式を用いた）

$$= \frac{1}{2}(\sin^2 50° - \cos^2 50°)\cos 50° + \frac{1}{2}\cos(2x-50°)$$

$$\iff \frac{\sqrt{3}}{2}\sin 100°\cos 50°$$
$$= -\frac{1}{2}\cos 100°\cos 50° + \frac{1}{2}\cos(2x-50°)$$

（∵ 倍角・半角の公式を用いた）

$$\iff \cos 50°(\sqrt{3}\sin 100° + \cos 100°)$$
$$= \cos(2x-50°) \quad \cdots ③$$

ここで
$$③式左辺 = 2\cos 50°\sin(100°+30°)$$

（∵ 加法定理を用いた）
$$= 2\cos 50°\sin(180°-50°)$$
$$= 2\cos 50°\sin 50°$$
$$= \sin 100°$$

（∵ 倍角・半角の公式を用いた）
$$= \sin(90°+10°) = \cos 10°$$

よって③は
$$\sin\left\{\frac{(2x-50°)+10°}{2}\right\}\sin\left\{\frac{(2x-50°)-10°}{2}\right\} = 0$$

（∵ 和と積の変換公式を用いた）

$$x - 20° = m \times 180° \quad \text{または} \quad x - 30° = m \times 180°$$
$$(m \text{ は整数})$$

(これらの x は②に抵触しない)

$$\therefore \quad x = 20° + m \times 180°, \ 30° + m \times 180°$$
$$(m \text{ は整数}) \quad \cdots \textbf{(答)}$$

(付) 実に巧妙な計算過程であったろう．どうしてこのような計算をすればよいと気付くのか？ それは勘である．③までは式を分解したり，まとめ上げたりのかけひきをおこなっている．③以後は $\cos(\cdots) = \cos(2x - 50°)$ になるはずだと直感して式変形をしていったのである．それにしても，やれやれである．（筆者の計算の"スジ"が悪かったのかな？）

ところで，本問は**分類（Ⅲ）**に属するものではないかと訝しがる人もいるかもしれないが，それ程，acrobatic な計算技法ではない．ただ，何度も基本的公式を上手に用いて解かねばならないというだけのことである．（基本事項が上手に組み合わせられた重厚な問題と，いたずらに奇抜な問題を混同してはならない．）

問題 11

複素数平面において，実部と虚部が共に整数であるような複素数の表す点を格子点と呼ぶ．

（1） $\left|\dfrac{2+7i}{1+2i} - z\right| < 1$ を満たす格子点 z をすべて求めよ．

（2） α と β は格子点で $\beta \neq 0$ とする．$\alpha = \beta z + w$ を満たし，$|w| < |\beta|$ であるような格子点 z と w が存在することを示せ．

（3） $|\alpha| = |\beta|$ で，$30° < \arg \alpha - \arg \beta < 60°$ のとき，（2）における z をすべて求めよ．ただし，$\arg \alpha$, $\arg \beta$ はそれぞれ α と β の偏角を表すものとする．

(茨城大 ◊)

▶ （1）は $z = x + yi$ とでもおいてみれば，何とかなるだろう．（2）はやや難であろう．まず題意を汲みとれたかどうかであるが，….

$\left|z-\dfrac{\alpha}{\beta}\right|<1$ まではともかくとして, この際, $\dfrac{\alpha}{\beta}$ は格子点になるとは限らない. (3)は(2)ができていれば, あとは図を描くのみだが, ….

分類 (Ⅰ)の(A)

解 (1) $\dfrac{2+7i}{1+2i} = \dfrac{(2+7i)(1-2i)}{5}$
$= \dfrac{16}{5} + \dfrac{3}{5}i$

そこで $z = x + yi$ とおくと,
$$\left|\dfrac{2+7i}{1+2i} - z\right|^2 = \left(x - \dfrac{16}{5}\right)^2 + \left(y - \dfrac{3}{5}\right)^2 < 1$$

よって
$$(5x-16)^2 + (5y-3)^2 < 25$$

ここで, 当然, $(5y-3)^2 < 25$ であるから
$$-\dfrac{2}{5} < y < \dfrac{8}{5}$$

y は整数より $y = 0, 1$ である.

(ア) $y = 0$ のとき
$$(5x-16)^2 < 16 \quad \therefore \quad 整数 x は x = 3$$

(イ) $y = 1$ のとき
$$(5x-16)^2 < 21 \quad \therefore \quad 整数 x は x = 3, 4$$

求める格子点は
$$z = 3, \ 3+i, \ 4+i \quad \cdots(答)$$

(2) $\alpha = \beta z + w$ (α, β は格子点, $\beta \neq 0$) より
$$\dfrac{w}{\beta} = -z + \dfrac{\alpha}{\beta}$$

$\left|\dfrac{w}{\beta}\right| < 1$ というから
$$\left|z - \dfrac{\alpha}{\beta}\right| < 1$$

・$\dfrac{\alpha}{\beta}$ が格子点であるとき

$z = \dfrac{\alpha}{\beta}$ とすれば, $w = 0$ となるから
$$|w| = 0 < |\beta| \quad (\beta \neq 0 より)$$

よって格子点 z と w は存在する．

・$\frac{\alpha}{\beta}$ が格子点でない（有理点の）とき

任意にとった $\frac{\alpha}{\beta}$ に最も近い格子点を z_0 とすれば，α, β は格子点であるから $\alpha = \beta z_0 + w$ なる w は格子点である．この z_0 が $\left|\frac{w}{\beta}\right| < 1$ を満たすことは，$\frac{\alpha}{\beta}$ を中心とした半径 $\frac{1}{\sqrt{2}}$ (<1) の閉円板内に格子点 z_0 があることから判明する．

以上によって題意は示された．◀

（3）（2）における z は
$$\left|z - \frac{\alpha}{\beta}\right| < 1 \quad \cdots ①$$
を満たす領域内の格子点である．いま $\left|\frac{\alpha}{\beta}\right| = 1$ かつ $30° < \arg\alpha - \arg\beta < 60°$ であるから，$\frac{\alpha}{\beta}$ を固定しておけば，①を満たす z の領域は図のようになる．そして $\frac{\alpha}{\beta}$ を，許される範囲で自由に動かすと，与えられた条件を満たすような格子点 z の存在は決まる．

求める格子点 z は
$$z = 1 + i \quad (\text{のみ}) \quad \cdots (\text{答})$$

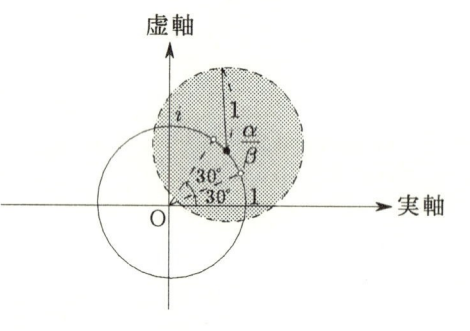

(注) 解 (3)では，"$z = 1, i$ も(答)に入れるのでは？"と思う人が多いかもしれないが，それは誤りである．（α, β は複素変数格子点であることをよく考えること．）この種の誤りは単なる過失や勘違いではなく，根本的に，集合論理的概念の理解に欠けた誤りと評定されたであろうから，減点度は大きかったはず．

しかし，出題文にも少し難点があるので，もし $z = 1, i$ も答に入れるとすれば，事前にそれなりの適当な断りを述べて，上の 解 (3)と根本的に違う表現をしなくてはならない．

問題 12

(1) 数列 $\{a_n\}$ $(n = 1, 2, \cdots)$ が $n \to \infty$ のとき，ある値 α に収束するならば，数列 $\{a_{n+1}\}$, $\{a_{2n}\}$, $\{a_{3n}\}$ は $n \to \infty$ のときどうなるか．

(2) 定数 θ に対して数列 $\{\cos n\theta\}$ $(n = 1, 2, \cdots)$ がある値に収束するような θ の条件を求めよ．

(滋賀医大(改))

▶ 少し古いが，自然な名作難問の１つであろう．(1)はともかくとして，(2)は取りつく島がないか？ そうでもない．(1)が大きなヒントを与えている．$\{\cos 2n\theta\}$, $\{\cos 3n\theta\}$ を考えればよいと暗示している．((1)がなければ，時間無制限にしても大難問であろう．)

分類（Ⅰ）の（Ｃ）

解 (1) $\displaystyle\lim_{n\to\infty} a_{n+1} = \lim_{n\to\infty} a_{2n} = \lim_{n\to\infty} a_{3n} = \alpha$ …(答)

(2) $\displaystyle\lim_{n\to\infty} \cos n\theta = \alpha$ （極限値）とすると，

$$\lim_{n\to\infty} \cos 2n\theta = \alpha, \quad \lim_{n\to\infty} \cos 3n\theta = \alpha$$

倍角・３倍角の公式により

$$\cos 2n\theta = 2\cos^2 n\theta - 1,$$
$$\cos 3n\theta = 4\cos^3 n\theta - 3\cos n\theta$$

であるから，

$$\alpha = 2\alpha^2 - 1, \quad \alpha = 4\alpha^3 - 3\alpha$$

$$\Longleftrightarrow \begin{cases} (\alpha - 1)(2\alpha + 1) = 0, \\ 4\alpha(\alpha - 1)(\alpha + 1) = 0 \end{cases}$$

$$\Longleftrightarrow \alpha = 1 \Longleftrightarrow \lim_{n\to\infty} \cos n\theta = 1 \quad (\because \text{定義より})$$

よって

$$1 = \lim_{n\to\infty} \cos(n+1)\theta$$
$$= \lim_{n\to\infty} (\cos n\theta \cos \theta - \sin n\theta \sin \theta)$$

ここで，$\sin n\theta = \pm\sqrt{1 - \cos^2 n\theta}$ であるから，$\displaystyle\lim_{n\to\infty} \cos n\theta = 1$ より

$\lim_{n\to\infty} \sin n\theta = 0$ である．よって
$$1 = \cos\theta$$
$$\therefore \quad \theta = 2m\pi \quad (m\text{ は整数})$$
逆に，このとき，$\lim_{n\to\infty} \cos n\theta = 1$ である．
求める条件は
$$\theta = 2m\pi \quad (m\text{ は整数}) \quad \cdots \text{(答)}$$

問題 13

数列 $\{a_m\}$ が
$$a_1 = 1,$$
$$a_{m+1} = 1 + \frac{3}{1+a_m} \quad (m = 1, 2, 3, \cdots)$$
を満たすとき，次の問いに答えよ．
（1）$b_n = a_{2n-1}$ $(n = 1, 2, 3, \cdots)$ とおくとき，数学的帰納法を用いて次の不等式が成り立つことを示せ．
$$1 \leq b_n < b_{n+1} < 2 \quad (n = 1, 2, 3, \cdots)$$
（2）次の不等式が成り立つことを示せ．
$$2 - b_{n+1} \leq \frac{1}{7}(2 - b_n) \quad (n = 1, 2, 3, \cdots)$$
（3）数列 $\{b_n\}$ は収束することを示し，その極限値を求めよ．

(名古屋工大 ◇)

▶ 本問のタイプはよく見かけるものの，本問そのものにはそれなりの工夫がなされている．受験生は，多分，不出来であったろう．（1）は，"全部を帰納法で示せ" という訳でもあるまい．$1 \leq b_n$，$b_{n+1} < 2$ の所ぐらいだけでよいであろう．$\{a_m\}$ についての漸化式は $\{b_n\}$ の漸化式に転換される．（2）と（3）は力で押しきれそうである．

分類（Ⅱ）

解　（1）　$a_1 = 1$
$$a_{m+1} = 1 + \frac{3}{1+a_m} \quad \cdots\text{①}$$

において $m=2n-1$ とおくと，$b_n = a_{2n-1}$ より
$$a_{2n} = 1 + \frac{3}{1+a_{2n-1}}$$
$$\Longleftrightarrow a_{2n} = 1 + \frac{3}{1+b_n} \quad \cdots ②$$

①において $m=2n$ とおくと，
$$a_{2n+1} = 1 + \frac{3}{1+a_{2n}}$$
$$\Longleftrightarrow b_{n+1} = 1 + \frac{3}{1+a_{2n}} \quad \cdots ③$$

②，③より
$$\left.\begin{aligned} b_{n+1} &= 1 + \frac{3+3b_n}{5+2b_n} \\ &= \frac{8+5b_n}{5+2b_n} \\ (b_1 &= 1) \end{aligned}\right\} \quad \cdots ④$$

まず $b_n \geqq 1$ を帰納法で示す．
$n=1$ のときは成立している．$n=k$ のとき，$b_k \geqq 1$ の成立を仮定すると，④より
$$b_{k+1} = 1 + \frac{8+5b_k}{5+2b_k} > 1$$

よって任意の自然数 n について $b_n \geqq 1$ である．

次に $b_{n+1} < 2$ を帰納法で示す．
$n=1$ のとき
④より
$$b_2 = \frac{8+5b_1}{5+2b_1}$$
$$= \frac{13}{7} < 2$$
(確かに成立している)

$n=k(\geqq 2)$ のとき，$b_k < 2$ の成立を仮定すると，④より
$$b_{k+1} - 2 = \frac{b_k - 2}{5+2b_k} < 0$$

よって任意の自然数 n について $b_{n+1} < 2$ である．

そして $b_n < b_{n+1}$ を示す．

$n=1$ では $b_1 = 1 < \dfrac{13}{7} = b_2$ で成立している．$n \geqq 2$ として

$$b_{n+1} - b_n = \dfrac{8 - 2b_n^2}{5 + 2b_n}$$
$$= -2 \cdot \dfrac{(b_n - 2)(b_n + 2)}{5 + 2b_n}$$

$n \geqq 2$ では $b_n < 2$ であったから，

$$b_{n+1} - b_n > 0$$
$$\therefore \quad 1 \leqq b_n < b_{n+1} < 2 \quad \blacktriangleleft$$

(2) ④より

$$2 - b_{n+1} = 1 - \dfrac{3 + 3b_n}{5 + 2b_n}$$
$$= \dfrac{2 - b_n}{5 + 2b_n}$$

(1) より $b_n \geqq 1$ であったから，$5 + 2b_n \geqq 7$ であり，かつ $b_n < 2$ であったから，

$$2 - b_{n+1} \leqq \dfrac{1}{7}(2 - b_n) \quad \blacktriangleleft$$

(3) (2) より

$$0 < 2 - b_n \leqq \left(\dfrac{1}{7}\right)^{n-1}(2 - b_1) = \left(\dfrac{1}{7}\right)^{n-1}$$

よって

$$2 - \left(\dfrac{1}{7}\right)^{n-1} \leqq b_n < 2$$

これは任意の自然数 n について成立するから，はさみうちの原理により，

$$\begin{cases} 数列\{b_n\}は収束する． \blacktriangleleft \\ その極限値は 2 \end{cases} \cdots \text{(答)}$$

(付) 本問での $\{a_m\}$ の漸化式は

$$a_{m+1} - 2 = -\dfrac{a_m - 2}{a_m + 1}$$
$$a_{m+1} + 2 = \dfrac{3(a_m + 2)}{a_m + 1}$$

と表せる．ここで各式の逆数をとるか，連立させるかの手段があるが，いずれにせよ，

$$a_m = \frac{2(-3)^m + 2}{(-3)^m - 1}$$

と a_m は求められる.

このように処方や結果がよく知られた問題でも，出題呈示に(いささかでも)独創性が見られれば，また斬新な問題としての価値を有するものである.

問題 14

数列 $\{x_n\}$, $\{y_n\}$ が次の関係式をみたすとする.
$$x_1 > y_1, \ x_n > 0, \ y_n > 0,$$
$$x_{n+1} = \frac{x_n + y_n}{2} + 1, \ y_{n+1} = x_n^{\frac{1}{2}} y_n^{\frac{1}{2}} + 1$$
$$(n = 1, 2, 3, \cdots)$$

このとき，以下の問いに答えよ.
（1） $x_n \geqq y_n$ を示せ.
（2） $y_{n+1} > y_n$ を示せ.
（3） $x_{n+1} - y_{n+1} \leqq \frac{1}{2}(x_n - y_n)$ を示せ.
（4） 数列 $\{x_n\}$, $\{y_n\}$ は発散することを示せ. (佐賀大 ◇)

▶ 相加・相乗平均を融合した連立漸化式である．(1),(2)は易しい？(3),(4)は着想の柔軟性を要するであろう.

(3)は，すぐ $x_{n+1} - y_{n+1} = \frac{1}{2}(\sqrt{x_n} - \sqrt{y_n})^2$ となるので，$\sqrt{x_n} - \sqrt{y_n}$ $\leqq \sqrt{x_n - y_n}$ を示せばよいことになる．(4)は型通りの問題ではなさそうであり，おもしろいが，受験生にはきついだろう．概して発散する数列の方が収束する数列より扱いにくい．計算は易しそうであるから，思考に重点が置かれている．自力で完答できれば，なかなかの力量である．(4)は(1)～(3)を総動員させるのだろう．(本問の歴史的 roots は見え透いているが，受験生は知らなくともよい．ただ，偉大なるガウスが $x_{n+1} = \frac{x_n + y_n}{2}$, $y_{n+1} = \sqrt{x_n y_n}$ なる数列 $\{x_n\}$, $\{y_n\}$ の極限を評定したということだけを添えておく．ガウスは多くの点で凡人とは眼の付け所が違っていた．)

分類（Ⅰ）の（A）

解 （1） $x_n > 0,\ y_n > 0$ であるから，相加・相乗平均の関係式により

$$\frac{x_n + y_n}{2} \geqq \sqrt{x_n y_n}$$

よって与漸化式より

$$\begin{cases} x_{n+1} \geqq y_{n+1} \\ x_1 > y_1 \end{cases}$$

$$\therefore\quad x_n \geqq y_n (> 0)\quad (n = 1,\ 2,\ 3,\ \cdots)$$

（2） 　　　$y_{n+1} = \sqrt{x_n}\sqrt{y_n} + 1$

$$\geqq \sqrt{y_n}\sqrt{y_n} + 1$$

$$(\because\ (1)より)$$

$$= y_n + 1$$

$$\therefore\quad y_{n+1} > y_n \quad \blacktriangleleft$$

（3） $x_{n+1} - y_{n+1} = \dfrac{x_n + y_n}{2} - \sqrt{x_n y_n}$

$$= \frac{1}{2}(\sqrt{x_n} - \sqrt{y_n})^2$$

そこで $(\sqrt{x_n} - \sqrt{y_n})^2 \leqq x_n - y_n$ を示す．
これは $y_n \leqq \sqrt{x_n}\sqrt{y_n}$ を示すことになる．
$y_n > 0$ ということよりこれは $\sqrt{y_n} \leqq \sqrt{x_n}$ となるが，これは（1）より明らか
ということになる．

$$\therefore\quad x_{n+1} - y_{n+1} \leqq \frac{1}{2}(x_n - y_n)$$

（4）（3）と（1）より $\lim\limits_{n \to \infty} x_n = \lim\limits_{n \to \infty} y_n$ である．$\lim\limits_{n \to \infty} y_n = \infty$ を示す：（2）
の過程より

$$y_{n+1} - y_n \geqq 1$$

よって

$$\sum_{k=1}^{n}(y_{k+1} - y_k) \geqq n$$

$$\longleftrightarrow y_{n+1} \geqq y_1 + n\ (> 0)$$

ここで $n \to \infty$ とすると，$y_n \to \infty$ である．よって（1）より $n \to \infty$ では
$x_n \to \infty$ である．$\blacktriangleleft$

問題 15

n を自然数とする．次の各問いに答えよ．

(1) 自然数 k は $2 \leqq k \leqq n$ を満たすとする．9^k を 10 進法で表したときの桁数は，9^{k-1} の桁数と等しいか，または 1 だけ大きいことを示せ．

(2) 9^{k-1} と 9^k の桁数が等しいような $2 \leqq k \leqq n$ の範囲の自然数の個数を a_n とする．9^n の桁数を n と a_n を用いて表せ．

(3) $\lim_{n \to \infty} \dfrac{a_n}{n}$ を求めよ．

(神戸大 ◇)

▶ 数の世界の自然な構造を問うた名作である．(1)は標準的だが，(2)は題意を把握しづらいだろう．これは，定まった解法というものもなく，数の性質に関して概念的に少し難しいので，各自の頭でよく考えて頂くよりない．大抵の人が，単純に，「桁数の等しい数が a_n 個だから，9^n の桁数は $n - a_n$ である．」とするだろうが，それは洞察不足であろう．(1)を"フル"回転させねばなるまい．(2)ができれば，(3)はすんなりといける．

分類 (I)の(A)

解 (1) 9^k $(2 \leqq k \leqq n)$ を 10 進法で表したら，m 桁であるとすると，
$$10^{m-1} \leqq 9^k < 10^m$$
よって
$$9^{-1} \times 10^{m-1} \leqq 9^{k-1} < 9^{-1} \times 10^m$$
ここで $9^{-1} \times 10^{m-1}$ は 10^{m-1} より（整数部分が）1 桁少ない数であるし，$9^{-1} \times 10^m$ は 10^m より 1 桁少ない数で，$10^{-1} \times 10^m = 10^{m-1}$ より大きい数である．

従って 9^k は 9^{k-1} と同じ桁数か 1 桁だけ大きい数である． ◀

(2) 9^k $(2 \leqq k \leqq n)$ を 10 進法で表したとき，9^n の桁数を M とすると，9^2 から 9^n までは 2 桁から M 桁までの数があることになる（当然，$n \geqq M$）．その内訳は，9^2 から 9^n の間には，それらを含めて，位の等しい数が a_n 個あ

ることに拠る.

さて,(1)により $9^k (k \geq 2)$ を9で割った 9^{k-1} では 9^k から桁数が,2桁以上,下がることはない.そして 9^{k-2} と 9^k の桁数が等しいということもない.なぜというに,(1)の過程において
$$\underline{10^{m-1} \leq 9^k} < 10^m,$$
$$9^{-2} \times 10^{m-1} \leq 9^{k-2} < \underline{9^{-2} \times 10^m}$$
であり,
$$\underline{9^{-2} \times 10^m} < \underline{10^{m-1}}$$
であるからである.したがって $9^k (2 \leq k \leq n)$ においてある同一の桁数が3つの数以上に亘(わた)ることはないから,a_n は偶数である.いま2つの数 $9^{\ell-1}$ と $9^\ell (2 \leq \ell \leq n)$ の桁数が等しいとすると,これだけで n 桁から $n-1$ 桁へと1桁だけ減ることになる.

以上から 9^n の桁数 M は
$$M = n - \frac{a_n}{2} \quad \cdots \text{(答)}$$

(3) M を(2)での M とする.この下で
$$10^{M-1} \leq 9^n < 10^M$$
$$\leftrightarrow (M-1) \leq n \log 9 < M$$
(log は常用対数)
$$\leftrightarrow n - \frac{a_n}{2} - 1 \leq n \log 9 < n - \frac{a_n}{2}$$
$$\leftrightarrow 2\left(1 - \frac{1}{n} - \log 9\right) \leq \frac{a_n}{n} < 2(1 - \log 9)$$

はさみうちの原理により
$$\lim_{n \to \infty} \frac{a_n}{n} = 2(1 - \log 9)$$
$$= 2 \log \frac{10}{9} \quad \text{(log は常用対数)} \quad \cdots \text{(答)}$$

(注) 解 において,(2)では,'ある同一の桁数が3つの数以上に亘ることはない'という箇所を踏まえないと,結論へは到れないことに留意されたい.このことを抜かして,結果が一致してもだめである.

問題 16

以下の設問に答えよ．

（1）半径 1 の円に内接する正 n 角形 $(n \geqq 4)$ の面積を S_n とするとき，
$$S_{2n} = \frac{n}{2}\sqrt{2 - 2\sqrt{1 - \left(\frac{2}{n}S_n\right)^2}}$$
が成立することを示せ．

（2）数列 $\{a_n\}$ が
$$a_1 = 1,$$
$$a_{n+1} = \sqrt{\frac{1 - \sqrt{1 - a_n^2}}{2}} \quad (n \geqq 1)$$
で与えられるとき，$\displaystyle\lim_{n\to\infty} 2^n a_n$ を求めよ． 　　　　　（滋賀医大 ♦）

▶ （1）は図を描いて上手に計算すれば，何とかなるだろうが，それが（2）とどう関連付くのか？ $\dfrac{2}{n}S_n \longleftrightarrow a_n$ の対応が見られるが，…？

分類（Ⅰ）の（C）

解 （1）半径 1 の円に内接する正 n 角形の面積は
$$S_n = \left(\frac{1}{2} \times 1^2 \times \sin\frac{2\pi}{n}\right) \cdot n$$
$$= \frac{n}{2}\sin\frac{2\pi}{n}$$
$$\longleftrightarrow \frac{2}{n}S_n = \sin\frac{2\pi}{n}$$

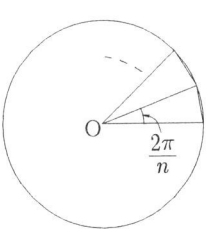

よって
$$\sqrt{1 - \left(\frac{2}{n}S_n\right)^2} = \left|\cos\frac{2\pi}{n}\right| = \cos\frac{2\pi}{n}$$
$$(\because\ n\geqq 4\ \text{より}\ 0 < \frac{2\pi}{n} \leqq \frac{\pi}{2}\ \text{であるから}\ \cos\frac{2\pi}{n} \geqq 0)$$

よって
$$\sqrt{2 - 2\sqrt{1 - \left(\frac{2}{n}S_n\right)^2}} = \sqrt{2\left(1 - \cos\frac{2\pi}{n}\right)}$$
$$= \sqrt{2 \times 2\sin^2\frac{\pi}{n}}$$

（∵ 倍角・半角の公式を用いた）

$$= 2\sin\frac{\pi}{n}$$

∴ 問題の式の右辺 $= n\sin\frac{\pi}{n} = S_{2n}$ ◀

(2) 与漸化式より直ちに

$$0 < a_n \leq 1$$

そこで任意の自然数 n に対して $0 < \theta_n \leq \frac{\pi}{2}$ であるような適当な θ_n をとれて

$$a_n = \sin\theta_n$$

それ故

$$a_{n+1} = \sqrt{\frac{1-\sqrt{1-\sin^2\theta_n}}{2}}$$

$$= \sqrt{\frac{1-\cos\theta_n}{2}}$$

$$= \sin\frac{\theta_n}{2} \quad (\because 倍角・半角の公式を用いた)$$

$$\longleftrightarrow \sin\theta_{n+1} = \sin\frac{\theta_n}{2} \quad \left(0 < \theta_n \leq \frac{\pi}{2},\ 0 < \theta_{n+1} \leq \frac{\pi}{2}\right)$$

よって

$$\theta_{n+1} = \frac{1}{2}\theta_n$$

$$\therefore\ \theta_n = \left(\frac{1}{2}\right)^{n-1}\theta_1$$

$a_1 = 1 = \sin\theta_1$ より $\theta_1 = \frac{\pi}{2}$ であるから,

$$\theta_n = \pi\left(\frac{1}{2}\right)^n$$

よって

$$2^n a_n = 2^n \sin\theta_n$$

$$= 2^n \sin\frac{\pi}{2^n}$$

$$\therefore\ \lim_{n\to\infty} 2^n a_n = \pi \lim_{n\to\infty} \frac{\sin\frac{\pi}{2^n}}{\frac{\pi}{2^n}}$$

$$= \pi \quad \cdots\text{(答)}$$

(付) (2)では関数の極限

$$\lim_{\theta\to 0}\frac{\sin\theta}{\theta} = 1$$

が使われた．結局，(1)は(2)とは，直接，関連付かなかったようである．
(1)は(2)を解く為の遠回しの暗示であったか．

問題 17

$f_n(\theta) = \cos n\theta$ とおく．
(1) $f_{n+2}(\theta) + f_n(\theta) = 2f_1(\theta) f_{n+1}(\theta)$ を示せ．
(2) $f_n(\theta)$ $(n \geq 1)$ は $\cos\theta$ の n 次式であることを示せ．
(3) $x = \cos\theta$ とおくと，$f_n(\theta)$ は x の関数とみなせる．これを $F_n(x)$ と表す．
$n \geq 3$ のとき，$-1 < x < 1$ の範囲で $F_n'(x) = 0$ は $n-1$ 個の相異なる解をもつことを示せ． (九州大・工)

▶ 人為的技巧さに走らない自然な良問である．(数学の問題とて，できるだけ自然な方が価値がある．)
(1)は三角関数の和と積の変換公式，(2)は(1)を利用しての帰納法で片付く．中心課題は(3)である．まず'方程式 $f_n(\theta) = \cos n\theta = 0$ の θ を $0 < \theta < \pi$ に限定してよい'というその論拠を明確に示す．そうすると，(2)によって $f_n(\theta)$ は $\cos\theta$ の n 次式であるから，適当な形に因数分解されることになる．ここまでくれば，それなりの部分点は確保できる (；そこまでもいけないか？) 問題はその後である．(微分法を用いて，厳密に，題意の成立を示さなくてはならない．これは各自の腕前による．)

分類 (I)の(A)

解 (1) $f_n(\theta) = \cos n\theta$ $(n \geq 1)$ より
$$f_{n+2}(\theta) + f_n(\theta) = \cos(n+2)\theta + \cos n\theta$$
$$= 2\cos(n+1)\theta \cos\theta$$
$$= 2f_1(\theta) f_{n+1}(\theta) \quad \blacktriangleleft$$

(2) 題意の成立を帰納法で示す．
$n = 1, 2$ のとき

$f_1(\theta) = \cos\theta$ （これは $\cos\theta$ の 1 次式である）

$f_2(\theta) = \cos 2\theta = 2\cos^2\theta - 1$ （これは $\cos\theta$ の 2 次式である）

$n = k$, $k+1$ ($k \geqq 1$) のとき，$f_k(\theta)$ と $f_{k+1}(\theta)$ はそれぞれ $\cos\theta$ の k 次，$k+1$ 次式であると仮定すると，（1）により

$$f_{k+2}(\theta) = 2f_1(\theta)f_{k+1}(\theta) - f_k(\theta)$$

（これは $\cos\theta$ の $k+2$ 次式である）

よって任意の自然数 n について題意は成立する． ◀

（3） $\cos\theta = x$ ($|x|<1$) として $F_n'(x)$ の相異なる実数解の個数を結論する訳であるから，$0 < \theta < \pi$ としてよい．$f_n(\theta) = \cos\theta$ ($n \geqq 3$) において $f_n(\theta) = 0$ となる θ は

$$\theta = \theta_k = \frac{2k+1}{2n}\pi \quad (k = 0, 1, \cdots, n-1)$$

と表せる．各 θ_k と各 $\cos\theta_k$ ($k = 0, 1, \cdots, n-1$) はすべて相異なる．そうすると（2）により

$$f_n(\theta) = l_n(\cos\theta - \cos\theta_0)(\cos\theta - \cos\theta_1)\cdots(\cos\theta - \cos\theta_{n-1})$$

（l_n は 0 でない適当な実数係数）

と表せる．よって

$$F_n(x) = l_n(x - \alpha_0)(x - \alpha_1)\cdots(x - \alpha_{n-1}) \quad (|x|<1)$$

（$\alpha_k = \cos\theta_k$ とおいた）

そして

$$\alpha_0 > \alpha_1 > \cdots > \alpha_{n-1}$$

が成立する．

さて，有理整関数 $F_n(x)$ ($|x|<1$) は微分可能関数であり，そして $F_n(\alpha_0) = F_n(\alpha_1) = 0$ であるから，ロルの定理により

$$F_n'(c_1) = 0 \quad (\alpha_0 > c_1 > \alpha_1)$$

なる c_1 がある．以下同様に

$$F_n'(c_2) = 0 \quad (\alpha_1 > c_2 > \alpha_2)$$

$$\vdots$$

$$F_n'(c_{n-1}) = 0 \quad (\alpha_{n-2} > c_{n-1} > \alpha_{n-1})$$

なる $c_2, \cdots, c_{n-1}$ がある.

さらに $F_n'(x)$ は x の $n-1$ 次の整式であるから,因数定理により $F_n'(x) = 0$ は
$$(x-c_1)(x-c_2)\cdots\cdots(x-c_{n-1}) = 0$$
を与える. ◀

(注) 解 において,ロルの定理を用いて $F'(c_k) = 0$ $(\alpha_{k-1} > c_k > \alpha_k$;$k = 1, 2, \cdots, n-1)$ を示し,そして $F_n'(x)$ が $(x-c_1)(x-c_2)\cdots\cdots(x-c_{n-1})$ の形に因数分解されるということを示しているが,このようなことをしないで,直ちに,「$F_n(x)$ の形から c_k が (α_k, α_{k-1}) の間で唯一のものだ.」と結論することはできない.

(付) 解 (3)での $f_n(\theta)$ の係数 l_n は 2^{n-1} であることを確かめよ.

問題 18

a は $0 < a < \pi$ を満たす定数とする. $n = 0, 1, 2, \cdots$ に対し,$n\pi < x < (n+1)\pi$ の範囲に
$$\sin(x+a) = x\sin x$$
を満たす x がただ一つ存在するので,この x の値を x_n とする.
(1) 極限値 $\lim_{n\to\infty}(x_n - n\pi)$ を求めよ.
(2) 極限値 $\lim_{n\to\infty} n(x_n - n\pi)$ を求めよ. (京都大 ◊)

▶ 本問の難しさは,x_n と $n\pi$ が互いに相関しながら変動していくところにある.
(1) 例えば,$a = \dfrac{\pi}{2}$ の場合だと,対象としている方程式は
$$x = \dfrac{\cos x}{\sin x} \ (=\cot x) \ (n\pi < x < (n+1)\pi)$$
となるので,$y = \cot x$ と $y = x$ のグラフを描いてみる.(次頁での図参照)一般の a $(0 < a < \pi)$ に対しても $y = \dfrac{\sin(x+a)}{\sin x}$ のグラフを描くことは容易であり,上と同様のグラフが得られる.グラフからは,視覚的に,

$x_n - n\pi \to 0$ $(n \to \infty)$ であることは間違いない．このような結論を下して，受験生ならば，大目に見てもらえただろうか？

もし，このような解答をして許されるならば，本問（1）は，京大入試数学としては，易しすぎる．しかし，一切，解答中では図に頼ってはならないとすると，たとい京大であっても，難し過ぎる．そもそも $\sin(x_n + a) = x_n \sin x_n$ が $\{x_n\}$ の漸化式ではないし，この式だけを用いて $\lim_{n\to\infty}(x_n - n\pi)$ を，直接，計算するわけにもゆかないし，はさみ込みにするにも，ちょっとやそっとでは，動きそうでもないからである．受験生においては，グラフを描いて，あとはそれなりの体裁を少しつけて答えてもよいような気がしないでもない．（しかし，やはり，だめだろう．）

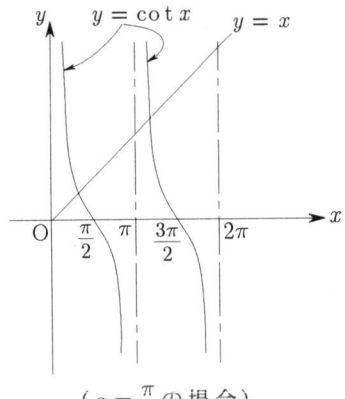

$x_n - n\pi = \alpha_n$ とでもおいてみるのが順当であろう．

（2）これとて，$\lim_{n\to\infty}(x_n - n\pi) = 0$ を既知だから易しいというものではない．（"スジ"がよければ，あっさり；悪ければ，時間無制限でも，いつまでも正解には到らないというのが，京大入試数学の難問の見事な特徴でもあるから．）$n(x_n - n\pi)$ であるから，$x_n - n\pi$ が n についての"1次分数形"になるような工夫が要る．（さもないと，いつまでも堂々巡りを余儀なくされるだろう．）

分類（Ⅰ）の（A）

解　（1）x_n は $\sin(x+a) = x\sin x$ $(n\pi < x < (n+1)\pi)$ のただ1つの解というから，

$$\sin(x_n + a) = x_n \sin x_n \quad \cdots ①$$

さて，$n\pi < x_n < (n+1)\pi$ であるから，

$$x_n = n\pi + \alpha_n \quad \cdots ②$$

なる α_n $(0 < \alpha_n < \pi)$ がある．②の x_n を①に代入して

$$\sin\{n\pi + (\alpha_n + a)\} = (n\pi + \alpha_n)\sin(n\pi + \alpha_n)$$
$$\longleftrightarrow \sin(\alpha_n + a) = (n\pi + \alpha_n)\sin\alpha_n \quad \cdots ③$$

$0 < \alpha_n < \pi$ であるから，もし $0 < \lim_{n\to\infty}\alpha_n \leqq \pi$ とすると，極限移行した際の ③式からすぐ矛盾が生じる．よって $\lim_{n\to\infty}\alpha_n = 0$ でなくてはならない．

②より
$$\lim_{n\to\infty}\alpha_n = \lim_{n\to\infty}(x_n - n\pi) = 0 \quad \cdots （答）$$

（2） $\lim_{n\to\infty} n(x_n - n\pi)$
$$= \lim_{n\to\infty} n\alpha_n$$
$$= \lim_{n\to\infty}\left(n \cdot \frac{\alpha_n}{\sin\alpha_n} \cdot \sin\alpha_n\right)$$
$$= \lim_{n\to\infty}\left(n \cdot \frac{\alpha_n}{\sin\alpha_n} \cdot \frac{\sin(\alpha_n + a)}{n\pi + \alpha_n}\right)$$
$$(\because ③より)$$
$$= \frac{\sin a}{\pi} \quad \cdots （答）$$

（付1） （1）は，事前に $x_n - n\pi \xrightarrow[(n\to\infty)]{} 0$ をおさえておかないと，|解| でのように背理法が使えない．この点が難しかったであろう．
（$0 < \lim_{n\to\infty}\alpha_n \leqq \pi$ とすると矛盾が生じることに，これ以上にくどくどと言及する必要はない．）

（付2）（1）について，もう少し見方を変えると，次のようになる：
③から
$$(n\pi + \alpha_n)\sin\alpha_n = \sin(\alpha_n + a) \leqq 1 \quad (0 < \alpha_n < \pi)$$
よって
$$\sin\alpha_n \leqq \frac{1}{n\pi + \alpha_n} < \frac{1}{n\pi} \quad (1 < \alpha_n < \pi)$$
$$\therefore \lim_{n\to\infty}\sin\alpha_n = 0$$
この際，$\lim_{n\to\infty}\alpha_n = \pi$ ということがあり得るが，そのときは③から
$$\frac{\sin(\alpha_n + a)}{\sin\alpha_n} = n\pi + \alpha_n \quad (0 < \alpha_n < \pi)$$
において，$n \to \infty$ の極限移行によって，そして $0 < a < \pi$ より，'上式左辺 $\to -\infty$'，'上式右辺 $\to +\infty$' となる．よって $\lim_{n\to\infty}\alpha_n = 0$ である．

"この後半部分の'上式左辺 $\to -\infty$'の負の符号は，a が無限小ならば怪しげな直観である"と批判する向きには，以下の方で，雰囲気だけでも，納得されたい：

$\lim_{n\to\infty} \alpha_n = \pi \ (0 < \alpha_n < \pi)$ を仮定しておく．

$0 < a < \pi$ で任意に定めた a をとる．$0 < \varepsilon < a$（これは実数の稠密性といわれる）なる任意の ε に対して適当な自然数 n_0 があり，$n > n_0$ ならば，
$$\pi < \alpha_n + \varepsilon < \alpha_n + a < 2\pi.$$
この下で $\sin(\alpha_n + a) < 0$ となる．（これは数列の極限での $\varepsilon\text{-}\delta$ 論法．）

問題 19

n を正の整数とし，
$$f_n(x) = \sum_{k=0}^{n} \frac{(-1)^k x^{2k}}{(2k)!}$$
$$= 1 - \frac{x^2}{2!} + \frac{x^4}{4!} - \frac{x^6}{6!} + \cdots + \frac{(-1)^n x^{2n}}{(2n)!}$$
とする．このとき，次の問に答えよ．

（1） $f_n(2) < 0$ であることを示せ．

（2） 方程式 $f_2(x) = 0$ は $0 < x < 2$ の範囲にただ 1 つだけ解をもつことを示せ．

（3） $n \geq 3$ のときも，方程式 $f_n(x) = 0$ は $0 < x < 2$ の範囲にただ 1 つだけ解をもつことを示せ．

（中央大 ◇）

▶ いささか張り切り過ぎた難問で，((2)が獲物であることに目ざとく気付いた場合は別として，)事実上，白紙答案だらけでは？ しかも，(2) は単に得点させてやる為の"孤独な設問"ではない．これを(3)で使わなくては，明らかに不自然である．(そのことは(3)の出題文からも明らか．)

(1)からして難問である．まず n の偶奇で場合分けが生じること，そして $\dfrac{2^{2n-2}}{(2n-2)!}$ と $\dfrac{2^{2n}}{(2n)!}$ の大小を見極めることであろう．(3)は重い難問であ

る．(1)を使うことは間違いないが，それだけでは済みそうにない．帰納法によるべきだろうが，何をどう仮定する？ $n \geqq 3$ としてあるが，$n \geqq 2$ として(2)を利用すればよい．

分類（II）

解　(1)　$f_n(2) = 1 - \dfrac{2^2}{2!} + \dfrac{2^4}{4!} - \dfrac{2^6}{6!} + \cdots + \dfrac{(-1)^{n-1} 2^{2n-2}}{(2n-2)!} + \dfrac{(-1)^n 2^{2n}}{(2n)!}$

ここで
$$\frac{2^{2n-2}}{(2n-2)!} > \frac{2^{2n}}{(2n)!} \quad (n \geqq 2)$$
に留意しておく．

n が偶数のとき
$$f_n(2) = \left\{1 - \left(\frac{2^2}{2!} - \frac{2^4}{4!}\right)\right\} - \left(\frac{2^6}{6!} - \frac{2^8}{8!}\right) - \cdots - \left(\frac{2^{2n-2}}{(2n-2)!} - \frac{2^{2n}}{(2n)!}\right)$$

上式右辺において $\{\ \}$ の中の値は $-\dfrac{1}{3}\,(<0)$ であり，それ以外の項の和は負であるから
$$f_n(2) < 0 \quad (n = 2, 4, \cdots)$$

n が奇数のとき（$f_1(2) < 0$ であるから $n \geqq 3$ としておく）
$$f_n(2) = \left\{1 - \left(\frac{2^2}{2!} - \frac{2^4}{4!}\right)\right\} - \left(\frac{2^6}{6!} - \frac{2^8}{8!}\right)$$
$$- \cdots - \left(\frac{2^{2n-4}}{(2n-4)!} - \frac{2^{2n-2}}{(2n-2)!}\right) - \frac{2^{2n}}{(2n)!} < 0 \quad (n = 3, 5, \cdots)$$

よって
$$f_n(2) < 0 \quad (n = 1, 2, 3, \cdots) \quad \blacktriangleleft$$

(2)　$f_2(x) = 1 - \dfrac{x^2}{2!} + \dfrac{x^4}{4!} \ (0 < x < 2)$ であるから，
$$f_2'(x) = -x + \frac{x^3}{3!}$$
$$= \frac{1}{6} x(x - \sqrt{6})(x + \sqrt{6}) < 0 \quad (0 < x < 2)$$

よって $f_2(x)$ は $0 < x < 2$ では減少の状態にあり，そして $f_2(0) = 1 > 0$，$f_2(2) = -\dfrac{1}{3} < 0$ であるから方程式 $f_2(x) = 0$ は $0 < x < 2$ でただ1つの解をもつ．　$\blacktriangleleft$

（3）$n \geqq 2$ として n に関する帰納法で題意を示す．$n = 2$ のときは（2）で示されている．

$n = k$ のとき $f_k(x)$ は $0 < x < 2$ で減少の状態にあり，そして $f_k(x) = 0$ は $0 < x < 2$ でただ 1 つの解をもつと仮定する．

さて

$$f_{k+1}(x) = 1 - \frac{x^2}{2!} + \frac{x^4}{4!} - \frac{x^6}{6!} + \cdots + \frac{(-1)^k x^{2k}}{(2k)!} + \frac{(-1)^{k+1} x^{2k+2}}{(2k+2)!},$$

$$f'_{k+1}(x) = -x + \frac{x^3}{3!} - \frac{x^5}{5!} + \cdots + \frac{(-1)^k x^{2k-1}}{(2k-1)!} + \frac{(-1)^{k+1} x^{2k+1}}{(2k+1)!},$$

$$f''_{k+1}(x) = -1 + \frac{x^2}{2!} - \frac{x^4}{4!} + \cdots + \frac{(-1)^k x^{2k-2}}{(2k-2)!} + \frac{(-1)^{k+1} x^{2k}}{(2k)!}$$

$$= -f_k(x)$$

帰納法の仮定より，方程式 $f''_{k+1}(x) = 0$ は $0 < x < 2$ でただ 1 つの解をもつ．その x の値を α とする．

x	0		α		2
$f''_{k+1}(x)$		$-$	0	$+$	
$f'_{k+1}(x)$	0	↘	極小値	↗	$-$

ここに

$$\frac{2^{2k-1}}{(2k-1)!} > \frac{2^{2k+1}}{(2k+1)!} \quad (k \geqq 1)$$

であるから，（1）と同様にして

$$f'_{k+1}(2) < 0$$

が示される．

よって

$$f'_{k+1}(x) < 0 \quad (0 < x < 2)$$

それ故 $f_{k+1}(x)$ は $0 < x < 2$ で減少の状態にある．そして $f_{k+1}(0) = 1 > 0$，（1）により $f_{k+1}(2) < 0$ であるから，$f_{k+1}(x) = 0$ は $0 < x < 2$ でただ 1 つの解をもつ．よって $n \geqq 2$ なる任意の整数 n に対して題意は成立する．◀

第10部

R大学入学者選抜試験（Simulation）
アル

数　学

文系：時間90分，150点満点　　　理系：時間180分，300点満点

試験開始の合図があるまで，以下の**注意事項**を読んでおくこと．

《注意事項》

1．試験開始のベル（各自，設定せよ）がなるまで問題冊子を開いてはならない．
2．問題は，**文系志願者**の場合，全部で3題ある（ページⅠ）．**理系志願者**の場合，全部で6題ある（ページⅠからページⅢ）．このうち，理学部**数学科志願者のみ**は，第5問においては $\boxed{5'}$ の方を解答せよ．
3．不鮮明な箇所があれば，監督者に知らせること．
4．解答用紙は**文系志願者**の場合，問題 $\boxed{1}$ から $\boxed{3}$ に応じて3枚，**理系志願者**の場合，問題 $\boxed{1}$ から $\boxed{6}$ に応じて6枚あることを確認せよ（各自の志望に合わせてA4の解答用紙をそれぞれ3枚または6枚準備せよ）．
5．計算用紙は3枚または6枚あることを確認せよ（各自の志望に合わせて，B5の計算用紙を3枚または6枚準備せよ）．
6．解答用紙と計算用紙には受験番号（読者の受験番号を000001とせよ）と氏名および問題番号を必ず明記せよ．
7．試験時間内に退場する場合は静かにかつ速やかに行なうこと．
8．試験終了のベルがなったら問題冊子，解答用紙および計算用紙を置いて退場すること．

ページ I

1 (40点)

m は次の等式を満たす 4 以上の整数とする．

$$\sum_{k=3}^{n} \frac{2}{k^3 - 3k^2 + 2k} = \frac{m-3}{2(m-1)} \quad (n \geq 3)$$

このとき $m^n - n^m + n - 1$ は偶数であることを示せ．

2 (50点)

内角 C が鈍角である二等辺三角形 ABC において，各頂点 A，B，C それぞれの対辺の長さを a, a, c とする．いま，頂点 C から辺 BC に垂直な半直線 l をとり，l と辺 AB との交点を D とする（図参照）．

(1) l に関して点 A の対称点を A' とするとき，△BCD と △A'CD の共通部分の面積を求めよ．
(2) (1) の共通部分の面積が △ADC の面積の $\frac{1}{2}$ 倍になるとき，二等辺三角形 ABC の内角をすべて求めよ．

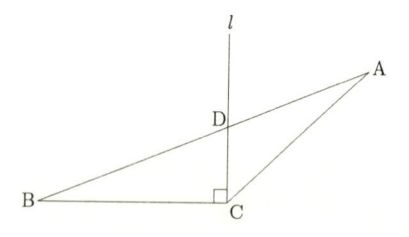

3 (60点)

座標平面上の原点 O を中心とする半径 1 の円に内接する正 n 角形 $(n \geq 3)$ の頂点を A_1, A_2, $\cdots$, A_n とする．ただし A_1 の座標を $(1, 0)$，n を奇数とする．

(ア) $\displaystyle\sum_{k=1}^{n} \overrightarrow{OA_k} = \left\{\sum_{k=1}^{n} \cos \frac{2(k-1)\pi}{n}\right\} \overrightarrow{OA_1}$

(イ) $\displaystyle\sum_{k=1}^{n} \overrightarrow{OA_k} = \cos \frac{2\pi}{n} \left\{\sum_{k=1}^{n} \cos \frac{2(k-1)\pi}{n}\right\} \overrightarrow{OA_2}$

と表されることを示してから，$\displaystyle\sum_{k=1}^{n} \overrightarrow{OA_k} = \vec{0}$ であることを説明せよ．

ページⅡ

4 (50点)

複素数平面上の任意の点 $z = x + yi$（x, y は実数）を座標平面上のベクトル $\vec{z} = (x, y)$ に対応させる写像を f とする．α を複素数のある定数とし，0 以上のある整数 n に対して
$$f(\alpha^n z) = \vec{z}$$
を満たす α からなる集合 $S_n(\alpha)$ は n 個の相異なる元から成る．

(1) $S_n(\alpha) = \{\alpha_0, \alpha_1, \cdots, \alpha_{n-1}\}$ ($n \geqq 1$) とするとき，その元 α_k ($k = 0, 1, \cdots, n-1$) の一般形を求めよ．

(2) $\displaystyle\lim_{n\to\infty} \sum_{k=0}^{n-1} |\alpha_{k+1} - \alpha_k|$ の値を求めよ．

(3) 次の無限級数は収束することを示せ．
$$\sum_{n=1}^{\infty} \left(\frac{1}{n} \sum_{k=0}^{n-1} |\alpha_{k+1} - \alpha_k|\right)^n$$

5 (60点)

以下の設問 [A] と [B] に答えよ．

[A] 実数 x 上の関数 $\sin x$ $\left(0 < x < \dfrac{\pi}{2}\right)$ の逆関数を $\sin^{-1} x$ で表す．

(1)，(2) の定積分の値を求めよ．

(1) $I_1 = \displaystyle\int_0^{\frac{1}{2}} \sin^{-1} x \, dx$　　　(2) $I_2 = \displaystyle\int_0^{\frac{1}{2}} \left(\frac{d}{dx} \sin^{-1} x\right)^2 dx$

[B] $a_n = \displaystyle\int_{n\pi}^{(n+1)\pi} \frac{\sin x}{x} dx$ ($x > 0$, $n = 1, 2, \cdots$) とする．

(1) 不等式 $|a_n| > |a_{n+1}|$ の成立を示せ．

(2) (1) により，'数列 $\{|a_n|\}$ は，正の値をとる単調減少数列であるから，ある値に収束する' ことが判明する．その収束値を求めよ．

5' (60点)

N を自然数全体の集合とする．次の命題を満たす m の最小値を求めよ．

$n \in \mathbb{N}$ なる n が $n \geqq m$ ($m \in \mathbb{N}$) であるならば，
$$n^2 + 2an - 100^b > 0$$
である．ここに a, b は自然数の定数で

ページⅢ

$$a^2 < 2 \times 10^b$$

なるものである．

6 　　　　　　　　　　　　　　　　　　　　　　　　　　　（４０点）

　円周上に相異なる $2n$ 個 $(n \geqq 2)$ の点がある．それらのどの2点もその2点を端点とする線分で結ばれている．いま，これらの線分の中から無作為に3本の線分を選ぶ．選ばれた3本の線分の端点が全て異なる確率を p_n とするとき，p_n を n で表してから $\lim_{n \to \infty} p_n$ の値を求めよ．

問題はこのページで終わりである．

1 〈解答〉

まず，与式の左辺において

$$\frac{2}{k^3-3k^2+2k} = \frac{2}{(k-2)(k-1)k}$$
$$= \frac{1}{(k-2)(k-1)} - \frac{1}{(k-1)k}$$

よって

$$\sum_{k=3}^{n} \frac{2}{k^3-3k^2+2k} = \frac{1}{2} - \frac{1}{(n-1)n} \qquad \underline{\text{10 点}}$$

これが $\dfrac{m-3}{2(m-1)}$ に等しいというから，

$$\frac{1}{2} - \frac{1}{(n-1)n} = \frac{1}{2} - \frac{1}{m-1}$$
$$\Longleftrightarrow m-1 = (n-1)n \quad \cdots ① \qquad \underline{\text{10 点}}$$

よって $m-1$ はつねに偶数である．それ故，
$m^n - n^m + n - 1$
$= m^n - 1 - (n^m - 1) + n - 1$
$= (m-1)(m^{n-1} + m^{n-2} + \cdots + 1) - (n-1)(n^{m-1} + n^{m-2} + \cdots + 1) + (n-1)$
$= (m-1)(m^{n-1} + m^{n-2} + \cdots + 1) - (n-1)(n^{m-1} + n^{m-2} + \cdots + n)$
$= (m-1)\{(m^{n-1} + m^{n-2} + \cdots + 1) - (n^{m-2} + n^{m-3} + \cdots + 1)\}$
$\qquad\qquad\qquad\qquad\qquad (\because ①より)$
$=$ 偶数　◀　　　　　　　　　　　　　　　　 __20 点__　　　__計 40 点__

[問題の主眼]

数列の和の計算と因数分解による簡単な整数問題であるが，いかがであったかな？

本問の狙い目は，①式を捉えて，$m^n - n^m + n - 1 = m^n - 1 - (n^m - 1) + n - 1$ と，自然で軽妙な式変形に流れをもっていくという点にある．あとは，ただの計算．なお，①式と n の偶奇の場合分けから直接 $m^n - n^m + n - 1$ が偶数であることを示してもよい．$m \geqq 4$ は解答中で使う必要はない（これは，出題側の立場として，不都合が生じない為に付しておいただけのもの）．

2 〈解答〉

求める面積は図の△ECD の面積である．

図において

$CD = a \tan A$ ……①

$EH = CE \sin \angle ECH$

　　　$(\angle ECH = 90° - 2A)$

　　$= CE \cos 2A$ ……②

△BCD に正弦定理を用いると

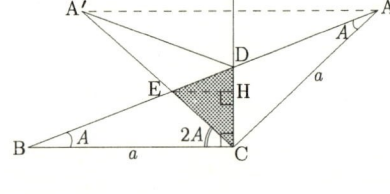

$$\frac{CE}{\sin A} = \frac{a}{\sin \angle CEB} \quad (\angle CEB = 180° - 3A)$$

$$= \frac{a}{\sin 3A}$$

∴ $CE = \dfrac{\sin A}{\sin 3A} a = \dfrac{\sin A}{3\sin A - 4\sin^3 A} a = \dfrac{1}{3 - 4\sin^2 A} a$ ……③

次に△ABC に余弦定理を用いると

$$\cos A = \frac{a^2 + c^2 - a^2}{2ac} = \frac{c}{2a} \qquad ∴ \sin A = \frac{\sqrt{4a^2 - c^2}}{2a}$$

①, ②, ③にこれらの $\cos A$, $\sin A$ を代入すると

$$CD = a \cdot \frac{2a}{c} \cdot \frac{\sqrt{4a^2 - c^2}}{2a} = \frac{a}{c} \sqrt{4a^2 - c^2},$$

$$EH = \frac{a}{3 - 4\left(\dfrac{4a^2 - c^2}{4a^2}\right)} \cdot \left\{ 2\left(\frac{c}{2a}\right)^2 - 1 \right\} = \frac{a(c^2 - 2a^2)}{2(c^2 - a^2)}$$

∴ $\triangle ECD = \dfrac{a^2(c^2 - 2a^2)}{4c(c^2 - a^2)} \sqrt{4a^2 - c^2}$ ……(答)

（内角 C が鈍角であるから $c > \sqrt{2}a$ はつねに成り立っている）

　　　　　　　　　　　　　　　　　　　　　　　　　　30 点

（2）△ADC の面積は

$$\frac{1}{2} CD \cdot a \cos 2A = \frac{a}{2c} \sqrt{4a^2 - c^2} \cdot a \cdot \left\{ 2\left(\frac{c}{2a}\right)^2 - 1 \right\}$$

$$= \frac{(c^2 - 2a^2)}{4c} \sqrt{4a^2 - c^2} \quad \left(= \frac{a^2}{c^2 - a^2} \triangle ECD \right)$$

$\dfrac{1}{2} \triangle ADC = \triangle ECD$ より

$3a^2 = c^2$ ∴ $\dfrac{c}{a} = \sqrt{3}$ となり $\cos A = \dfrac{\sqrt{3}}{2}$

∴ $A = B = 30°,\ C = 120°$ ……(答)　　　　20 点　　　計 50 点

[問題の主眼]

初等幾何と三角関数の融合問題として出題してみた．

様々な解答が考えられる．筆者よりスマートな解答をつくる受験生もいるかもしれないが，いずれにしても 3 倍角の公式は使わざるを得まい．子細な注意であるが，$c > \sqrt{2}\,a$ の理由は明示した方がよい．

3 倍角の公式：$\sin 3\theta = 3\sin\theta - 4\sin^3\theta,$
$\cos 3\theta = 4\cos^3\theta - 3\cos\theta.$

3 〈解答〉

$$\overrightarrow{OA_k} = \left(\cos\frac{2(k-1)\pi}{n},\ \sin\frac{2(k-1)\pi}{n}\right)$$

である．

(ア) n が奇数という下で，まず $\sum_{k=1}^{n}\overrightarrow{OA_k} = a\overrightarrow{OA_1}$ なる実数 a を求める．

$$\sum_{k=1}^{n}\sin\frac{2(k-1)\pi}{n} = \sin\frac{2\pi}{n} + \sin\frac{4\pi}{n}$$
$$+ \cdots + \sin\frac{2(n-2)\pi}{n} + \sin\frac{2(n-1)\pi}{n} \quad \cdots ①$$

① において

$$\sin\frac{2(n-1)\pi}{n} = \sin\left(2\pi - \frac{2\pi}{n}\right) = -\sin\frac{2\pi}{n},$$
$$\sin\frac{2(n-2)\pi}{n} = -\sin\frac{4\pi}{n},$$
$$\vdots$$

①右辺の項数は，n が奇数より，偶数項あり，それ故，すぐ上の事実から①右辺は 0 になる．

$$\therefore\quad \sum_{k=1}^{n}\sin\frac{2(k-1)\pi}{n} = 0$$

$$\therefore\quad \sum_{k=1}^{n}\overrightarrow{OA_k} = \left\{\sum_{k=1}^{n}\cos\frac{2(k-1)\pi}{n}\right\}\overrightarrow{OA_1} \quad\blacktriangleleft \qquad \underline{20\text{ 点}}$$

（この式を②式とする）

（イ）次に $\sum_{k=1}^{n} \overrightarrow{OA_k} = b\overrightarrow{OA_2}$ となる実数 b を求める．

点 A_2 は A_1 を $\frac{2\pi}{n}$ だけ正の方向へ回転した点である．そのことにかんがみて②より

$$\sum_{k=1}^{n} \overrightarrow{OA_k} \xleftrightarrow{1 対 1} \sum_{k=1}^{n} \cos\frac{2(k-1)\pi}{n}\left(\cos\frac{2\pi}{n} - i\sin\frac{2\pi}{n}\right)\left(\cos\frac{2\pi}{n} + i\sin\frac{2\pi}{n}\right)$$

ここで，右側の式において

$$\sum_{k=1}^{n} \cos\frac{2(k-1)\pi}{n} \sin\frac{2\pi}{n}$$
$$= \frac{1}{2}\sum_{k=1}^{n}\left\{\sin\frac{2k\pi}{n} - \sin\frac{2(k-2)\pi}{n}\right\}$$
（∵ 和と積の変換公式を用いた）
$$= \frac{1}{2}\left\{\sin\frac{2\pi}{n} + \sin\frac{2(n-1)\pi}{n}\right\} = 0 \quad \cdots ③$$

∴ $\sum_{k=1}^{n}\overrightarrow{OA_k} \xleftrightarrow{1 対 1} \left\{\sum_{k=1}^{n}\cos\frac{2(k-1)\pi}{n}\cos\frac{2\pi}{n}\right\}\left(\cos\frac{2\pi}{n} + i\sin\frac{2\pi}{n}\right)$

∴ $\sum_{k=1}^{n}\overrightarrow{OA_k} = \cos\frac{2\pi}{n}\left\{\sum_{k=1}^{n}\cos\frac{2(k-1)\pi}{n}\right\}\overrightarrow{OA_2}$ ◀ _____25点_

これまでの過程から，上述の a, b を用いて

$$\sum_{k=1}^{n}\overrightarrow{OA_k} = a\overrightarrow{OA_1} = b\overrightarrow{OA_2}$$

と表される．$\overrightarrow{OA_1}$ と $\overrightarrow{OA_2}$ は 1 次独立であるから，$a = b = 0$ に限る．

∴ $\sum_{k=1}^{n}\overrightarrow{OA_k} = \vec{0}$

（あるいは，③より $\sum_{k=1}^{n}\cos\frac{2(k-1)\pi}{n} = 0$ であるから，$\sum_{k=1}^{n}\overrightarrow{OA_k} = \vec{0}$ と結論される．）
_____15点_ **計60点**

[問題の主眼]

本問は既知の事実をひとつの誘導呈示に従って証明せよというもの．標準的出題ではあるが，決して易しくはない．完答できたなら，相当の実力と自負してよろしい．（解けなかった人は正五角形の場合で再演習．）

内容はベクトル，複素数，三角関数と非常に豊富である．そしてベクトルと複素数が 1 対 1 に対応するという事実を"フル"に使って解いている．

(ア) n が奇数という条件で $\sum_{k=1}^{n} \sin \dfrac{2(k-1)\pi}{n} = 0$ を示す路線においては思考の柔軟さを要する．

(イ) やや難である．自然で軽妙な式変形の流れをよく参考にしておかれたい．この計算過程から $\sum_{k=1}^{n} \cos \dfrac{2(k-1)\pi}{n} = 0$ は結論されるが，問題では，"とりあえず，$\sum_{k=1}^{n} \cos \dfrac{2(k-1)\pi}{n}$ はそのまま残しておけ"と，主張しているのである．

本問は n の偶奇によらないが，n が偶数 ($n \geqq 4$) のときは，図形的対称性が強いので，$\sum_{k=1}^{n} \overrightarrow{OA_k} = \vec{0}$ は明らかとしてよい為に，n を奇数に限定した訳．

さて本問はその誘導呈示を工夫したものであって，そうでなければ，一気に，次のようにして結論できる:

$$\sum_{k=1}^{n} \left\{ \cos \dfrac{2(k-1)\pi}{n} + i \sin \dfrac{2(k-1)\pi}{n} \right\} = 0,$$

$$\sum_{k=1}^{n} \left\{ \cos \dfrac{2(k-1)\pi}{n} - i \sin \dfrac{2(k-1)\pi}{n} \right\} = 0.$$

4 〈解答〉

(1) $f(z) = \vec{z}$ というから

$$f(\alpha^n z) = f(z)$$

f は 1 対 1 写像であるから，(そして同時にこれより f は平面から平面への上への写像でもあるから，) 上式は次式に到る:

$$\alpha^n z = z \qquad\qquad \underline{\text{5 点}}$$

z は任意の複素数であるから

$$\alpha^n = 1$$

よって $|\alpha|^n = 1$ であるから

$$\alpha = \cos\theta + i\sin\theta \quad (0 \leq \theta < 2\pi)$$

ド＝モアヴルの定理により

$$\alpha^n = \cos n\theta + i\sin n\theta = 1$$

∴ $\cos n\theta = 1$ かつ $\sin n\theta = 0$

∴ $\theta = \theta_k = \dfrac{2k\pi}{n}$ （k は $0 \leq k \leq n-1$ なる整数）

∴ $\alpha_k = \cos\dfrac{2k\pi}{n} + i\sin\dfrac{2k\pi}{n} \quad (0 \leq k \leq n-1)$ …**(答)**　　10 点

（2）　$|\alpha_{k+1} - \alpha_k|$

$$= \left| -2\sin\dfrac{(2k+1)\pi}{n}\sin\dfrac{\pi}{n} + 2i\cos\dfrac{(2k+1)\pi}{n}\sin\dfrac{\pi}{n} \right|$$

（∵ 和と積の変換公式を用いた）

$$= 2\sin\dfrac{\pi}{n}$$

よって

$$\lim_{n\to\infty}\sum_{k=0}^{n-1}|\alpha_{k+1}-\alpha_k| = \lim_{n\to\infty} 2n\sin\dfrac{\pi}{n}$$

$$= 2\pi\lim_{n\to\infty}\dfrac{\sin\dfrac{\pi}{n}}{\dfrac{\pi}{n}}$$

$$= 2\pi \quad \text{…（答）}\qquad\qquad 15 点$$

（3）（2）の解答過程から

$$\dfrac{1}{n}\sum_{k=0}^{n-1}|\alpha_{k+1}-\alpha_k| = 2\sin\dfrac{\pi}{n}$$

N を充分大きな自然数として

$$\sum_{n=1}^{N}\left(\dfrac{1}{n}\sum_{k=0}^{n-1}|\alpha_{k+1}-\alpha_k|\right)^n = \sum_{n=1}^{N}\left(2\sin\dfrac{\pi}{n}\right)^n \quad \text{…①}$$

ここで $2 \leq n \leq 6$ では $2\sin\dfrac{\pi}{n} \geq 1$, $n \geq 7$ では $2\sin\dfrac{\pi}{n} \leq 2\sin\dfrac{\pi}{7} < \dfrac{2\pi}{7}(<1)$ であるから

$$\text{①式右辺} < \sum_{n=1}^{6}\left(2\sin\dfrac{\pi}{n}\right)^n + \sum_{n=7}^{N}\left(\dfrac{2\pi}{7}\right)^n \quad \text{…②}$$

①, ②において $N \to \infty$ とすると，明らかに問題の無限級数は収束する．◀　　　　20 点　　計 50 点

[**問題の主眼**]

全く自然で易しい問題を，意外に，受験生は苦手とするものである．特

に技術的応用問題に慣れ過ぎた受験生はその傾向が強い．
(1) f は上への写像でもある．受験生の場合，とり立てて，そのことまでは言及しなくともよいが，1対1写像であることは，述べないと拙い．それから $\alpha^n = 1$ となるので，あとはド＝モアヴルの定理により α_k は求まる．（なお α は円分方程式の解であることは述べるまでもないであろう．）
(2) (1)から $|\alpha_{k+1} - \alpha_k|$ が定まり，問題の結論は，直観的にも，単位円周の長さになることは明らか．
(3) 相加平均 $\dfrac{1}{n}\sum_{k=0}^{n-1}|\alpha_{k+1}-\alpha_k|$ は単位円に内接する正 n 角形の1辺の長さに他ならなく，それを n 乗したものは'n 次立方体'の体積なるものであり，そして'無限次元立方体'の体積は0になるというのが，本問の背景である．ただ解くだけならば，易しいはずだが？

5 〈解答〉

[A]

(1) $I_1 = \dfrac{\pi}{6}\cdot\dfrac{1}{2} - \displaystyle\int_0^{\frac{\pi}{6}} \sin x\,dx = \dfrac{\pi}{12} + \Big[\cos x\Big]_0^{\frac{\pi}{6}} = \dfrac{\pi}{12} - \dfrac{\sqrt{3}-2}{2}$ ……**(答)**

15点

(2) $y = \sin^{-1} x$ $(0 < x < 1)$ に対して，逆関数の微分法により

$$\frac{dy}{dx} = \frac{1}{\frac{dx}{dy}} = \frac{1}{\cos y} = \frac{1}{\sqrt{1-\sin^2 y}} = \frac{1}{\sqrt{1-x^2}}$$

よって

$$I_2 = \int_0^{\frac{1}{2}} \left(\frac{1}{\sqrt{1-x^2}}\right)^2 dx = \frac{1}{2}\int_0^{\frac{1}{2}}\left(\frac{1}{1-x}+\frac{1}{1+x}\right)dx$$

$$= \frac{1}{2}\left[\log\frac{1+x}{1-x}\right]_0^{\frac{1}{2}} = \frac{1}{2}\log 3 \quad \cdots\textbf{(答)}$$

15点

[B]

(1) $a_n = \displaystyle\int_{n\pi}^{(n+1)\pi} \dfrac{\sin x}{x}\,dx$ において $(n+1)\pi - x = t$ とおくと，

$$\frac{dx}{dt} = -1$$

であるから

$$a_n = \int_0^\pi \frac{(-1)^n \sin t}{(n+1)\pi - t} dt$$

よって

$$|a_n| = \left|\int_0^\pi \frac{\sin x}{(n+1)\pi - x} dx\right| = \int_0^\pi \frac{\sin x}{(n+1)\pi - x} dx$$

同様に

$$|a_{n+1}| = \left|\int_0^\pi \frac{\sin x}{(n+2)\pi - x} dx\right| = \int_0^\pi \frac{\sin x}{(n+2)\pi - x} dx$$

$$\therefore\ |a_n| > |a_{n+1}| \quad \blacktriangleleft \qquad\qquad\qquad \underline{\text{20 点}}$$

(2) $\quad a_n \leqq \int_0^\pi \frac{1}{(n+1)\pi - x} dx$

$\qquad\qquad = -\bigl[\log((n+1)\pi - x)\bigr]_0^\pi$

$\qquad\qquad = \log\left(1 + \dfrac{1}{n}\right)$

$\qquad\xrightarrow[(n\to\infty)]{} 0 \quad \cdots\text{(答)} \qquad\qquad \underline{\text{10 点}} \qquad \underline{\textbf{計 60 点}}$

[**問題の主眼**]

全体的に，微分積分の基本的内容をどれだけ理解できているかを試すのが狙い．

[**A**] 小品ながら，目新しい出題であろうから，降参する人が多いのでは？（同様の問題は $\cos^{-1} x$ などに対してもできるが，最早，この類似はつまらない．しかし，解けなかった人は，それで再演習．）

(1) 直接，$\int_0^{\frac{1}{2}} \sin^{-1} x\, dx$ を求めるのは容易ではないので，長方形の面積 $\dfrac{1}{2} \times \dfrac{\pi}{6}$ から余計な部分の面積 $\int_0^{\frac{\pi}{6}} \sin x\, dx$ を引くのである．

(2) 解けなかった人は解答を理解するよりない．

[**B**] これも，解けそうで解けない人が多いのでは？ 曲線 $y = \dfrac{\sin x}{x}$ のグラフを描くのは無益である．

(1) 置換積分法を上手に使うだけのこと．

(2) (1)は，直接，影響していないので，次のように解いてもよい：

$$a_n \leqq \int_{n\pi}^{(n+1)\pi} \left|\frac{\sin x}{x}\right| dx \leqq \int_{n\pi}^{(n+1)\pi} \frac{1}{x} dx$$

$$= [\log x]_{n\pi}^{(n+1)\pi} = \log\left(1 + \frac{1}{n}\right) \to 0 \quad (n \to \infty)$$

5' 〈解答〉

$n^2 + 2an - 100^b > 0$ ($n \in \mathbb{N}$)を解くと
$$n > -a + \sqrt{a^2 + 100^b} \quad (n \in \mathbb{N})$$
<u>　5 点</u>

ここで
$$\sqrt{a^2 + 100^b} = \sqrt{a^2 + 10^{2b}}$$
$$= \sqrt{10^b \left(10^b + \frac{a^2}{10^b}\right)}$$
$$\leqq \frac{10^b + (10^b + a^2 / 10^b)}{2} \quad (\text{相加・相乗平均の不等式})$$
$$= 10^b + \frac{a^2}{2 \times 10^b}$$

$$\therefore \quad -a + 10^b + \frac{a^2}{2 \times 10^b} \geqq -a + \sqrt{a^2 + 100^b}$$

条件より $\dfrac{a^2}{2 \times 10^b} < 1$ であるから
$$-a + 10^b + 1 > -a + 10^b + \frac{a^2}{2 \times 10^b}$$

そこで，m の最小値を m_0 として
$$m_0 = -a + 10^b + 1 \in \mathbb{N}$$
<u>　25 点</u>

ととってみると，$n \geqq m$ ならば
$$n(n + 2a) \geqq m_0(m_0 + 2a)$$
$$= (-a + 10^b + 1)(a + 10^b + 1)$$
$$= 10^{2b} + 2 \times 10^b - a^2 + 1$$
$$> 10^{2b} \quad (\because \ a^2 < 2 \times 10^b \ \text{より})$$
$$> 10^{2b} - a^2$$
$$= (10^b - a)(10^b + a)$$
$$= (m_0 - 1)(m_0 - 1 + 2a)$$

である．従って
$$n(n + 2a) \geqq m_0(m_0 + 2a) > 100^b > (m_0 - 1)(m_0 - 1 + 2a)$$

となっている．以上によって求めるべき m の最小値は
$$m_0 = -a + 10^b + 1 \quad \cdots (\textbf{答})$$
<u>　30 点</u>　**計 60 点**

[問題の主眼]

まず $n^2 + 2an - 100^b > 0$ から n の範囲を求めるのだが，それだけではどうにもならない．問題は $n > -a + \sqrt{a^2 + 100^b}$ の右辺に最も近くて，それより大きい数 m を求めることになる．この際，平方根の項をどうすればよいのか？ それを $a^2 < 2 \times 10^b$ と相関させて考えれるかというのが，本問の１つの主眼である（ここでの"2"は相加・相乗平均からのものだった訳である．）．もう１つの主眼は $m_0 = -a + 10^b + 1$ と予想してそれが求めるべき最小値であることを示せるかにある．（なお，本問で 100^b の所は b^2 にしてもよかったのだが，$100^b = 10^{2b}$ と読むことに，１つの小さな関門を与えたつもりである．）

１つの命題が判明すれば，あとは具体的数を入れていくらでも横流し評価できる．例えば，$(a, b) = (1, 2), (2, 3), \cdots$ では順に $m_0 = 100, 999, \cdots$ となる．

6 〈解答〉

$2n$ 個の点は区別されているとしてよい．

まず，$2n$ 個の点から 6 個の点（端点が異なる 3 本の線分の端点は 6 個ある）の選び方は，${}_{2n}C_6$ 通りある．それらの 6 個の点を 2 個ずつ等分する（1 本の線分は 2 個の点で決まる）仕方では，組の区別はつかないから，

$$\frac{{}_6C_2 \cdot {}_4C_2}{3!} = 15 \text{（通り）}$$

よって選ばれた 3 本の線分の端点がすべて異なる場合の数は

$${}_{2n}C_6 \times 15 \text{（通り）} \qquad \underline{\text{20 点}}$$

次に，線分の総数は ${}_{2n}C_2 = n(2n-1)$ 個あるから，これから 3 本の線分の選び方は

$${}_{2n^2-n}C_3 \text{（通り）} \qquad \underline{\text{5 点}}$$

以上から，

$$p_n = \frac{{}_{2n}C_6 \times 15}{{}_{2n^2-n}C_3}$$

$$= \frac{15 \times 2n(2n-1)(2n-2)(2n-3)(2n-4)(2n-5)/6!}{(2n^2-n)(2n^2-n-1)(2n^2-n-2)/3!}$$

$$= \frac{(2n-3)(n-2)(2n-5)}{(2n+1)(2n^2-n-2)} \quad \cdots\text{(答)} \qquad \underline{10\text{点}}$$

$$\therefore \lim_{n\to\infty} p_n = 1 \quad \cdots\text{(答)} \qquad \underline{5\text{点}} \quad \underline{\textbf{計 40 点}}$$

[**問題の主眼**]

確率では，その対象とする事象の場合の数が中心的課題となる．従ってその所が正解できないと，殆ど得点にならなくなる．

本問は標準的出題ではあるが苦手とする人は多いだろう．

$\lim_{n\to\infty} p_n = 1$ になるはずだと直観できなくてはなるまい．

端点が異なる 3 本の線分の端点の総数は 6 個あることを捉えないと始まらない．そして，1 本の線分は 2 個の端点から成ることより，6 個の点を 3 本の線分の端点へと当てがうことになる．この際，単に 3 本の線分を作るというだけのことであり，3 本の線分を区別する訳ではない．

評定：標準校，難関校の合格圏としてはそれぞれ

　　　文系の場合，60 点（／150 点）以上，90 点（／150 点）以上；

　　　理系の場合，120 点（／300 点）以上，180 点（／300 点）以上とする．

（筆者の評定基準は少し厳しいかもしれない．）

記述式答案作成上の注意事項

　試験では全問正解にしたいのは，当然のことではある．しかし，全問，解きやすいならばともかくとしても，記述式問題ではそれはあまりないことである．しかるに，高得点をとりたくて，全問題に手をつけたものの，然るべき採点側からみれば，解答になっていないということで，大量失点ということが頻繁に起こる．それ故，余程の実力者は別として，平均的受験生においては，部分点を確実に削りとっていくというのが現実的合格路線である．

　ところでその部分点の確保が，記述試験では並大抵ではなくなってくるものである．それは問題が少なからず手強くなってくることもさることながら，答案の仕方に拙さが見られ，減点につながってくるからである．（入試において，しっかりとした出題者であるならば，まさに見るべき所は，計算的解答ではなく，ある物事の要所への認識の有無なのである．）そこで入試答案作成の為のいくつかの注意を与えておこう．

［Ａ］誘導小問題形式の問題への解答の仕方

　1つの大問がいくつかの誘導小問形式，例えば，小問（1），（2），（3）となっているとき，目標は（3）を解くことである．この際，通常は（1），（2）を何らかの形でどこかで用いないと，解答路線のルール違反になり，問題にもよるが，大抵は，減点の対象になる．

　小問の構成は，通常，

　㋐　（1）→（2）→（3）

　　　　（即ち，（2）では（1）を用い，（3）では（2）を用いる．）

　㋑　(1)
　　　(2) ｝→（3）

　　　　（即ち，（1）と（2）は独立しているが，（3）では（1）と（2）を用いる．）

の形式になっている（――これ程，単純でない場合も少なくはないが）．以上のような小問構成の場合，（1），（2）を（3）と孤立させて関連付かない

ように(3)を解答をしてはならない.

ところで，例えば，(2)が問題の峠になっていて，そしてそれが難しくて解けないとき，さらに(2)の結果が既知の場合，それを借用して(3)を解いても部分点は，通常，もらえるので，(2)を解けないからといってすぐ諦めないこと．

[B] 必要十分に関しての付記

答案上で，目にも歯にも必要十分かどうかを気にする人が，時々，いるものである──それを数学の作法というように"指導"されてきたのだろう．簡単な例を上げてみる：「連立方程式 $x^2-y^2=1, x+y=2$ の解は（途中省略）$x=\frac{5}{4}, y=\frac{3}{4}$ である．逆に $x=\frac{5}{4}, y=\frac{3}{4}$ のとき，$\left(\frac{5}{4}\right)^2-\left(\frac{3}{4}\right)^2=1, \frac{5}{4}+\frac{3}{4}=2$ である．」などと．（この際，逆の成立などは言及する程のものではない．）このように神経質化された(?)受験生というものは，大抵，最も大切な所をすっぽかしていて気付かないものである．しかも，取るに足らない所で時間を loss してしまう．

問題の命題において，逆を省略できないのは逆の成立が明らかでないときである．（この際は，ある結果が1つ求まったからといって逆は不要と考えないこと．逆命題では成立しない例があるかもしれないので．）

また，必要充分を要求しない場合も多いので，問題文をよく読んで，出題者の意図を汲みとらねばならない．

さらに，問題で与えられた条件は必ずしも使わなくともよい場合もあり得るので，あまり強く条件を意識し過ぎないことでもある．

[C] 証明問題に対する解答上の留意点

このようなときは，'最も明白でないプロセスはどこか？'に注意する．当然，そこが問われていることになる．例えば，"$e^x \geqq 1+x$ $(x \geqq 0)$ を示せ"というときは，特に不明なことは，"任意の実数 $x(\geqq 0)$ で，特に $x=0$ の近くでつねに $e^x \geqq 1+x$ なのか？"にある．それはどうしても微分法で示さ

なくてはならない．("グラフより明らか"では，任意の実数 $x (\geqq 0)$ で，特に $x=0$ の近くでの関数 $f(x)=e^x-(1+x)$ の振る舞いを調べたことにはならない．)

さらに，似たような問題であっても，出題者がどこにウェイトをおいているかで，解答の仕方も違ってくる．("これこれのタイプは必ずこれを示さなくてはならない"と，型にはめ込んで考えないこと．)

最後に，数学においては，制限時間厳しき試験は決してよいとは思われないのだが，現状の制度上，仕方がない．ただ，受験生は，なるべくリラックスして解くようにしなくてはならない．それは無理だというかもしれないが，やはり，リラックスするのである．諸君はこういうことがあろう：試験時間中はいくら考えても解けなかったのに，試験終了後，帰路についたとき，「あっ，そうか！」と．これは，試験の pressure から解放されて，頭の硬直さがとれたから気付いたのである．

できるだけリラックスせよ！

あとがき

　書物というものは，実によく，著者の属性と出版社の信念 ──良心的出版社は見かけの派手さではなく確かさを売る── が現れるものである．そして良かれ悪しかれ，読者は自ら選んだ書物，従って著者によって，識らず識らずに洗脳されていくものである．されば，一冊の書物ですら，安易には手を出せるものではない．本書でしっかり学んでくれた読者は，そのような洞察力をもかなり備わったのではないかと思われる．

　ところで，入試では，数学の内容を'理解する'ことより'(計算的)問題をよく解ける'ことが重視されてきている．そのような'問題をよく解ける'ということは，それだけでも難事ではあるが，それは，'数学の本質をよく分かっている'ということを意味しない．前者にくらべて後者は，比較にならない程，崇高である（──入試問題等を解くことはひとつの学習的鍛錬にはなっても，所詮，答の分かりきった arithmetical puzzling game の域を越えるものではない）．人間は技術的な事には慣れやすいが，それだけに，却って数学の意味を考えようとしなくなる．そこまでよく考え，悩み，そして更にはその本質を越えて，数学を学ぶ意義を悟り，物事の内奥的価値をしっかりと見抜ける大人になって頂きたい．（決して，数学では優秀であっても，傲慢な人間といわれないように．）

　今後共，読者のより一層の御成長を願うものである．それでは，ごきげんよう．

（著者紹介）

中村英樹（なかむら　ひでき）

大阪府立大学大学院中退，その後，京都大学研究員を経て現在は著述の傍ら研究に従事．理博．

著作：「いかに崩すか　難関大学への数学」（現代数学社）

入試数学その全貌の展開

検印省略

ISBN4-7687-0264-3

2000 年 7 月 10 日　初版 1 刷発行

著　者　中村英樹（なかむらひでき）

発行者　富田　栄

発行所　株式会社　現代数学社
〒606-8425　京都市左京区鹿ケ谷西寺ノ前町1
TEL&FAX 075-751-0727　振替 01010-8-11144

印刷・製本　株式会社　合同印刷

落丁・乱丁はお取替えいたします．